DAS ENDE DES NEUSIEDLER SEES?

Eine Region in der Klimakrise

Herausforderungen. Perspektiven. Lösungen.

Bibliografische Information der Deutschen Nationalbibliothek:
Die Deutsche Nationalbibliothek verzeichnet diese Publikation
in der Deutschen Nationalbibliografie; detaillierte bibliografische
Daten sind im Internet über http://dnb.dnb.de abrufbar.

www.residenzverlag.com

Umschlag/Grafische Gestaltung/Satz: PROJEKT21:
Redaktionelle Leitung: Gunnar Landsgesell
Lektorat: Christine Dobretsberger
Gesamtherstellung: Finidr, Český Těšín

ISBN 978-3-7017-3576-1

DAS ENDE DES NEUSIEDLER SEES?

Eine Region in der Klimakrise

Herausforderungen. Perspektiven. Lösungen.

Herausgegeben von
Christian Janisch, Alois Lang und Bibi Watzek

Residenz Verlag

Inhaltsverzeichnis

INHALTSVERZEICHNIS

Seit Jahren war es mir ein persönliches Anliegen, die Herausforderungen unserer Zeit und unserer Region in einem Buch wie diesem zu thematisieren. Die Auswirkungen des Klimawandels auf Natur, Wirtschaft und damit auf unsere Lebensqualität sind für alle bereits deutlich spürbar. Somit ist es alternativlos, über Antworten nachzudenken und an Lösungen zu arbeiten.
Es gilt, das Naturjuwel des pannonischen Raumes, das reiche Natur- und Kulturerbe gemeinsam mit unseren ungarischen Nachbarn für die Zukunft zu wappnen. Deshalb, und auch als Unternehmer mit wirtschaftlichem Interesse, möchte ich hier Verantwortung übernehmen und mit dieser Publikation einen Diskussionsprozess anstoßen, der in den nächsten Jahren fortzusetzen sein wird. Mit der Übernahme der Produktionskosten haben die Esterhazy Stiftungen die Initiative ergriffen und eine Grundlage für eine weiterführende, öffentliche Diskussion geschaffen.

Mein Dank gilt an dieser Stelle allen Autorinnen und Autoren, die dieses Buchprojekt von Anfang an mitgetragen und möglich gemacht haben. Sie geben uns einen kompakten Einblick in ihr umfangreiches Fachwissen und ihre langjährige Erfahrung mit der Region Neusiedler See.

Dr. Stefan Ottrubay

Vorwort

Das ist kein Wohlfühlbuch, kein Bildband mit Klischees aus der Tourismuswerbung, sondern ein Nachschlagewerk, in dem wir einen klaren Blick auf die Fakten richten. Zwar gibt es keinen Mangel an Büchern über den Natur- und Kulturraum Neusiedler See. Doch es klafft eine große Lücke, wenn es darum geht, die Dynamik dieses bedeutenden Feuchtgebiets mit seinen Schwankungen zwischen Hochwasser und Trockenheit verständlich zu beschreiben. Zu den Eingriffen in den Wasserhaushalt der Region seit Ende des 19. Jahrhunderts kommen heute die Auswirkungen des Klimawandels hinzu. Der Steppensee, die Salzlacken, der Schilfgürtel und das Niedermoor des Hanság sind davon massiv betroffen.

Nichts ist wie früher, als der See immer wieder für ein paar Jahre verschwand und dann wieder auftauchte. Durch den Klimawandel haben wir eine völlig neue Situation, bewährte Modelle sind nicht mehr tauglich. Seit dem Bau der Donaukraftwerke fehlen zudem wertvolle Überschwemmungen durch die Raab, kein Hochwasserrückstau füllt den Hanság und das Seebecken mehr. Die Verdunstungsverluste durch Hitze und Wind erreichen neue Dimensionen, wie auch der Wasserbedarf der Landwirtschaft. Weite Teile des Schilfgürtels fallen im Sommer trocken, die meisten Lacken schon im April. Im Gegensatz zu diesen sichtbaren Folgen des Klimawandels bleiben die Rekordtiefstände des Grundwassers der Öffentlichkeit verborgen. Die Nerven liegen blank: Tourismusbetriebe fürchten um ihre Sommergäste, Ackerbauern um die Ernte, Segler um ihr Freizeitrevier. Halbwahrheiten und wirklichkeitsferne Vereinfachungen machen die Runde. Auch den Medien fehlen öfters verlässliche und umfassende Informationen.

Für den Versuch einer kompakten Darstellung komplexer Zusammenhänge und Wechselwirkungen, die sich zu einer sehr ernst zu nehmenden Problemstellung für Politik und Wirtschaft verdichten, konnten wir als Autoren namhafte Experten aus allen relevanten Bereichen gewinnen. Sie bringen ihr Wissen und ihre langjährige berufliche Erfahrung ein. Mit diesem Buch entsteht erstmals ein Gesamtbild der Region, mit dem wir die heutigen Herausforderungen skizzieren möchten. Wo immer möglich bieten wir natürlich auch Lösungsansätze und Entwicklungschancen.

Den aufgezeigten Problemen zum Trotz vermitteln die einzelnen Beiträge auch etwas von der Einzigartigkeit dieses Lebensraums, mit seinem weiten Horizont und dem weichen pannonischen Licht, für dessen Erhalt alle gefordert sind.

Die Herausgeber
Christian Janisch, Alois Lang, Bibi Watzek

1. Im Zeichen des Klimawandels

Einführung

Zur Entstehung des Neusiedler Sees, zur Geologie des Naturraums, zu den Eigenheiten eines Steppensees, zum Einfluss des Menschen auf dessen Entwicklung, zu den Herausforderungen im Naturschutz und zu weiteren Themen gehen die folgenden Kapitel – soweit in aller Kürze möglich – ins Detail.

Neben den zahlreichen einschneidenden Ereignissen in diesem geopolitischen Grenzraum zwischen Ost und West hat vor allem das Klima immer wieder Regie geführt und die Natur wie den Menschen gezwungen, sich dramatisch geänderten Bedingungen anzupassen. Impulsgeber für dieses Buchprojekt waren die aktuelle Trockenphase und der schon deutlich erkennbare Einfluss des Klimawandels auf Lebensqualität, Wirtschaft und Naturerbe dieser Region. Aus diesem Grund widmet sich das Einstiegskapitel dem Status quo dieser lang anhaltenden Trockenheit in einem international bedeutenden Feuchtgebiet, den Klimaszenarien und den (noch) nutzbaren Möglichkeiten eines Gegensteuerns.

Landschaftselemente des nördlichen Burgenlandes

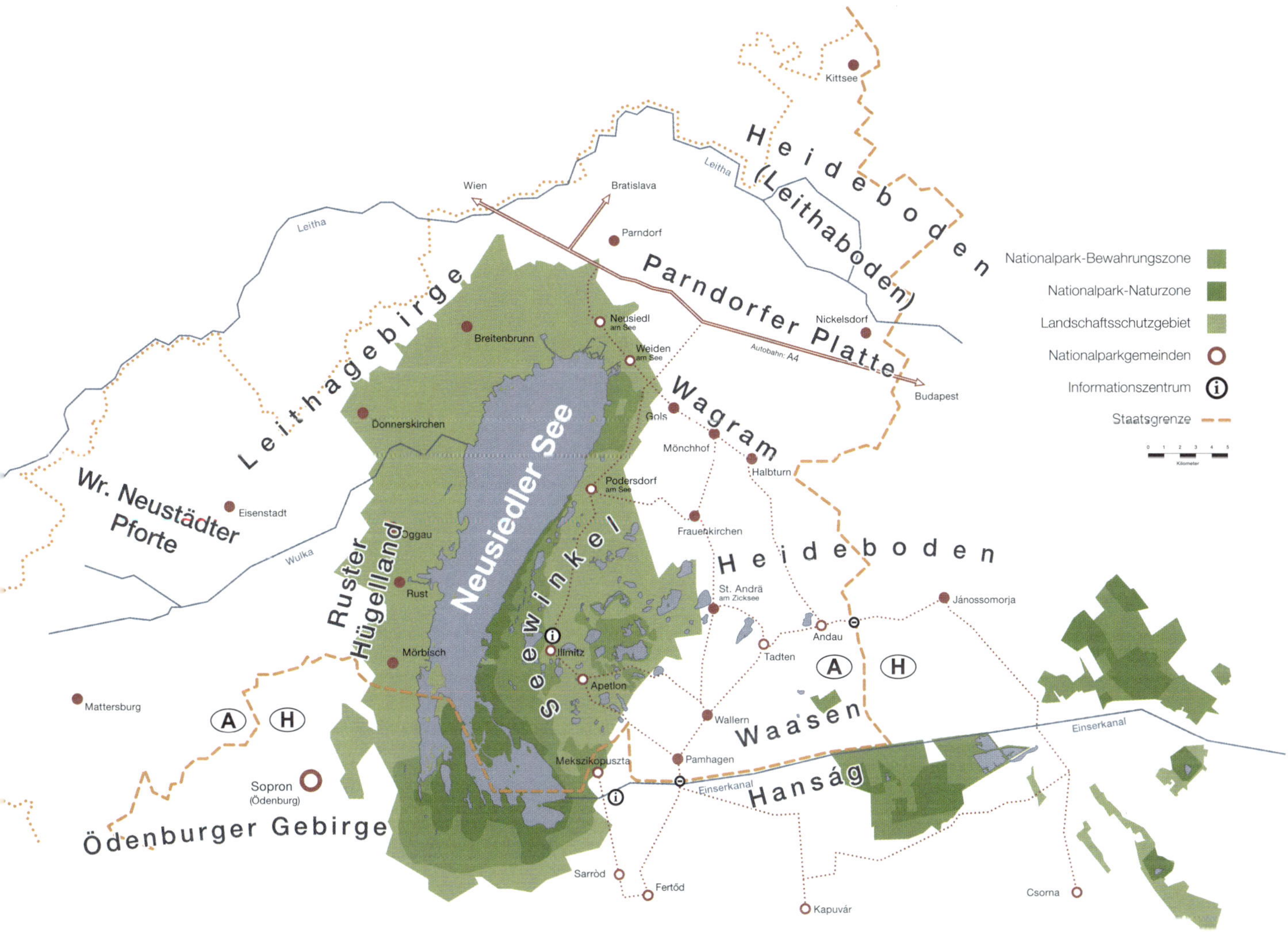

naturpark rosalia-kogelberg

Welterbe-Naturpark Neusiedler See Leithagebirge

NATURA 2000

NATIONALPARK NEUSIEDLER SEE - SEEWINKEL FERTŐ - HANSÁG NEMZETI PARK

Ramsar CONVENTION ON WETLANDS (Ramsar, Iran, 1971)

UNESCO WELTERBE Fertő-Neusiedler See

1. Pendeln zwischen Extremen: Klimatische Schwankungen und Trockenphasen

Autor: Marcus Wadsak

Die Klimaerwärmung ist in vollem Gange. In Österreich ist die Temperatur bereits jetzt um zwei Grad angestiegen. Zwei Grad plus in der Jahresmitteltemperatur bedeuten eine gravierende Änderung des Klimas im Burgenland. Das bedeutet, dass wir immer öfter Dinge erleben, die es so noch nie zuvor gegeben hat.

Seit gut zehn Jahren wohne ich nun schon in der Nähe des Neusiedler Sees. Bevor ich hier beginne über Veränderungen und Schwankungen zu schreiben, lassen Sie mich zunächst versuchen, das Wetter in dieser Region zu beschreiben. Auch wenn ich meine Sicht darüber darlege, so halte ich mich strikt an Daten, die von der ZAMG (Zentralanstalt für Meteorologie und Geodynamik) stammen, und natürlich an Fakten.

Wenn Sie nach meinem Gefühl fragen, so würde ich sagen, dass die Region Neusiedler See das perfekte Wetter zu bieten hat. Warum? Dazu müssen wir uns zunächst einmal folgende Frage stellen: Was ist eigentlich das perfekte Wetter? Ich habe diese Frage schon oft gestellt und dabei höchst unterschiedliche Antworten erhalten. Für Sonnenanbeter ist ein wolkenloser Himmel wohl das höchste der Gefühle. Wer Sonnenschein von früh bis spät sucht, ist im Burgenland gut aufgehoben. Das Burgenland gehört zu den sonnenreichsten Regionen in Österreich. So sind im Nordburgenland, etwa rund um Bruckneudorf, mehr als 2.000 Stunden Sonnenschein im Jahr zu erwarten. Rund um den Neusiedler See scheint die Sonne durchschnittlich 1.900 Stunden im Jahr. Die meisten davon, nämlich rund 250, kann man im Juli genießen. Wer es gerne warm, oder noch besser heiß hat, ist hier ebenfalls genau richtig. Das Burgenland ist eines von zwei Bundesländern, in denen schon einmal 40 Grad und mehr gemessen wurden. Das war am 8. August 2013, als zum ersten Mal seit Messbeginn in Österreich 40 Grad und mehr erreicht wurden. Dieser Wert wurde damals an drei von mehr als 250 Messstationen in ganz Österreich überschritten. Genau 40 Grad sind es im südburgenländischen Güssing gewesen, 40,3 in Neusiedl am See. Der absolute Österreich-Rekord ging ganz knapp an Niederösterreich, wo es in Bad Deutsch-Altenburg 40,5 Grad waren. Aufgrund des Klimawandels und der globalen Erwärmung denke ich, dass wir die 40 Grad in den nächsten Jahren durchaus öfter erleben werden, dazu aber später mehr. Bezüglich der Hitze müssen es aber nicht immer Rekorde sein. Vielen reichen ja schon 25 Grad. Tage mit 25 Grad oder mehr werden meteorologisch „Sommertage" genannt. Davon gibt es in Eisenstadt durchschnittlich 60 pro Jahr, am See sind es zehn Prozent mehr. In Neusiedl gibt es sogar 66 heiße Tage, das sind Tage mit 30 Grad und mehr, im Burgenlanddurchschnitt gibt es diese rund 15 Mal im Jahr. Für alle, die sich den Wind als zügigen Begleiter für Freizeitaktivitäten wie Segeln, Surfen und Kiten wünschen, bietet der Neusiedler See ideale Verhältnisse.

Lufttemperatur: Neusiedl am See

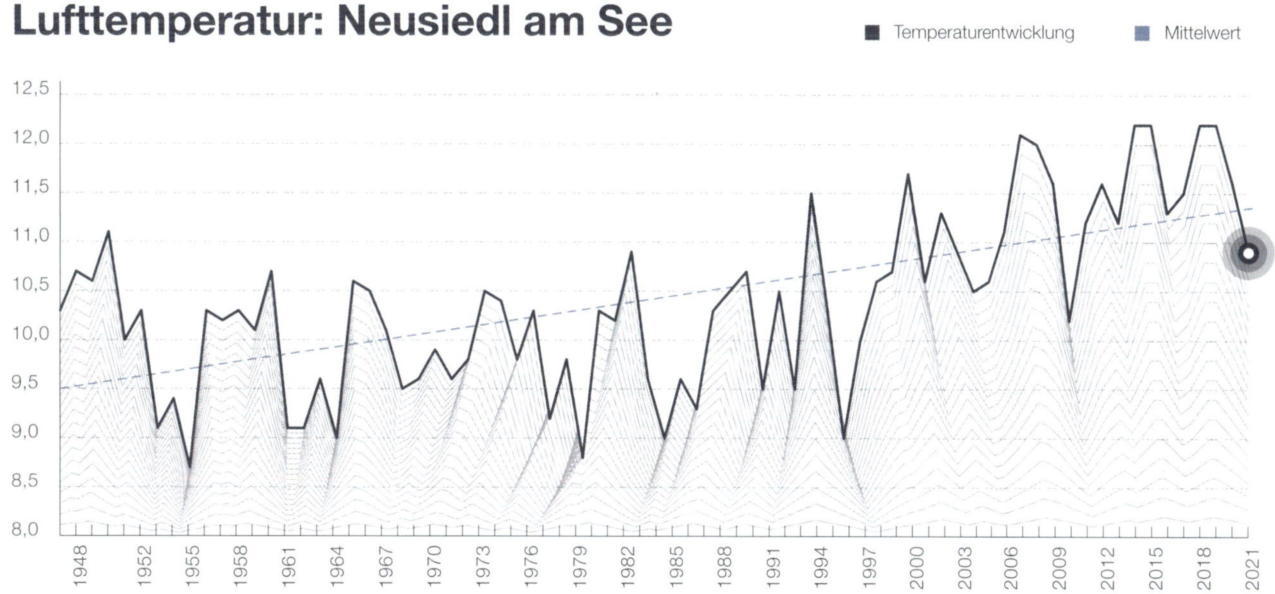

Abb. 1: Temperaturentwicklung seit 1948

Anstieg der durchschnittlichen Jahrestemperatur in Neusiedl am See von 9,5 auf 11,3 Grad Celsius.

Denn es gibt ausreichend viele windige Tage am See. An durchschnittlich 18 Tagen im Jahr dürfen Wassersportler sogar mit Windstärke 6 oder mehr rechnen. Das sind zugleich jene Tage, wo man auf die aktuelle Sturmwarnung rund um den See achten und diese auch ernst nehmen sollte. Der Wind ist übrigens auch extrem wichtig für die Stromerzeugung im Burgenland und hilft mit, stromautark zu sein.

Trotz der Sonne, Hitze und des Windes im Sommer kann es im Burgenland im Winter zwar schön, aber auch kalt sein. Temperaturen unter null sind keine Seltenheit, selbst strenger Frost ist im Burgenland nicht unbekannt. In Kleinzicken etwa wurden im Jänner schon einmal unter minus 26 Grad gemessen. Auch am Neusiedler See, ja sogar in Eisenstadt kann das Thermometer unter minus 20 Grad anzeigen. Und das vielleicht öfter, als man glauben würde. In der Hauptstadt fällt die Temperatur an knapp 80 Tagen im Jahr unter null Grad, an 22 Tagen davon bleibt es auch tagsüber frostig. Ein Umstand, der den Neusiedler See fast jedes Jahr zumindest für ein paar Tage zu einem der schönsten Eislaufplätze Österreichs macht. Was den Regen betrifft, zählt das Burgenland zu den niederschlagsärmeren Regionen Österreichs.

Der meiste Regen fällt im Westen des Landes. Entlang der Alpen, für den Osten, bleibt bei klassischen Fronten meist nur deutlich weniger davon übrig. Das war bislang jedoch immer noch ausreichend, um den burgenländischen Wein so gut gedeihen zu lassen, auch wenn sich der Weinbau durch die klimatischen Veränderungen auf neue Herausforderungen einstellen muss. Bei den Regenmengen gibt es im Burgenland doch recht beachtliche Unterschiede. So ist es im Nordburgenland deutlich trockener als im Südburgenland. Und fällt der Niederschlag einmal in fester Form, also als Schnee, kann es selbst um den Neusiedler See sehr winterlich werden. So sind in Neusiedl schon einmal 40 Zentimeter Schnee gelegen, was freilich eine Ausnahme war. Aber auch bei weniger Schnee kann das in Kombination mit Wind und Schneeverwehungen zum Verkehrsproblem werden. Dann muss die B 50, die in Nord-Süd-Richtung durch das Burgenland führt, mühsam freigeschaufelt werden.

Abschließend noch ein Blick auf die Gewitterkarte: Die größte Wahrscheinlichkeit für Gewitter gibt es in den südlichen Teilen des Burgenlandes, hier blitzt und donnert es durchschnittlich an mehr als 30 Tagen im Jahr. In Richtung Eisenstadt oder Neusiedler See bilden sich hingegen nur an knapp 20 Tagen Gewitter.

Das Wetter im Burgenland ist, über das Jahr gesehen, also sehr abwechslungsreich und auch sehr unterschiedlich. Eines wird dabei klar: Wie auch immer man perfektes Wetter definiert, im Burgenland wird man es finden. Das Wetter am Neusiedler See unterscheidet sich deutlich von jenem im restlichen Österreich. Die Temperatur ist höher, die Niederschlagsmengen sind geringer.

Wie entsteht dieses „andere" Wetter im Osten Österreichs?

Um das klarer zu sehen und zu verstehen, hilft ein Blick auf eine Landkarte oder in den Atlas mit Blick über die Grenzen Österreichs hinaus.
Durch die Lage im Zentrum Europas treffen genau in Österreich drei unterschiedliche Klimazonen aufeinander. Von Westen her reicht das atlantische und alpine Klima weit hinein nach Österreich. Es zeichnet sich durch deutlich mehr Niederschlag aus – im Sommer in Form von Regen, im Winter meist als Schnee –, den atlantische Fronten bringen. Da aber die Alpen im Osten Österreichs ihr Ende finden, wird der atlantische Einfluss auf unser Wetter und unser Klima immer geringer.

Die Wolken regnen sich auf dem Weg nach Osten an den Alpen aus, für das Burgenland und speziell den Neusiedler See bleibt da meistens nicht mehr viel oder gar nichts übrig.

Von Süden her spüren wir den Einfluss des mediterranen Klimas. In Kärnten, der südlichen Steiermark und im Südburgenland sogar sehr stark, in abgeschwächter Form auch bis zu den südlichen Teilen des Neusiedler Sees.

Im Großen und Ganzen werden der See und die Region rund um den See allerdings vom pannonischen Klima beeinflusst. Das pannonische Klima gilt als typisches kontinentales Klima der gemäßigten Zone, dazu gehört das warme sowie auch trockene Klima. Dieses Klima ist auch maßgeblich verantwortlich für die spezielle pannonische Flora. Die Kombination aus dem pannonischen Klima und dem Neusiedler See bietet hier einer großen Anzahl von Pflanzen und Tieren einen unvergleichlichen Lebensraum. Neben dem See mit seinem riesigen Schilfgürtel wird das Landschaftsbild vor allem durch die seichten, salzhaltigen Gewässer des Seewinkels geprägt. Diese sogenannten Lacken sind von Salzsümpfen, Salzsteppen, Trockenrasen und stellenweise auch Niedermooren umgeben. Der Schilfgürtel des Neusiedler Sees ist eines der größten Schilfgebiete Europas und beherbergt eine Fülle von Vogelarten, die eng an die besonderen Gegebenheiten angepasst sind. Als echter Steppensee, übrigens der westlichst gelegene in Europa, unterliegt er starken Wasserstandsschwankungen, die zwischen völliger Austrocknung und tiefer Überflutung pendeln. Da der See ursprünglich abflusslos war, ist er leicht salzhaltig. Ein weiteres, besonderes Kennzeichen des Sees ist seine Trübe: Salzgehalt, geringe Wassertiefe und die ständige Windbewegung sorgen dafür, dass winzige Mineralteilchen in Schwebe bleiben und das an sich saubere Wasser des Sees undurchsichtig bleibt. Diese besondere Flora und Fauna gibt es hier, wie den Neusiedler See selbst, seit 13.000 Jahren, also seit dem Ende der letzten Eiszeit.

Der Treibhauseffekt – und wie wir ihn verstärken

So weit klingt das alles gut und schön. Vor allem auch, weil das Klima seit der letzten Eiszeit auf der gesamten Erde und auch in Österreich, abgesehen von kleineren Schwankungen, mehr als 10.000 Jahre lang sehr stabil gewesen ist. Regionale Veränderungen haben sich bislang in Grenzen gehalten. Auch im Burgenland konnte man sich darauf verlassen, dass sich das Wetter von einem auf das nächste Jahr auf sehr ähnliche Weise wiederholen wird.

Das schaut heute gänzlich anders aus, wir befinden uns in einem sehr raschen Klimawandel, den wir Menschen verursachen. Durch den Ausstoß von Treibhausgasen verstärken wir den natürlichen Treibhauseffekt. Dieser Treibhauseffekt wurde bereits im Jahr 1824 vom französischen Mathematiker und Physiker Joseph Fourier entdeckt und 1896 vom schwedischen Physiker und Chemiker Svante Arrhenius genauer beschrieben. Von der Sonne kommt kurzwellige Strahlung auf die Erde. Es handelt sich hierbei um elektromagnetische Strahlung im sichtbaren Bereich, wir können die Sonnenstrahlen sehen. Diese kurzwellige Strahlung hat den Riesenvorteil, dass sie ungehindert durch die Atmosphäre dringt und fast vollständig an der Erdoberfläche ankommt. Hier wird sie in langwellige Wärmestrahlung umgewandelt, diese Strahlen befinden sich im infraroten Wellenbereich und sind für uns Menschen nicht sichtbar. Die Erde wandelt also die kurzwellige Sonnenstrahlung in langwellige Wärmestrahlung um und schickt diese zurück nach oben.

Die langwellige Wärmestrahlung findet aber nicht so einfach durch die Atmosphäre heraus wie die Sonnenstrahlung hinein. Sie kann nur teilweise passieren und durch die Atmosphäre dringen. Ein Teil wird zurückgeworfen, und das erwärmt die Erde. Das ist der Treibhauseffekt. Den gab es schon immer, und er ist notwendig und gut: ohne Treibhauseffekt hätte es auf unserer Erde eine mittlere Temperatur von minus 18 Grad. Durch den Treibhauseffekt beträgt die globale Mitteltemperatur hingegen rund plus 15 Grad. Der Treibhauseffekt macht also das Leben auf der Erde erst möglich, er sorgt für eine Erwärmung um 33 Grad.

Was die langwellige Wärmestrahlung daran hindert, so einfach durch die Atmosphäre auszutreten, wie die Sonnenstrahlung hereinkommt, sind die sogenannten Treibhausgase. Zu diesen Treibhausgasen zählen Wasserdampf, Kohlenstoffdioxid, Methan, Lachgas und Ozon.

Abb. 2: Niedrigwasserstand im Neusiedler See im Sommer 2022

In extremen Jahren sinkt der Wasserstand um bis zu einem halben Meter. Die natürliche Schwankungsbreite des Sees wird durch anthropogene Eingriffe und den Klimawandel stark beeinflusst.

Der Treibhauseffekt ist wichtig, ohne ihn könnten wir gar nicht leben. Aber wir verstärken diesen Treibhauseffekt. Vor allem fügen wir der Atmosphäre Kohlendioxid (CO_2) und Methan (CH_4) zu. Dies geschieht durch unterschiedliche Tätigkeiten wie etwa die Verbrennung fossiler Treibstoffe, den Reisanbau, das Auftauen von Permafrostböden, auch durch Rinderzucht verstärken wir diesen Treibhauseffekt, und das immer mehr. Dieser vom Menschen verursachte Treibhauseffekt wird „anthropogener Treibhauseffekt“ genannt. Der aktuelle Effekt setzt sich also aus einem „natürlichen“ Anteil und einem „menschengemachten“ oder eben anthropogenen Anteil zusammen. Kohlendioxid entsteht zum Beispiel bei der Verbrennung fossiler Energieträger. Und das machen wir tagtäglich in großen Mengen und auf viele Arten. Wir erzeugen CO_2, wenn wir mit unseren Benzin- oder Dieselautos fahren, teilweise auch beim Heizen. CO_2 entsteht auch bei einigen Arten der Stromerzeugung sowie in der Industrie.

Ist das Kohlendioxid einmal da, dann bleibt es auch. CO_2 hat eine Verweildauer von rund 120 Jahren in der Atmosphäre. Das bedeutet, selbst wenn wir unsere CO_2-Produktion drosseln oder sogar stoppen, bleibt uns das vorhandene Gas noch ziemlich lange erhalten. Die Menge an CO_2, die wir pro Jahr erzeugen, ist übrigens gigantisch. Es sind über 30 Gigatonnen. Das ist eine Zahl, bei der hinter der Drei noch zehnmal die Null folgt.

Der Klimawandel ist im Burgenland angekommen

Durch den menschengemachten Klimawandel hat sich unsere Erde, oder besser gesagt, unsere Atmosphäre erwärmt. Diese Erwärmung ist messbar und deutlich, sie beträgt im globalen Mittel bereits gut ein Grad. Der Klimawandel ist aber längst auch in Österreich und im Burgenland angekommen und nicht zu übersehen. Wir sind doppelt so stark von der Erwärmung betroffen wie Regionen im globalen Mittel. In Österreich ist die Temperatur bereits um zwei Grad angestiegen.

Mittlere Jahrestemperatur in °C

Station Halbturn

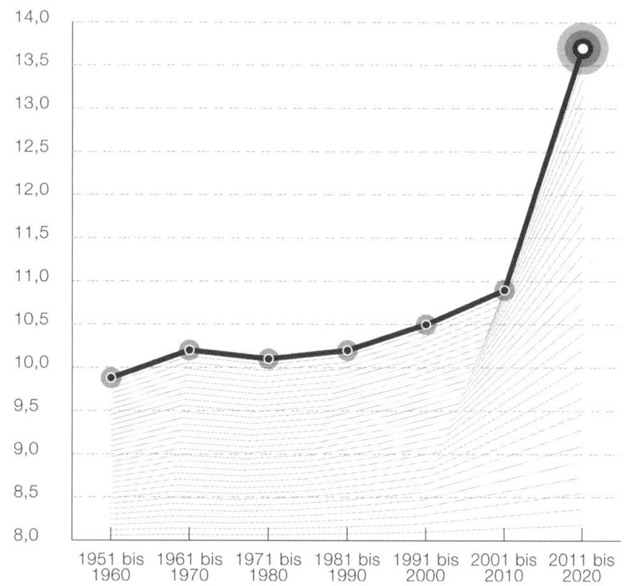

Station Ungarisch-Altenburg (Mosonmagyárovár)

Abb. 3: Temperaturanstieg

(Oben:) Steiler Temperaturanstieg. Die Messstelle Halbturn zeigt seit zwei Jahrzehnten Rekordwerte. (Unten:) Bis in die 1950er-Jahre war der Anstieg der mittleren Jahrestemperatur relativ flach. Zur Verfügung gestellt von Herbert Brettl.

Zwei Grad plus in der Jahresmitteltemperatur bedeuten bereits eine gravierende Änderung des Klimas im Burgenland. Zwei Grad mehr oder weniger spüren wir beim Wetter nicht. Ob es an einem Sommertag 31 oder 33 Grad hat, macht für uns kaum einen Unterschied. Eine Änderung der Jahrestemperatur um zwei Grad führt hingegen dazu, dass wir immer öfter Dinge erleben, die es so noch nie zuvor gegeben hat. Dazu gehört, dass wir 2013 eben zum ersten Mal im Burgenland 40 Grad und mehr gemessen haben, oder eine Zunahme heißer Tage und warmer Nächte erleben. Blicken wir etwa zurück in das Jahr 2018 und betrachten die Zahl der Sommertage, also jener Tage – unabhängig von der tatsächlichen Jahreszeit – mit 25 Grad Celsius und mehr. Im Jahr 2018 gab es in Andau im Hanság 127 solcher Tage. Der alte österreichische Rekord, gemessen in Leibnitz im Jahr 2003, lag bei 120 Tagen. Das bedeutet, wir hatten 2018 eine ganze Woche Sommer mehr als im Hitzesommer vor 15 Jahren – und auch der war alles andere als normal. Ähnliches ließe sich an anderen Orten beobachten: Eisenstadt hat im langjährigen Durchschnitt 66 Sommertage, im Jahr 2018 waren es 110. Das ist nicht ein bisschen mehr, das ist gewaltig.

Extremwetter-Ereignisse nehmen zu

Die Klimaerwärmung hat im Burgenland aber auch andere Folgen und Auswirkungen auf das Wetter. So nehmen Extremwetter-Ereignisse zu. Das ist einfach zu verstehen. Eine heißere Atmosphäre bedeutet auch mehr Energie und diese Energie entlädt sich, wenn sie einen bestimmten Schwellwert erreicht hat – manchmal in Form von kräftigen Stürmen, manchmal durch starke Gewitter mit Hagel.

Eine, gerade für die Region rund um den Neusiedler See, schwerwiegende Folge des Klimawandels ist die Veränderung unserer Strömungsmuster durch die Erwärmung. Diese Erwärmung findet nämlich nicht gleichmäßig auf der gesamten Erde statt. Die Nordhalbkugel erwärmt sich derzeit stärker als die südliche. Das liegt vor allem daran, dass es auf der Südhalbkugel mehr Meeresflächen gibt und sich Wasser langsamer erwärmt als Landflächen, das Wasser dämpft hier und verzögert dadurch die Erwärmung derzeit noch.

Auf der Nordhalbkugel erwärmen sich die Regionen rund um die Arktis deutlich schneller als in unseren Breiten. Dies führt dazu, dass sich der Temperaturgegensatz zwischen der Polregion und den südlicheren Teilen verringert. Dadurch kommt es zu Veränderungen in unseren Strömungsmustern, also der räumlichen und zeitlichen Verteilung unserer Wettersysteme wie etwa Hoch- und Tiefdruckgebiete sowie Warm- und Kaltfronten. Konkret für Österreich und das Burgenland bedeutet das, dass Hitzewellen und Trockenphasen sich ausdehnen, langsamer wandern und so länger bei uns verweilen. Regen fällt hingegen seltener und immer öfter in Form von kurzen, aber kräftigen Regenfällen, die der Boden dann kaum aufnehmen kann und die damit auch für die Landwirtschaft weniger gut sind.

Die beobachtbaren Folgen des Klimawandels in der Region Neusiedler See sind also steigende Temperaturen. Es wird wärmer, nicht nur im Sommer, und es gibt weniger Niederschlag. Besonders warm waren die Jahre 2015, 2018 und 2019 am Neusiedler See, die Temperatur lag hier um zwei Grad über dem langjährigen Durchschnitt von 1981 bis 2010. Nicht nur die wärmsten Jahre finden wir in den vergangenen Jahren, sondern auch sehr trockene. Hier brachten die Jahre 2015 und 2021 weniger als 545 Liter pro Quadratmeter, das bedeutet gut 100 Liter weniger pro Quadratmeter als üblich. Besonders trocken ist das Jahr 2019 in Erinnerung, damals lag das Niederschlagsdefizit bei 20 Prozent. Der Trend zur Trockenheit setzte sich 2022 in beispielloser Art fort. Vor allem der fehlende Winterniederschlag führte im Sommer zu einem historischen Tiefststand, der seit Messbeginn des Wasserstandes im Neusiedler See im Jahre 1965 noch nie da gewesen war. Wird sich dieser Trend fortsetzen? Führt der Klimawandel dazu, dass der Neusiedler See austrocknet?

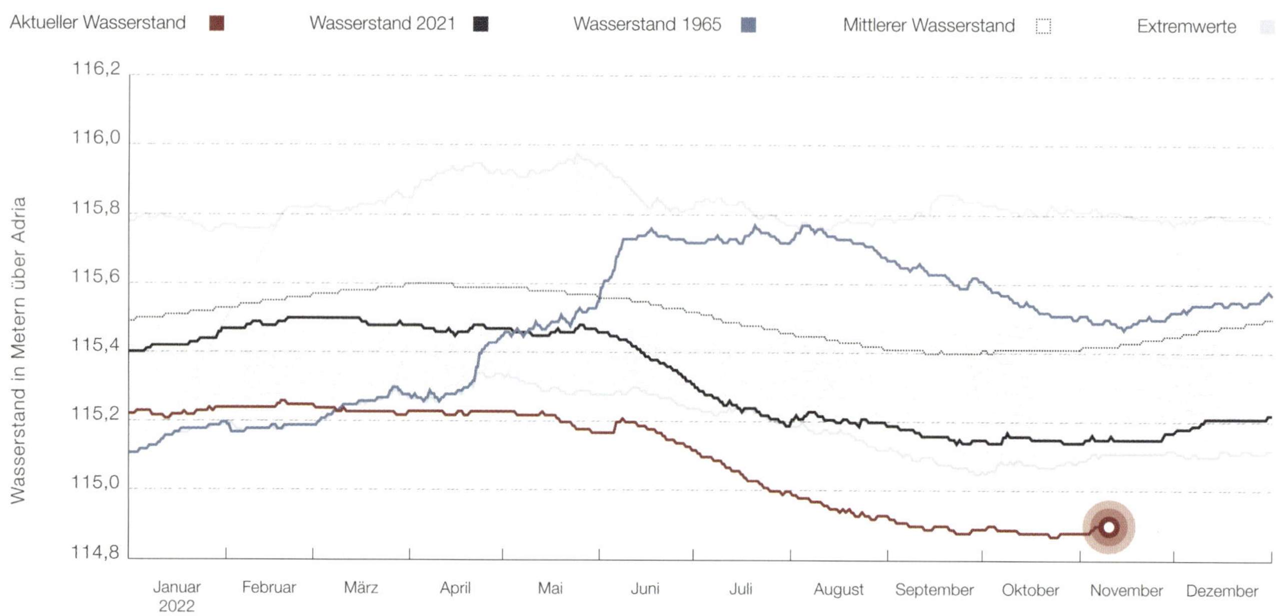

Abb. 4: Die Wasserstände des Neusiedler Sees im Vergleich von 1965, 2021, 2022

Die Daten aus dem Wasserportal zeigen für das Jahr 2022 einen Wasserstand von etwa 50 Zentimeter unter dem langjährigen Mittel.

Klimaszenarien – Wir haben es in der Hand

Bisher haben wir hier in die Vergangenheit geschaut, und diese lässt sich mit Daten und Fakten, mit Messungen und Beobachtungen klar und eindeutig darstellen. Übrigens viel besser, als es mit unseren Erinnerungen möglich wäre. Wenden wir nun aber den Blick in die Zukunft, so sind Aussagen über die weitere Entwicklung mit Unsicherheit behaftet. Das kennt man auch von Wetterprognosen. Trotz modernster Berechnungsmethoden, verbesserter technischer Möglichkeiten und wachsendem Wissen über die Physik der Atmosphäre stimmen Wettervorhersagen nicht immer zu hundert Prozent. Sehr ähnlich verhält es sich mit Aussagen über das Klima und dessen zukünftige Veränderungen. Beim Klima kommt noch ein entscheidender Faktor dazu. Die zukünftige Entwicklung von Klima und Wetter in unserer Region hängt davon ab, wie wir uns verhalten. Ändern wir nichts, beharren wir auf alten Gewohnheiten und tun weiter wie bisher (business as usual), dann werden sich unser Klima und Wetter weiterhin nachteilig verändern. Nur wenn wir Klimaschutz ernst nehmen, Gegen- und Anpassungsmaßnahmen ergreifen und unsere Treibhausgas-Emissionen reduzieren, können wir die Erderwärmung bremsen und im besten Fall die Temperatur sogar wieder stabilisieren. Bei Aussagen über das Klima unserer Zukunft handelt es sich allerdings nicht um Prognosen, sondern um sogenannte Szenarien. Je nachdem, wie wir handeln, wird das unterschiedliche Ergebnisse zeigen und uns eine andere Zukunft bringen. Da wir in Österreich, aber auch weltweit, derzeit noch steigende CO_2-Emissionen haben, also jedes Jahr mehr Treibhausgase ausstoßen als im Jahr zuvor, werden sich mögliche Effekte erst spät und verzögert einstellen.

Daraus wird klar, dass die Temperatur auch in Zukunft ansteigen wird. Es wird noch wärmer werden. Im Burgenland wird die Temperatur sowohl im Winter als auch im Sommer etwa gleich stark weiter zunehmen. Bis zum Jahr 2050 wird die Änderung menschlicher Verhaltensweisen kaum Effekte haben: Machen wir weiter wie bisher, steigt die Temperatur um weitere 1,5 Grad an. Selbst im Fall weiterer Klimaschutz-Maßnahmen und einer Reduktion von Treibhausgas-Emissionen wird es um 1,3 Grad wärmer werden.

Das bedeutet in beiden Fällen, dass wir im Jahr 2050 in Wien und Eisenstadt bereits ein Klima vorfinden wie heute in Skopje und dass es rund um den Neusiedler See Bedingungen gibt wie derzeit im Umland der Hauptstadt von Nordmazedonien. Die Klimazone würde also rund 1.000 Kilometer weit in den Norden wandern, was eine komplette Veränderung unserer Vegetation und Landwirtschaft bedeuten würde. Veränderungen, auf die wir derzeit noch überhaupt nicht vorbereitet sind.

Die Klimazone würde bis 2050 rund 1.000 Kilometer weit in den Norden wandern, was eine komplette Veränderung unserer Vegetation und Landwirtschaft bedeuten würde. Veränderungen, auf die wir derzeit noch überhaupt nicht vorbereitet sind.

Betrachten wir den Zeitraum von 2071 bis 2100, werden die Unterschiede der beiden Szenarien hingegen sehr deutlich. In diesem Zeitraum würde sich der Klimaschutz bereits auswirken und die Erwärmung bei etwa zwei Grad begrenzt werden. Ändern wir nichts, würde der Temperaturanstieg deutlich stärker ausfallen und rund vier Grad, also doppelt so viel, betragen. Dabei würde die Temperatur im Winter etwas deutlicher ansteigen als im Sommer.
Ein ebenso interessantes wie wohl auch überraschendes Bild zeigt die Betrachtung der Entwicklung des Niederschlages im Burgenland. Die Klimamodelle zeigen für die nähere Zukunft bis 2050, aber auch für die fernere Zukunft bis 2100 eine Zunahme der Niederschlagsmengen.

Abb. 5: Trockene Lackenbecken schon im Frühjahr

Um Wochen früher als sonst fallen die Salzlacken trocken. Hier die Zicklacke im Nationalpark-Teilgebiet Illmitz-Hölle im Mai 2021.

Allerdings ist es aufgrund der größeren zeitlichen und geografischen Schwankungen beim Niederschlag schwieriger, Vorhersagen zu treffen, als dies bei der Entwicklung der Temperatur der Fall ist. Die Ergebnisse sind also mit einer größeren Unsicherheit behaftet.

Die Klimamodelle rechnen jedenfalls mit einer Steigerung der Niederschlagsmengen zwischen sechs und sieben Prozent bis zum Jahr 2050 und mit einer Steigerung von gut zehn Prozent bis zum Ende des Jahrhunderts. Die Signale für mehr Niederschlag sind dabei im Winter ausgeprägter als im Sommer. Für den Wasserhaushalt des Neusiedler Sees ist gerade der Winterniederschlag entscheidend, denn im Sommer verdunstet immer mehr Wasser, als durch Regen wieder in den See zurückkommt.

Die Rechenmodelle und Klimaszenarien geben uns also einen leicht optimistischen Ausblick, dass der Niederschlag am Neusiedler See und in der Region in Zukunft mehr wird. Diese Zukunft liegt allerdings in der zweiten Hälfte unseres Jahrhunderts und ist mit großen Unsicherheiten verbunden.

Die Frage, die zu stellen bleibt, ist:
Was machen wir bis dahin?

2. Das Seegebiet verstehen

2. Wasserqualität und Gewässerökologie: Von der Empfindlichkeit eines Steppensees

Autoren: Georg Wolfram; Alois Herzig, Matthias Zessner

Der Neusiedler See ist als Steppensee eine limnologische Besonderheit, die es in Mitteleuropa nur einmal gibt. Doch was genau verbirgt sich hinter dem Begriff „Steppensee"? Durch welche ökologischen Faktoren ist er geprägt und welche Auswirkungen haben menschliche Einflüsse auf die Hydrologie und den Chemismus des Sees? Ein Beitrag über ein komplexes Ökosystem und die Frage, wie sich eine mögliche Dotation mit Fremdwasser auswirken würde.

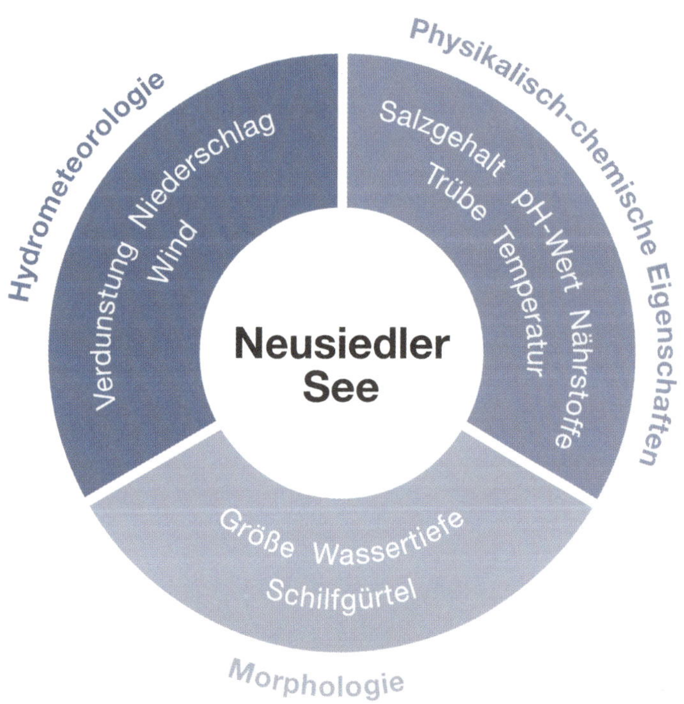

Abb. 1: Faktoren – Was macht den Neusiedler See aus?

Dargestellt sind die prägenden Faktoren, die die ökologischen Verhältnisse am Neusiedler See beeinflussen.

NATÜRLICHE EINFLUSSFAKTOREN: WIE FUNKTIONIERT DER SEE?

Ein Steppensee in Mitteleuropa

Der Neusiedler See wird gemeinhin als Steppensee bezeichnet, weil er tatsächlich eine Reihe von Merkmalen großer und flacher Seen Zentralasiens oder Afrikas aufweist. Zum Teil in hydrologischer und chemischer Hinsicht, aber auch hinsichtlich der Lebensgemeinschaften. Doch was verbirgt sich genau hinter dem Begriff „Steppensee"? Was macht den See zur limnologischen Besonderheit, die es in Mitteleuropa nur einmal gibt?

Man kann diese Frage nicht beantworten, ohne sich die prägenden Einflussfaktoren bewusst zu machen, denn diese bilden gewissermaßen die Bühne, auf der sich die ökologischen Prozesse abspielen und die den Lebensraum für eine einzigartige aquatische Tier- und Pflanzenwelt darstellt. Das Verständnis dieser ökologischen Prozesse ist unerlässlich, um die Wasserqualität des Sees beurteilen und mögliche Auswirkungen von wasserwirtschaftlichen Maßnahmen auf den ökologischen und chemischen Zustand des Neusiedler Sees abschätzen zu können. Die Ökologie des Neusiedler Sees ist im Wesentlichen von drei Faktoren geprägt: der Hydrometeorologie, der Morphologie und den physikalisch-chemischen Eigenschaften.

Hydrometeorologie: die Bedeutung der Niederschläge

Die meteorologischen und hydrologischen Rahmenbedingungen ergeben sich zunächst aus der geographischen Lage und dem Einzugsgebiet des Neusiedler Sees. Dieses Einzugsgebiet ist für einen See von so einer Größe erstaunlich klein und beträgt nur 1.116 Quadratkilometer – das ist weniger als das Dreifache der Fläche des Seebeckens mit 320 Quadratkilometern. Nennenswerte oberflächige Zuflüsse in den See sind daher nicht zu erwarten, und in der Tat trägt der größte Zufluss, die Wulka, mit etwas mehr als 30 Millionen Kubikmeter pro Jahr nur bescheidene 22 Prozent zur gesamten Wasserbilanz des Sees bei. Wesentlich bedeutender sind die Niederschläge, die jedoch von Jahr zu Jahr stark schwanken können. Das gilt genauso für die Verdunstung, die im trockenen und warmen Klima am Westrand der Ungarischen Tiefebene im langjährigen Mittel den Niederschlag übersteigt – mit der Konsequenz, dass der See nach mehreren hydrologisch ungünstigen Jahren vollständig austrocknen kann, das geschah zuletzt vor rund 150 Jahren.
Dazu kommt als weiterer wichtiger Punkt das Fehlen eines natürlichen oberflächigen Abflusses, was den See zu einem Endsee oder „endorheischen System" macht. Solche Endseen finden wir häufig in Steppenregionen, wo viele Seen ebenfalls stark durch Niederschlag und Verdunstung geprägt sind und oberflächige Zu- und Abflüsse eine untergeordnete Rolle spielen. Möglicherweise stellte sich die hydrologische Situation vor 1800 noch etwas anders dar. Soweit die alten Karten das erkennen lassen, gab es bis zum Jahr 1780 im Südosten noch regelmäßige Zuflüsse von Rabnitz und Ikva in den damals noch dem See zuzurechnenden Hanság und von dort einen Abfluss – oder sollten wir sagen: ein Ausufern? – in Richtung Donau. Fraglich ist allerdings, wie weit das die Charakteristik des Sees im heutigen Seebecken betraf. Es ist anzunehmen, dass sich der eigentliche See immer schon hydrologisch, aber auch limnologisch vom Sumpfgebiet des Hanság unterschied und auch damals schon Steppensee-Charakter hatte. Wie hätte er auch mit Zuflüssen aus der Rabnitz in den 1860er-Jahren austrocknen können? Dennoch ist die Tatsache, dass es früher einerseits Zuflüsse aus dem Rabnitz-System in den Südteil des Sees gab, und dass andererseits rückstauende Hochwasser von Donau und Raab den See sporadisch „dotiert" haben, in der Diskussion um eine Wasserzufuhr in den See nicht außer Acht zu lassen.

Morphologie: die Gestalt des Sees

Das Seebecken: extrem flach

Der zweite Schlüsselfaktor am Neusiedler See ist dessen Morphologie. Je nach Wasserstand weist der See eine mittlere Tiefe von rund einem bis 1,4 Meter auf und ist damit – bezogen auf die Fläche des offenen Sees (rund 150 Quadratkilometer) – extrem flach. Damit ist der offene See Wind und Wellen ausgesetzt, die den gesamten Wasserkörper bis zum Sediment umwälzen und aufwirbeln können. Feine Sedimentpartikel setzen sich daher nur in strömungsberuhigten Regionen ab, beispielsweise in Buchten oder im Schilfgürtel. Im offenen See hingegen besteht ein ständiger Wechsel von Sedimentation und Erosion. Eine Folge davon ist eine nur wenige Zentimeter dicke Sedimentschicht im offenen See, aber auch die charakteristische Trübe des Neusiedler Sees.

Zur Morphologie des Sees gehört natürlich auch der Schilfgürtel, dessen Bedeutung als Strukturgeber und nischenreicher Lebensraum für die Tierwelt des Sees kaum zu überschätzen ist. Ein Austausch zwischen offenem See und Schilfgürtel erfolgt (bei ausreichend hohem Wasserstand) über die zahlreichen Kanäle, die den Schilfgürtel durchziehen. Über die Kanäle wird trübes Seewasser in die schilfbewachsenen Uferbereiche transportiert, wo die Schwebstoffe und die an diese gebundenen Nährstoffe rasch absinken. Der Motor hinter diesen Strömungen in den Schilfgürtel ist eine beständige Kippbewegung des Seespiegels, die durch kräftige Nordwest- oder Südostwinde hervorgerufen wird und Pegelunterschiede von über einem Meter zwischen Neusiedl und Apetlon bewirken kann. Die Sedimentation der Schwebstoffe im Schilfgürtel hat zur Folge, dass das Wasser in den Rohrlacken und Schilfkanälen zumeist klar ist, wenn auch durch Huminsäuren orange-braun gefärbt.

Abb. 2: Schilfgürtel landseitig

Das durch Huminsäuren gefärbte, klare Wasser im Schilfgürtel unterscheidet sich deutlich vom trüben Wasser im offenen See.

Der Schilfgürtel: keineswegs einheitlich

Auch wenn der See von außen betrachtet recht einheitlich erscheint, gibt es sowohl im Schilfgürtel wie auch im freien See deutliche räumliche und strukturelle Unterschiede, die für die Lebensgemeinschaften dieses Ökosystems von Bedeutung sind. Augenscheinlich wird dies im Vergleich des Sediments im Nordwesten mit jenem am Ostufer. Während man dort auf festem, sandigem, teilweise sogar kiesigem Seeboden durchs Wasser waten kann, versinkt man am Westufer mehrere Dezimeter tief im weichen Schlamm. Was dem Badegast mehr oder weniger angenehm erscheinen mag, bedeutet für die Bewohner des Seebodens (Wirbellose wie Schnecken, Egel, Kleinkrebse oder Insektenlarven) fundamental unterschiedliche Lebensbedingungen und in der Folge für Fische ein unterschiedliches Nahrungsangebot.

Wenn man unter dem Stichwort Morphologie den Schilfgürtel und das Sediment anführt, sollen auch die untergetauchten Höheren Wasserpflanzen (Makrophyten) nicht unerwähnt bleiben. Sie stellen natürlich für sich genommen eigene Lebensgemeinschaften dar, bieten aber auch für zahlreiche andere Arten unter den Wirbellosen und Fischen eine wertvolle Struktur, vor allem im freien See. Sie dienen einerseits als Nahrung und werden andererseits als Laichplatz oder Kinderstube für Jungfische genutzt.

Vernetzung mit dem Umland

Ein noch ungenügend untersuchter Aspekt ist die Vernetzung des Sees mit dem Umland. Das betrifft zunächst die wenigen Seezubringer wie die Wulka, den Golser Kanal oder den Kroisbach (ungarisch Rákos-patak). Es ist nicht auszuschließen, dass den Mündungsbereichen der genannten Bäche vor der starken Ausdehnung des Schilfgürtels in der ersten Hälfte des 20. Jahrhunderts eine größere Bedeutung zukam, als das heute der Fall ist. Zumindest für die Fische im Bereich der Wulkamündung ist aber auch heute noch nachweislich ein gewisser Austausch zwischen Fluss und See gegeben.

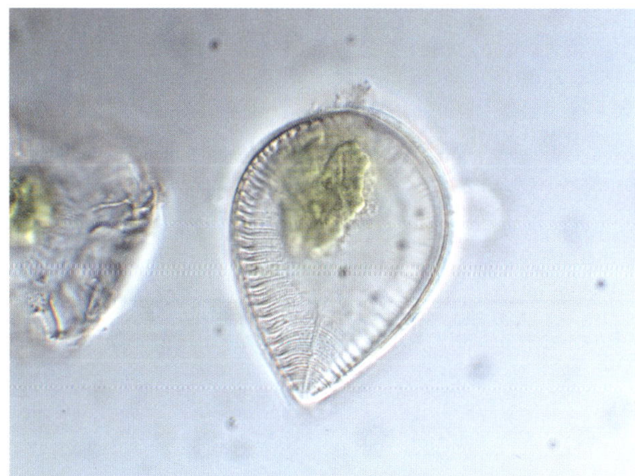

Abb. 3–5: Aquatische Pflanzen

Oben: Höhere Wasserpflanzen (Makrophyten, sie werden oft fälschlicherweise für Algen gehalten, meist handelt es sich aber um Blütenpflanzen) sind wichtige Strukturgeber im Freiwasser. Mitte: Mikroskopisch kleine Algen wie diese Kieselalge (Surirella peisonis) bilden das Phytoplankton. Unten: Algen können manchmal als Auftriebsflocken an die Oberfläche aufsteigen.

Bedeutender war vermutlich die ehemalige Anbindung an das Raab-Rabnitz-Flusssystem, nicht zuletzt nach der letzten Austrocknung des Sees im 19. Jahrhundert. Nach 1870 erfolgte die Wiederbesiedlung des Sees vermutlich vor allem aus dem Südosten im Zuge eines Hochwassers. Nicht zuletzt entspricht auch die Fischartenzusammensetzung im Neusiedler See weitgehend jener von Ufer- und Aubereichen großer Flüsse wie Raab und Donau. Neben der punktuellen Verbindung von See und Umland an den Einmündungen der Zubringer sind die Übergangsbereiche am landseitigen Rand des Sees ökologisch spannend und wertvoll. Welche Bedeutung die hier anzutreffenden semiterrestrischen Arten für das Gesamtsystem haben, ist ungenügend bekannt. Für Fische spielen die flachen Uferbereiche jedoch im Frühjahr eine wichtige Rolle als Laichgebiete. Bei ausreichend hohem Wasserstand kann man häufig ein Plätschern in den seichten, landseitigen Schilfbereichen vernehmen, wenn Karpfen oder andere Arten sich fortpflanzen und ihre Eier ablegen. In dieser Uferzone sind Fischlarven nicht nur vor Fressfeinden geschützt, sie finden hier aufgrund der geringen Wassertiefe einen temperaturbegünstigten Lebensraum vor, in dem sie sich rasch entwickeln können. Zudem bieten zahlreiche kleine Planktonorganismen eine günstige Nahrungsbasis für die jungen Fische.

Physikalisch-chemische Eigenschaften: komplexes Zusammenspiel

Wassertemperatur: extreme Schwankungen

Die Wassertemperatur des Sees zeigt infolge der geringen Wassertiefe starke Schwankungen und kann sich innerhalb eines Tages um mehr als zehn Grad Celsius ändern. In windgeschützten seichten Wasserflächen im inneren Schilfgürtel werden Höchstwerte von bis zu 35 Grad erreicht – auch für angepasste und wärmetolerante Arten eine Extremsituation. Möglicherweise verstärkt die braune Farbe des Wassers im Schilfgürtel noch die Absorption des Lichts und damit die Aufwärmung.

Trübe: Funktion der Selbstreinigung

Im offenen See wird das Licht hingegen durch die milchige Trübe zu einem Gutteil reflektiert bzw. dringen die Sonnenstrahlen nur wenige Zentimeter unter die Wasseroberfläche. Dies limitiert maßgeblich den Aufbau von Biomasse durch Algen und Höhere Wasserpflanzen, die damit bei weitem nicht jene Produktion erreichen, die beim gegebenen Nährstoffangebot möglich wäre. Die Trübe hat jedoch noch eine andere Funktion: Sie bildet eine gigantische Ober-

Abb. 6: Karpfen beim Ablaichen

Bei hohem Wasserstand suchen Karpfen auch extreme Flachwasserbereiche in den überschwemmten Wiesen auf.

fläche für Bakterien und andere Mikroorganismen, die auf den Schwebstoffpartikeln einen Biofilm bilden. Dort erfolgt der Abbau der im See produzierten Biomasse, was entscheidend zur Selbstreinigung des Sees beiträgt. Wer also am Neusiedler See die Klarheit unserer Alpenseen vermisst, sollte sich bewusst machen, dass die milchige Trübe des Seewassers ganz entscheidend für die Wasserqualität des Sees ist.

Wie kommt es jedoch zu dieser Trübe? Die Schwebstoffe sind keineswegs nur das Resultat einer beständigen Aufwirbelung des Seebodens, sie werden vielmehr tagtäglich neu gebildet. Vergleicht man die Zusammensetzung des Flusswassers der Wulka mit jener aus dem See, so ist der Unterschied der Konzentration von gelöstem Calcium augenscheinlich. Dieser Wasserinhaltsstoff fällt durch die im See herrschenden chemischen Bedingungen weitgehend aus. Es bilden sich kleinste kolloidale Calcit-Kristalle (neben anderen, z. B. silikatischen Mineralpartikeln), welche das Wasser milchig-trüb einfärben. Die Trübe ist also das Ergebnis des Zuflusses von kalkreichem Flusswasser und das weiche Sediment vor allem im Nordwesten des Sees kann vereinfacht als Kalkschlamm bezeichnet werden. Stabilisiert wird die Trübe auch durch den hohen pH-Wert, der damit indirekt für den Abbau von organischem Material entscheidend ist.

Der häufigste Wasserinhaltsstoff im Neusiedler See ist jedoch nicht Calcium, sondern Natrium, das gemeinsam mit Hydrogenkarbonat Soda $Na2(CO3)$ oder Natron $Na(HCO3)$ bildet.

Wie für die ganze Region charakteristisch, beruht die hohe Natrium-Konzentration des Sees ganz wesentlich auf Mineralwasserquellen, also einem Zustrom aus dem Untergrund über Klüfte, die weit hinab zu tertiären marinen Sedimenten reichen. Der laufende Nachschub mit Salzen aus der Tiefe wie auch aus dem Einzugsgebiet macht den See in Kombination mit der hohen Verdunstung zu einem schwach salzhaltigen Sodasee.

Wie hoch ist nun der Salzgehalt des Sodasees Neusiedler See?

Vereinfacht kann der Salzgehalt über die elektrische Leitfähigkeit (mit der Einheit µS/cm, also Mikrosiemens pro Zentimeter) gemessen werden. Je mehr gelöste Salze oder Elektrolyte, desto höher die Leitfähigkeit. In der Regel weisen die Seen in Österreich Leitfähigkeiten von wenigen 100 Mikrosiemens pro Zentimeter auf.
Der Neusiedler See liegt mit rund 2.000 Mikrosiemens wesentlich höher. In isolierten Bereichen, wo die Verdunstung besonders zum Tragen kommt (z. B. in vom offenen See abgetrennten, flachen Wasserflächen des inneren Schilfgürtels), wurden sogar Werte von über 6.000 Mikrosiemens gemessen. Damit nähert sich der See bereits den Salzlacken des Seewinkels an. Wasseranalysen aus der ersten Hälfte des 20. Jahrhunderts zeigen, dass die Salzkonzentration im Neusiedler See zeitweise noch um ein Vielfaches höher lag. Liegt die Konzentration heute bei ein bis zwei Gramm pro Liter (maximal bei drei Gramm pro Liter), so wurden 1930 – zu einer Zeit extrem niedrigen Wasserstandes – bis zu 16 Gramm pro Liter gemessen. Der See erfuhr im Laufe des 20. Jahrhunderts eine markante Aussüßung, die vermutlich mitverantwortlich war für die starke Ausdehnung des Schilfgürtels. Dennoch wäre es nicht richtig, die genannten 16 Gramm pro Liter als Sollwert für den Salzgehalt des Sees anzugeben. Langfristig betrachtet, zeichnete den See immer eine hohe Schwankungsbreite im Chemismus aus, das heißt, es wechselten sich Zeiten niedriger Salzkonzentrationen bei hohen Wasserständen mit hohen Salzgehalten in extremen Niederwasserphasen ab, so wie zuletzt Ende der 1940er-Jahre.

Für die Lebensgemeinschaften, aber auch die Wasserqualität des Sees ist der Salzgehalt und die chemische Zusammensetzung des Wassers von großer Bedeutung. Die Tier- und Pflanzenarten des Neusiedler Sees müssen eine gewisse Salztoleranz aufweisen, um mit den Bedingungen im See zurechtzukommen.

Ein hoher Salzgehalt bewirkt einen hohen osmotischen Druck, dem die Organismen auf zellulärer Ebene etwas entgegenzusetzen haben, damit sie durch Wasserverlust nicht „verdursten". Es verwundert daher nicht, dass es im Neusiedler See einige Arten gibt, die auch aus Salzgewässern mit höheren Konzentrationen und insbesondere aus anderen Sodaseen bekannt sind. Dazu gehört beispielsweise der zu den Kleinkrebsen zählende Arctodiaptomus spinosus. Auch unter den mikroskopisch kleinen Panzerflagellaten und Kieselalgen gibt es salztolerante Arten, so zum Beispiel Chaetoceros muelleri oder Surirella peisonis. Der Salz- bzw. der Sodagehalt des Seewassers hängt eng mit dem pH-Wert zusammen. Er liegt im See meist zwischen 8,5 bis 9 und damit über durchschnittlichen Werten anderer Oberflächengewässer in Österreich. Eine Folge des alkalischen Charakters des Seewassers ist die stabilisierende Wirkung des hohen pH-Wertes auf die Seetrübe.

Die Rolle der Nährstoffe

Ein übermäßiger Eintrag von Nährstoffen in Seen war in den 1970er- und 1980er-Jahren in Österreich ein großes Problem und auch am Neusiedler See ging die Zeit der Eutrophierung nicht spurlos vorüber. Aus dem Einzugsgebiet gelangten große Mengen an Phosphor in den See und kurbelten die Algenproduktion an. Im Unterschied zu den klaren Alpenseen verhinderte jedoch die Trübe ein übermäßiges Algenwachstum, dem also durch den Mangel an Licht eine Grenze gesetzt wurde. Dennoch wurden im freien See in den 1970er-Jahren erhöhte Konzentrationen von Blaualgen festgestellt, am Gewässerrand und im Schilfgürtel auch makroskopisch sichtbare fädige Algen.

Ein weiterer essenzieller Nährstoff für Algen und Höhere Wasserpflanzen ist Stickstoff, der im See komplexen Umsetzungsprozessen unterworfen ist. So wird beispielsweise Nitrat, das aus landwirtschaftlichen Flächen im Einzugsgebiet über die Wulka in den See eingeschwemmt wird, über mehrere Zwischenschritte in andere Stickstoffverbindungen umgewandelt und verlässt das aquatische Ökosystem schließlich als elementarer Stickstoff N_2 in die Luft (Denitrifikation).

Die Umsetzungsprozesse von Nährstoffen finden vor allem im Schilfgürtel statt, womit dessen Bedeutung als „Kläranlage" für den See evident wird: Er ist nicht nur Sedimentationsgebiet für Schwebstoffe und den daran gebundenen Phosphor, sondern ermöglicht auch eine effiziente Denitrifikation und sorgt damit für die Eliminierung von Stickstoff aus dem Ökosystem. Damit es im freien See nicht zu überhöhten Konzentrationen dieser beiden Nährstoffe und damit (ungeachtet der ungünstigen Lichtverhältnisse) zu einem verstärkten Algenwachstum kommt, ist ein effektiver Wasseraustausch zwischen offenem See und den Wasserflächen im Schilfgürtel unerlässlich.

Vermutlich lässt sich die Verlandung des Schilfgürtels bestenfalls noch verlangsamen, aber langfristig nicht mehr aufhalten.

Abbau organischer Materialien

Die beschriebenen Vorgänge zum Austrag und zur Reduktion von Phosphor und Stickstoff dürfen nicht darüber hinwegtäuschen, dass der See immer noch ein hochproduktives System darstellt, in dem alljährlich große Mengen an organischem Material produziert werden, das gilt vor allem und besonders augenscheinlich für das Schilf. Ebenso alljährlich wird das abgestorbene Schilf aber auch wieder abgebaut. Blätter und Halme werden zunächst mechanisch zerkleinert und sodann unter Einwirkung von Pilzen und anderen Mikroorganismen mineralisiert.

Doch dieser Prozess verbraucht Sauerstoff. Im offenen See besteht daran kein Mangel, da über die Atmosphäre durch Wind und Wellen beständig Sauerstoff nachgeliefert wird. Wie bereits erwähnt, dürfte hier auch – im Biofilm an der Oberfläche der Trübstoffe – ein Gutteil der Mineralisation des organischen Materials stattfinden. Im Schilfgürtel sieht die Situation anders aus. Die Schwankungen der Sauerstoffkonzentration sind größer und es kann auch längere Phasen geben, in denen im Schilfgürtel überhaupt kein gelöster Sauerstoff mehr messbar ist. Der Abbau des organischen Materials erfolgt dann nur mehr unvollständig. Das wird an der bereits erwähnten Braunfärbung des Wassers sichtbar. Sie rührt von Humin- und Fulvosäuren her, das sind langkettige organische Verbindungen, die sich einem Abbau hartnäckig widersetzen. Das letztlich auf diese Huminstoffe reduzierte, gelöste organische Material erreicht im Schilfgürtel ein Vielfaches der Konzentration im offenen See.

Doch was passiert mit dem organischen Material, das nicht einmal bis auf die Ebene der Huminsäuren zerkleinert wird? Nicht abgebautes Pflanzenmaterial, Cellulose und Lignin aus Schilffasern, abgestorbene Schilfrhizome – das alles verbleibt im Schilfgürtel, bildet dort einen Teil des Sediments und trägt letztendlich zur Bildung einer wachsenden Torfschicht bei. Dieser Prozess kann vermutlich durch einen verbesserten Wasseraustausch zwischen offenem See und Schilfgürtel bis zu einem gewissen Grad verlangsamt, aber wohl kaum dauerhaft gestoppt werden. Dabei stellt sich die Frage, warum der See und der Schilfgürtel heute überhaupt noch als solche existieren. Warum ist der See seit der letzten Eiszeit vor 12.000 Jahren nicht schon längst verlandet?

Eine Hypothese besagt, dass große Mengen an Feinsediment in Zeiten, in denen der See ausgetrocknet ist, durch den Wind aus dem Seebecken ausgeblasen werden. Ein solches Szenario ist für die freie Seefläche durchaus denkbar und kann in ähnlicher Form an trockenen Salzlacken im Seewinkel beobachtet werden.

Bis zu Beginn des 20. Jahrhunderts könnten also Trockenphasen und ein regelmäßiger äolischer Austrag von Feinsedimenten einer Verlandung des Sees entgegengewirkt haben.

Für den dichten Schilfgürtel – der erst im Laufe des 20. Jahrhunderts zur heutigen Ausdehnung angewachsen ist – erscheint dieses Szenario weniger plausibel. Möglicherweise war auch die Sedimentbildung (Bildung von Kalkschlamm) früher weniger stark ausgeprägt als in den letzten 100 bis 200 Jahren. Neuere hydrogeologische Untersuchungen stellen sogar den Soda- und Steppensee-Charakter des Neusiedler Sees bis zum 18. Jahrhundert infrage. Doch diese Überlegungen sind nicht gesichert und bedürfen weiterer Untersuchungen.
Was den organischen Anteil am Sediment anlangt, so geben die unterschiedlichen physikalisch-chemischen Verhältnisse im freien See und im Schilfgürtel eine mögliche Antwort auf die Frage, warum der See nicht schon längst verlandet ist.
Im turbulenten, dadurch ausreichend mit Sauerstoff versorgten, alkalischen und trüben freien See erfolgt der Abbau des organischen Materials sehr effizient. Es wird hier nahezu vollständig mineralisiert und letztlich zu CO_2 oxidiert. Vor der Ausbildung des Schilfgürtels im 20. Jahrhundert betraf das praktisch den gesamten See (abgesehen vom Sumpfgebiet des Hanság), eine beständige Auflandung im Schilfgürtel und das Anwachsen eines verlandenden Niedermoors war damit kein Thema. Heute gilt das nur mehr für weniger als die Hälfte der gesamten Seefläche. Vermutlich lässt sich die Verlandung des Schilfgürtels bestenfalls noch verlangsamen, aber langfristig nicht mehr aufhalten.

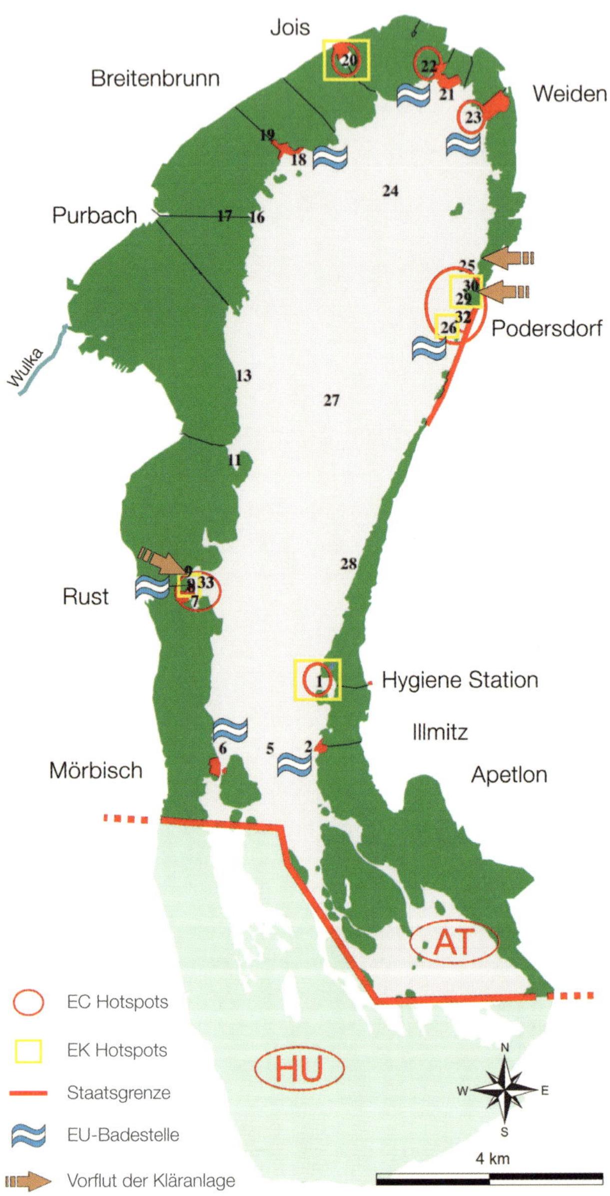

Abb. 7: Wasserhygiene

Übersicht über die Konzentrationen der Fäkalindikatorbakterien Escherichia coli (EC) und intestinale Enterokokken (EK).

Badewasserqualität: verbessert

Der Neusiedler See wird intensiv für Erholungszwecke genutzt. Als Voraussetzung dafür sind hohe Anforderungen an die mikrobiologisch-hygienische Wasserqualität zu erfüllen. Die berechtigte Sorge um den hygienischen Zustand von Seen als Freibäder war weltweit schon vor Jahrzehnten vorhanden und daher wurden intensive Bemühungen unternommen, um geeignete Richtwerte für die hygienische Beurteilung von Gewässern zu bekommen. Sie mündeten in einem Bericht der WHO über den Erholungswert von Stränden und Küstengewässern (1974) und in der EU-Richtlinie über die Qualität der Badegewässer (1976). Diese Erkenntnisse – und jene aus Studien an österreichischen Seen – resultierten in der ÖNORM 6230, welche die Anforderungen an die Beschaffenheit natürlicher und künstlicher Badegewässer festlegt.

Im Neusiedler See führte der Ausbau der Kanalsysteme und der Abwasserreinigungsanlagen auf den neuesten Stand der Technik in den vergangenen 25 Jahren zu einer deutlichen Verbesserung der Wasserqualität. Der fäkalen Verschmutzung wurde mit speziellen Qualitätszielen begegnet. Die Einstufung der Badegewässer in Qualitätsklassen erfolgt durch statistische Bewertung der Konzentrationen der beiden Fäkalindikatorbakterien Escherichia coli (EC) und intestinale Enterokokken (EK). Das heutige Bewertungssystem zur Badewasserqualität beruht auf Messwerten von vier aufeinanderfolgenden Badesaisonen.

Am Neusiedler See gelang es mit einer statistischen Analyse mikrobiologischer Langzeitdaten (1992 bis 2013) und deren Verknüpfung mit Wasserqualitätsparametern und Wetterdaten, die Hotspots der fäkalen Belastung zu identifizieren (z. B. Rust Ende der 1980er-, Anfang der 1990er-Jahre, Mündungsbereich der Vorflut der ARA Podersdorf).

Anthropogene Spurenstoffe: der See als sensibles Gewässer

Anthropogene Spurenstoffe wird die große Gruppe von synthetischen Chemikalien genannt, die durch unterschiedliche Nutzungen in die Umwelt gelangen, dort in sehr geringen Konzentrationen vorkommen, aber auch bei geringen Konzentrationen kritische Wirkungen an Lebewesen in Gewässern oder, bei der Trinkwassernutzung, für Menschen hervorrufen können. Aus diesem Grund wird diese Stoffgruppe im allgemeinen Sprachgebrauch auch organische Mikroverunreinigungen, Schadstoffe oder gefährliche Stoffe genannt. In der Europäischen Union gibt es eine Vielzahl von Vorgaben, die bereits den Einsatz dieser Stoffe regeln. Für die aquatische Umwelt wurden im Zuge der EU-Wasserrahmenrichtlinie 58 prioritäre und prioritär gefährliche Stoffe definiert und verbindliche Umweltqualitätsnormen für Gewässer festgelegt. Darüber hinaus wurden in Österreich 34 weitere Stoffe geregelt.

Diese Spurenstoffe stellen aber nur einen kleinen Ausschnitt der insgesamt existierenden Schadstoffe dar. Damit geht auch das Problem einher, die Liste der geregelten Stoffe aktuell zu halten, und es ist davon auszugehen, dass die Frage nach der Belastung mit anthropogenen Spurenstoffen langfristig als Thema im Bereich Wasserqualität weiter an Relevanz gewinnen wird, da neue und möglicherweise verschärfte Anforderungen zu erwarten sind.
Eine Überwachung der Belastung des Neusiedler Sees mit den EU-weit oder national geregelten Stoffen erfolgt im Rahmen der österreichischen Gewässerüberwachung vor allem über Messungen in der Wulka. Da es im offenen See jedoch zu Anreicherungen und Rückbelastungen über die Sedimente des Schilfgürtels kommen kann, ist für die Beurteilung der tatsächlichen Belastung des Sees allerdings ungünstig.

Trotzdem lässt sich für den überwiegenden Teil der geregelten Stoffe derzeit eine klare Einhaltung der Umweltqualitätsnorm nachweisen. Ausnahmen sind Quecksilber und polybromierte Diphenylether, die v. a. als Flammschutzmittel verwendet werden. Diese Stoffe sind jedoch kein Spezifikum des Neusiedler Sees, sondern ein österreich- und EU-weites Problem. Weitere, möglicherweise kritische Parameter im Freiwasser des Neusiedler Sees sind Benzo(a)pyren, Fluoranthen, PFOS und Blei, wo auf Basis derzeitiger Untersuchungen eine Verfehlung der wasserbezogenen Umweltqualitätsnorm nicht ganz ausgeschlossen werden kann. Generell kann gesagt werden, dass der Neusiedler See ein für diese Form der Belastung äußerst sensibles Gewässer ist, in dem es infolge der Verdunstung zu einer Aufkonzentration und damit zu einer Anreicherung von schwer abbaubaren Stoffen in der Wasserphase, aber auch zu einer Rückbelastung aus dem Seesediment kommen kann.

Aus dem bisher Gesagten wird deutlich, wie sehr der Begriff der Wasserqualität von den Nutzungsansprüchen abhängt. Stark schwankende Sauerstoff- und Salzgehalte und kurzfristige Spitzen von Nährstoffkonzentrationen sind nicht per se etwas Negatives. Aus ökologischer Sicht gehört bis zu einem gewissen Grad auch „schlechte Wasserqualität" zum See dazu. Das gilt zumindest für die genannten Wasserinhaltsstoffe, mit Einschränkungen auch für mikrobiologische Parameter. Bei anthropogenen Spurenstoffen ist die Sachlage eine andere. Sie gehören in kein natürliches Ökosystem und erhöhte Konzentrationen über den gesetzlich festgelegten Grenzwerten bzw. Umweltqualitätsnormen sind ein Warnzeichen. Der Neusiedler See ist diesbezüglich als besonders sensibel anzusehen, da er – wie oben ausgeführt – ein endorheisches System darstellt. Was einmal in den See eingebracht und nicht umgewandelt oder abgebaut wird, verbleibt weitgehend im System und akkumuliert zumeist im Sediment bzw. im Schilfgürtel. Dieser stellt also auch für Schadstoffe einen wichtigen Ablagerungsort dar.

MENSCHLICHE EINFLÜSSE AUF WASSERQUALITÄT UND LIMNOLOGIE

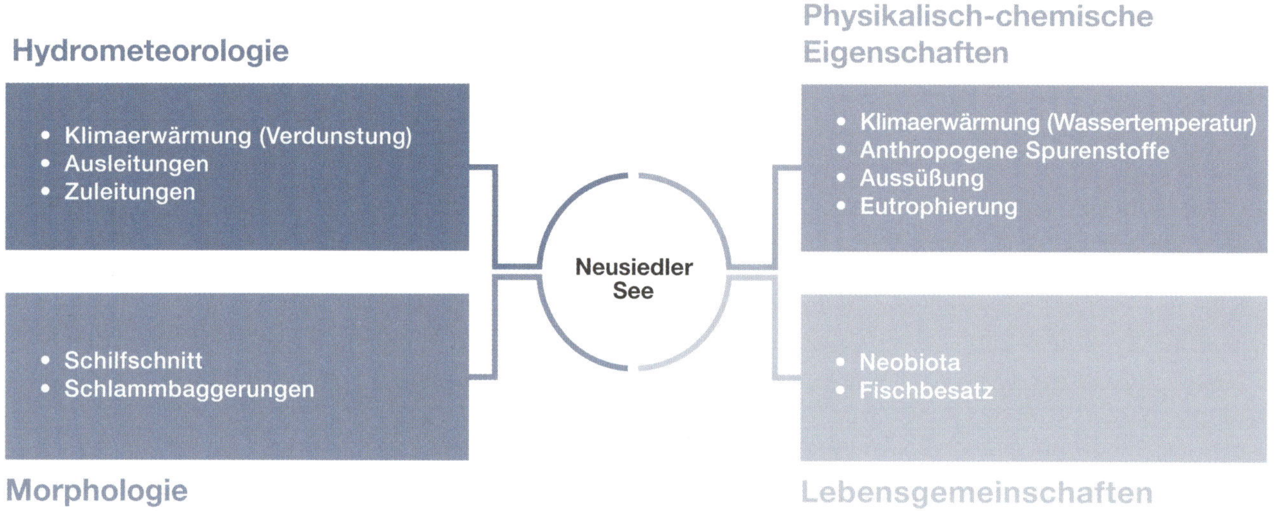

Abb. 8: Impacts – Was macht der Mensch mit dem Neusiedler See?

Dargestellt sind die anthropogen bedingten Eingriffe in das Ökosystem, welche die in Abb. 1 genannten Faktoren verändern.

Der Mensch hat in der Vergangenheit in vielfältiger Form in das Ökosystem Neusiedler See eingegriffen – oft mit negativen Folgen für den Wasserhaushalt, den Schilfgürtel und den Chemismus, das heißt auf all jene Bereiche, die für die ökologische Funktionsfähigkeit des Sees entscheidend sind.

Eingriffe in die Hydrologie

Nach früheren Eingriffen im Bereich des Hanság (siehe Kapitel 6 zur Hydrologie) wurde 1909 bis 1912 der Hanság- oder Einser-Kanal errichtet, ursprünglich mit dem Ziel, den See trockenzulegen und die gewonnene Fläche landwirtschaftlich nutzbar zu machen. Das hat zwar nicht funktioniert, den Kanal gibt es aber noch heute. Er dient zur Ableitung aus dem Seebecken bei hohen Wasserständen und damit zum Hochwasserschutz für Seebäder. Nachdem es über mehrere Jahrzehnte hinweg zu einem starken Wachstum des Schilfgürtels gekommen war, wurde 1965 der Wasserstand des Sees über eine Wehranlage am Einser-Kanal angehoben, unter anderem mit dem Ziel, das seeseitige Schilfwachstum einzudämmen. Dies gelang auch. Die große Variabilität von Wasserständen, die den Steppensee bis dahin gekennzeichnet hatte, war damit jedoch dahin. Seit damals schwankt der Wasserstand des Neusiedler Sees etwa zwischen 115,0 und 116,0 Meter über Adria. Aus limnologischer Sicht muss das Ziel heute sein, Wasserableitungen über den Einser-Kanal so weit wie möglich zu vermeiden. Ein Schritt in diese Richtung wurde 2011 gemacht, als die alte Wehrregelung adaptiert wurde und neue Grenzwerte für Ableitungen festgelegt wurden.

Der Zufluss der Wulka stellt hinsichtlich der Auswirkungen auf die Wasserqualität im Nordteil des Neusiedler Sees ein gutes Modell für eine mögliche künftige Wasserzuleitung aus anderen Gewässern dar.

Neben den Ableitungen gibt es jedoch, weitgehend unbekannt, auch heute eine Zuleitung von Fremdwasser in das Seebecken. Aus der Mitterndorfer Senke wird Trinkwasser in den Eisenstädter Raum geleitet, das in der Folge über die Kläranlagen als gereinigtes Abwasser in die Wulka und damit in den See fließt. Der Zufluss der Wulka (inklusive Fremdwasser) stellt hinsichtlich der Auswirkungen auf die Wasserqualität im Nordteil des Neusiedler Sees ein gutes Modell für eine mögliche künftige Wasserzuleitung aus anderen Gewässern dar.

In den kommenden Jahrzehnten wird ein weiterer menschlicher Eingriff in die Hydrologie zunehmend spürbar werden: die veränderte Wasserbilanz infolge der Klimaerwärmung. Auch wenn die Prognosen hier unsicher sind, so ist – wie zuletzt im Jahr 2022 spürbar – ein zunehmender Wassermangel in der Region zu erwarten, der die Diskussion um eine Wasserzufuhr in den Neusiedler See befeuert. Aktuelle Überlegungen gehen von einer Dotation aus der Mosoni Duna ab einem Wasserstand von 115,2 Meter über Adria aus, mit dem Ziel, lediglich das durch die Klimaerwärmung verursachte Minus in der Wasserbilanz auszugleichen und den See als Landschaftselement zu erhalten. Die Wasserzuleitung soll maximal zwei Kubikmeter pro Sekunde betragen, im Jahresmittel einen Kubikmeter pro Sekunde. Das entspricht – hochgerechnet auf das ganze Jahr – einer Wasserfracht in der Höhe des durchschnittlichen Wulka-Zuflusses (35 Millionen Kubikmeter pro Jahr).

Was bedeutet ein solcher neuerlicher Eingriff?

Auf Grundlage der bisherigen Datenanalysen ist anzunehmen, dass das beschriebene Szenario mit einer Dotation von 35 Millionen Kubikmeter pro Jahr bei niedrigem Wasserstand nicht gleich zu einem Kollaps des Ökosystems führt. Für diese Annahme sprechen einerseits die kaum merklichen Auswirkungen auf den Chemismus durch den Zufluss der Wulka, andererseits die Historie mit dem ehemaligen Zustrom von Rabnitz-Wasser im Südosten und mit den sporadischen Raab-Donau-Hochwassern. Angesichts der oben geschilderten komplexen Zusammenhänge bestehen ohne Zweifel Risiken und berechtigte Bedenken. Was bei früheren Eingriffen nicht ausreichend geschehen ist, sollte heute selbstverständlich sein, nämlich eine sorgfältige und wissenschaftlich fundierte Analyse der Risiken, die mit einem solchen Eingriff in das sensible Gefüge des Neusiedler Sees verbunden sind. Erst auf dieser Grundlage können ökologische und wasserwirtschaftliche Vor- und Nachteile mit der nötigen Sicherheit beurteilt werden.

Wird es dann für den See schon zu spät sein?

Aus ökologischer Sicht nicht, und auch im Hinblick auf mögliche wasserwirtschaftliche Risiken ist es ratsam, eine heikle „Operation“ erst nach einer eingehenden Diagnose vorzunehmen. Zudem ist es auch denkbar, dass die Risikoanalyse zum Ergebnis käme, dass nicht nur aus ökologischer, sondern auch aus wasserwirtschaftlicher Sicht die negativen Auswirkungen einer Dotation (Stichwort: Verschlammung) die positiven Effekte überwiegen würden; dass es besser wäre, vorübergehend Überschreitungen von Wasserqualitätsgrenzwerten bei sehr niedrigem Wasserstand in Kauf zu nehmen, anstatt potenzielle Schadstoffe aus der Donau in den See einzuleiten; dass auch temporäre Einbußen in den Beständen gefährdeter Arten wie Schlammpeitzger oder Karausche zu akzeptieren wären, bevor das

Artengefüge durch Einschleppung invasiver Arten aus der Donau dauerhaft durcheinandergebracht würde. Doch das sind nur mögliche Szenarien, die sachlich beurteilt werden müssen. Wie jüngst vonseiten der SIL, der Vereinigung österreichischer Limnologinnen und Limnologen, moniert wurde: „Die Entscheidung für oder gegen eine Wasserzuleitung braucht eine transparente Diskussion unter Einbindung von Wissenschaft und Öffentlichkeit. Nur auf Grundlage fundierter wissenschaftlicher Erkenntnisse können ökologische, wasserwirtschaftliche und letztlich auch ökonomische Auswirkungen hinreichend beurteilt werden."

Eingriffe in die Morphologie und das Sediment

Direkte Eingriffe in die Morphologie des Seebeckens stellen die regelmäßigen Baggerungen aus Segelhäfen und Badebereichen dar. Diese machen keinen gewaltigen, aber doch einen messbaren Anteil in der Feststoffbilanz aus. Nach den Aufzeichnungen des Amts der Burgenländischen Landesregierung wurden im Zeitraum 2005 bis 2020 mit Saugbaggern knapp 300.000 Kubikmeter Schlamm aus dem See entnommen. Das entspricht im Mittel pro Jahr grob umgerechnet 6.800 Tonnen (Trockengewicht). Auch die regelmäßigen Ertüchtigungen von Schilfkanälen sind als morphologisch-strukturelle Veränderung des Ökosystems Neusiedler See zu sehen. Sie beeinflussen den Wasseraustausch zwischen dem offenen See und dem Schilfgürtel. Leider fehlen langfristige Daten zur Entwicklung der Sedimentation im Schilfgürtel in Bereichen mit und ohne Kanalertüchtigungen, auch wenn neuere Untersuchungen unser Verständnis dieser Zusammenhänge wesentlich verbessert haben.

Weniger offensichtlich, aber nicht weniger bedeutsam sind indirekte Auswirkungen von Eingriffen auf die Sedimentation. Erwähnt wurden bereits die Ableitungen über den Einser-Kanal und die damit verbundene Aussüßung bzw. Verringerung des Salzgehalts im 20. Jahrhundert. Vermutlich trug diese Entwicklung über die Jahrzehnte hinweg zu einem eingeschränkten Abbau des im See produzierten organischen Materials und damit zumindest teilweise zu einer erhöhten Schlammbildung im Schilfgürtel bei. Die Eutrophierung in den 1970er- und 1980er-Jahren verstärkte diesen Effekt. Möglicherweise führte auch die bereits erwähnte Zuleitung von Fremdwasser aus der Mitterndorfer Senke (via Kläranlagen und Wulka) zu einer erhöhten Produktion von Kalkschlamm. Die heute beobachtete Verlandung des Sees, insbesondere im Schilfgürtel, dürfte also zu einem nicht unwesentlichen Teil menschengemacht sein.

Eingriffe in den Chemismus

Die gravierendste Veränderung im Chemismus des Neusiedler Sees stellt nach heutigem Wissensstand die Aussüßung infolge von Ableitungen über den Einser-Kanal im Laufe des 20. Jahrhunderts dar. Beispielhaft können die Salzverluste während des Hochwassers Mitte der 1990er-Jahre angeführt werden, als der See mit dem ausgeleiteten Seewasser mehrere 10.000 Tonnen an Salzen verlor. Die gesamte Menge an Salzen im See wurde damit etwa halbiert. Ein Eingriff in den Chemismus wäre auch eine Zuleitung von Donauwasser, dessen chemische Zusammensetzung sich von jener des Neusiedler Sees unterscheidet. Das gilt zwar auch für Niederschlagswasser, das den größten Beitrag zur Wasserbilanz liefert und chemisch kaum etwas mit dem Seewasser gemein hat. Die Wirkung von Donauwasser und Niederschlagswasser auf die chemische Zusammensetzung des Seewassers ist dennoch nicht vergleichbar, da Regenwasser den pH-Wert und den Salzgehalt des Sees weniger stark verändert als kalkreiches Flusswasser.
Eher mit Donauwasser vergleichbar ist der Zufluss über die Wulka. Das laufende Monitoring der Biologischen Station Illmitz lässt den Einfluss der Wulka auf den Chemismus des Sees erstaunlicherweise aber nur in geringem Maße erkennen. Der Nordteil des Sees (Höhe Oggau bis Podersdorf) unterscheidet sich in seiner chemischen Charakteristik nur wenig vom ungarischen Südteil.

Nicht jede Zuleitung würde also für den See gleich das Ende bedeuten – es kommt auf die Menge des zugeleiteten Wassers an.

Aktuell durchgeführte Analysen vorhandener Wasserqualitätsdaten zeigen, dass ein weiterer Zufluss im Ausmaß der jährlichen Wasserfracht der Wulka in dem oben geschilderten Szenario (Zuleitung erst bei einem Wasserstand von 115,2 Meter über Adria oder weniger, Zufluss im Jahresschnitt einen Kubikmeter pro Sekunde bzw. maximal zwei Kubikmeter pro Sekunde) noch keine signifikante Veränderung des Grundchemismus mit sich brächte. Zweifelsohne gibt es aber Wassermengen, wo Veränderungen (und die oben geschilderten Auswirkungen auf Trübe, pH-Wert, Abbau etc.) zunehmend wahrnehmbar werden, die im Hinblick auf das Risiko einer zunehmenden Verschlammung jedenfalls abzulehnen sind.

Zum Thema Chemismus im weitesten Sinne gehört auch die Eutrophierung, die in den 1970er- und 1980er-Jahren zu deutlich erhöhten Nährstoffkonzentrationen und verstärkter Algenproduktion geführt hat. Mit dem Bau von Kläranlagen im Einzugsgebiet konnten die Nährstofffrachten in den See deutlich reduziert werden, allerdings ist damit das Risiko eines neuerlichen Trophieschubs nicht gebannt. Kritisch sind nach wie vor Abschwemmungen aus landwirtschaftlichen Flächen im Wulka-Einzugsgebiet, die vor allem bei Starkregenereignissen und Hochwasser zu einem merklichen Eintrag an Feinsedimenten, Nährstoffen und Schadstoffen in den See führen. Der breite Schilfgürtel am Westufer auf Höhe der Einmündung der Wulka spiegelt diese Einträge eindrucksvoll wider. Insgesamt aber hat der Einfluss der Nährstofffrachten, die über die Wulka in den See gelangen, seit den 1970er-Jahren deutlich abgenommen. Die Nährstoffbilanz wird heute vor allem durch atmosphärische Einträge geprägt, für

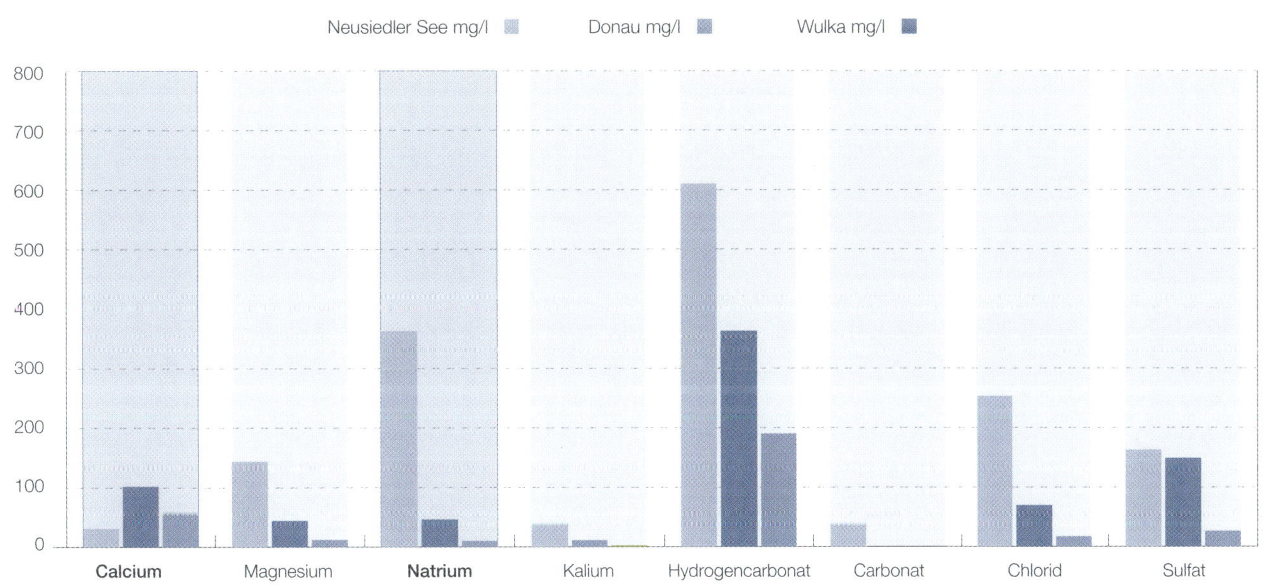

Abb. 9: Unterschiedlicher Chemismus

Donau, Wulka und Neusiedler See unterscheiden sich deutlich in den Konzentrationen von Calcium und Natrium, den zwei wichtigsten Wasserinhaltsstoffen.

die Wasserqualität im offenen See spielen darüber hinaus seeinterne Umsätze eine zunehmende Rolle.

Fischereiliche Nutzung und Neobiota

Die Fischerei hat am Neusiedler See eine lange Tradition. Bereits in der ersten Hälfte des 20. Jahrhunderts wurden mit Reusen Karpfen, Hechte und Zander gefangen. In den 1950er-Jahren änderte sich die fischereiliche Bewirtschaftung grundlegend und konzentrierte sich für mehrere Jahrzehnte fast ausschließlich auf den Aal und damit auf eine im See nicht heimische Fischart. Bis zu vier Millionen Glasaale wurden pro Jahr im See besetzt, der Ausfang bildete viele Jahre lang die wirtschaftliche Grundlage für die Berufsfischer am See. Für die heimischen Fischarten, vor allem für Kleinfischarten, wie Bitterling, Moderlieschen, Schlammpeitzger und Marmorierte Grundel, bedeutete der massive Aalbesatz nichts Gutes. Als Nahrungskonkurrent und noch mehr als Räuber führte der Aal zu einem Rückgang und schließlich Verschwinden dieser Arten.

Der Aalbesatz fand wenige Jahre nach Errichtung des Nationalparks Neusiedler See - Seewinkel sein Ende, vor allem aufgrund der stark gestiegenen Preise für das Besatzmaterial. Mit finanzieller Unterstützung durch das Land Burgenland und des Bundes wurde die fischereiliche Bewirtschaftung umgestellt und statt Aal wurden über mehrere Jahre hinweg (2003 bis 2008) insgesamt 60 Tonnen Karpfen, Zander und Hecht besetzt. Nach dem Ende des Aalbesatzes 2003 gingen die Aaldichten zurück, da sich diese Art im See nicht fortpflanzen kann. Prompt wurden in den vergangenen Jahren erstmals wieder einige der genannten Kleinfischarten im See nachgewiesen: regelmäßig die Marmorierte Grundel, Höhe Wulkamündung auch Schlammpeitzger und Bitterling.

Einige Jahre nach dem Beginn des „Aalbooms" am See, in den 1970er-Jahren, gelangten mit asiatischen Karpfenarten (Graskarpfen, Tolstolob) weitere Neobionten in den See. Das zeitweise fast völlige Verschwinden der Höheren Wasserpflanzen wie Tausendblatt und Kamm-Laichkraut geht vermutlich teilweise auf den herbivoren Graskarpfen zurück. Zwei weitere Arten, der Sonnenbarsch und der Blaubandbärbling, wurden erstmals in den 1990er-Jahren im See gefangen. Sie kamen vermutlich als Beifische des Karpfen- oder Zanderbesatzes in den See. Die Auswirkungen dieser Neuankömmlinge auf die heimischen Fischarten sind schwer abzuschätzen, aber über direkte Konkurrenz oder die Übertragung von Krankheiten ist ein Einfluss nicht auszuschließen.

Der Blick zurück auf bisher in den See eingeschleppte Arten wirft die Frage auf, welche weiteren Neuankömmlinge im Falle einer Wasserzuleitung in den See gelangen könnten. Die Donau, die als mögliches Dotationsgewässer diskutiert wird, ist bekannt für die Vielzahl von Neobionten: von Weichtieren über Flohkrebse bis hin zu Fischen. Ob sich diese im Falle einer Fremdwasserzuleitung in den See in diesem Ökosystem mit seinem speziellen Chemismus halten würden, ist ungewiss, aber angesichts der Herkunft einiger Neobionten aus der Brackwasserzone der unteren Donau nicht auszuschließen. Hier wären jedenfalls entsprechende technische Möglichkeiten zu prüfen (z. B. die Entnahme von Dotationswasser aus Uferfiltrat), um dieses Risiko auszuschließen.

Schilfmanagement

Als letzter Punkt unter den menschlichen Eingriffen mit gewässerökologischer Relevanz sind die Auswirkungen des Schilfmanagements anzuführen. Wie in Kapitel 7 zum Schutz der Biodiversität ausführlich dargelegt, hat die Art der Schilfbewirtschaftung großen Einfluss auf die Eignung des Schilfgürtels als Lebensraum für Vögel. Dank langjähriger Untersuchungen ist die unterschiedliche Nutzung von Jung- und Altschilf durch Singvögel oder Reiher gut bekannt. In der Limnologie ist der Wissensstand hinsichtlich der Auswirkungen des Schilfschnitts leider viel geringer. Wir wissen zwar, dass der derzeit praktizierte Winterschnitt im Hinblick auf die Nährstoffbilanz dem Sommerschnitt vorzuziehen ist, da dem System mit dem grünen Schilf zu viele Nährstoffe entzogen würden. Die indirekten Auswirkungen der Biomasseentnahme auf den Wasseraustausch, das heißt die Versorgung mit Frischwasser vom offenen See, und die Verlandung sind ungenügend erforscht. Das gilt in gleichem Maße in der Abschätzung der Auswirkungen von Schilfbränden, was eine fundierte Aussage zu möglichen Folgen eines immer wieder diskutierten Brandmanagements erschwert. Kontrollierte Schilfbrände könnten sehr effektiv Biomasse aus dem Ökosystem entfernen und damit der Verlandung entgegenwirken. Inwieweit aber wirklich auch die bodennahe Schicht des abgestorbenen Pflanzenmaterials betroffen wäre und tatsächlich Biomasse verringert werden könnte, ist ungewiss. Diese Wissenslücke erstaunt, kommt es doch immer wieder zu Schilfbränden. Abgesehen von sporadischen Einzelanalysen gibt es aber keine einzige Untersuchung zu den limnologischen Auswirkungen von Schilfbränden.

Kontrollierte Schilfbrände könnten sehr effektiv Biomasse aus dem Ökosystem entfernen. Inwieweit auch die bodennahe Schicht des abgestorbenen Pflanzenmaterials betroffen wäre, ist ungewiss.

Abb. 10: Schilfbrand im Sandeck

April 2020, Schilfbrand südlich des Strandbades Illmitz. Experten fordern den Einsatz kontrollierter Schilfbrände zur Entfernung von Biomasse aus dem Ökosystem.

NEUSIEDLER SEE – QUO VADIS? EIN BLICK IN DIE VERGANGENHEIT UND IN DIE ZUKUNFT

Die ausführliche Betrachtung der hydromorphologischen und physikalisch-chemischen Eigenschaften des Neusiedler Sees in diesem Kapitel diente nicht nur dazu, die Komplexität des Steppensees zu verdeutlichen, sondern auch um die Wissensgrundlage aufzuzeigen, die für Prognosen zur künftigen Entwicklung des Sees erforderlich ist. Am besten lässt sich dies in der Darstellung der Langzeitentwicklung veranschaulichen, so z. B. in der Konzentration von Natrium im Seewasser, stellvertretend für den Sodagehalt und den besonderen Chemismus des Neusiedler Sees. Die Schwankungen über die Jahre hinweg sind beträchtlich. Der endorheische Charakter des Sees wird durch den Anstieg der Konzentrationen beispielsweise im ersten Jahrzehnt des neuen Jahrtausends deutlich. Die langsame, aber stetige Aufkonzentration rührt von externen Einträgen und einer Nachlieferung aus dem Untergrund her. Man könnte darin einen Trend in Richtung eines echten Salzsees sehen – der jedoch regelmäßig durch Ausleitungen über den Hanság-Kanal unterbrochen wird, mit denen das vorhergehende Niveau des Salzgehalts wiederhergestellt wird. Ein wiederkehrender, unnatürlicher Eingriff zum Nachteil des Ökosystems.

Auch die Nährstoffgehalte als Maß für die Wasserqualität des Sees zeigen im letzten halben Jahrhundert ein Auf und Ab, das die Eutrophierung in den 1970er- und 1980er-Jahren, aber auch die Verbesserung der Wasserqualität nach dem Ausbau der Kläranlagen widerspiegelt. Hervorzuheben ist der neuerliche Anstieg der Phosphorkonzentrationen Anfang der 2000er-Jahre, als der See das letzte Mal einen sehr niedrigen Wasserstand aufwies. Nicht nur Aufwirbelungen von Sediment im zunehmend seichten See, sondern vor allem der fehlende Nährstoffaustrag aus dem offenen See in den Schilfgürtel ließen

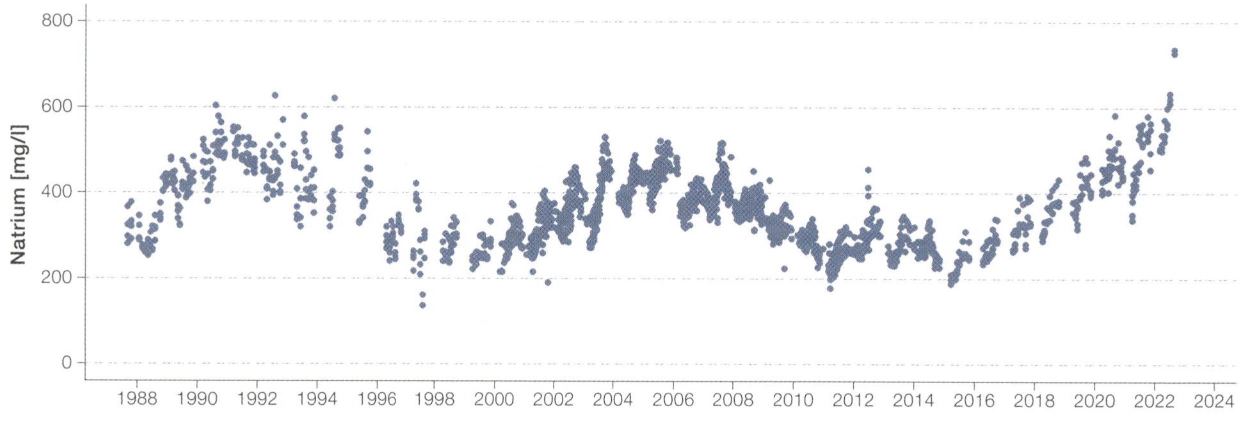

Abb. 11: Natriumgehalt des Neusiedler Sees seit den 1980er-Jahren

Der Salzgehalt verändert sich mit den Jahren signifikant. Die Messwerte steigen durch Aufkonzentration in Folge von Verdunstung an und fallen mit steigendem Wasserstand (Verdünnung) oder in Folge von Ableitungen (etwa in den Jahren 1996–98, 2010–12, 2015–16) in den Einser-Kanal ab.

die Messwerte an den Wasserqualitätsmessstellen ansteigen. Das ist auch aktuell wieder zu beobachten und wird sich vermutlich in den kommenden Jahren verstärken, wenn es nicht bald wieder zu einem deutlichen Anstieg des Wasserstandes kommt, der die Kommunikation zwischen offenem See und Schilfgürtel reaktiviert. Die zunehmende Verfügbarkeit von Nährstoffen im offenen See wird dort auf längere Sicht die Algenproduktion ankurbeln – an sich ein natürlicher Prozess in einem eutrophen Endsee. Aus der Sicht der menschlichen Nutzungsansprüche, z. B. an den See als Badegewässer, ist das freilich keine gute Nachricht, auch wenn die Badefreude bei sehr niedrigem Wasserstand ohnehin im wahrsten Sinne getrübt sein dürfte. In Jahren sehr niedriger Wasserstände wird man also mit einer vorübergehenden Verschlechterung der Wasserqualität rechnen müssen. Das betrifft nicht nur die trophische Situation, sondern ebenso den chemischen Zustand, da auch Schadstoffe, wie Schwermetalle oder organische Spurenstoffe, nicht in den Schilfgürtel exportiert werden können und sich im freien See anreichern.

Was die hygienisch-bakteriologische Wasserqualität anlangt, so führten die nicht problematischen Befunde vor Podersdorf und Rust zu einer intensiven Überprüfung und Suche nach möglichen Verursachern. Im Bereich von Rust und Mörbisch gab und gibt es am Schilfrand rund 500 Badehütten, deren Abwasserentsorgung über Abwassertonnen erfolgte und teilweise noch immer erfolgt. Diese Tonnen wurden „bei Bedarf" von Abwasserentsorgern mit Räumgutbooten entsorgt, Dusch- und Waschwasser wurde fast immer direkt in den See eingeleitet. Anlässlich wasserrechtlicher Überprüfungen des Amtes der Burgenländischen Landesregierung konnte festgestellt werden, dass die Abwassertonnen zwar generell dicht waren, jedoch bei etwa 40 Prozent der Anlagen Mängel (Zulaufleitungen, Abdeckungen etc.) vorlagen. Für einen Teil der Ruster Hütten (Romantika-Siedlung) wurde ein Konzept zur Abwasserbeseitigung erstellt, das Mitte 1991 umgesetzt wurde. Leider wurde diese effektive Art der Entsorgung nicht auf alle Hütten ausgeweitet. Für die restlichen Hütten wurde aber eine Verordnung zur Schmutzwasserabfuhr erlassen, um so die Abwasserentsorgung aus den Hütten zu verbessern. Eine ausgeprägte Verbesserung ist im Mündungsbereich der ehemaligen Vorflut der ARA Rust erkennbar. Nach Einbindung der Abwasserentsorgung Rust in den Reinhalteverband Neusiedler See – Westufer und Inbetriebnahme der Kläranlage im März 2000 gingen die Werte der Fäkalindikatoren deutlich zurück. Es zeigte sich, dass Hotspots der fäkalen Verschmutzung mit menschlichen Aktivitäten in Verbindung standen, diffuser Eintrag aus der Landwirtschaft oder Eintrag durch Wildtiere eher lokal eine Rolle spielten. Bei den Hotspots standen mehr als die Hälfte aller Verschmutzungsereignisse in zeitlichem Zusammenhang mit extremen Wetterereignissen (z. B. Mündungsbereich der Vorflut der ARA Podersdorf). Neben heftigen Regenfällen waren auch Starkwindereignisse mit den Verschmutzungsereignissen korreliert. Einschwemmung von tierischen Fäzes über Kanäle (oder diffus) und das Überlaufen von Kläranlagen bei Starkregenereignissen sowie windbedingtem Aufwirbeln von Sedimenten und Einblasen kontaminierter Wässer aus dem Schilfgürtel durch Starkwinde stehen höchstwahrscheinlich in kausalem Zusammenhang mit diesen Beobachtungen.

Verlandung: kein positives Bild für die Zukunft

Die Frage der Verlandung wurde bereits weiter oben angesprochen, allerdings fehlen uns hier Zahlen, die eine Darstellung ähnlich jener zum Chemismus und zur Trophie ermöglichen würden. Gesichert sind Veränderungen im Sedimentniveau im Sinne einer Auflandung zwischen der ersten Seeaufnahme 1901/1902 und den 1980er-Jahren. Eine neuere, sehr detaillierte Analyse aller bisherigen Höhenmessungen des Seegrundes konnte jedoch für die vergangenen 30 Jahre keinen gesicherten seeweiten Verlandungstrend nachweisen, leider vor allem aufgrund unterschiedlicher methodischer Ansätze in den 1980er-Jahren und in der jüngsten Aufnahme von 2012 bis 2014.

Abb. 12: Der Schilfgürtel im Herbst 2022

Der Schilfgürtel spielte für Fische und andere aquatische Organismen im Herbst 2022 keine Rolle, er lag bei einem Wasserstand von deutlich unter 115,0 Meter über Adria größtenteils trocken.

Das bedeutet nicht, dass wir in der Beurteilung der Verlandung allein auf subjektive Eindrücke und Beobachtungen angewiesen sind, welche naturgemäß stark vom Erscheinungsbild des Sees bei unterschiedlichen Wasserständen beeinflusst werden und zu Fehleinschätzungen hinsichtlich des absoluten Sedimentniveaus führen können. Quantitative Daten gibt es zumindest aus lokalen Aufnahmen, z. B. aus der Ruster Bucht, aber auch aus den Messungen zum Feststofftransport durch Schilfkanäle (Projekt REBEN). Zudem stehen uns Abschätzungen zum Feststoffeintrag aus dem Einzugsgebiet und zur seeinternen Sedimentbildung zur Verfügung. Sie zeichnen für die Zukunft kein positives Bild. Die vorhandenen Daten deuten auf eine Aufhöhung des Sedimentwalls am äußeren Rand des Schilfgürtels über die letzten Jahrzehnte hin. Im inneren Schilfgürtel gibt es, teils infolge von Kanalbaggerungen, höher gelegene Bereiche, die einen zunehmenden Bewuchs rein terrestrischer Pflanzen bis hin zu Weiden und anderen Gehölzen zeigen. Möglicherweise ist die Umwandlung von einem semiaquatischen in einen terrestrischen Lebensraum in Teilen des Schilfgürtels nicht mehr aufzuhalten. Es ist kaum nachvollziehbar, dass uns gerade zu diesem Thema wichtige Grundlagen fehlen, konkret zur Langzeitentwicklung der Sedimenthöhen im Schilfgürtel, aber auch zum Abbau des produzierten Schilfmaterials bei unterschiedlichen Bedingungen. Eine Reihe bereits angesprochener Aspekte und Fragen spielt hier hinein: die Kanalertüchtigungen im Schilfgürtel (wann, wo, wie haben sie zu erfolgen?); Ursachen und Auswirkungen des Absterbens von Schilf im inneren Schilfgürtel; die Auswirkungen von Schilfbränden und weitere Fragen. Hier anzusetzen und tragfähige wissenschaftliche Grundlagen zu schaffen, ist gerade in der aktuellen Debatte um Maßnahmen zur Wasserzufuhr das Gebot der Stunde.

Fischbestände zukünftig zum Teil gefährdet

Zum Abschluss ein Blick auf die biologischen Lebensgemeinschaften des Neusiedler Sees. Eine gute Datenlage zur aquatischen Lebewelt im freien See wurde mit den Untersuchungen in den 1970er-Jahren geschaffen, die seitdem in (leider immer) geringerem Ausmaß zumindest für das pflanzliche und tierische Plankton fortgesetzt wurden. Das Zooplankton zeigt eindrucksvoll, wie sehr sich die durch die

Eutrophierung bedingte Produktivität der 1970er-Jahre unmittelbar in der Biomasse widerspiegelt. Hohe Dichten und Biomassen von Zooplankton wurden noch Anfang bis Mitte der 1970er-Jahre beobachtet, danach und bis Mitte der 1990er-Jahre fielen sie wieder ab und blieben seitdem auf einem gleichbleibend niedrigen Niveau, das jenem vor der Eutrophierung entspricht. Das heißt, der erfolgte Ausbau der Kläranlagen hat die Frachten deutlich reduziert.

Verschiebungen wurden in den letzten Jahren allerdings in der Artenzusammensetzung beobachtet, deren Ursache noch unklar ist. In der Suche danach dürfen die planktonfressenden Fische nicht vergessen werden – und abermals stoßen wir auf eine unzureichende Datenlage. Die vorhandenen Informationen zum Fischbestand fußen vor allem auf Erhebungen, die im Rahmen der Nationalparkforschung durchgeführt wurden und daher auf den Südteil des Sees konzentriert waren. Ein regelmäßiges Monitoring, das auch den Nordteil des Sees einschließt und eine konsistente Zeitreihe von fischökologischen Aufnahmen einschließt, fehlt leider. Zumindest erlauben die vorhandenen Daten den Schluss, dass die Fischdichten in den 1970er-Jahren deutlich geringer waren als 20 Jahre später – möglicherweise eine verzögerte Reaktion auf das bessere Nahrungsangebot. Zwischen 2005 und 2014 wurden zudem Anzeichen einer Verschiebung der Anteile der beiden dominanten planktonfressenden Fischarten im offenen See, Sichling und Laube, beobachtet. Sollte sich der beobachtete Trend fortsetzen, so wäre das sowohl für den Naturschutz als auch für die Fischerei relevant, schließlich ist der Sichling im Anhang V der FFH-Richtlinie angeführt und im offenen See potenzielle Beute von Zander und Wels. Es tut sich also etwas in den Lebensgemeinschaften des Neusiedler Sees, wobei hier bewusst nur das Gefüge im offenen See angesprochen wurde. Der Schilfgürtel spielt für Fische und andere aquatische Organismen derzeit (Herbst 2022) keine Rolle, liegt er doch bei einem Wasserstand von deutlich unter 115,0 Meter über Adria vollständig trocken. Wie rasch eine Erholung und Wiederbesiedlung erfolgen kann, belegen Beobachtungen nach dem verheerenden Fischsterben beim Tiefwasserstand Ende der 1920er-Jahre, als der See im strengen Winter 1929 praktisch vollständig durchfror.
Für die kommenden Jahre dürfte jedoch eher das andere Ende der Temperaturbandbreite zum Problem werden. Bei über 35 Grad im offenen See im Sommer 2022 wurden lokal erste Fischsterben beobachtet, nach Aussage der Berufsfischer mit Zander und Sichling als vorrangig betroffenen Fischarten. Der Fischerei stehen damit traurige Zeiten bevor und es ist nicht auszuschließen, dass sich der Rückgang der Berufsfischerei im Neusiedler See fortsetzen wird. Dieses Kapitel begann mit der Vorstellung des Neusiedler Sees als flacher, schwach salzhaltiger, alkalischer Steppensee, setzte fort mit der Beschreibung der komplexen Zusammenhänge zwischen Hydrologie, Chemismus und Biologie und endete mit einer längerfristigen Betrachtung ausgewählter Aspekte über die letzten rund 50 Jahre sowie vorsichtigen Prognosen der weiteren Entwicklung. Dabei ist Prognose wohl nicht ganz der treffende Ausdruck. Angesichts der Abhängigkeit des Sees von den meteorologischen Rahmenbedingungen können wir nur versuchen, Szenarien zu entwerfen: ein Szenario der weiteren Entwicklung bis zu einer (vorübergehenden) völligen Austrocknung, die aus ökologischer Sicht zum Steppensee dazugehört; ein weniger drastisches Szenario mit häufigeren Tiefwasserständen wie aktuell im Jahr 2022; oder ein Szenario, in dem der Mensch abermals in das Ökosystem eingreift – möglicherweise zum Segen für wasserwirtschaftliche Nutzungsansprüche und hoffentlich ohne dabei die Einzigartigkeit des Sees zu zerstören. Ob das gelingt, wird nicht zuletzt davon abhängen, ob die nötigen wissenschaftlichen Grundlagen für politische Entscheidungen zur Zukunft des Neusiedler Sees vorhanden sind.

Wollen wir hoffen, dass diese Grundlagen dann auch seitens der Politik aufgegriffen und berücksichtigt werden!

Vom Aal zum Wels

Protagonist: Helmut Schwarz

Helmut Schwarz ist einer der letzten Berufsfischer des Neusiedler Sees. Der Oggauer Familienbetrieb existiert bereits in der dritten Generation. Schwarz ist bekannt für seine regionalen Fischereiprodukte und zählt Adressen wie den Taubenkobel in Schützen, den Sebastiankeller oder das Herztröpferl in Oggau zu seinen Kunden. Er zählt zu den 13 Mitgliedern des 1953 gegründeten, genossenschaftlich organisierten Fischereiverbandes.

„Wir fischen vom Auftauen bis zum Zufrieren des Sees", sagt Helmut Schwarz, einer der letzten Berufsfischer am Neusiedler See. Die Berufsfischerei am See ist im Niedergang begriffen. Schuld daran ist aber nicht der Aal, er darf schon seit rund 15 Jahren nicht mehr ausgesetzt werden. Die Verhältnisse sind insgesamt schwierig geworden, auch Corona und die Auswirkungen auf die Gastronomie spielten eine Rolle. „Ein großes Problem ist der niedrige Wasserstand des Sees. Fischarten wie der Zander, die den Sauerstoffmangel im sehr warmen Wasser im heurigen Sommer nicht aushielten, sind fast vollständig weggestorben. Die Fischer fangen derzeit nur Welse, wenn überhaupt etwas ins Netz geht. Heuer wurde nur ein Bruchteil der Menge der früheren Jahre gefangen", erzählt Schwarz. Die Berufsfischerei erfolgreich zu betreiben und davon leben zu können, das sei derzeit kaum mehr möglich. Die meisten Berufsfischer haben daneben andere Einnahmequellen.

Der Fischereiverband selbst finanzierte sich auch durch den Verkauf von Angelkarten für Sportangler. Mit diesen Einnahmen konnte ein Teil der Jahrespacht für das Fischrecht am See beglichen werden. Wenn kaum Wasser mehr im See ist, kauft aber niemand mehr Angelkarten. Auch deshalb befindet sich der Fischereiverband in Liquidation. Helmut Schwarz zeigt ist skeptisch: „Ob in Zukunft Berufsfischerei weiter ausgeübt werden kann, ist völlig unklar." Nach der Liquidation bleibt nur eine Handvoll interessierter Berufsfischer übrig. Viele sind schon in Pension, Nachfolger gebe es derzeit keine.

Zu den Veränderungen, die der Klimawandel mit sich bringt, meint Schwarz: „Früher wäre ich stolz gewesen, wenn in unserer Zeit der See einmal austrocknet. Mittlerweile bin ich nicht mehr stolz, weil wir tatsächlich kurz davorstehen. Aber es liegt auch in der Natur des Sees."

Abb. 13: Helmut Schwarz

Manche Fischarten leiden unter dem Sauerstoffmangel im sehr warmen Wasser.

„Ich kann nicht sagen, was ich am nächsten Tag in der Früh fangen werde."

3. Der Schilfgürtel des Neusiedler Sees: Zwischen natürlicher Sukzession und anthropogenen Schadeinflüssen

Autoren: Elmar Csaplovics, Erwin Nemeth

Die ausgedehnten Schilfflächen des Neusiedler Sees stellen ein multifunktionales Ökotop dar, das durch charakteristische Flora und Fauna geprägt wird. Seit dem 19. Jahrhundert bewirken unterschiedliche Nutzungsansprüche seitens der Landwirtschaft, der Schilfwirtschaft, der Fischerei und der Jagd sowie des Tourismus und andererseits Schutzbestrebungen seitens des Natur- und Landschaftsschutzes eine ständige Disbalance. Das wirkt sich negativ auf den Zustand des Schilfgürtels aus und beeinträchtigt potenziell die Habitatvielfalt.

1. Charakteristik und Status quo

Ein dominantes Landschaftselement des Neusiedler Sees ist der Schilfgürtel, der landseitig durch eine Übergangszone mit seewärts zunehmender Dominanz von *Phragmites australis* (Schilfrohr) gegenüber Seggenbeständen begrenzt wird. Eine Grenzlinie kann nicht gezogen werden, da es sich um einen typisch fließenden Transitionsbereich handelt, der durch artenspezifische Vegetationskontinua geprägt wird.[1] Die Uferlinie zwischen lockeren Pionierschilfbeständen mit zunehmender Wuchshöhe in Richtung Schilfgürtel und dem Offenwasser ist hingegen ziemlich eindeutig abgrenzbar. Des Weiteren existieren im offenen Seebereich einige mehr oder weniger große Schilfinseln. Die Schilfflächen in den inneren Bereichen des Schilfgürtels werden in Funktion lokaler Einflussgrößen (Sedimenteintrag Wulkamündung, Wallbildung im seeseitigen Schilfrandbereich, Schilfernte-Schäden, Überalterung der Bestandsstruktur) durch teils monotone, oft überalterte sowie durch offene Wasserflächen stark durchsetzte Bestände geprägt.[2] Umfassende, den gesamten österreichisch-ungarischen Schilfgürtel beschreibende Inventuren der Ausdehnung und Struktur der Schilfbestände existieren erst seit den 1980er-Jahren sowohl auf österreichischer

Abb. 1: Luftbild des Schilfgürtels im Bereich der Wulkamündung

Vitaler Schilfbereich, der von Flusswasser durchströmt und von gelbgrünen Wattealgen (*Cladophora* sp.) geprägt wird, die regelmäßig im späten Frühjahr und Sommer Algenteppiche bilden.

als auch auf ungarischer Seite.[3] Die vor etwas mehr als zehn Jahren über segmentbasierte Klassifikation von digitalen Farbinfrarot-Luftbildern erstellte letztaktuelle grenzüberschreitende Datenbasis ermöglicht hochgenaue strukturspezifische Analysen des gesamten Schilfgürtels in Bezug auf habitatökologisch orientierte Zielstellungen und darüber hinaus auf ein harmonisiertes Flächenmanagement. Die aus Farbinfrarot-Luftbildern gewonnenen Habitatvariablen erlauben die Vorhersage der Verbreitung von Schilfvögeln in Funktion spezifischer Strukturen der Schilfbestände.[4]
(Eine genauere Diskussion des aktuellen Zustands der Schilfvogelfauna am Neusiedler See folgt in Kapitel 7.)

Die Heterogenität der Schilfbestände wird durch den Altschilfanteil, der vielerorts durch kreuz und quer liegende geknickte Halme, die sogenannte Knickschicht, geprägt wird, sowie durch offene Wasserflächen im Schilfgürtel charakterisiert.
Diese Schilfbestände unterliegen einerseits einer natürlichen Sukzession, andererseits anthropogenen Schadeinflüssen, etwa durch unsachgemäßen Schilfschnitt oder unkontrollierten Schilfbrand. Signifikant sind zunehmende Eingriffe im Zuge des Ausbaus touristischer Infrastruktur.
Bis auf den Uferstreifen um Podersdorf ist das gesamte Litoral des Sees in variierender Struktur und Breite von Schilfbeständen bedeckt. Die Bereiche

entlang des nördlichen Ostufers sind in besonderem Maße von Wind- und Eisdrift betroffen, die das Vorkommen von zusammenhängenden Schilfbeständen verhindern. Der gesamte Schilfgürtel wird von Kanälen durchzogen, die auch dazu dienen sollen, den Wasseraustausch zwischen dem offenen See und den anliegenden Schilfbereichen aufrechtzuerhalten. Eine große Zahl von Kanälen (Schluichten), die früher dem Fischfang und auch dem Schilfschnitt dienten, sind heute verwachsen und nur mehr in Spuren erkennbar.
Seit der Gründung des Nationalparks Neusiedler See - Seewinkel im Jahr 1993 stellt der südöstliche Schilfbereich auf österreichischer Seite den Kernbereich des Schutzgebietes dar. Die Flächen sind größtenteils Bestandteil der Naturzone und werden demgemäß nicht genutzt, während in jenen Teilen des Schilfgürtels, die in der Bewahrungszone des Nationalparks und im Landschaftsschutzgebiet liegen, sowohl Jagd und Fischerei als auch Schilfschnitt und Tourismus wenngleich „genehmigungspflichtig", so doch erlaubt sind. In dem im Jahr 1991 gegründeten Nationalpark Fertő – Hanság liegen die in der Kernzone geschützten Schilfflächen nördlich von Hegykő und Hidegség.
Der gesamte ungarische Schilfgürtel unterliegt den Schutzbestimmungen einer Bewahrungszone. Diese erlauben vielfältige Nutzungsarten, deren wichtigste der Schilfschnitt ist.

Die Struktur und Ausdehnung des Schilfgürtels spiegeln die verschiedenen Schutz- und Nutzungsansprüche wider, die seit mehr als 25 Jahren durch die beiden Nationalpark-Verordnungen bestimmt werden. Nach den letztaktuellen grenzüberschreitend interpretierbaren Inventuren der Schilfbestände auf Grundlage von Luftbildbefliegungen auf ungarischer (2007) und österreichischer Seite (2008) nimmt der Schilfgürtel einschließlich der landseitigen Transitionszone eine Fläche von circa 181 Quadratkilometern ein, davon circa 64 Quadratkilometer auf ungarischer und circa 117 Quadratkilometer auf österreichischer Seite.

Sowohl auf österreichischer als auch auf ungarischer Seite fällt die (zunehmende) Dominanz von Schilfflächen mit sehr geringem Schilfanteil auf. Im österreichischen Schilfgürtel sind 35 Prozent der Flächen durch einen Schilfanteil von weniger als 70 Prozent gekennzeichnet, während 15 Prozent der Schilfgebiete von Wasserflächen mit keinem oder extrem marginalem Schilfvorkommen gebildet werden.[5]
Interessenkonflikte am Neusiedler See betreffen naturgemäß auch den Schilfgürtel und polarisieren ökonomische Ansprüche des Tourismus und der Schilfwirtschaft einerseits und des ökologischen Flächenmanagements und des Naturschutzes andererseits.[6]
Daraus folgt eine permanente Diskussion über Stärken und Schwächen aktueller lokaler bis regionaler Managementkonzepte, die meist nur rudimentär oder noch gar nicht vorhanden sind. Insbesondere im Hinblick auf touristische Entwicklungsprojekte im Schilfgürtel, die oft in direktem Konflikt mit dem Natur- und Landschaftsschutz stehen, ist es dringend notwendig, den aktuell in Bearbeitung befindlichen Managementplan, der das gesamte österreichisch-ungarische Welterbegebiet umfasst und den Vorgaben der UNESCO-Welterbekommission gerecht werden soll, so schnell wie möglich umzusetzen.
Ein habitatökologisch geprägter Ansatz für eine Inventur der Schilfbestände setzt die Entwicklung und Anwendung eines detaillierten, wiederholbar einsetzbaren Interpretationsschlüssels zur Beschreibung von Struktur- und Vitalitätsparametern der Schilfbestände voraus, um nicht nur den Status quo, sondern auch in möglichst regelmäßigen Intervallen die raum-zeitliche Entwicklung der Schilfgebiete zu untersuchen. Dadurch wird die Vorbedingung geschaffen, ein mittelfristig voll operationalisiertes periodisches Schilfmonitoring zu installieren, das regional bedient werden kann und jene qualitativ und quantitativ relevanten Daten und Analysen liefert, die Planungen und Management im Schilfgürtel im Sinne einer ökologisch ausgewogenen und den Flächenschutz betonenden Perspektive ermöglichen.[7]

2. Geschichte des Schilfgürtels

Schriftliche Dokumente lassen die Existenz eines Schilfgürtels bereits in der Spätantike vermuten. Erste konkrete Hinweise auf Schilfbestände stammen aus Chroniken des Hochmittelalters. Seit der Spätrenaissance erstellte regionale Karten belegen zwar die Ausdehnung des Sees an sich, stellen jedoch keinen Bezug zum Vorkommen von Schilfbeständen her.[8] Ab der Mitte des 18. Jahrhunderts führte die Weiterentwicklung geodätischer Messprinzipien (Triangulation, geographische Längenbestimmung) und kartographischer Gestaltungskriterien schrittweise zu einer signifikanten Genauigkeitssteigerung nicht nur der geometrischen, sondern auch der inhaltlichen Qualität von regionalen Karten.

Mittelalter

Kontinuierliche Konflikte zwischen dem Römischen Reich und dem jungen ungarischen Königreich kulminierten ab dem Jahr 1030 in einigen Kriegszügen der Kaiser Heinrich III. und Heinrich IV. gegen König Stephan und seine Nachfolger – besonders in der Zeit des Interregnums nach dem Tod König Stephans im Jahre 1038. Die ungarische Befestigungslinie an der (teils strittigen) westlichen Grenze des Königreiches war der Ort einiger militärischer Auseinandersetzungen, die schriftlich dokumentiert wurden. Der Neusiedler See (in stagno Ferteu) und die Existenz dichter Schilfwälder (harunddinetum) tauchen erstmals eindeutig zuordenbar im Zuge von Berichten über Kriegszüge auf, die den Thronanspruch von König Salomon unterstützen sollten. In den ersten Jahren seiner Herrschaft (1063 bis 1074) war Salomon umstritten, es kam zu mehreren inneren Auseinandersetzungen mit anderen Thronprätendenten. König Salomon hatte die Königswürde nach dem Tod seines Onkels Béla I. mithilfe seines Schwagers Heinrich IV. erhalten.[9]

Quapropter Ungaris, qui cum Salomone ad se transfugerant, viam monstrantibus per quodam harundinetum, praemisit partem exercitus, ..., si ipse cum reliquis posset subsequi.

(Deswegen hatte er [Heinrich IV.] einen Teil seines Heeres mit den Ungarn, die mit Salomon zu ihm gestoßen waren und die ihnen einen Weg durch jenes Schilfdickicht zeigten, vorausgesandt, [...] sodass er [Heinrich IV.] unmittelbar danach mit dem Rest des Heeres nachfolgen konnte.)
(Annales Altahenses maiores, a.1063, in: Edmund von Hoefele (ed), 1891, p. 63)

Bisseni fugierunt a facie Salomonis ... et multis ex eis interfectis, aliis in stagno Ferteu submersis, pauci cum Zultan fugiendo evaserunt.

(Die Bissener flohen, als sie Salomon sahen [...] und viele wurden getötet und andere versanken im Sumpf Ferteu, und nur wenige konnten mit Zultan fliehend entkommen.)
(Chronicon pictum Vindobonense cap.59, a.1074)

Neuzeit

Hohe Wasserstände während der ersten Hälfte des 16. Jahrhunderts, die auch im Urbar der Grafschaft Forchtenstein 1500/1510 dokumentiert sind,[10] bewirken die Darstellung des Neusiedler Sees als große einheitliche Wasserfläche ohne jedwede litorale Vegetation, wie in der Lazarus-Tanstetter-Karte von 1528[11] (siehe auch Kapitel 6), in den Karten des Wolfgang Lazius *Regni hungariae* ... von 1552/1556 und *Regni francor* ... von 1561[12] oder in der Ungarn-Karte des Matthias Zündt aus dem Jahr 1567 (*Nova Totius Hungariae Descriptio*).[13]
Die beiden letzteren Karten tragen darüber hinaus eine auf der Seefläche positionierte Abbildung von Fischerbooten mit ausgeworfenen Netzen.[14]
Die ab den Jahren 1560/70 einsetzende negative Klimaveränderung führte zu einem dramatischen Rückgang der mittleren Frühlings- und Sommertemperaturen. Die Jahrzehnte des späten 16. und frühen 17. Jahrhunderts zählen zu den kältesten Dekaden im Zeitraum 750 bis 2000.[15]
Das Urbar der Grafschaft Forchtenstein aus dem Jahre 1589 belegt, dass sich entlang des nordwestlichen Seeufers dichte Schilfflächen ausdehnten:[16]

... dieweil der See der orthen also verwachsen, das man khain zuefuer haben khan ...

Abb. 2: Ignaz Müller, Mappa Geographica novissima Regni Hungariae, 1769 (Detail)

Ausschnitt (ÖNB Kartensammlung aB 9.A.18)

Ab Mitte des 18. Jahrhunderts entstanden neue, aufgrund des Einsatzes verbesserter Methoden der geographischen Längenmessung und auf Grundlage der Einrichtung von Triangulationsnetzwerken sowie der Anwendung detailreicherer kartographischer Darstellung wesentlich genauere regionale Karten, die den Weg für die ersten flächendeckenden kartographischen Landesaufnahmen der habsburgischen Länder (Josephinische Landesaufnahme ab 1764, Königreich Ungarn 1782 bis 1785, jedoch noch ohne Triangulation) bereiteten.[17] Auf der in zwölf Blättern herausgegebenen Ungarnkarte von Ignaz Müller (*Mappa Geographica novissima Regni Hungariae*, 1769) fallen mehrere große Inseln in Ufernähe zwischen Wulkamündung und Breitenbrunn auf, die mit großer Sicherheit als Schilfinseln zu interpretieren sind. Interessantes Detail am Rande ist die Tatsache, dass auf dieser Karte auch eine Straßenverbindung zwischen *Pamhakn* und *Sárád* quer durch den Hanság noch vor dem Dammbau (Trauth, 1777/78)[18] ersichtlich ist (Abb. 2).[19]

Die Komitatskarten im Görög-Atlas (Ödenburger Komitat-1794, Wieselburger Komitat-1796) spiegeln den hohen Wasserstand der 1790er-Jahre wider, der nach dem historischen Höchststand von 1786 nur langsam zurückging. Der gleichwohl langsam absinkende Wasserspiegel mag dafür verantwortlich sein, dass das Kartenbild um 1796 bereits ausgedehnte Schilfflächen im Südostteil des Seebeckens zeigt, während mit Stand 1794 diese Bereiche noch durchwegs mit Wasser bedeckt sind. Andererseits fehlt jede Art von Hinweis auf Schilfbestände in den übrigen Uferbereichen. Abbildungen der beiden Komitatskarten sowie eine weiterführende Beschreibung des Atlasses und insbesondere der beiden Komitatskarten finden sich in der Kartenbeilage.[20]

In den entsprechenden Kartenblättern der Josephinischen Landesaufnahme (1784) sind ausgedehnte Schilfbestände westlich und südwestlich von Illmitz und Apetlon sowie schmale Schilfstreifen zwischen Rust und Oggau dokumentiert. Die hochfrequenten Schwankungen des Wasserstandes, die vor allem in den Jahrzehnten zwischen 1740 und 1870 zu mehreren Hochwasserständen und ebenso vielen extremen Niedrigwasserständen bis hin zur Austrocknung weiter Teile des Seebeckens führten, können in den variierenden Kartenbildern der folgenden Franziszeischen (1845) und Franzisco-Josephinischen Landesaufnahmen (1872 bis 1875) nachvollzogen werden. Die zweite (Franziszeische) Landesaufnahme wurde – nun auf Grundlage von gleichwohl nur jeweils die einzelnen Kronländer erfassenden Triangulierungsnetzen – im Jahre 1806 begonnen und mit Unterbrechungen bis 1869 fortgeführt, wobei einige Teile Ungarns, Siebenbürgens, Galiziens und der Bukowina unbearbeitet blieben. Ein Vergleich der in den Kartenblättern dargestellten Schilfflächen am Neusiedler See für den durch die beiden Landesaufnahmen überspannten Zeitraum von 1784/85 bis 1845, der durch signifikante Schwankungen des Wasserstandes von Tiefständen (1811 bis 1813) bis zu Überflutungen (1797, 1836) geprägt war, zeigt

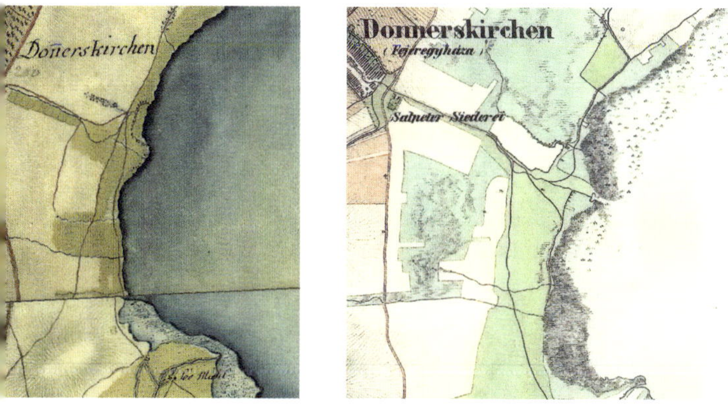

Abb. 3: Donnerskirchen, Mündungsbereich der Wulka, Schilfbestand

Josephinische (Erste) Landesaufnahme, Ungarn 1782–1785, Collo: IV. Sectio 2, 1785 (oben) und Sectio 3, 1784 (unten) (links); Franziszeische (Zweite) Landesaufnahme, Ungarn 1819–1869, Col. XXII. Sektion 47 (oben) und Sektion 48 (unten), 1845 (rechts) (ÖStA-Kriegsarchiv A/B IXa 527, A/B IXa 530-1)

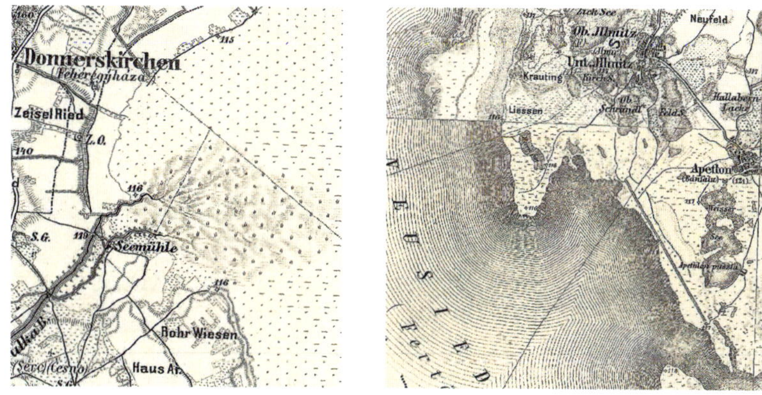

Abb. 4: Franzisco-Josephinische (Dritte) Landesaufnahme, 1869–1887

1:75000, Ungarn 1872–1884, Zone 14 Col. XV., 1872/73, Detail Donnerskirchen, Mündungsbereich der Wulka (links); Zone 14 Col. XVI, 1872/1875 (oben), Zone 15 Col. XVI, 1880 (unten, dort mit der Anmerkung: nach dem Wasserstande vom Jahre 1882), Detail Illmitz-Apetlon, Kartenaufnahme unmittelbar nach der Austrocknungsphase des Sees 1865–1870 (rechts) (ÖStA-Kriegsarchiv A/B IXa 33)

auch im nordwestlichen Uferbereich im Umfeld der Wulkamündung eine auffallende Zunahme von Schilfflächen. Ein geschlossener Schilfgürtel – mit Ausnahme des Uferstreifens von Neusiedl bis Illmitz – ist für die ersten Jahrzehnte des 19. Jahrhunderts anzunehmen, wie zum Beispiel aus der topographischen Beschreibung des Neusiedler Sees in Csaplovics (1821) hervorgeht (s. u.) (Abb. 3).[21]

Nach der Austrocknungsphase des Sees von 1865 bis 1870 füllte sich das Seebecken in einem überraschend kurzen Zeitraum wieder mit Wasser und das gewohnte Erscheinungsbild war nach einigen Jahren wiederhergestellt. Diese Periode war anscheinend auch durch eine schnelle und ausgedehnte Wiederbesiedlung mit Schilf geprägt, wie der entsprechende Ausschnitt aus dem Kartenblatt für das Umfeld der Wulkamündung mit Stand 1872/73 belegt.
Die Dynamik des raschen Anstiegs des Wasserspiegels, die damit verbundene Ausbreitung der Schilfbestände sowie die durch die hohen Wasserstände um 1880 bewirkten Überflutungen und die Ausbreitung der Schilfflächen landeinwärts sind auf den Kartenblättern Illmitz/Apetlon entlang des Blattschnittes anschaulich nachzuvollziehen (Blatt Illmitz 1872/75, Blatt Apetlon 1880) (Abb. 4).

Naturwunder des österreichischen „Kaiserthumes"

Von besonderer Bedeutung für die Wahrnehmung des Schilfgürtels des Sees sind die seit Ende des 18. Jahrhunderts in zunehmender Zahl angelegten Familien- und Ortschroniken sowie die in Buchform erscheinenden topographischen Beschreibungen bemerkenswerter „Naturwunder des österreichischen Kaiserthumes",[22] die teils aus eigener Anschauung, teils als Kompilation früherer Quellen, und in unterschiedlicher Gemengelage von teils wissenschaftlichen, teils romantisch-aufklärerischen, teils sozio-ökonomischen Interessen getragen werden.[23] Naturgemäß wird auch der Neusiedler See gebührend berücksichtigt und dem Erscheinungsbild des Schilfgürtels wird mehr oder weniger Raum gewidmet.[24]

Der See ist an seinen Ufern mit Rohr bewachsen, den Theil desselben ausgenommen, der sich von Neusiedel bis Illmitz erstreckt. Das Rohrwerk ist von ansehnlicher Breite, und bringt den Anwohnern nicht geringen Nutzen, wie wohl es sie für die Einbuße ihrer schönen Wiesen, welche der See eingenommen hat, nicht entschädigt. Jung wird das Seerohr als Viehfutter, und wenn es älter und stämmiger geworden ist, zur Deckung der Häuser verwendet. Die zurückgebliebenen Stoppeln werden, wenn der See zugefroren ist,

abgestoßen und verfeuert. Der See bringt an seinen Ufern Rohr in solcher Menge hervor, daß damit nicht nur der Bedarf seiner Anwohner gedeckt, sondern ein großer Theil desselben an die umliegenden Ortschaften verkauft wird.
(Johann von Csaplovics (ed), Topographisch-statistisches Archiv des Königreichs Ungern, Erster Band. Doll, Wien, 1821, p. 146)

Außer Kroisbach in der niederen Gegend geht man unbewußt am See fort, da dickes Rohr denselben verbirgt. In einer halben Stunde geht es durch Weingärten und Kornfelder sanft bergan, schnell ersteigt man einen Hügel, auf welchem Fischerhütten stehen und plötzlich, wie durch einen Zauberschlag, wird man von dem großartigsten Anblick überrascht, da der See in seiner ganzen Länge und Breite vor des entzückten Wanderers Augen liegt. Seine Ufer enthalten alle Abwechslungen des Angenehmen. Hier ragt eine kleine mit Rohr bewachsene Erdzunge in das verjüngte Meer, dort dringt das Gewässer, einen Hafen bildend, ans Land.
(Joseph Adalbert Krickel, Wanderungen zu den Umgebungen des Neusiedler Sees. Adolph, Wien, 1831, p. 73f.)

Wer vor 12 Jahren [1852] diese Gegend sah, wird sie jetzt kaum mehr erkennen; damals stand das Wasser gleich hinter den Scheunen, der hohe Rohrbestand reichte bis zum Ort herein, soweit das Auge sehen konnte war üppiges Grün und Rohrwälder, in deren Mitte die großen zwischen Seen mit Fischen überfüllt und von zahllosem Wildgeflügel belebt waren. [...] Am 26. Juni [1863] hat der Hiessige Schuhmacher Helbling vom Neudeck aus in der Richtung nach Holling den See durchwatet, das Wasser reichte ihm kaum bis an die Waden, mitten im See fand er trockene Sanddünen, in diesem Jahr sind auch die Fische im See abgestorben.
(Anton Jukovits, Chronik von Apetlon, Taufbuch Bd. 4, 1852–1872, p. 133 ff. (freundliche Mitt. von S. Gmasz))

Bezüglich des Schilfrohres traf im See die Veränderung ein, dass im alten See dasselbe nur vom Rande des Wassers einwärts bis ¼ auch ½ Stund weit sich erstreckte. Von Jois angefangen über Kroisbach gegen Wolfs (Balf) zu, fast durchgehendes Rohr, mit Ausnahme einzelner Stellen meistens vor den Ortschaften, z. B. vor Wolfs, und an den Fischerhütten, auch nächst Mürbisch überall ein kleiner Streifen, ebenso vor der Stadt Rust. Ein breiterer aber befand sich von Oggau bis nahe zur Seemühle in der Länge eine halbe Stunde. An diesen Stellen des Ufers war also flaches Wasser. Dasselbe stand auch an der Ostseite beinahe durchaus von Neusiedl angefangen bis Illmitz. Im jungen See hingegen setzte sich das Schilf über ¼ auch ½ Stunde weiter einwärts an der inneren Seefläche an, auch in Gegenden, in welchen früher weit und breit kein Stämmchen Rohr zu sehen war, so z. B. von Neusiedl angefangen bis Illmitz, wie auch zwischen Oggau und der Seemühle. An den Ufern des einstigen Rohrgebietes selbst aber trifft man seit 1876 anstatt des früheren stämmigen Schilfes jetzt allwegs größtentheils nur Röhricht und Sager, der sich allmählig zum Schilffrohr umzugestalten beginnt.
(J.M. [Josef Mayrhofer], A Fertő tava. Der Neusiedler See. Von 1862 -1884. Sauerwein, Raab, 1884, p. 24 (freundl. Mitt. von A. Lang))

Seit den späten 1920er-Jahren wurden Luftbildaufnahmen des Sees gemacht, die – als flächendeckende stereophotogrammetrisch ausgewertete Luftbildreihen – der Herstellung der amtlichen Österreichischen Karte (ÖK) 1:50.000 dienten oder teils als Schrägaufnahmen zum Zweck der militärischen Aufklärung und/oder der Landschaftsdokumentation aufgenommen wurden (Abb. 5).

Erste flächenbezogene Abschätzungen der Größe des Schilfgürtels wurden sukzessive möglich – und zwar auf Grundlage der im Jahre 1901 bei Niedrigwasserstand durchgeführten profilweisen Auslotung des Sees; in der Folge auf Grundlage von Schwarz-Weiß-Luftbildreihen respektive den damit verbundenen Revisionen der Schilf-Wasser-Grenzlinien in den Ausgaben der Österreichischen Karte 1:50.000 (mit Stand 1938 und 1958); sowie auf Grundlage des ebenfalls durch Niedrigwasserstand begünstigten profilweisen Nivellements des Seebeckens im Jahre 1963.[25] Es zeigte sich, dass die aus der Vermessung des Jahres 1963 gezogenen Schlussfolgerungen über das prognostizierte Schilfwachstum weit

Abb. 5: Schwarz-Weiß-Luftbild des Schilfgürtels zwischen den Ortschaften Rust (unten links) und Oggau (oben links)

Blickrichtung nach Nordost, um 1930 (Schilfinseln in der Bildmitte, vgl. Abb. 1) (ÖStA Kriegsarchiv)

überzogen waren. Das zeigte die erste methodisch fundierte Kartierung, die auch das Problem der landseitigen Abgrenzung von Schilfbeständen versus Seewiesen mit dominanten Seggenvorkommen erfasste. Grundlage dafür waren die Farbinfrarot-Luftbildreihen aus dem Jahre 1979 (s. u.).[26] Die see- und landseitigen Schilfgrenzen wurden auf Grundlage der Revisionsstände der ÖK für die Zeitreihe 1938 bis 1958 (Militäraufnahme von Ungarn 1941) ermittelt[27] sowie mithilfe der Schilfkartierung 1979 für den österreichischen Seeanteil als Zeitreihe kartiert – auf dieser Grundlage konnten entsprechende Flächenzahlen ermittelt werden.[28] Auswertungen der Dokumente der Landesaufnahmen, der Seevermessung im Jahre 1901[29] sowie die Synthese der österreichischen Schilfkarten 1979 mit der ungarischen Kartierung[30] ergeben die Möglichkeit, die Ausdehnung des Schilfgürtels für ausgewählte Zeitpunkte der Periode 1784 bis 1986 zu skizzieren.[31] Ein dringend notwendiger Schritt in Richtung wissenschaftlich abgesicherter, methodisch nachvollziehbarer und somit in periodischen Abständen wiederhol- und vergleichbarer Aufnahmen des Schilfgürtels wurde bereits 1979 mit der Farbinfrarot-Luftbildaufnahme des österreichischen Schilfgürtels und der nachfolgenden erstmalig flächendeckend nach vielfältigen strukturellen und vitalitätsbezogenen Kriterien erfolgten Klassifikation der Schilfbestände erreicht.[32] Fast 30 Jahre später erfolgte eine vergleichbare Farbinfrarot-Bilddatenaufnahme des ungarischen (2007) und österreichischen (2008) Schilfgürtels und eine nachfolgende detaillierte Klassifikation des Schilfbestandes mit Vergleichbarkeit der Auswertungen 1979/85 und 2007/08.

3. Schilfmonitoring

Sowohl die Ausdehnung als auch die Struktur der Schilfbestände des Neusiedler Sees unterliegen einer zeitlichen und raumbezogenen Dynamik, die in engem Zusammenhang mit den Wasserstandsschwankungen des Sees, die erst durch Einführung der Schleusenregelung am Einser-Kanal zumindest nach Hochwasserlagen stabilisiert wurden, steht.[33] Hoher Wasserstand bewirkt eine Ausbreitung von Schilf landwärts, und zwar bis zu einem Punkt, ab dem die Wassertiefen im Becken des Neusiedler Sees auch in den Uferbereichen zu groß werden, um flächig ausgeprägtes Schilfwachstum zu ermöglichen. Hoher Wasserstand ist zum Beispiel in den Aufnahmeblättern der Josephinischen Landesaufnahme (um 1785) dokumentiert, auf denen nur einige schmale Schilfstreifen entlang der Wulkamündung oder zwischen Oggau und Rust, jedoch ausgeprägte Schilfflächen westlich und südwestlich von Illmitz und im Übergang zu dem nach dem Niedermoor des Hanság offenen Seebecken erkennbar sind.[34] Niedriger Wasserstand fördert die Ausbreitung von Schilfflächen seewärts und führt daher zu einem „Zuwachsen" des Sees. Nach der Austrocknung des Seebeckens während der Jahre 1865 bis 1870, die auch ein (nahezu) vollkommenes Verschwinden von Schilfbeständen bewirkte, kam es zu einer sofort einsetzenden Wiederbesiedlung und auffallend dynamischen Ausbreitung, die sich über die folgenden Jahrzehnte stabilisierte. Tiefstände des Pegels während der 1950er- und frühen 1960er-Jahre gaben zu Befürchtungen Anlass, das Schilfwachstum seewärts, das bereits für den Zeitraum 1938 bis 1958

augenfällig war, würde bei anhaltenden Wassertiefständen zu einem Verschwinden der offenen Seeflächen führen.[35] Die Inbetriebnahme der Schleuse am Einser-Kanal nahe Meksikópuszta im Jahre 1965 bewirkte eine Anhebung des mittleren Wasserstandes des Sees um fast einen halben Meter (115,11 Meter auf 115,50 Meter) und trug – in Abminderung der Negativ-Szenarien Mitte der 1960er-Jahre (s. o.) – zu einem Abklingen der Ausbreitung des Schilfgürtels seewärts bei.
Der seit 1965 in den folgenden Jahrzehnten höhere mittlere Pegel bewirkte jedoch eine zunehmende (Wieder-)Ausbreitung von Schilfbeständen (und Seggen) landwärts, und zwar auf Kosten der in den davorliegenden Jahrzehnten durch Niedrigwasser begünstigten teils ertragreichen Seewiesen (Mahd) entlang der landseitigen Schilfgrenzen-Flächen, die zu Zeiten hoher Wasserstände Teil des offenen Sees oder zumindest dichten Schilfbestandes waren.[36]
Durch die flächendeckend exakten, durch terrestrische Kartierungen gestützten Luftbildanalysen respektive die daraus folgenden Kartierungen der Schilfhabitate auf österreichischer (1979) und ungarischer (1985) Seite wurde der in den 1960er-Jahren prognostizierte Trend ausufernden Schilfwachstums seewärts widerlegt und gleichzeitig die Ausbreitung des Gesamtschilfbestandes auf Kosten der landseitig gelegenen Flächen nachgewiesen.[37]

Schilfkartierung 2007/2008: Stabilisierung der Ausdehnung, aber fortschreitende Degradation

Die Neubefliegungen des ungarischen (2007) und des österreichischen (2008) Flächenanteils am Schilfgürtel haben nach nahezu 30 Jahren die Voraussetzung für den Aufbau einer periodischen Zeitreihe der Entwicklung der Schilfbestände nach sowohl quantitativen als auch qualitativen Parametern geschaffen.[38] Auf Grundlage dieser Kartierungen und der daraus folgenden Flächenzahlen kann einerseits eine Stabilisierung der see- und landseitigen Ausdehnung von Schilfflächen, andererseits jedoch eine fortschreitende Degradation der Schilfstruktur nachgewiesen werden.

Die Kriterien der Klassifikation folgen dem Schema der Schilfkartierung 1979 und beziehen sich auf Parameter wie horizontale Struktur (Dichte, Fragmentierung, Heterogenität) und Vitalität (Alter des Schilfes).[39]
Die Ergebnisse zeigen im Nordwesten des Schilfgürtels, im Bereich der Wulkamündung, die Dominanz großer zusammenhängender Flächen von Altschilfbeständen. Nach Süden nimmt die Schilfdichte ab und der Anteil offener Wasserflächen („Braunwasser“) nimmt zu. Flächen mit aufgelockerten Schilfbeständen bestimmen das Erscheinungsbild des österreichischen Schilfgürtels. Die entsprechenden Schilfklassen III.A, IV.A und V.A dehnen sich über eine Fläche von 68,80 Quadratkilometern aus, während junges, vitales und dichtes Schilf nur insgesamt 20,18 Quadratkilometer bedeckt. Die Summe der Schilfklassen beträgt mithin 88,98 Quadratkilometer, während Kategorien mit gemischtem Bestand von Schilf und Seggen in unterschiedlicher Bestandsdichte (Klassen I.B. bis V.B) und auf unterschiedlich ausgeformten Feuchtgebieten entlang des landseitigen Schilfrandes 15,90 Quadratkilometer umfassen. Ein signifikanter Teil des inneren Schilfgürtels mit einer Fläche von 12,54 Quadratkilometern (2,42 Quadratkilometer im Jahre 1979[40]!) wird von offenen Wasserflächen gebildet. Entlang der Schilf-See-Grenze stehen Bestände von jungem, vitalem Schilf, wohingegen die landseitige Seerandzone von einem Gemenge aus jungen vitalen Schilfflächen und Feuchtwiesen mit Dominanz von Seggen, oft nach Gradienten von spezifischen Vegetationskontinua ausgebildet, geprägt werden.[41]
Ein beispielhafter hochauflösender Blick in einen repräsentativen Bereich der Naturzone des Nationalparks Neusiedler See - Seewinkel zeigt die große Illmitzer Schilfinsel mit großem und kleinem Zug sowie den Schilfgürtel südwestlich des Sandecks.
Die Vitalität des Schilfes nimmt von der seeseitigen Randzone landwärts sowie in Richtung des zentralen Bereiches der Schilfinsel ab.
In diesen Bereichen finden sich große zusammenhängende Flächen von stark bis sehr stark aufgelockertem Schilfbestand (IV.A, V.A) mit einem

hohen Anteil offener Wasserflächen (Klasse V.A, mehr als 50 Prozent). Auffällig ist der markante Streifen von älterem, dichtem (homogenem) Schilf (III.Aa), der die Schilfinsel von Süd nach Nordost durchzieht und eventuell das Relikt einer einstmaligen Zweiteilung der Insel darstellt (Abb. 6, 7).[42, 43]

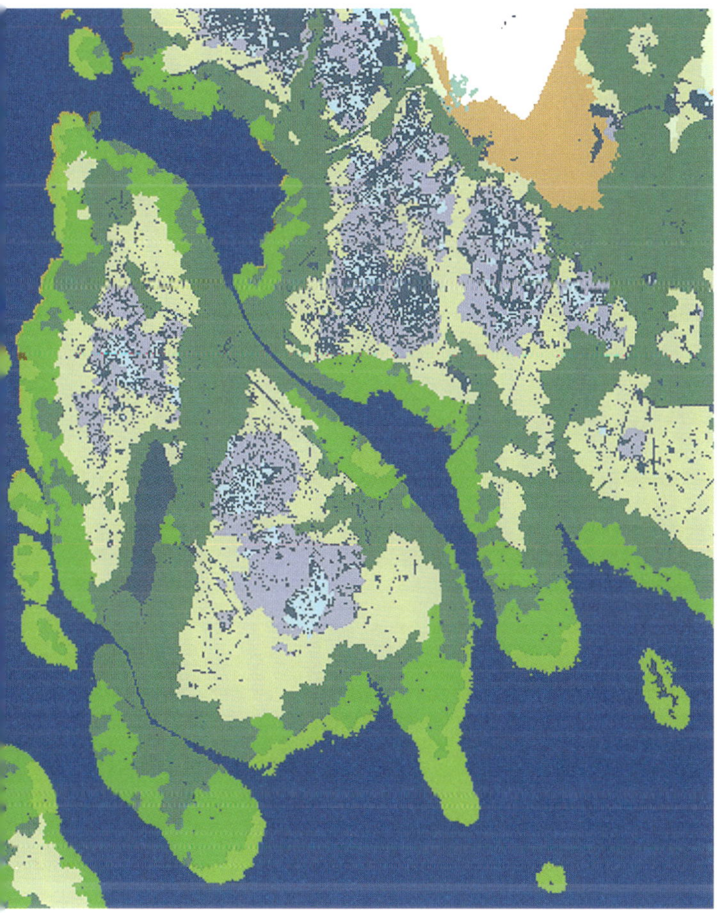

Abb. 6: Klassifikationsergebnis für den Bereich der großen Illmitzer Schilfinsel

- I.A – dichtes Jungschilf
- II.A – aufgelockertes Jungschilf
- III.A – aufgelockertes Schilf
- III.Aa – altes, homogenes Schilf
- IV.A – stark aufgelockertes Altschilf
- V.A – stark aufgelockertes Altschilf, Wasseranteil > 50 %

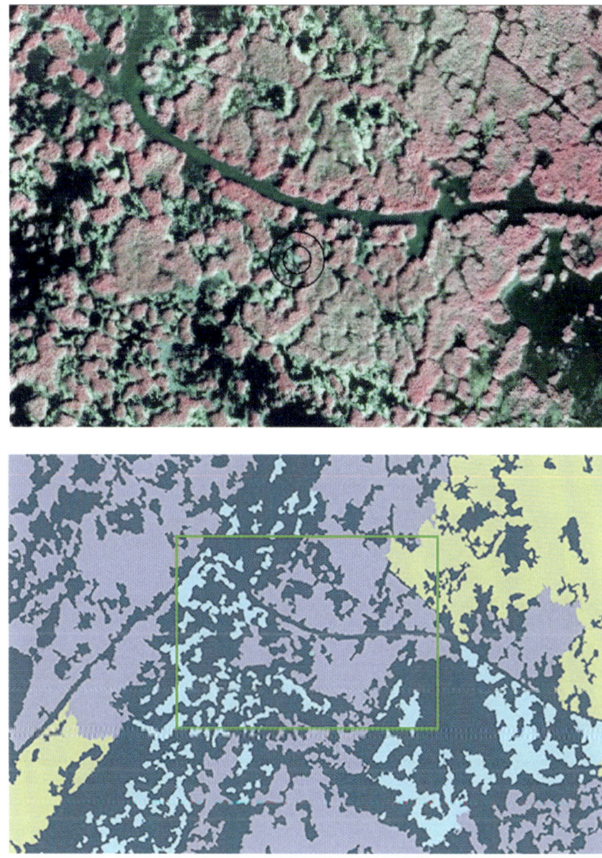

Abb. 7: Typische Struktur eines Schilfbestandes der Klassen IV.A und V.A

Farbinfrarot-Luftbildausschnitt des Schilfgürtels (oben) und Kartierung (unten) innerhalb des im Bild grün markierten Rechtecks. Deutlich zu erkennen ist die Struktur mit einem hohen bis sehr hohen Anteil von offenen Wasserflächen und Blänken.

Die im Interpretationsschlüssel entwickelte Beschreibung eines Schilfbestandes der Klasse/Kategorie V.A definiert u. a. folgende Charakteristika: überaltert, degradiert oder abgestorben, ohne Nachwuchs, anaerobe Bedingungen im Rhizom-Bereich, Offenwasseranteil größer als 50 Prozent, zusätzlich totes Schilf und Schilfstoppel mit Offenwasseranteil kleiner als 50 Prozent. Der vollständige, ausführliche Beispielschlüssel mit klassenweiser Beschreibung des Erscheinungsbildes in situ und im Farbinfrarotbild (Farbe, Textur) sowie eine Abbildung der Schilfkartierung für den gesamten österreichischen Seeteil liegt in Csaplovics et Schmidt (2011b) auf.[44]
Die Struktur- und Vitalitätsparameter des Schilfes sind zusammen mit der Wassertiefe wichtige Faktoren, die die Habitatwahl von Kleinvögeln im Schilf bestimmen (siehe Kapitel 7).

Das Alter der Schilfbestände kann nur durch die jährliche Erfassung der Schnitt- und Brandflächen bestimmt werden. Seit 2004 erfolgt eine entsprechende jährliche Kartierung (Abb. 8).[45, 46]

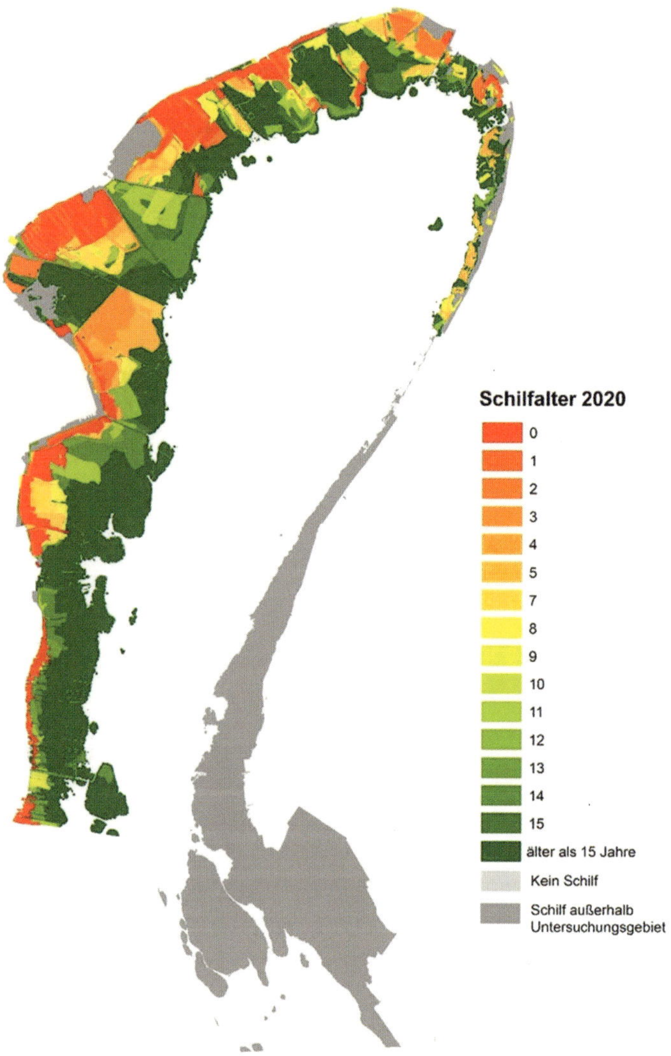

Abb. 8: Verteilung unterschiedlich alter Schilfbestände

Stand Frühjahr 2020 im österreichischen Teil des Schilfgürtels außerhalb des Nationalparks Neusiedler See - Seewinkel.

Gründe für das Schilfsterben: vielfältig und beziehungsreich

Dadurch war es auch möglich, das optimale Schilfalter für einzelne Arten zu erfassen. Das Ergebnis dieser Untersuchung war einerseits überraschend und andererseits besorgniserregend.[47] Immer mehr Flächen des Schilfgürtels sind zu alt bzw. so degeneriert, dass sie für alle Arten zunehmend unattraktiv werden. Die Gründe dafür sind vielfältig und schwer zu entschlüsseln. Der künstlich stabilisierte Grundwasserspiegel, Streuakkumulation, Eutrophierung, mechanische Beschädigung, Parasiten, Beweidung und andere Faktoren können diesen als „reed die-back" („Schilfsterben") bezeichneten Prozess verursachen.[48]

Durch all diese Faktoren kommt es im Sediment zum anoxischen Abbau von Pflanzenmaterial und zur Bildung von Pflanzengiften, die zusammen mit der Sauerstoffarmut das Schilfwachstum zuerst behindern und dann das Absterben hervorrufen. Der Verlauf des Schilfsterbens ist meist ähnlich. Die Bestände verlieren ihre Homogenität und die entstehende „Verklumpung" des Schilfs schreitet mit der Zeit voran, was schließlich zu „bültenartigem" Wachstum an den betroffenen Standorten führt. Dieses Phänomen tritt im Neusiedler See vor allem in der Mitte des Schilfgürtels auf. In allen Fällen nimmt die Pflanzendichte außerhalb dieser Bülte allmählich ab. Schließlich werden einzelne Schilfbüschel mit hoher Dichte durch immer größere offene Wasserflächen getrennt, bis das letzte Büschel von den Wellen gekippt und weggespült wird. Am Neusiedler See kann dieser Prozess auch durch das flächige Zusammenbrechen ganzer Bestände eingeleitet werden. Diese in eine Richtung zusammengebrochenen „Schilfmatten" verhindern das Nachwachsen und sind daher für fast alle Vogelarten unbewohnbar. Mit Stand 2019 sind 17 Prozent aller Schilfflächen auf österreichischer Seite derart strukturiert (Perlinger 2022) (Abb. 9).[49]

Abb. 9: Schrägluftbild einer Bruchschilf-Fläche

Zusammengebrochene „Schilfmatten" verhindern die Verjüngung des Schilfs und sind für Vögel unbewohnbar. Aufnahme zwischen Rust und Mörbisch (Erwin Nemeth, 2022)

Eine mögliche Maßnahme, um das Schilfsterben zu verlangsamen oder zu verhindern, wäre die Entfernung dieser zum Teil extrem dichten Streuschicht. Schilfschnitt ist bei diesen oft im tiefen Wasser liegenden Flächen nicht zielführend und der Schnitt auf Grundlage einer tragfähigen Eisschicht im Winter ist klimabedingt nicht mehr möglich. Schilfschnitt im stark überfluteten Schilf führt aber fast unweigerlich zu Schnittschäden und dauerhaften Verletzungen der Rhizome, die wiederum das Schilfsterben nicht abwenden, sondern beschleunigen.[50] All das kann beim Abbrennen der Bestände im Winter nicht passieren und daher ist die vorsichtige Einführung eines Feuermanagements wahrscheinlich ein praktikabler Weg, um extrem überalterte Flächen zu verjüngen.

Die zweite Maßnahme zur Erhaltung eines vitalen Schilfgürtels wäre eine Erhöhung der Wasserfluktuationen im See. Es ist hinreichend bekannt, dass konstant hohe Wasserpegel ein wesentlicher Auslöser des Schilfsterbens sind, das durch einen hohen Altschilfanteil zusätzlich extrem verstärkt wird.[51] Ein zeitweises Trockenfallen könnte den aeroben Abbau der Biomasse und die Wiederbesiedlung von derzeit anoxischem Sediment ermöglichen. Es ist abzuwarten, ob die derzeitige Trockenheit mit den extrem niedrigen Wasserständen (mittlerer Wasserstand am 7. September 2022: 114,90 Meter über Adria, Quelle: Burgenländisches Wasserportal) eine solche Regeneration ermöglichen wird. Aus Sicht der Schilfökologie können die aktuell niedrigen Wasserstände durchaus positiv bewertet werden.

Höherer Pegelwert möglich?

Die prognostizierte Zunahme von Extremwetterlagen wird vermehrt zu Trockenphasen, aber auch zu Starkregenereignissen führen. Es erscheint daher ratsam, das Wasser so gut wie möglich im Gebiet zu halten. Eine Schlüsselrolle spielt dabei die Schleusenregelung am Einser-Kanal. Derzeit wird das Wasser im Winter bei Pegelständen von über 115,70 Meter über Adria abgelassen. Diese Anpassung ist bereits eine Reaktion auf die niedrigen Wasserstände im Jahr 2003, denn davor wurde die Schleuse bei noch niedrigeren Pegelständen geöffnet. Ein besseres Rückhalten des Wassers ist derzeit wasserrechtlich schwierig umzusetzen. Grund dafür ist die Vermeidung von Hochwasserereignissen, die durch Starkwinde auftreten könnten und dann bei Südwind und ab einem Wasserstand von 116,00 Meter über Adria vor allem die touristischen Einrichtungen auf österreichischer Seite beschädigen könnten. Durch die derzeit geltende Wehrregelung wird aber in Zeiten hoher Pegelstände viel Wasser abgelassen, das dann in trockenen Zeiten fehlt – so wurde im Winter 2014/15 der Wasserstand um circa 40 Zentimeter gesenkt! Angesichts der prognostizierten Klimazukunft erscheint es ratsam, die derzeitige Wehrregelung am Einser-Kanal kritisch zu hinterfragen und anzupassen. Ein höherer zulässiger Pegelwert (z. B. 116,00 Meter über Adria) könnte den See „klimafit" machen. Die entstehenden Kosten für den Hochwasserschutz, für mögliche Retentionsräume im Südosten und eventuelle Schäden sind vielleicht geringer als das Problem eines dauerhaft niedrigen Wasserstandes und das damit verbundene Risiko des Verschwindens des Sees. Diese Maßnahme hätte im Gegensatz zu einer geplanten Zuleitung von Donauwasser den Vorteil, ökologische Risiken für den See zu vermeiden, und wäre zudem wesentlich effektiver, um den See langfristig zu erhalten.[52]

Sedimentmonitoring im Schilfgürtel

Eine für das gesamte Seebecken durchgeführte Inventur der Sedimentverteilung im Bereich des Schilfgürtels wurde auf österreichischer Seite in den Jahren 1985 bis 1987 und auf ungarischer Seite in den Jahren 1994 bis 1995 durchgeführt. Darauf aufbauend konnten das erste Mal in der Geschichte raumbezogener Forschung am Neusiedler See ein grenzüberschreitend homogener Datenbestand und in der Folge digitale Oberflächenmodelle für Sedimentoberkante und Sedimentunterkante für das Seebecken tiefer als 116,50 Meter berechnet werden.[53] Hervorzuheben ist die erstmals umfassend nachgewiesene Wallbildung entlang des unmittelbar seeseitigen Schilfstreifens, die in Funktion abnehmender Wasserstände zur Unterbrechung des Wasseraustausches des offenen Sees mit dem Großteil des Schilfgürtels führt. Besonders beachtenswert ist, dass mit Stand 1995 ein Trockenfallen mehr oder weniger des gesamten Schilfgürtels für Pegelstände tiefer als 115,00 Meter anzunehmen ist! Die in den Jahren 2011 bis 2014 erfolgte geodätische Aufnahme des Seebodens baute auf diesem Vorgängerprojekt auf, musste jedoch aus organisatorischen Gründen auf den Offenwasserbereich beschränkt bleiben (Abb. 10).[54]

Die Modelle der Sedimentmächtigkeit für die beiden Zeitschnitte gestatten eine überblicksartige Zusammenschau der im Offenwasserbereich vorhandenen Dynamik, die sich in unverändert erkennbaren Maxima der „Schlammtiefe“ auf österreichischer Seite im Offenwasserbereich zwischen Mörbisch und Rust, mit einer relativ scharfen Kante zu Bereichen mit sehr flachen Sedimentlagen nahe der Schilf-See-Grenze am Ostufer, manifestiert (Abb. 11).[55]

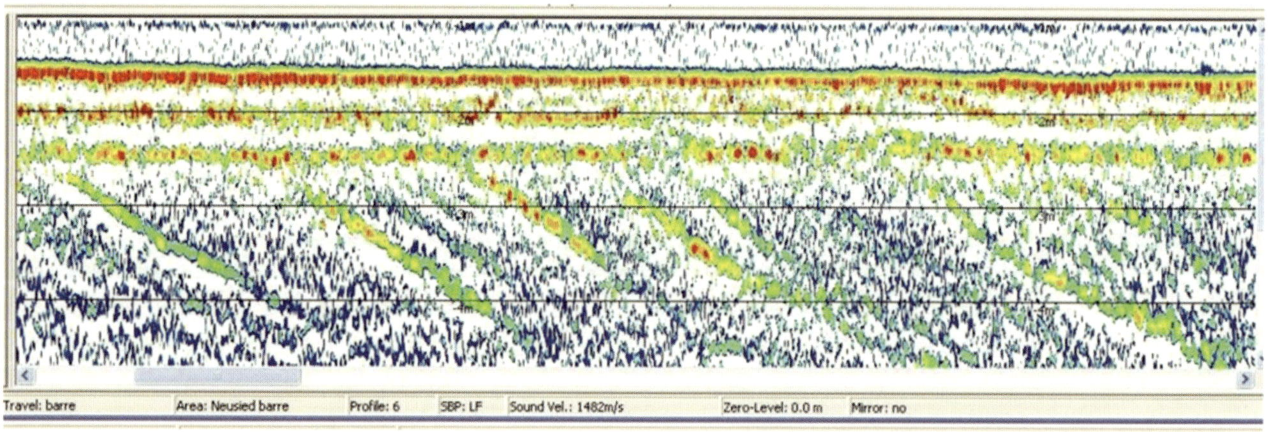

Abb. 10: Echogramm einer Sub-Bottom-Profiler-Messung (Sediment-Echolot) im offenen Seebereich

Die Eindringtiefe in den Seegrund beträgt etwas mehr als 3 m. Die Reflexionen der Schallwellen (rot, gelb, blau = stark, mittel, schwach) weisen auf einen zweischichtigen Seebodenaufbau hin, bei dem sich unter der eigentlichen Schlammschicht noch eine Schicht von teilkonsolidiertem Schlamm befindet. Der vollständig konsolidierte Seeboden ist mit einer Inklination von ca. 45° schräg geschichtet.

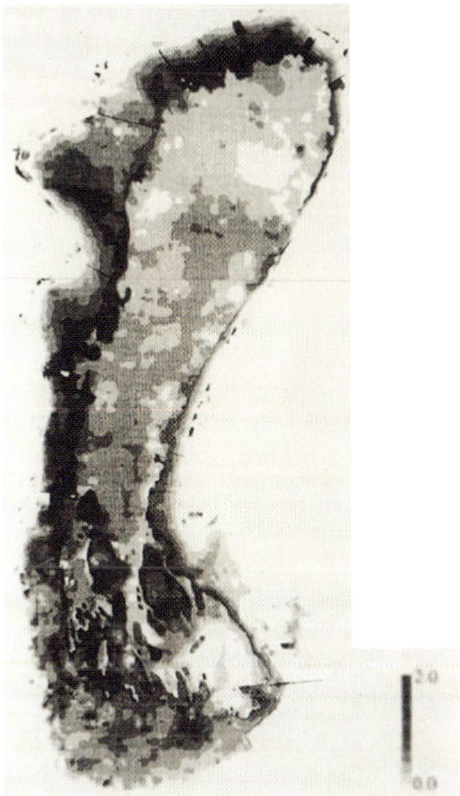

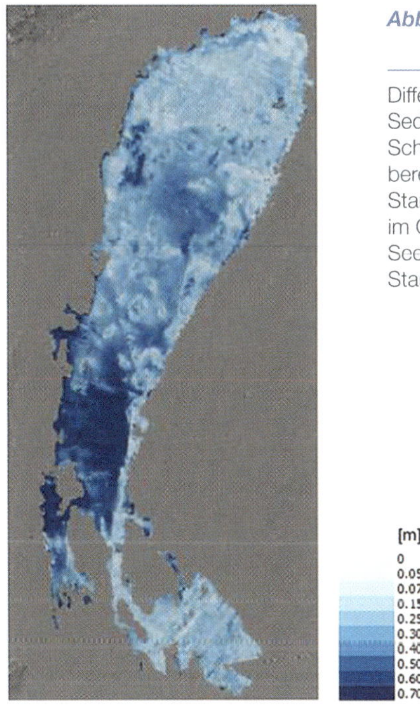

Abb. 11: Modell der Sedimentmächtigkeit

Differenzmodelle der beiden Sedimentmodelle im Bereich des Schilfgürtels und des Offenwasserbereiches des Neusiedler Sees, Stand 1987 (AT)/1996 (HU) (links) und im Offenwasserbereich des Neusiedler Sees und des Einser-Kanals, Stand 2014 (rechts)

Ein Blick auf die Seevermessungen 1901/1902 (Fertő-Kommission)[56] und 1963/1967[57] in Bezug auf das Seebodenmodell 1987/1996 zeigt gleichwohl eindeutig positive Sedimentationsgradienten im Sinne einer Auflandung. Die Bereiche tiefer als 114,00 Meter im zentralen Seebecken sind kleiner geworden und die Gesamtflächenbilanz 1963/67 versus 1987/1995 belegt die positive Dynamik der Sedimentation vor allem (naheliegenderweise) in den wachsenden Schilfarealen (Aufhöhung des seerandseitigen Schilf-Sediment-Sockels von 115,00 Metern (1963/67) auf 115,40 Meter (1996)).[58]

Die akut notwendige neuerliche flächendeckende Aufnahme der Sedimentlagen im österreichischen und ungarischen Schilfgürtel muss einer Analyse der Dynamik von Sedimentierung einerseits und der Sedimentverfrachtung andererseits im Vergleich zur Ausgangslage 1987/95 dienen. In diesem Zusammenhang ist zu beachten, dass diese Dynamik ganz entscheidend durch die Strömungssysteme im Wasserkörper des offenen Sees, die signifikant windabhängig sind, beeinflusst wird.[59] Ausmaß und Dynamik des Austausches von Wasser und Sediment zwischen dem offenen See und den angrenzenden Schilfgebieten und damit verbunden der Eintrag und die Absetzung von Sediment bewirken die bereits in den Aufnahmen der 1980er- und 1990er-Jahre kartierten, teils markanten Wallbildungen in den seeseitigen Randbereichen des Schilfgürtels. Raumbezogene Modellierung von Eintrag, Ablagerung und potenzieller Rückverfrachtung von Sediment und damit von Nährstoffen in Richtung des offenen Sees auf Grundlage digitaler Oberflächenmodelle der Sedimentlagen unterstützt die Evaluierung von resultierenden Szenarien ökologischer Destabilisierung.[60] Periodische Wasserstandsschwankungen (Seiche), die windinduziert sind, beeinflussen diese Austauschmechanismen in hohem Maße.[61]

4. Ausblick – Größere Wasserstandsschwankungen zulassen

Der österreichisch-ungarische Schilfgürtel des Neusiedler Sees/Fertő bedeckt unter Einbeziehung der Schilf-Festland-Übergangszone eine Fläche von circa 181 Quadratkilometern, mit circa 64 Quadratkilometern auf der ungarischen und circa 117 Quadratkilometern auf der österreichischen Seite, und stellt nach dem Donau-Delta das zweitgrößte zusammenhängende Schilfgebiet Europas dar. Im Einklang mit dem „Schilfsterben" steht die Tatsache, dass mit Stand 2008 mehr als 35 Prozent des (österreichischen) Schilfgürtels von Schilfklassen mit weniger als 70 Prozent Flächenanteil Schilf eingenommen werden und dass mehr oder weniger offene Wasserflächen im Schilfgürtel von etwas mehr als zwei Prozent im Jahr 1979 auf fast 15 Prozent der Gesamtfläche angestiegen sind.[62] Vice versa lässt sich die Ausdehnung der offenen Seefläche auf österreichischem Territorium mit 130,85 Quadratkilometern im Vergleich zu 129,72 Quadratkilometern mit Stand 1979 und somit eine – gleichwohl marginale – Zunahme (!) der offenen Seefläche bestimmen.[63]

Vergleiche der Flächenzahlen für 2008 mit jenen für 1979 lassen zumindest für die Ausdehnung des gesamten (österreichischen) Schilfgürtels an sich, das heißt für die Summe sämtlicher Schilfflächen (ohne Wasserflächen und touristische Flächennutzung), erkennen, dass sich eine Stabilisierung des Flächenstandes 1979, der 103,00 Quadratkilometer betragen hat, feststellen lässt (104,87 Quadratkilometer). Bei ausschließlicher Betrachtung der reinen Schilfbestände ergibt sich jedoch eine signifikante Reduktion der 1979 mit 99,33 Quadratkilometern ausgewiesenen Flächen auf 88,97 Quadratkilometer. Diese Reduktion wird hauptsächlich durch einen markanten Anstieg der offenen Wasserflächen im Schilf (meist Braunwasser) von 2,42 Quadratkilometern im Jahre 1979 auf 12,54 Quadratkilometer im Jahre 2008 verursacht.

Untersuchungen der Zusammenhänge zwischen der Dynamik der Degradation innerer Schilfbereiche und den hydromorphologischen respektive limnologischen Bedingungen sind dringend vonnöten. Kombinierte Analysen von Parametern der Schilfstruktur sowohl vertikal als auch lateral, der Sedimentcharakteristika sowohl quantitativ als auch qualitativ sowie der Interaktionsmechanismen mit dem offenen See insbesondere betreffend Sediment- respektive Nährstoffeintrag und Ablagerung sollten umgesetzt werden – je früher, desto besser.[64]

Zum ersten Mal in der Geschichte der Inventur und Bewertung der Schilfbestände des Neusiedler Sees ist es auf Grundlage der Luftbild-Missionen 2007/2008 und der daran anschließenden systematischen Datenanalysen möglich geworden, grenzüberschreitend harmonisierte Aussagen über den Zustand der Schilfbestände aus sowohl ökologischer als auch ökonomischer Sicht zu machen. Gleichzeitig werden in einem zweiten Schritt für habitatökologische Fragestellungen erweiterte, vertiefende Analysen des Bildmaterials nach differenzierten Kriterien der Bestimmung von Dichte und Vitalität und Alter, insbesondere im Hinblick auf die Kategorisierung von Sukzessionsflächen in den zentralen Bereichen des Schilfgürtels nach Anteilen von Offenwasser, Schwimmvegetation und deteriorierten Schilfbulten, durchgeführt.[65]

Die aktuellen Untersuchungen des Zustandes des Schilfgürtels zeigen deutlich eine Überalterung und ein fortschreitendes Schilfsterben. Als Sofortmaßnahme wird ein Feuermanagement vorgeschlagen, das, wissenschaftlich begleitet und maßvoll und kontrolliert durchgeführt, eine deutliche Habitatverbesserung bringen könnte. Schilfschnitt ist eine Alternative auf trockenen Beständen, die degenerierten Röhrichtgebiete liegen aber meist im tieferen Wasser und ein Schnitt dort würde Schnittschäden verursachen und das Schilfsterben dadurch beschleunigen.[66]

Aktuelle Untersuchungen des Schilfgürtels zeigen eine Überalterung und ein Schilfsterben. Als Sofortmaßnahme wird Feuermanagement empfohlen.

Längerfristig sollte man größere Wasserschwankungen zulassen, denn zeitweise niedrige Pegelwerte können das Wachstum gestresster Bestände fördern.[67] Ein Trockenfallen könnte sogar das Wiederbewachsen von Blänken ermöglichen, die derzeit durch ihr anoxisches und toxisches Sediment für Schilf nicht besiedelbar sind. Der aktuell besonders niedrige Wasserstand und seine Auswirkungen auf das Schilfwachstum sollten unbedingt genau untersucht werden. Die Klimakrise wird den Neusiedler See weiter verändern. Eine höhere Schleusenregelung beim Einser-Kanal und – falls durchführbar – die Anlage von Retentionsräumen im Südosten des Sees würden mehr Wasser im See halten und so die Austrocknungsgefahr minimieren.

Die Grundlage für weiterführende Untersuchungen in Bezug auf habitatökologisch und hydrologisch nachhaltiges Management, aber auch für angepasste sanfte wirtschaftliche Nutzung ausgewählter Gebiete des Schilfgürtels besteht. Die entsprechenden Stellen in Verwaltung und Politik sind nach wie vor aufgerufen, mehr für die ganzheitlich multithematische und grenzübergreifende Entwicklung dieses europaweit singulären Raumes im Allgemeinen und des riesigen Schilfgürtels als zweitgrößter geschlossener Schilfbestand in Europa im Speziellen zu tun und die dringend notwendigen, wissenschaftlich abgesicherten Aktivitäten trotz oder gerade wegen der Pluralität der Interessenlagen aus Sicht des Naturschutzes, des dynamischen ökologischen Managements, der wirtschaftlichen Nutzungspotenziale und aus Sicht der immensen Wertigkeit des vorhandenen und sorgsam zu bewahrenden Natur- und Kulturerbes nachhaltig zu fördern und zu unterstützen.

Hinweis: Der vorliegende Text stellt eine überarbeitete und erweiterte Version einer früheren Publikation dar.[68] *Wir danken dem Springer-Verlag für die Genehmigung der Verwendung.*

Schilfdachdecker aus den Niederlanden

Protagonisten: Arie und Koos van Hoorne

Arie und Koos van Hoorne zählen zu den letzten Schilfdachdeckern des Burgenlandes. Vater Arie stammt ursprünglich aus den Niederlanden. Dort lernte er das Schilfdachdecken, machte sich selbstständig und kam in den 1980er-Jahren zum ersten Mal ins Burgenland. Sein Sohn Koos verließ CERN in der Schweiz, um mit seinem Vater zu arbeiten.

Der als nahezu ausgestorben geltende Beruf des Schilfdachdeckers hat Arie von Hoorne nach Weiden am See verschlagen. „Ich wollte immer schon im Ausland arbeiten. Über die Schilfhandelsbeziehungen – schon damals wurde Schilf vom Neusiedler See nach Holland exportiert – wurden Anfang der 1980er-Jahre holländische Schilfdachdecker angefragt, um die Häuser im Seepark Weiden einzudecken. Die Nachfrage war zu dieser Zeit auch außerhalb des Seeparks sehr groß, und noch dazu das Wetter viel besser als in Holland. Deshalb haben wir uns dafür entschieden, dass wir mit unseren drei kleinen Kindern in den Seewinkel ziehen."

Gemeinsam mit seinem Sohn Koos gibt es für Arie hier im Burgenland immer etwas zu tun. Koos erzählt: „Es gibt viel Arbeit für uns im Burgenland, aber auch in anderen Teilen Österreichs. Jedes Jahr haben wir auch ein größeres Projekt: Letztes Jahr war das mein Haus in Weiden, heuer hatten wir in Neusiedl am See bei den Seevillen im Segelhafen West mit den Fassaden zu tun. Im Prinzip trauen wir uns nicht einmal, Werbung zu machen, weil es schon schwierig genug ist, die jetzige Nachfrage zu befriedigen, die nicht zuletzt deshalb so groß ist, weil Schilfdächer wieder genau dem Zeitgeist beim Bauen entsprechen. Natürlichkeit, Nachhaltigkeit und Regionalität sind gefragt." Koos hat ursprünglich Technische Physik studiert und danach in der Schweiz bei der Europäischen Organisation für Kernforschung (CERN) im Bereich der Teilchenphysik gearbeitet. Das Handwerk des Schilfdachdeckers hat er aber schon von klein auf gelernt: „Ich war schon als Jugendlicher jeden Samstag mithelfen – und auch in den Sommerferien."

Über die Qualität des Schilfs am Neusiedler See sind sich Vater und Sohn einig: „Das Schilf hier ist sehr gefragt, weil es meist hart und gerade gewachsen ist, und auch schön von der Länge her. Aber es gibt innerhalb des Sees bessere und schlechtere Erntegebiete, auch die Weiterverarbeitung durch die Schilfschneider muss passen. Nach 2020 war 2022 das zweite Jahr, wo das Schilf durch die Wetterbedingungen – also durch den niedrigen Wasserstand und die übers Jahr gesehen geringen Regenmengen – fast katastrophal kurz gewachsen ist. Dadurch ist viel Schilf für die Dachdeckung ungeeignet."

Abb. 12: Arie und Koos van Hoorne

„Im Prinzip trauen wir uns nicht einmal, Werbung zu machen, weil es schon schwierig genug ist, die jetzige Nachfrage zu befriedigen."

„Die Nachfrage war Anfang der 1980er-Jahre auch außerhalb des Seeparks sehr groß, und noch dazu das Wetter viel besser als in Holland.“

4. Der Schlamm- und Sedimenthaushalt im Freiwasser des Neusiedler Sees

Autor: Thomas Zechmeister

In niederschlagsarmen Zeiträumen erregt am Neusiedler See kaum etwas stärker die Gemüter als die Schlammsedimentbänke, die bei Niedrigwasserstand vielerorts in den Marinas sichtbar werden. Das wirft auch Fragen über den Zustand des Sees und seine Zukunft auf. Dieses Kapitel soll darauf Antworten geben und darstellen, wie der Schlamm in den See kommt und sich dort stetig umlagert. Ein kurzer Exkurs in die Wasserchemie, Schlammfaunistik und See-Topographie soll verständlich machen, dass der See ohne Schlamm gar nicht „funktionieren“ könnte. Mit einem Blick in die Zukunft soll auch darauf eingegangen werden, wie wir den Schlamm wieder aus dem See bringen.

Die Charakteristika des Neusiedler Sees

Hätte der Neusiedler See nicht besondere Charakteristika, würde er schon lange nicht mehr existieren. Als subsaliner (also moderat salzhaltiger) Steppensee mit geringer Tiefe konnte er als abflussloses (endorheisches) Gewässer nur durch einen Mix von besonderen Eigenschaften Jahrtausende überdauern: durch seinen speziellen Salzhaushalt, seinen hohen pH-Wert, seine episodischen Austrocknungs- und Hochwasserphasen im Verbund mit dem Donau-Raab-System – und dies auch bei verschiedensten Klimatrends. Hinzu kommen noch meteorologische Faktoren, insbesondere die Winde, die dem System „Leben einhauchen“, weiters chemische Faktoren aus den ober- und unterirdischen Zubringern und (vielleicht) auch die tektonischen Krustenbewegungen, die auch heute zur stetigen Absenkung des Seebeckens führen. Der See wird zu rund 76 Prozent durch Niederschlag[1] und zu knapp 20 Prozent durch oberirdische Zuflüsse aus einem relativ kleinen Einzugsgebiet gespeist. Hinzu kommen noch unterirdische Austritte von Mineralwässern aus geologischen Verwerfungen, die für seinen hohen Gehalt an gelöstem Natriumcarbonat (Soda), Natriumsulfat (Glaubersalz), Natriumchlorid (Kochsalz) sowie Kalium- und Magnesiumsalzen im Wasser eine Rolle spielen.[2] Das Neusiedler See-Gebiet zählt mit rund 600 Millimetern Jahresniederschlag[3] und einer Temperatur von zehn Grad Celsius im Jahresmittel zu den trockensten und wärmsten Gebieten in Österreich. Die Niederschlagsmengen sind stark schwankend

Abb. 1: Saugboot in Aktion

Durch die Schlammabsaugung soll eine Vertiefung der Fahrrinne für Boote erreicht werden. Die neue, effizientere Technik dazu kommt aus Deutschland.

und liegen zwischen 350 und 890 Millimetern im Jahr. Das Gebiet ist besonders windexponiert. Nordwest- und Südostwinde wehen im Frühling am stärksten. Vor allem der stetige Winddruck, die hohen Temperaturen, die geringe relative Luftfeuchtigkeit und die wenigen Niederschläge bewirken eine starke Verdunstung mit circa 660 Millimetern pro Jahr.[4] Ein Anstieg der Lufttemperatur von 0,7 Grad Celsius im Zeitraum von 1991 bis 2004 führte zu einer Erhöhung der Verdunstung um fast zehn Prozent.[5]
Der See weist ausgesprochene Seespiegelschwankungen auf und war zuletzt im späten 19. Jahrhundert komplett ausgetrocknet, was auch in historischen topographischen Karten belegt ist.[6]
In den Austrocknungsperioden ist ein gewisser Austrag von mineralischen und organischen Stoffen aus dem Seebecken durch äolische Kräfte (Windverwehungen) anzunehmen.

Eine Besonderheit des Sees und ein weiterer Garant für sein „Überleben" ist seine anorganische Trübe. Im Wesentlichen ist dieses sogenannte flüssige Sediment das Resultat des Chemismus des Sees, seiner Zubringer und seines pH-Werts, weiters der mikrobiellen Welt, aber auch des Wettergeschehens. Die Trübe entsteht einerseits durch die nahezu stetige Windaufwühlung und Durchmischung der obersten feinkörnigen Sedimentschlammschicht. In Verbindung mit dem hohen basischen pH-Wert des Wassers wird das Absinken der Schwebstoffe sehr verlangsamt und dadurch die Trübe stabilisiert. Andererseits werden in einem chemischen Prozess laufend anorganische Ionen zu mikrokristallinem, mineralischem Silikat und Calcit gefällt (Abb. 2). Als kolloidale Partikel besitzen sie durch daran haftende Bakterien (Biofilm) eine Schlüsselrolle für die Fähigkeit zum (nahezu) kompletten Abbau organischen Materials, insbesondere des Schilfes. Die Schilfhalme sind einjährig, insbesondere Schilflaub und Schilfsamen gelangen jährlich im Winterhalbjahr ins Seewasser. Dieser einzigartige Abbauprozess an den Schwebstoffen gemeinsam mit der Filterwirkung des Schilfgürtels ist letztendlich der Garant für die gute Wasserqualität im See und hält die Verlandung des Sees hintan.[7, 8]

Letztendlich kommt es durch den Chemismus zu einer jährlichen Neubildung von rund 12.000 Kubikmeter mineralischem Sediment. „Aufgerollt" auf den Seeboden würde das einem Sedimentzuwachs von knapp einem Zehntelmillimeter pro Jahr gleichkommen, würde es nicht zu Verfrachtungen in ruhige Buchten kommen.
Die weiße Trübe führt zu Lichtmangel in einer Wassertiefe von wenigen Dezimetern. Das ist auch ein Garant dafür, dass sich Wasserpflanzen (Makrophyten) im Freiwasser des Sees nur bedingt etablieren und nur limitiert ausbreiten können. Die Verlandungstendenzen werden durch Makrophyten kaum verstärkt.

Abb. 2: Wasserproben im Vergleich

Besonders deutlich ist das „flüssige Sediment" bei den sogenannten Weißwasser-Lacken (Wasserproben von links nach rechts: Sechsmahdlacke, Südliche Martenhoflacke, Östliche Fuchslochlacke, Lange Lacke) im Vergleich zu den schwebstoffarmen Braunwasser-Lacken des Seewinkels zu sehen (Wasserproben: Meierhoflacke, Unterer Stinkersee). Ähnlich verhält es sich mit Wasserproben des freien Sees im Vergleich zu den „Rohrlacken" innerhalb des Schilfgürtels. Quelle: Archiv Biologische Station, 2012

Durch all diese Faktoren scheinen sich abbauende und aufbauende Kräfte im Seebecken über Jahrtausende die Waage gehalten zu haben, sodass uns der Neusiedler See bis heute erhalten geblieben ist.

Biostabilität des Sees gerät ins Wanken

Mit Beginn des 20. Jahrhunderts gerieten die chemischen, chemisch-physikalischen und biologischen Charakteristika des Neusiedler Sees jedoch ins Wanken – insbesondere mit der Errichtung des schleusenregulierten Einser-Kanals und –, bedingt durch die Siedlungsentwicklung im Nordburgenland – der verstärkten Einleitung von nährstoffreichen Abwässern bis in die 1970er-Jahre durch die Wulka und andere kleine Zubringer. Durch diesen künstlichen Abfluss gingen und gehen mit jeder gezielten Seewasserableitung bei Hochwassergefahr tausende Tonnen an spezifischen Seesalzen bei Schleusenöffnung verloren. Diese episodische „Aussüßung" förderte gemeinsam mit den eingeleiteten Nährstoffen die Ausbildung und Ausweitung des Schilfgürtels in der heutigen Form. Der Schilfgürtel war im 19. Jahrhundert nur lückig und nicht flächendeckend vorhanden. Fehlende essenzielle Salze führten im immer dichter werdenden Schilfgürtel auch zu veränderten chemischen Prozessen, wodurch der Abbau von organischem Material im See nicht mehr rasch und vollständig erfolgen konnte und es verstärkt zur Torfbildung und Ablagerung von Sediment kam. Der sich zur offenen Seefläche hin immer mehr schließende Schilfgürtel wiederum führte zu einer erhöhten Sedimentationsrate in Form eines Sediment-Torf-Walles im Randbereich zum Freiwasser, sodass der Verlandungsprozess innerhalb des Schilfgürtels noch mehr verstärkt wurde. Diese „Zähmung" des Sees durch die bilaterale österreichisch-ungarische Schleusenregelung führte weiters zu einer geringeren Dynamik in der Höhe der Wasserstände; die nun fehlenden Pegelhochstände verhindern jegliche Überflutung der Seefläche auf das Umland, der natürliche Abtransport von Sedimenten auf die umliegenden Uferabschnitte und Seewiesen bleibt heute genauso aus wie die Nutzung der an den Schilfgürtel angrenzenden Seewiesen als natürliche Wasserspeicher für niederschlagsarme Jahre. Hinzu kommt die seit Ende der 1990er-Jahre messbare Klimaveränderung mit erhöhten Verdunstungsraten und veränderten Niederschlagsperioden.

Bereits ein geringer Temperaturanstieg aufgrund der globalen Erwärmung führt zu einer signifikanten Veränderung der Wasserflächenausdehnung am Neusiedler See. Summa summarum führten die anthropogenen Eingriffe – zumindest seit Beginn des 20. Jahrhunderts – zu veränderten Rahmenbedingungen, sodass es zu verstärkten Verlandungserscheinungen und erhöhten Sedimentationsraten kam.[9, 10]

Das Ausmaß der Verlandung kann aus der Gegenüberstellung der Sedimentvolumina bei den Seevermessungen 1963 und 1988 abgelesen werden. In diesen 25 Jahren hat sich das im österreichischen Seebecken (inklusive Schilfgürtel) lagernde Schlammsedimentvolumen etwa verdoppelt (siehe Abb. 3).[11]

Abb. 3: Der vom See immer stärker abgeschnürte Schilfgürtel zeigt durch Torfbildung und abgelagertes Sediment über weite Teile zunehmend Verlandungstendenzen.

Auf dem Bild ist sehr gut das weißliche „flüssige Sediment" des Seewassers erkennbar, wenn es sich – von den Kanälen kommend – mit den huminstoffreichen Braunwasserbereichen des Schilfgürtels vermengt. Quelle: Archiv Nationalpark Neusiedler See - Seewinkel

Sedimenteinträge der Zubringer aus dem Einzugsgebiet des Sees tragen kaum zur Verlandung des Schilfgürtels oder des Sees bei. Die Schwebstofffracht der Wulka mit circa 2.500 Tonnen Trockenmasse (das entspricht circa 3.000 Kubikmeter Sediment) und anderer Zubringer bewirkt nur lokal im Schilfgürtel beim Durchfluss in den See eine Verlandungserscheinung.[12]

Sedimenteinträge der Zubringer des Sees tragen kaum zur Verlandung des Sees bei. Der überwiegende Teil des mineralischen Anteils im Sedimentschlamm des Neusiedler Sees entsteht durch einen chemischen Fällungsprozess von Silikat und Calcit.

Der überwiegende Teil des mineralischen Anteils im Sedimentschlamm des Neusiedler Sees entsteht – wie oben beschrieben – durch einen chemischen Fällungsprozess von Silikat und Calcit in Form von Tonmineralien (Kaolinit) und von Calcium-Magnesium-Karbonaten (Dolomite) aufgrund des hohen pH-Werts und Sodagehalts im Freiwasser des offenen Sees.[13] Bei dem Vorgang dürften auch mikrobiologische Prozesse eine Rolle spielen.[14, 15] Hauptlieferant der Calciumionen ist die Wulka, die auch calciumreiches Brauch- und Abwasser der Gemeinden der Wulka-Ebene und der Seeanrainergemeinden mit sich führt (der Anteil beträgt rund 40 Prozent). Dieser Anteil an der Calciumfracht stammt großteils von den Leitha-nahen Tiefenbrunnen des Wasserleitungsverbandes Nordburgenland in Neudörfl, die Konzentration der Calciumionen ist vergleichbar mit jener der Wulka. Somit ist ein Teil der Kalkschlammbildung im Neusiedler See auf die Einleitung geklärter calciumreicher Abwässer zurückzuführen, ebenso tragen die geklärten Abwässer erheblich zur Wasserbilanz des Neusiedler Sees bei. Pro Jahr werden insgesamt circa 12.000 Kubikmeter Kalkschlamm durch die chemische Fällung neu gebildet und in der Folge im gesamten See in windstillen Buchten und im Schilfgürtel (bei entsprechend hohem Wasserstand) abgelagert, hier bewirken sie Verlandungseffekte.[16]

Der organische Anteil des Sedimentschlamms wird vor allem aus nicht vollständig abgebauten abgestorbenen Teilen der Schilfpflanzen – also der abgestorbenen ein- oder mehrjährigen Halm-, Blatt- und Samenmasse – gebildet. Rund 200.000 bis 400.000 Tonnen Trockenmasse fallen im Schilfgürtel pro Jahr an. Bei diesen Zahlenangaben bleibt unterirdisches organisches Material wie abgestorbene Schilfrhizome unberücksichtigt.[17, 18]

Schlammsedimente: nicht homogen

Die Schlammsedimente im Neusiedler See sind weder physikalisch noch mineralogisch homogen. Beschrieben werden auffällige Farbvariationen, stark unterschiedliche Wassergehalte und vor allem quantitativ, aber auch qualitativ unterschiedliche Feststoffanteile mit Korngrößen von Sand, Schluff bis hin zu Ton. Quarzkiesel im Größenbereich von feinem bis grobem Schotter sind sporadisch in den Sedimenten vorhanden.[19]
Mineralogisch besteht der Schlamm aus magnesiumhaltigem Kalzit, Chlorit und einer geringeren Fraktion von gröberem Glimmer. Dazu sind noch kalzitische Muschelkrebs- und Kieselalgenschalen enthalten. Darunter schließt eine bis zu 18 Zentimeter mächtige Sandschicht, die hauptsächlich aus Quarz besteht. Danach folgen hellfarbige, plastische, bei Trocknung nur wenig schrumpfende, oft bläuliche Tonmergel, die reich an Glimmer sind.
Die festen Bestandteile des Sediments lassen sich in zwei Gruppen unterteilen: Einerseits die allochthonen Komponenten, die außerhalb des Sees entstanden sind und durch Windeintrag oder über Fließgewässer in den See gelangen. Und andererseits die autochthonen Komponenten, die im See selbst entstehen: entweder durch die Flora und Fauna oder durch den kombinierten Effekt von Bioproduktion (Photosynthese etc.) und einer Übersättigung des Sees mit Salzen.
Aufgrund der physikalischen Eigenschaften, der Korngrößenverteilung und der unterschiedlichen Zusammensetzung der Feststoffkomponenten werden folgende Sedimentschichten unterschieden: Weicher Schlamm, Schlamm, kompakter Schlamm und kompakte Sedimente, die manchmal durch dünne Sandschichten unterbrochen werden.
Die Abfolge dieser Schichten ist im Allgemeinen chronologisch, wobei die jüngste oben liegt. Im See dominiert oberflächlich „weicher Schlamm“ mit einem Wassergehalt von mehr als 60 Gewichtsprozent, darunter befindet sich eine Schlammschicht mit einem Wassergehalt von 30 bis 60 Prozent.[20] Die Mächtigkeit der „Weichschlammschicht“ im freien See liegt im Durchschnitt bei zehn Zentimetern und nimmt gegen den Schilfgürtel um bis zu 40 Zentimeter an Mächtigkeit zu. Sie fehlt am Ostufer in gewissen Bereichen völlig. Im südlichen Seeteil – entlang der ungarischen Grenze und westlich der Seemitte – sind auch Weichschlammauflagen von über 20 Zentimeter zu finden.[21] Die Sedimente unter dem Seegrund haben ein spätpannonisches Alter. Die obersten Zentimeter bis Dezimeter stellen holozäne Seesedimente dar.

Lebensgemeinschaften im Sediment

Das Schlammsediment des Neusiedler Sees stellt einen wichtigen Teil des aquatischen Lebensraums dar, seine Bewohner haben hohe Bedeutung in der Nahrungskette und bei abbauenden Prozessen. Zuckmücken (Chironomidenlarven), Wenigborster (Oligochaeten), Crustaceen wie Muschelkrebse, Wasserflöhe und Krallenschwänze (Anomopoden) sowie Fadenwürmer (Nematoden) bilden diese Gemeinschaft von benthischen Wirbellosen.[22]

150 Jahre Wissensdrang

Der Versuch, eine für den Menschen „optimale" Landschaft am Neusiedler See, an der Donau und an der Raab zu gestalten und die Hochwässer in den Griff zu bekommen und Regulierungen umzusetzen, reicht Jahrhunderte zurück. Seit den ersten Jahrzehnten des 19. Jahrhunderts waren diese Bestrebungen von dem Ziel geprägt, Teile des Sees oder gar das gesamte Seebecken zu entwässern und die resultierenden Flächen agro-industriell zu nutzen.[23] Dazu benötigte man Wissen über die Topographie des Seebeckens und über die Verteilung und Mächtigkeit der Sedimentlagen, somit begann eine systematische Erfassung der Seewanne und der Schlammsedimentschichtungen.

Während der letzten Austrocknungsphase des Sees 1865 bis 1870 und danach, de facto bis in die ersten Jahrzehnte des 20. Jahrhunderts, wurden diese Unternehmungen intensiviert.[24] So gab es schon im 19. Jahrhundert Darstellungen der Seeprofile und der linearen Sedimentmächtigkeiten. 1835 wurden ein Längsprofil und zwei Querprofile des Sees ermittelt.[25] Es wurde auch die Mächtigkeit der Schlammschichten erfasst. Das Nivellement des Neusiedler Sees von 1869 besteht aus zwei Längs- und drei Querprofilen. 1901 erfolgte eine flächendeckende Aufnahme des Seebodens durch Lotung.

Ab den 1950er-Jahren war neben wasserwirtschaftlichen Interessen in immer stärkerem Maße der Naturschutz eine treibende Kraft für die Durchführung topographischer Aufnahmen des Seebeckens. Bedingt durch außergewöhnlich niedrige Wasserstände am Ende der 1950er- und am Anfang der 1960er-Jahre erfolgte 1963 eine durch Nivellement-Profile durch das Seebecken bewerkstelligte Vermessung des Seebodens mit Nachmessungen bis Ende der 1960er-Jahre. Hierbei wurde der Seeboden in 23 Querprofilen nivelliert, um Höhenlinienkarten des festen Untergrundes sowie der Schlammoberfläche des österreichischen Anteils am Neusiedler See zu ermitteln.[26, 27, 28, 29, 30, 31] Ähnliche Messungen erfolgten in den 1960er-Jahren auch im ungarischen Seebecken.[32]

Erste grenzüberschreitende digitale Modelle

Von 1985 bis 1987 konnten wesentlich dichtere Messkampagnen durchgeführt werden. Sie lieferten nach damals hochaktuellen Methoden der geodätischen Vermessung aufgebaute topographische Aufnahmen des Seebeckens auf österreichischer Seite. In den Jahren 1994 bis 1995 wurde in Ungarn eine ähnliche Messkampagne mit vergleichbaren Methoden umgesetzt.[33, 34, 35] Diese Messdaten boten die Grundlage für die erste grenzüberschreitende flächendeckende digitale Modellgenerierung des Seebodens bezogen auf Schlammsedimentober- und Sedimentunterkante und somit auch bezogen auf die räumliche Verteilung der Sedimentlagen und deren Mächtigkeit. Hervorzuheben ist die hierbei erstmals nachgewiesene Sediment-Torf-Wall-Bildung entlang des unmittelbar seeseitigen Schilfstreifens, die bei abnehmenden Pegelständen tiefer als 115,00 Meter über Adria zur Unterbrechung des Wasseraustausches des offenen Sees mit dem Großteil des Schilfgürtels führt. Dieser Pegelstand entspricht circa einem Meter Wasserstand in der Seemitte. Ab diesem Wasserstand beginnt der Schilfgürtel in großen Bereichen sich von der freien Seefläche abzuschnüren und trockenzufallen, die wasserhygienische Filterwirkung des Schilfgürtels verringert sich. Weiters wird ab diesem Zeitpunkt die Sedimentation von flüssigem Sediment im Schilfgürtel unterbunden. 2011 bis 2014 erfolgte eine Neuaufnahme des Seebeckens im Interreg-Projekt GeNeSee (Geodätische Neufassung des Systems Neusiedler See – Hanság-Kanal) mittels hochaktueller hybrider Messverfahren. In ungarisch-österreichischer Kooperation wurden die Mächtigkeit und die Verteilung des Schlammkörpers der offenen Wasserflächen mittels eines Echolots kartiert (siehe Abb. 4), sowie die landseitigen Randbereiche des Schilfgürtels mittels flugzeuggestützten Laserscannings (LiDAR) und die seeseitigen und zentralen Schilfbereiche mittels geodätischer und bodenkundlicher Punktmessverfahren (D-GPS und Sondierung) erfasst.[36]

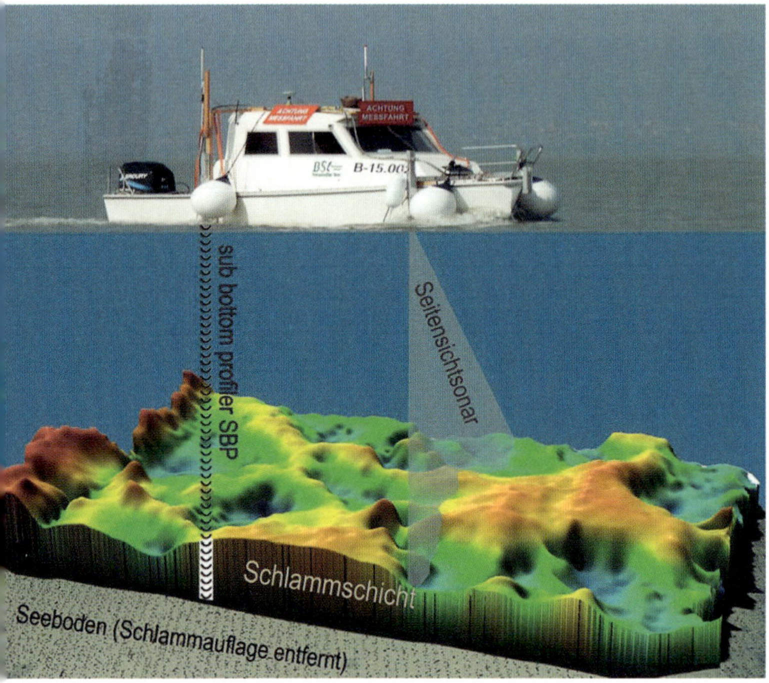

Abb. 4: Hydrographische Vermessung des Neusiedler Sees

Für die hydrographische Vermessung des Neusiedler Sees im Rahmen des Projekts GeNeSee wurde das Forschungsboot der Biologischen Station Illmitz komplett umgebaut und mit Sub-Bottom Profilers (SUB) und Seitensichtsonar zwecks Echolotung ausgestattet.[37]

Aus dem Datenpool des Projekts GeNeSee wurden Karten zum festen Seeboden (Seewanne), zur Schlammoberkante sowie zur Schlammmächtigkeit im offenen See modelliert.[38]
Die durchschnittliche Höhe des festen Seebodens liegt bei 113,70 Meter über Adria, das bedeutet, dass – bei Annahme eines Referenzwasserspiegels von 115,50 Meter über Adria – die Wassersäule bis zum festen Seeboden im Mittel 1,80 Meter tief ist. Auffällig ist, dass die Tiefe in Richtung Süden zuerst zunimmt und anschließend sehr schnell abnimmt. Im September 2022 lag der Referenzwasserspiegel bei 114,90 Meter über Adria, demnach betrug zu diesem Zeitpunkt die durchschnittliche Wassersäule bis zum festen Seeboden nur mehr 1,20 Meter.

Die durchschnittliche Höhe der Schlammoberkante liegt bei 114,10 Meter über Adria.
Die Schlammoberkante lag im September 2022 bei einem Seepegel von 114,90 Meter über Adria über weite Teile des freien Sees nur mehr 80 Zentimeter unter der Wasseroberfläche.

Aus dem Datensatz des festen Seebodens und der Schlammoberkante wurde ein neuer Rasterdatensatz erzeugt, welcher die Mächtigkeiten des Schlammsediments abbildet. Das Geländemodell des festen Seebodens dient als Referenzoberfläche, auf welche der Datensatz der Schlammoberfläche bezogen wird. Der erzeugte Raster ist in Abb. 5 ersichtlich.

Sowohl die lokale Schlammschichtmächtigkeit als auch das Gesamtvolumen konnten direkt aus den Modellen berechnet werden (generelle Berechnungsannahme: mittlerer Wasserstand 115,50 Meter über Adria). Basierend auf den Messwerten 2011 bis 2014 betrug die Schlammsedimentschicht im offenen See durchschnittlich 0,39 Meter. Der Maximalwert der Schlammmächtigkeit betrug 1,56 Meter. Die Maximaltiefe des Sees bis zum Seeboden betrug 2011–2014 1,95 Meter und die durchschnittliche Wassertiefe 1,42 Meter. Die freie Wasserfläche (offener See) umfasste 140 Quadratkilometer. Bei einem Wasserstand von 115,50 Meter über Adria beträgt das Wasservolumen des offenen Sees 186 Millionen Kubikmeter und das Schlammsedimentvolumen im offenen See 50 Millionen Kubikmeter.

Eine vergleichbare Modellierung mit gleicher Pegelstandannahme (115,50 Meter über Adria) ist aus dem Jahr 1997 vorhanden,[40] die Bezugsdaten 1997 und 2011 bis 2014 liegen somit circa 25 Jahre auseinander. In diesem Modell wurde neben dem offenen See der gesamte Schilfbereich mitmodelliert. Aufgrund dieser Tatsache ist ein Vergleich nur bedingt möglich. Inklusive Schilfgürtel betrug 1997 die durchschnittliche Schlammmächtigkeit 0,64 Meter, das Schlammvolumen 207 Millionen Kubikmeter, das Wasservolumen 214 Millionen

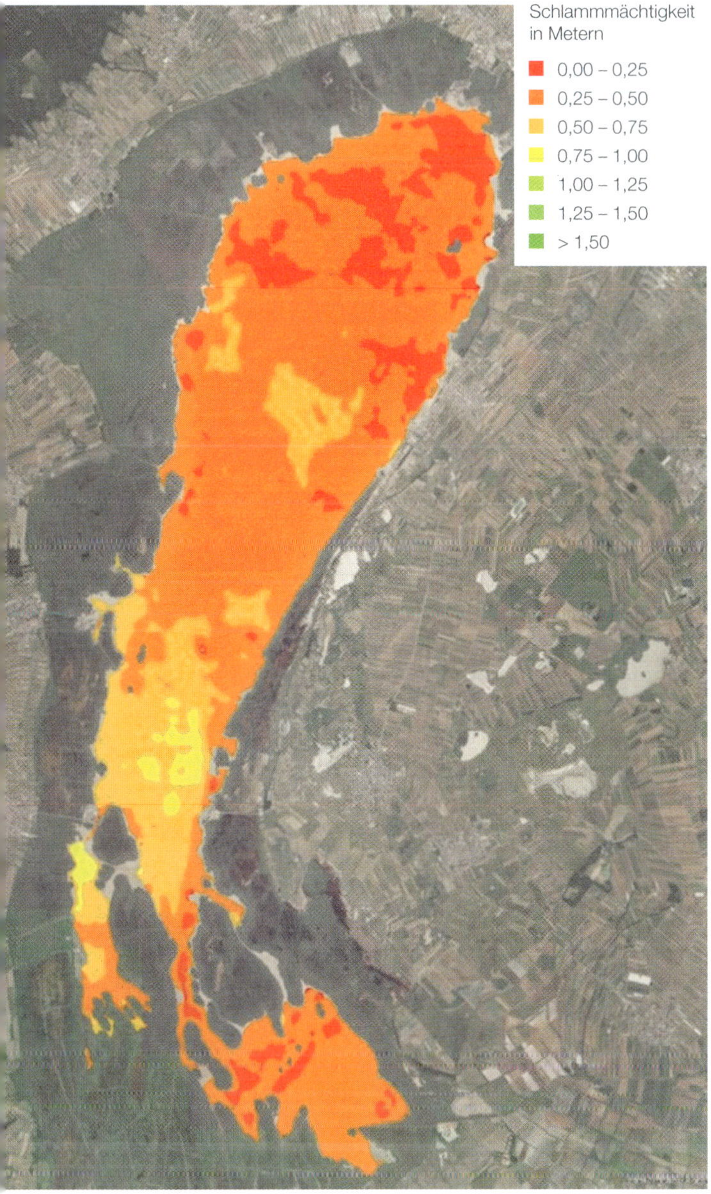

Abb. 5: Übersicht über die räumliche Verteilung der Schlammmächtigkeiten.

Die Farbschattierungen geben die Mächtigkeit des Schlammkörpers in Metern an. DGM Raster: 1x1 Meter. Hintergrund: Orthofoto (Quelle: ArcGIS Map Service) [39]

Kubikmeter, die freie Wasserfläche (offener See) 143 Quadratkilometer, die Fläche des Schilfgürtels 178 Quadratkilometer und die von Schlamm bedeckte Seewannenfläche 317 Quadratkilometer.

Ein Vergleich der beiden Berechnungen lässt darauf schließen, dass der meiste Schlamm in Form von Ablagerungen im Schilfgürtel vorhanden ist.[41] Dadurch kann die große Differenz der Schlammvolumina erklärt werden. Wenn die durchschnittliche Schlammmächtigkeit mit der freien Wasserfläche multipliziert wird, ergibt sich in der Modellrechnung von 1997 ein Schlammvolumen von 90 Millionen Kubikmetern. In Bezug auf das Wasservolumen ist nur eine geringe Differenz der beiden Modelle vorhanden. Das liegt daran, dass sich im Schilfgürtel nur ein sehr geringer Teil des Wassers befindet.[42]

Vergleicht man die Karten der Analysen von 2021 mit den Modellierungen von 1997, so ist die Dynamik in der Schlammsedimentverfrachtung unverkennbar: die Topgraphie der Schlammbänke ist stetig Veränderungen unterworfen.

Resümee: Mehr Forschung ist notwendig

Zukünftige wissenschaftliche Studien müssen darauf abzielen, die Zusammenhänge zwischen Windeinflüssen am offenen See, Wellengang und Strömungen sowie deren Einfluss auf den Schlammsedimenttransport und auf resultierende Prozesse von Ablagerungen und Abtragungen weiter zu ergründen. In entsprechenden Modellierungen würde dies ein Werkzeug für Simulierungen zu Verlandungen bei Wasserspiegelschwankungen bieten und in die Austauschprozesse zwischen offenem See und Schilfgürtel einen besseren Einblick gewähren. Für Untersuchungen zur „Verwundbarkeit" des Gesamtsystems Neusiedler See und zur Risikobewertung, aber insbesondere für die Optimierung des Wassermanagements ist es daher notwendig, realistische Wasserspiegelszenarien zu entwickeln.[43]

Das Wissen über Verfrachtungen und Anlandungen von Sediment und Schlamm spielt einerseits eine große Rolle für den Wassersporttourismus, den Fährverkehr zwischen den Anrainergemeinden und für die Erreichbarkeit der See-Kabanen der jeweiligen Badestandorte. Andererseits ist eine vertiefte Forschung entscheidend für die Prognosen zur Verlandung im Zuge des Klimawandels und würde zum Gesamtverständnis der langjährigen Veränderungen in der Fauna und Flora sowie der Limnologie und Hydrologie entscheidend beitragen.[44]

Aktiv gegen Schlamm

Am Neusiedler See fanden bisher Schlammbaggerungen hauptsächlich in Form von Saugbaggerungen an den Bootsanlegeplätzen und Marinas der Seeanrainergemeinden statt. Dabei wird eine Schwimmleitung vom Saugbagger bis zum Ufer und von dort zu einem außerhalb des Sees gelegenen Absetzbecken verlegt. Die Saugleistung eines Saugbaggers beträgt bis zu 300 Kubikmeter pro Stunde. Das Ausmaß der Baggerung bedarf einer wasserrechtlichen und – in gewissen Fällen – einer naturschutzrechtlichen Bewilligung.

Abb. 6: „Geotubes" als alternatives Konzept der Schlammentsorgung

Die Absetzbecken sind vor der nächsten Füllung zu entleeren. Der getrocknete Schlamm kann nach Prüfung auf Schadstoffe entweder auf landwirtschaftliche Flächen aufgebracht oder deponiert werden. In den Schläuchen kommt es durch Einsatz eines Flockungsmittels zur Eindickung des Schlamms, das klare Wasser fließt entschlammt zurück, der eingedickte Schlamm wird deponiert.

Die Erfassung der für die Baggerung vorgesehenen Schlammkubatur und eine allfällige Nachkontrolle erfolgen durch das ausführende Unternehmen. In Illmitz begann im Oktober 2022 ein Schlammsauger Schlammsediment aus dem Hafenbecken zu pumpen. Dieses wird über Schlauchleitungen in sogenannte Geotubes transportiert. Durch Zusatz eines unbedenklichen Flockungsmittels wird das Schlammsediment gebunden, und das Restwasser tritt durch die Poren der Geotubes wieder aus und fließt in den See zurück (Abb. 6).

Ein alternatives Konzept der Schlammentsorgung bieten geotextile Entwässerungsschläuche, sogenannte umwelttechnisch unbedenkliche Geotubes.

So wurden dem See seit 2005 rund 300.000 Kubikmeter Sediment entnommen.[45] Durch die Gründung der Seemanagement Burgenland GmbH im Sommer 2022 sollen zukünftig die Bewirtschaftung des Schilfgürtels und die Entfernung des sich laufend bildenden Schlamms aus den Kanälen, Schifffahrtsrinnen und Seebuchten im Neusiedler See zielgerichtet und ganzheitlich von einer landeseigenen Gesellschaft in Zusammenarbeit mit den Anrainergemeinden und Grundeigentümern abgewickelt werden. Ziel ist die Absenkung der Schlammsedimentoberkante um mehrere Dezimeter und die Entfernung von rund einer Million Kubikmeter Nassschlamm bis 2032, das entspricht einer Entnahme von circa 30.000 Tonnen Trockenmasse pro Jahr.[46, 47, 48]

Nach allen Berechnungen ist von rund 50 Millionen Kubikmetern Schlammsediment im offenen See auszugehen. Im Schilfgürtel liegt eine wesentlich höhere Kubatur in Form einer verfestigten Sediment-Torf-Bank. Aufgrund der hohen Kosten und des zeitlichen Aufwandes werden sich vorerst die Schlammabsaugungen vor allem auf wichtige Bereiche wie Marinas, Schifffahrtsrinnen für den Fährbetrieb und Kanäle fokussieren.

Wälder gehen den Kulturen voran, Wüsten folgen ihnen!

Protagonist: Herbert Triebaumer

Diesen Trend umzukehren, wäre eine noble Aufgabe für den Homo sapiens. Dann gäbe es auch kein Problem mit dem See, meint der Ruster Winzer Ernst Triebaumer.

Wolfgang Schindler, Baumeister aus Mörbisch, legt ein voll ausgearbeitetes Konzept zur Schilf- und Schlammbaggerung, zum Transport, zur Lagerung und Kompostierung vor. Es enthält sowohl die Kosten als auch den Personalbedarf, Ausrüstung, Flächenbedarf und die Kubatur im erlaubten jährlichen Zeitrahmen. Er geht davon aus, alljährlich über viele Jahre hinweg zu arbeiten. Das macht es kalkulierbar, bewältigbar und schafft die Möglichkeit, den Prozess laufend zu verbessern und seine Auswirkungen kennenzulernen. Der Schlamm würde so vom Problem zum begehrten Rohstoff, um den sich die Landwirte im Idealfall bald streiten würden. Tonigere Böden können viel mehr Humus speichern, Ton erhöht die Wasserspeicherkapazität und macht so die Böden klimafit. 15 Prozent als Kompostzusatz könnten teures Urgesteinsmehl ersetzen. Dieser Zusatz im Kompost schafft die Voraussetzungen für die Entstehung des Ton-/Humuskomplexes. Nicht zuletzt würden wir die Erosion umkehren, wenn wir den Schlamm wieder dorthin brächten, wo er hergekommen ist. Beim Baggern wird um Größenordnungen weniger Wasser bewegt als beim Saugen. Das hat gravierende Auswirkungen auf die Menge des zu bewegenden Materials, den Energiebedarf, die Zerstörung von Fläche und Lebewesen, und würde auch den vollständigen Wegfall der Absatzbecken bewirken.

Das kontinuierliche Eintiefen des Sees erlaubt auf lange Sicht die Akzeptanz viel größerer Pegelschwankungen, was in der Folge ein wesentlich selteneres Ablassen durch den Einser-Kanal mit sich brächte, der die eigentliche Ursünde darstellt, oder im Idealfall einen kompletten Verzicht darauf. Das Bebauungsniveau darf natürlich nicht auf eventuelle Tiefstände abgesenkt werden. Wäre so etwas 2014 umgesetzt worden, wäre ein Ablassen von 40 Zentimetern nicht nötig gewesen und wir hätten heute eine normale Wassertiefe im See.

Die Menschheit arbeitet seit Generationen daran, die Landschaft auszutrocknen, und wundert sich jetzt über die Folgen. Durch Drainagieren, Begradigen und Zuschütten rückt man den Feuchtgebieten zu Leibe, oft genug werden sie anschließend noch zugebaut und versiegelt – mit allen offensichtlichen Konsequenzen. Landnutzungsänderungen wie Entwaldung, Kommassierung und großflächiges Umackern einstiger Wiesen und anderer extensiver Flächen leisten ebenfalls ihren Beitrag. Anstatt Bäume konsequent zu bekämpfen, sollten wir sie wachsen lassen, ÜBERALL. Durch jährlich mehrmaliges Mulchen jeder Böschung und allen anderen sich bietenden Gelegenheiten heizt man die Erwärmung und Austrocknung ebenfalls sehr effektiv an und

Abb. 7: Herbert Triebaumer

„Die Menschheit arbeitet seit Generationen daran, die Landschaft auszutrocknen, und wundert sich jetzt über die Folgen."

zerstört ganz nebenbei Leben und Lebensraum unserer Mitlebewesen. Wir haben noch Potenzial für Nutzungsflächen wie Dächer, Straßen und Parkplätze. Erst wenn das wirklich voll ausgeschöpft ist, sollte man überlegen, Photovoltaikanlagen auch noch auf Wiesen zu stellen. Das alles natürlich unter dem grünen Mäntelchen des Kampfes gegen die Erwärmung, die genau diese Strategie ein weiteres Mal befeuern wird. Die alleinige Konzentration auf CO_2 blendet einen Großteil der Ursachen aus.

Insofern muss man den See im Kontext seiner gesamten Umgebung sehen. Deshalb müssen wir nachdenken, wie wir diese Umgebung gestalten können, um wieder mehr Wasser und dieses länger in der Landschaft zu halten – auch, um die Temperatur zu senken. Schlamm als Boden und Kompostzusatz kann hier wertvolle Dienste leisten. Die wichtigste Aufgabe ist die Rekonstruktion unserer historischen Heckenlandschaften. Sie bremsen die Erosion und Verlandung des Sees, erhöhen die Niederschlagsmengen und wirken sich noch dazu äußerst positiv auf die Ästhetik der Landschaft aus. Die Wiederbelebung vorhandener und die Etablierung neuer Landschaftselemente und Feuchtgebiete ist wichtig, aber auch Straßenbegleitgrün und Alleen leisten ihren Beitrag. Als neue Techniken kommen Agroforste und Terra preta immer mehr in Diskussion, sie bewähren sich bereits.

Ich hoffe, ich konnte zeigen, dass in unser fragiles System keine unumkehrbaren Eingriffe getätigt werden sollten, sondern dass es möglich ist, von einer kurzfristigen Symptombehandlung zu einer echten Ursachenbehebung zu kommen. Unsere Enkel würden es uns danken.

5. Wassermangel im Feuchtgebiet: Neue Strategien in der Wasserwirtschaft

Autoren: Karl Maracek, Christian Sailer

Sinkende Grundwasserspiegel und die mögliche Austrocknung des Neusiedler Sees veranlassten die Burgenländische Landesregierung, eine Wasser-Taskforce ins Leben zu rufen. Ihr Auftrag ist es, eine Strategie zu entwickeln, die Grundwassersituation zu verbessern, den Seewinkel wieder stärker zu durchfeuchten und den See als Landschaftselement zu erhalten. Ein großes Projekt mit vielen Fragezeichen.

Dieser Beitrag widmet sich den wasserwirtschaftlichen Herausforderungen des Landes für den Neusiedler See und den Seewinkel. Diese Region ist seit vielen Jahren ein durch widerstreitende Interessen geprägtes Gebiet: Wasser, insbesondere das Grundwasser, spielt dabei eine zentrale Rolle. Der Naturschutz fordert zur nachhaltigen Erhaltung der Salzlacken einen tendenziell höheren Grundwasserspiegel, manche Gemeinden befürchten dadurch hingegen Kellervernässungen in den jüngeren Siedlungsbereichen, während die Landwirtschaft aufgrund der klimatischen Verhältnisse einen hohen Bewässerungsbedarf aufweist. Die Tourismusbranche warnt vor einer – vielleicht sogar dauerhaften – Austrocknung des Neusiedler Sees. Eine wasserwirtschaftliche Machbarkeitsstudie sollte aufzeigen, wie der Seewinkel – bei Rücksichtnahme auf alle bestehenden Interessen der Region – bewirtschaftet werden kann.

Die „Taskforce Neusiedler See - Seewinkel" wurde eingerichtet, um umfassende Lösungen für eine Entspannung der derzeitigen Situation hinsichtlich des Wasserhaushalts auszuarbeiten und die Umsetzung der Maßnahmen voranzutreiben. Diese Maßnahmen haben zum Ziel, den Grundwasserhaushalt im Seewinkel zu verbessern und den See durch eine Dotierung vor einer drohenden Austrocknung zu bewahren.

Um dem Klimawandel und der dadurch verursachten geringeren Grundwasserneubildung entgegenzuwirken, werden angepasste Richtlinien für die Landwirtschaft erarbeitet. Wesentlich ist dabei, dass dieser Masterplan – anders als noch in den 1990er-Jahren – unter Berücksichtigung der ökologischen Bedürfnisse der zwar geschützten, aber durch die verstärkte Grundwasserentnahme bedrohten Salzlacken erstellt wird.

Der Neusiedler See: Steppensee mit Einschränkung

Der Neusiedler See – darüber sind sich alle Experten einig – ist ein Flachsee mit geringer Tiefe und großer Trübe. Die Bezeichnung als Steppensee fand laut dem ungarischen Historiker Sándor Békési im naturkundlichen Diskurs bereits zu Beginn des 20. Jahrhunderts Gebrauch und hat teilweise auch heute noch aufgrund des hohen Salzgehalts und der Verlandungstendenz des Sees seine Berechtigung. Von den Autoren in diesem Buch wird die Bezeichnung als Steppensee nicht infrage gestellt. Es gibt aber auch fachliche Ansätze, wo aufgrund anderer, vor dem Eingriff durch den Menschen bestehender hydrologischer Randbedingungen diese Bezeichnung grundsätzlich hinterfragt wird. War der See bereits vor fünfhundert oder tausend Jahren ein Steppensee oder vielleicht immer schon? Eine interessante Fragestellung.

Denn es ist davon auszugehen, dass der See früher ein viel größeres Einzugsgebiet hatte sowie – in Abhängigkeit des Wasserstandes – immer natürliche Abflüsse. Und dass er damals nicht in einer Steppe lag, sondern im Übergangsbereich einer klimatischen Zone.

Gegenwärtig ist der Wasserhaushalt des Neusiedler Sees durch drei Hauptkomponenten geprägt: durch Niederschlag (rund 80 Prozent), durch seine oberirdischen Zuflüsse (18 bis 19 Prozent) sowie durch minimale unterirdische Zuflüsse (etwa ein Prozent). Das Seebecken hat eine Fläche von rund 320 Quadratkilometern, sein Einzugsgebiet erstreckt sich über kaum mehr als 1.200 Quadratkilometer. Der See macht also flächenmäßig ein Viertel seines Einzugsgebietes aus, das ist ein beachtliches Verhältnis. Der mittlere Abflussbeiwert des Einzugsgebietes liegt bei ungefähr zehn bis 15 Prozent des Jahresniederschlages. Das bedeutet, dass zehn bis 15 Prozent des Jahresniederschlages abflusswirksam sind und damit zum Oberflächenabfluss beitragen. Der Rest des Wassers versickert, verdunstet oder wird von der Vegetation aufgenommen. Der Wasserhaushalt des Sees ist also wesentlich von einem Wechselspiel aus Niederschlag und Verdunstung beeinflusst. In niederschlagsreichen Phasen, wie wir sie auch in den vergangenen Dekaden periodisch erlebt haben, akkumuliert sich der Wasserstand in Richtung eines Durchschnittspegels von fast 115,50 Metern über Adria (m ü. A.). Nach einigen trockenen Jahren verzeichneten wir im Sommer 2022 den tiefsten Wasserstand seit 1965, also seit Inkrafttreten der Wehrbetriebsordnung. Damals hatten sich Österreich und Ungarn auf ein neues Regelregime über das Seerandwehr bei der Mekszikópuszta geeinigt, das einen deutlich höheren Durchschnittswasserstand zuließ. Der durchschnittliche Jahreswasserstand wurde damit um etwa einen halben Meter angehoben.

Gemanagte Landschaft

Betrachtet man die Entwicklungen seit dem 17. Jahrhundert, hat sich im gesamten Feuchtgebiet des Neusiedler Sees, vom Südwestufer bei Fertőrákos (Kroisbach) bis in den Südhanság bei Kapuvár, vieles verändert. Vor allem, was den Einzugsbereich des Sees betrifft. Ein erster, gut dokumentierter und gravierender Eingriff war die Straße zwischen Pamhagen und Esterháza (heute: Fertőd): Im 17. Jahrhundert wurde diese Dammstraße in Nord-Süd-Richtung durch das Seebecken aufgeschüttet, aber durch ein Hochwasser wieder weggeschwemmt. Gut hundert Jahre später wurde diese Verkehrsverbindung mit viel höherem Aufwand und einer Serie von mehr als einem Dutzend Brücken neu errichtet. Das ist insofern relevant, als sie den Wasseraustausch zwischen dem östlich gelegenen Bereich des Seebeckens, dem Hanság (deutsch: Waasen), und dem Hauptbecken des Sees stark eingeschränkt hat. Später wurden auch die Einzugsgebiete der einmündenden Gewässer Ikva (Spitalbach), Répce (Rabnitz) und Rába (Raab) durch flussbauliche Maßnahmen vom See abgetrennt. Sie münden seit dem 19. Jahrhundert nicht mehr in den See, sondern in den Einser-Kanal. Das ist aus zwei Gründen zentral für die aktuelle Beurteilung der Situation: Erstens, weil das bereits erwähnte Einzugsgebiet dadurch auf rund 1.200 Quadratkilometer schrumpfte.

Einser-Kanal, Hauptkanal (Főcsatorna), Hanság-Kanal

Die mit Abstand größte wasserbauliche Infrastruktur im Naturraum Neusiedler See ist ein mehr als 30 Kilometer langer Kanal mit einem geringen West-Ost-Gefälle – und mit mehreren Namen. Er verbindet das Seebecken mit dem Raab-Donau-System über eine Wehranlage (früher „Seerandschleuse"). Kanal und Wehr liegen zur Gänze auf ungarischem Staatsgebiet, ihr Betrieb wird aber, wie die Instandhaltung, von beiden Staaten gemeinsam getragen.

Der Einser-Kanal, wie wir ihn heute kennen, entstand im 19. Jahrhundert aus der Verbindung und Austiefung vorhandener Kanäle, deren Effizienz durch den Zusammenschluss erhöht wurde. Insofern ist die ungarische Bezeichnung für den Einser-Kanal passender, nämlich Hansági-főcsatorna, also Hanság-Hauptkanal. Der Kanal stellte eine bedeutende Veränderung im Wasserhaushalt dar, weil er die Entwässerung von Nordwest nach Südost ermöglichte. Über die Inbetriebnahme kursieren in österreichischen Quellen unterschiedliche Angaben, das bisweilen angeführte Datum 1901 ist nicht korrekt. Wahrscheinlich wurde er 1909 eröffnet. Ursprünglich hatte der Einser-Kanal drei Wehre: das Seerandwehr in Mekszikópuszta (am heutigen Standort der modernen Wehranlage), das Wehr in Mosonszentjános (St. Johann, ein Ortsteil von Jánossomorja), das es heute noch gibt, und dazwischen ein Wehr auf der Höhe von Tadten. Diese Wehre dienten nicht nur zur Steuerung des Seewasserstandes, sondern auch zur Regulierung des Grundwassers. Zwei der drei Wehre bestehen also heute noch, das dritte soll auf Initiative Ungarns wieder errichtet werden.

Zur Bauart der Wehranlage in Mekszikópuszta: Die erste Wehranlage wurde als sogenanntes Nadelwehr errichtet und bestand aus rechteckigen Holzpflöcken mit einer Länge von fünf bis sechs Metern, die nebeneinander stehend angeordnet wurden. So konnte der Wasserlauf unterbrochen werden. An der Wasserseite der Holzpflöcke wurde eine Folie angebracht, die sich durch den Wasserdruck nicht ablöste. Das Nadelwehr war auf diese Weise einigermaßen dicht. Je nachdem, wieviel Wasser man abfließen lassen wollte, entfernte man einzelne Holzstücke. In Mosonszentjános ist dieser Typ eines Wehrs noch zu besichtigen.

Und zweitens, weil die Erkenntnis, dass es sehr wohl Zubringer gegeben hat, die Diskussion über eine mögliche Dotation des Sees relativiert. Doch dazu später mehr.

Was den Charakter des Neusiedler Sees als Steppensee betrifft, ist auf historischen Karten zu sehen, dass es mit der Rábca (dem Unterlauf der Rabnitz) doch einen Abfluss gegeben hat. Auch wenn das im eigentlichen Sinn kein Fluss auf gleichem Niveau mit dem Seegrund war, bot er bei höheren Wasserständen eine Entlastung. Man muss also davon ausgehen, dass eine Entwässerung Richtung Osten, hin zum System der Donau, erfolgt ist. Hinweise darauf finden sich zudem auf historischen Karten, auf denen der Hanság noch als Feuchtgebiet dargestellt wurde. Bei Békési ist etwa nachzulesen, dass die Gräfin Elisabeth Nádasdy bereits im 17. Jahrhundert Regulierungen an der Rabnitz und Entwässerungsmaßnahmen im Seegebiet beauftragte. Wir sprechen hier von Projekten, die bereits lange vor der Errichtung des Einser-Kanals im 19. Jahrhundert initiiert wurden. Historische Karten und Berichte wie diese legen nahe, dass das gesamte hydrologische System zumindest in den vergangenen fünfhundert Jahren vom Menschen beeinflusst war. Als jüngster Teil dieser gemanagten Landschaft ist die Regulierung der Donau und die Kette von Donaukraftwerken zu verstehen, die deutlich in den Wasserhaushalt der Region einwirken. Wenn wir heute also über eine drohende Austrocknung des Sees diskutieren, wird klar, dass historische Vergleiche nur bedingt zulässig sind. Die hydrologischen Bedingungen, als der See von 1865 bis 1871 zum letzten Mal vollständig ausgetrocknet war, sind heute andere.

Veränderte Bedingungen finden wir auch hinsichtlich des Salzgehalts vor, der nach unseren Erkenntnissen höher als früher ist. Das hat mit dem niedrigeren Wasserstand zu tun, vor allem aber ist das als Folge der Veränderung des Gewässersystems zu sehen, weil es sowohl die erwähnten Zubringer wie auch die (natürliche) Entwässerung heute nicht mehr gibt. Es findet de facto keine Durchspülung des Seebeckens mehr statt. Diese veränderten historischen Bedingungen sollten also unbedingt in die Diskussion über das Wasserstandmanagement einbezogen werden.

Hoffnungen in die Wehrbedienung

In den frühen 1960er-Jahren kamen erste Überlegungen zum Wassermanagement unter Berücksichtigung der Interessen des Fremdenverkehrs auf. Man überlegte, wie man das Wasser des Sees effizienter zurückhalten konnte. Der Wiener Ziviltechniker Fritz Kopf entwickelte eine Wehrbedienung, die zum Ziel hatte, den Fremdenverkehr zu stärken und das Seewasser höher zu spannen. Erwähnenswert ist die Tatsache, dass dabei auch der Schilfgürtel mitbedacht wurde. Dessen wasserseitige Ausbreitung sollte (durch einen höheren Regelwasserstand) eingedämmt werden. Nach der letzten Austrocknung des Sees hatte nämlich die Ausdehnung des Schilfgürtels deutlich zugenommen.

Im Verbund mit den zuvor skizzierten Eingriffen stellte sich die Situation also so dar: Das Wasser der Zubringer war stark reduziert, der See von einigen angrenzenden Feuchtgebieten – Hanság, Rabaköz, Szigetköz (Kleine Schüttinsel) – an der Mosoni Duna (Wieselburger Donau) abgetrennt. Mit dem Einser-Kanal gab es nun einen künstlichen Abfluss. Das komplette Ableitungssystem des Sees lag und liegt bis heute in Ungarn, woraus sich für Österreich auch eine gewisse Abhängigkeit von Ungarn ergab.
Bezüglich des Wasserstandes im Neusiedler See war man damit – bis zur Ratifizierung und zum Inkrafttreten des 1956 abgeschlossenen Vertrages zwischen der Republik Österreich und der Ungarischen Volksrepublik über die Regelung der wasserwirtschaftlichen Fragen im Grenzgebiet am 31. Juli 1959 – von der Betriebsweise der Wehranlage in Mekszikópuszta abhängig. Eine abgestimmte Regelung erfolgte weitgehend erst ab diesem Zeitpunkt. Der Wasserstand wechselte häufiger zwischen niedrig und hoch und die Amplitude war dementsprechend größer.

Zu Beginn des Jahres 1965 wurde die neue Wehrbedienung schließlich in Betrieb genommen. Der See verzeichnete zu diesem Zeitpunkt sehr niedrige Wasserstände, etwa 114,70 Meter über Adria (25 Zentimeter unter dem Stand von August 2022). Mit der Inbetriebnahme und den darauffolgenden

Abb. 1: Die Seerandschleuse am Einser-Kanal

Bei Vollöffnung werden die beiden Wehrsegmente ganz flach gelegt. Im geschlossenen Zustand stehen die Wehrsegmente senkrecht mit einer Oberkante von etwa 116,30 Meter über Adria.

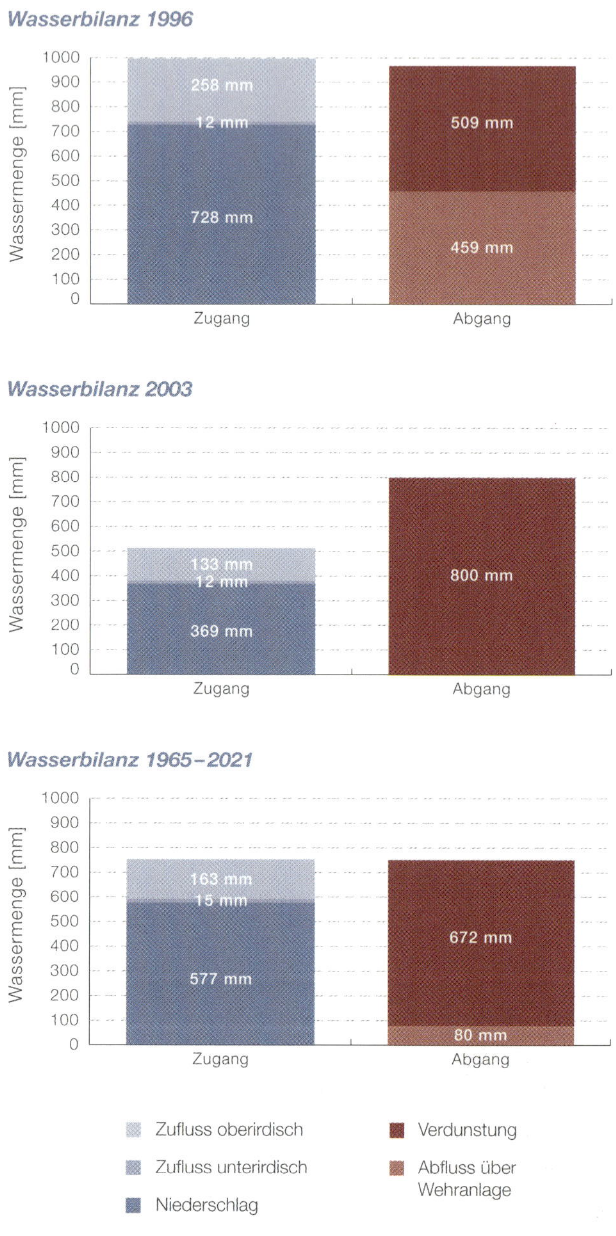

Abb. 2: Wasserbilanzen im Vergleich

Wasserbilanz 1996: In diesem regenreichen Jahr musste die Einser-Kanal-Wehr geöffnet werden.
Wasserbilanz 2003: In diesem extrem trockenen, heißen Jahr überstieg die Verdunstung den Niederschlag um das Doppelte.
Wasserbilanz 1965–2021: In diesem langjährigen Mittel zeigt sich eine fast ausgewogene Wasserbilanz. Die Seerandwehr bleibt oft jahrelang geschlossen.

starken Niederschlägen gelang es in kurzer Zeit, den Wasserstand auf 115,80 Meter über Adria zu erhöhen. Der Zufall wollte es, dass dieses Jahr als Katastrophenjahr mit massiven Hochwassern in die Geschichte des Wasserbaus einging. Damit ist 1965 das einzige Jahr in der Messgeschichte, in dem im Neusiedler See ein absolutes Minimum und ein absolutes Maximum im Ganglinienverlauf verzeichnet wurden. Mit den neuen Regulierungsmaßnahmen gelang es, den Bedürfnissen für den Tourismus und den Wassersport mit einem allgemein höheren durchschnittlichen Wasserstand und einer geringeren Schwankungsamplitude zu entsprechen. Mit dem Eingriff war freilich auch die Hoffnung verbunden, dass eine neuerliche Austrocknung des Sees verhindert werden könne.

Anhand der Amplitude auf Diagrammen lässt sich gut erkennen, dass der See – je nach jährlichem Niederschlag – periodischen, natürlichen Schwankungen unterliegt. Von der neuen Wehrbedienung versprach man sich des Weiteren, die Wasserstände in diesem Schwankungsbereich abzusichern. Das gelang über mehrere Jahrzehnte, doch aufgrund der klimatischen Verhältnisse bewegen wir uns derzeit deutlich aus diesem Bereich heraus. Aufgrund der Temperaturerhöhung, der längeren Trockenphasen und einer ungünstigen jahreszeitlichen Verteilung der Niederschläge werden nun kompensatorische Maßnahmen notwendig. Auch wenn im Sommer schon immer die meisten Niederschläge gefallen sind, sind es gerade die für den Wasserhaushalt wichtigen Winterniederschläge, die in jüngster Zeit weitgehend ausbleiben. Damit können sich die „Speicher" des Sees von der hohen Verdunstungsrate nicht erholen. Stattdessen erleben wir eine Verschiebung der Niederschläge in den Sommer, wo zusätzlich zur während der Hitzeperioden temperaturbedingt erhöhten Verdunstung die Vegetationsperiode des Schilfs Wasser abzieht. Trotz einer ungefähr gleichbleibenden Jahresniederschlagsmenge kann also weniger Wasser gespeichert werden. Diese Entwicklungen haben sich bereits in mehreren Studien abgezeichnet und sind heute so deutlich, dass sie auch in den Zeitreihen der Wasserganglinien gut erkennbar sind.

Verschärft wird diese Situation zusätzlich, weil auch die verbliebenen Zubringer wie die Wulka und der Golser Kanal auf der österreichischen und der Rákos-patak (Kroisbach) auf der ungarischen Seite viel weniger Wasser liefern. Vor dem Hintergrund der Klimaerwärmung, die nicht nur die Temperaturen anheizt, sondern auch für häufigere Extremereignisse verantwortlich ist, gibt es wohl noch eine Reihe anderer Aspekte. Einer sei erwähnt: In den vergangenen Jahren gab es – auch im Winter – vergleichsweise viele Starkwindtage. Wenn starker bis stürmischer Wind zwei, drei Tage von Nordwest nach Südost bläst, führt das zu einem erheblichen Unterschied des Wasserstandes im Norden und im Süden. Wir können dann über das Netzwerk unserer Messstellen Wasserstandunterschiede zwischen dem Nordwestufer und dem Südostufer von bis zu einem Meter und mehr messen. Von jenem Wasser, das weit in den mächtigen Schilfgürtel im Süden getrieben wird, fließt nach Abflauen des Windes allerdings nicht mehr die gesamte Menge zurück in den See. Damit sind auch im Winter Verluste zu verzeichnen, die definitiv stärker in der Diskussion berücksichtigt werden müssen. Wie viel Wasser hier verloren geht, hängt schließlich auch von der Wasserhöhe des Sees ab. Bei höherem Wasserstand werden größere Wassermengen in den Schilfgürtel getrieben als bei Niedrigwasser. Welche Auswirkungen eine Häufung von Extremereignissen über mehrere Jahre hat, lässt sich in einer Studie der Klimaforscherin Helga Kromp-Kolb nachlesen.[1] Sie hat gemeinsam mit mehreren Experten das Trockenjahr 2003 untersucht und kommt zu dem Ergebnis, dass nach sechs bis sieben solcher Jahre der See zum überwiegenden Teil trockenfallen würde. Mit den derzeit geplanten Maßnahmen soll es gelingen, die niedrigen Wasserstände so zu managen, dass der See als Lebensraum und Landschaftselement erhalten bleibt. Mit einer Zuleitung von Wasser einen durchschnittlichen Wasserstand zu erreichen, wird bei gleichbleibenden klimatischen Rahmenbedingungen allerdings nicht möglich sein.

Der Wasserhaushalt im Seewinkel: bedrohte Salzlacken

Bevor im Folgenden die Eckpunkte einer möglichen Dotation des Neusiedler Sees ausgeführt werden, möchten wir ein paar grundsätzliche Gedanken zur Grundwasserproblematik und der damit zusammenhängenden Situation der Salzlacken voranstellen. Das Grundwasser ist ein zentraler Aspekt in einer von widerstreitenden Interessen geleiteten Diskussion, betrifft aber nicht so sehr den Neusiedler See, der in einer von unterirdischen Grundwasserströmen relativ isolierten Wanne liegt, sondern vielmehr den Seewinkel und die Salzlacken. Wir verzeichnen immer wieder Betriebsanmeldungen – im Gewerbe, in der Landwirtschaft wie auch im Tourismus –, bei denen Wasser eine wichtige Rolle spielt. Doch die Ressource Wasser wird weltweit knapp – und das gilt auch für die Region Neusiedler See - Seewinkel. Wir müssen auf diese Veränderungen reagieren und es wird nicht jeder Genehmigungsantrag positiv beschieden, auch wenn das leider nicht immer auf Verständnis stößt. Aktuell gibt es im Seewinkel (gemeint ist das Gebiet unterhalb der Parndorfer Platte einschließlich Hanság und Heideboden) rund 5.100 Brunnen für die landwirtschaftliche Beregnung. Die Genehmigungen gehen auf die 1990er-Jahre zurück, als man die vorhandenen Brunnen rechtlich aufarbeitete. Dazu wurden umfangreiche fachliche Grundlagen erarbeitet, u. a. beinhalten diese ein Beweissicherungssystem, um die Auswirkungen der Wasserentnahmen zu kontrollieren und in einem gewissen Rahmen zu halten, ohne eine Übernutzung befürchten zu müssen. Die damaligen Beurteilungskriterien sind im Hinblick auf den Klimawandel und die Ökolandsysteme (Salzlacken, Salzstandorte) aus heutiger wasserfachlicher Sicht nicht mehr zeitgemäß. Das hat mit den aktuell vorherrschenden niedrigen Grundwasserständen zu tun, aber zweifellos auch mit einem ideologischen Wandel. Damals wurde der ökologische Zustand der Salzlacken nicht in dem Maß in die Überlegungen einbezogen, wie das heute als notwendig erachtet wird. Wir haben mittlerweile eine umfassendere Sicht auf die Dinge entwickelt und verstehen den Schutz der Salzlacken als eine zentrale

Aufgabe der Taskforce. Zur Neubewertung einer erfolgversprechenden Strategie zählt auch, während einer Trockenphase, wie wir sie im Sommer 2022 erlebt haben, Maßnahmen dynamisch zu gestalten, um mehr Handlungsspielraum zu gewinnen.

Der Grundwasserkörper als abgepuffertes System

Hydrologisch ist die Region östlich des Neusiedler Sees zwar ähnlich zu charakterisieren wie der See. Seewinkel, Hanság und Heideboden hängen aber – anders als der See – zu hundert Prozent von Niederschlägen ab, weil es im Gebiet keinen Vorfluter gibt, der die Grundwässer anhebt. Ein Teil des Niederschlages verdunstet bzw. wird vom Pflanzenbewuchs aufgenommen, während der andere Teil in den Boden einsickert und das Grundwasser auffüllt. Auch hier spielen die Winterniederschläge also eine entscheidende Rolle. Bleiben sie aus, kann auch die Grundwasserneubildung komplett

Abb. 3: Die Salzlacken leiden unter einem dauerhaft niedrigen Grundwasserstand

Der fehlende Kontakt zum Grundwasser verhindert den Salztransport an die Oberfläche – die Lacken süßen aus. Im Bild: Unterer Stinkersee bei Illmitz, März 2022

ausbleiben. Sommerliche Niederschläge haben nur dann Relevanz, wenn sie wirklich intensiv ausfallen wie zuletzt im Jahr 2014. In diesem Fall ist eine Aufspiegelung des Grundwassers möglich. Beim Grundwasserkörper im Seewinkel treten die Effekte im Vergleich zum System des Neusiedler Sees etwas zeitverzögert ein, da der Grundwasserkörper die Hitzeperioden besser abpuffern kann. Die Verdunstung hat – anders als bei einem See – keinen Einfluss auf den Grundwasserkörper. Allerdings erfolgt das Ansteigen des Grundwasserstandes nach einer längeren Trockenphase ebenfalls zeitverzögert nach den Niederschlagsereignissen. Wie kann man sich das konkret vorstellen? Der Grundwasserkörper funktioniert wie ein abgepuffertes System, das etwas langsamer als das Oberflächenwasser reagiert. Die natürliche Schwankungsbreite verhält sich ebenfalls etwas anders. Die positive Komponente ist die Grundwasserneubildung, die über Niederschläge – vornehmlich in den Wintermonaten – erfolgt. Im Frühling verzeichnet der Grundwasserkörper im Seewinkel gewöhnlich einen Hochpunkt, danach senkt sich der Grundwasserstand durch Entwässerungen und Entnahmen. Im Herbst gelangt das Grundwasser an einen Tiefpunkt. Die natürlichen Schwankungen bewegen sich zwischen einem und zwei Metern innerhalb eines Jahres. Wie sehen nun die Rahmenbedingungen für die Grundwasserneubildung aus? In dem ehemals ausgedehnten Feuchtgebiet hat man schon ab dem Spätmittelalter Entwässerungsgräben angelegt, um den Boden agrarisch nutzen zu können, die Effizienz des gesamtregionalen Drainagenetzwerks wurde im 19. Jahrhundert deutlich gesteigert. Nach den beiden Weltkriegen stand die Ernährungssicherheit im Vordergrund. Die extensive Landwirtschaft mit Viehzucht, Mahd und Beweidung wurde zum Auslaufmodell. In zahlreichen Dokumenten wird ersichtlich, wie selbst das Landwirtschaftsministerium Einfluss auf die Frage der Entwässerung genommen hat. Das übergeordnete Ziel war es, Land zu gewinnen. Auch für den Großraum Wien sollten auf den Ackerflächen des Heidebodens und des Hanság durch die Neuausrichtung auf Getreide- und Hartgemüseanbau ausreichend Nahrungsmittel produziert werden. Wie bereits erwähnt, war das Gebiet 1965 von einem Hochwasser betroffen, auch die Jahre danach verzeichnete man überdurchschnittliche Niederschläge. Aber erst regenärmere Jahre ab 1970 machten die Auswirkungen der Eingriffe sichtbar: Die Grundwasserstände waren gesunken, sie lagen nun deutlich tiefer als zuvor. Das brachte für die gesamte Region unerwartete – und teils unbekannte – Probleme mit sich.

Neues Beweissicherungssystem als Regulativ

1993 wurde der Nationalpark Neusiedler See - Seewinkel gegründet, womit sich langsam auch eine andere Wahrnehmung des grenzüberschreitenden Naturraums etablierte. Die Bedeutung der Salzlacken erfuhr eine enorme Aufwertung, wie man sich das zuvor nicht hätte vorstellen können. Ein Beispiel für das gestiegene Umweltbewusstsein: Beschloss die bilaterale Gewässerkommission die Öffnung der Wehranlage im Einser-Kanal, löste das öffentliche Reaktionen aus, und das nicht nur von Seglern, die ihr Hobbyrevier bedroht sahen. Auf gesetzlicher Ebene wurde mit der Wasserrahmenrichtlinie der Europäischen Union ein weiterer entscheidender Schritt gesetzt. Diese Richtlinie verankert erstmals eine nachhaltige Bewirtschaftung von Grundwasserkörpern, explizit erwähnt wird dabei die Bedachtnahme auf Landökosysteme. (Umgesetzt wird die Wasserrahmenrichtlinie zum Teil mit dem Nationalen Gewässerbewirtschaftungsplan, derzeit gilt der NGP 2021 mit dem Planungszeitraum von 2021 bis 2027.) Mitte der 1990er-Jahre startete die Wasserwirtschaft Burgenland in Abstimmung mit weiteren Fachdienststellen des Landes sowie dem Landwirtschaftsministerium intensive Bemühungen um ein Konzept für die landwirtschaftliche Beregnung im Bezirk Neusiedl. Die Arbeiten dazu gestalteten sich als äußerst intensiv und die wasserrechtlichen Bewilligungsverfahren konnten in den 2000er-Jahren abgeschlossen werden. Das Gebiet wurde in wasserwirtschaftliche Teilregionen eingeteilt und diese mit einer gewissen Eigenverantwortung ausgestattet. Die einzelnen Gemeinden und Regionen haben in der Folge Wassergenossenschaften gegründet und entsprechende Einreichoperate ausgearbeitet. Einen zentralen Punkt bildet der jährliche Bewässerungsbedarf. Im Wasserrechtsverfahren war u. a. zu prüfen, ob der Wasserbedarf durch das Dargebot gedeckt ist, ob das Wasser tatsächlich verfügbar ist und somit dem Anspruch der Nachhaltigkeit entsprochen wird. Dabei berechnete man vom Dargebot einen Puffer ein, um für die Region wasserwirtschaftliche Reserven sicherzustellen. Es handelt sich hier also um ein genau abgestimmtes Bilanzierungssystem, das im Vergleich mit anderen Bundesländern einzigartig ist.

Sobald in einer Region der bisherige Grundwasserschwankungsbereich unterschritten wird, werden Einschränkungen wirksam, die bis zu Bewässerungsverboten reichen können.

Als nächster Schritt wurde ein Beweissicherungssystem entwickelt: Sobald in einer Region der bisherige Grundwasserschwankungsbereich unterschritten wird, werden Einschränkungen wirksam, die bis zu Bewässerungsverboten reichen können. Hinsichtlich der EU-Wasserrahmenrichtlinie stellte sich nun aber die Frage, ob die restriktiven Grenzwasserstände überhaupt mit den Ansprüchen der Ökosysteme, also der Salzlacken, konform gehen. Die Regelung wurde damals zwar für tauglich befunden, orientierte sich aber eher daran,

Wasserstandsregelung

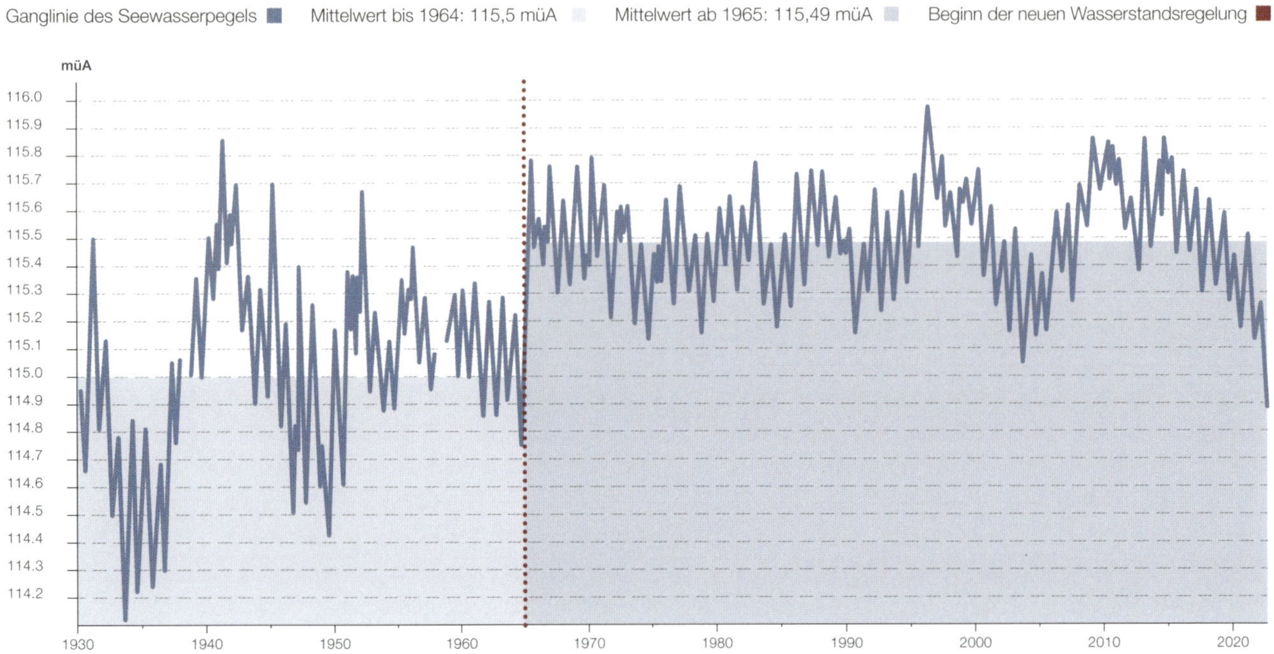

Abb. 4: Die Wasserstandsregelung vor und nach 1965

Mit der grenzüberschreitenden Abstimmung auf ein höheres Regelniveau und technische Verbesserungen der Schleuse im Jahr 1965 haben sich die Wasserstandsschwankungen um einen halben Meter höher eingependelt. Vergleiche mit den Wasserständen vor 1965 sind also nicht aussagekräftig.

den natürlichen Grundwasserschwankungsbereich nicht zu unterschreiten. Den tatsächlichen Bedürfnissen der Salzlacken wird diese Regelung aber nicht mehr gerecht. Um es besser zu verstehen:
Die Grenzwasserstände waren damals aus statistischen Ermittlungen abgeleitet worden, und zwar aus dem Schwankungsbereich mit Blickpunkt auf das unterste Niveau. Welche Grundwasserverhältnisse für die Lacken günstig sind, darüber war man sich allerdings nicht im Klaren. Seither sind die Erkenntnisse zwar gestiegen, den Bedürfnissen der Salzlacken ist man bislang aber nicht nachgekommen.

Die Aufgabe der Taskforce Neusiedler See - Seewinkel ist es nun, die Auflagen für die unterschiedlichen Phasen des Beweissicherungssystems (Vorwarnphase, Warnphase und restriktive Phase) für die Wassergenossenschaften zu überarbeiten. Der gesamte Bezirk Neusiedl am See ist in wasserwirtschaftliche Teilregionen gegliedert. Im Juli 2022 wurde deutlich, dass immer mehr Teilgebiete in eine der erwähnten Phasen kommen. Das ist als klarer Hinweis auf markante Änderungen im Gesamtsystem zu bewerten. Wie reagieren wir nun darauf? Als erster Schritt wird der Auflagenkatalog, der die Vorgaben für die wasserrechtlichen Genehmigungsbescheide festlegt, angepasst.
Als nächster Schritt wird berechnet, ob das Beweissicherungssystem aufgrund der Klimaänderungen auch für die Zukunft gültig und anwendbar ist. Die dafür geplanten Maßnahmen sind umfassend. Voraussichtlich wird es erforderlich sein, die bisherigen Vereinbarungen einzuschränken – sowohl was den Umfang der zulässigen jährlichen Entnahmemenge betrifft als auch den zeitlichen Rahmen, in dem die Entnahmen stattfinden dürfen. Der zeitliche Rahmen würde durch eine Änderung des Beweissicherungssystems geregelt werden: Die Wasserspiegel, die für die einzelnen Phasen definiert sind, werden dann in die Höhe gesetzt, um die Einschränkungen für die Bewässerung früher zu aktivieren.

Der Fokus unserer Arbeit betrifft damit einerseits eine Anpassung des landwirtschaftlichen Systems an das Ökosystem der Salzlacken. Andererseits gilt es, die Verhältnisse an den fortschreitenden Klimawandel anzupassen. Hitze- und Trockenperioden, die immer häufiger auftreten, strapazieren die eingangs angesprochene Pufferfähigkeit des Grundwasserkörpers Seewinkel, bringen laufend steigenden Bewässerungsbedarf mit sich und bedrohen die Existenz der Salzlacken-Standorte in einem immer höheren Maß. Daher bedarf es umfangreicher Strategien.

Um es klar zu formulieren: Eine Anpassung der Landwirtschaft ist alternativlos.

Fest steht, dass die bisher vergebenen Grundwasserentnahmemengen in diesem Umfang nicht mehr bewilligt werden können. Um es klar zu formulieren: Eine Anpassung der Landwirtschaft ist alternativlos. Damit ist auch zu klären, welche Anbauweisen und welche Nutzpflanzen in der Region – ohne oder mit geringer künstlicher Bewässerung – praktikabel sind. Denkbar ist, dass in den neuen Wasserrechtsbescheiden auch vorgegeben sein wird, dass bestimmte Fruchtarten für eine Bewässerung gar nicht freigegeben werden. Das könnte z. B. für den Trockenreis gelten, der sich in der Region zwar etabliert hat, allerdings bewässerungsintensiv ist.

Wie kann das Wasser in der Region gehalten werden?

Und noch eine weitere geplante Maßnahme soll an dieser Stelle erwähnt werden: die Regelung der Entwässerungskanäle. Derzeit wird evaluiert, an welchen strategisch günstigen Punkten Wehranlagen in den Bewässerungsgräben errichtet werden können. Ziel ist es, das natürlich vorhandene Niederschlagswasser – oder auch das Wasser aus Zuleitungen wie etwa der Mosoni Duna – länger in der Region zu halten und es nicht unkontrolliert in den Einser-Kanal abfließen zu lassen. Diese Systeme werden zu einer Verbesserung der Grundwassersituation im Seewinkel führen. Rückhaltemaßnahmen machen in bestimmten Bereichen durchaus Sinn. Je länger ein Wassertropfen im See und im Seewinkel gehalten werden kann, umso besser ist es. Gleichzeitig muss aber auch der Schutz der Siedlungsräume berücksichtigt werden. Da wir uns in einem Kulturraum befinden, gilt es jedoch, Schäden an Bauwerken zu verhindern. Auch der Grundwasserkörper des Seewinkels kann nicht unbegrenzt Wasser aufnehmen, bei einer Überflutung der Felder können diese nicht mehr bestellt werden. Rückhaltemaßnahmen haben aber auch in eine andere Richtung Grenzen. In trockenen Jahren fehlt das Wasser, um es zurückzuhalten. Herrscht lange Trockenheit, gehen auch die zurückgehaltenen Ressourcen zu Ende, eine Vorwärtsstrategie ist dann nicht mehr möglich.

Zurück zu den Salzlacken: Deren Überleben ist abhängig von der Interaktion zwischen Grundwasser und Lackenboden. Trocknen die Lacken aus, muss der kapillare Transport der in den salzführenden Horizonten im Lackenbecken enthaltenen Salze (Soda) dennoch möglich sein. Dieser wird unterbrochen, wenn der Abstand zwischen dem Lackenboden und dem Grundwasser zu groß ist. Sobald in einer sommerlichen Trockenphase kein Salz mehr an die Oberfläche gelangt, süßt die Lacke allmählich aus. Damit geht Lebensraum für zahlreiche an dessen Extreme angepasste Tier- und Pflanzenarten verloren – und damit ein europaweit bedeutendes, aber auch für die Region identitätsstiftendes Landschaftselement. Es ist also nicht allein das fehlende Regenwasser, das die verbliebenen Salzlacken gefährdet, sondern ein derzeit durch den Menschen abgesenkter Grundwasserspiegel. Die Lackenbecken mögen im Nationalpark zwar geschützt sein (und mit Regenwasser immer wieder aufgefüllt werden), die Eingriffe in das Grundwasser können allerdings auch unter Schutz stehende Salzlacken mit der Zeit zum Sterben bringen. Dass dieser Verlust sich auch auf den Naturtourismus auswirken wird, liegt auf der Hand.

Zur Diskussion über Rückhaltemaßnahmen möchten wir festhalten:

Deren Umsetzung bedürfte, etwa um ein Seehochwasser abzupuffern, großer Flächen. Ein konkretes Beispiel: In den Jahren 2014/2015 wurden im Zeitraum von 17. September bis 9. März auf Basis der geltenden Regelungen rund 116 Millionen Kubikmeter Wasser aus dem See abgelassen. Das entspricht einer Wasserstandreduktion von 40 Zentimeter. Der Wasserstand hatte damals 115,86 Meter über Adria erreicht. Ohne Entlastung wäre er auf über 116,26 Meter gestiegen, weil es in diesem Zeitraum kaum Verdunstung und damit keine Entlastung gab, während Niederschläge und Zuflüsse den See weiter dotierten. Unter Windeinfluss wären Wasserstände im Uferbereich von 116,80 Meter über Adria und mehr möglich gewesen. Seeanlagen und Hochbauten im Uferbereich wären damit stark gefährdet gewesen.

Wie könnten nun Pufferbecken, wie sie von mancher Seite gefordert werden, angelegt werden, sodass bei der nächsten Trockenperiode der See aus den Becken wieder befüllt werden kann? Angenommen, die Pufferbecken hätten eine Füllhöhe von 1,5 Meter, dann ergäbe das einen Flächenbedarf von 8.000 Hektar oder 80 Quadratkilometer. Abgesehen von den Kosten, die solche zusammenhängenden Flächen mit sich bringen würden, müssten die Becken aber auch abgedichtet werden, um das Versickern des Wassers zu verhindern. (Anzumerken ist, dass in den Jahren 2014 und 2015 weite Flächen des Seewinkels unter Wasser standen, zusätzlich Pufferbecken im genannten Flächenausmaß anzulegen erscheint wenig realistisch.) Geht man von einer sukzessiven Trockenheit nach einem Hochwasser aus, so würden die Wasserstände in den Pufferbecken etwa im gleichen Ausmaß sinken wie im See. Eine Rückführung des Wassers wäre damit nur teilweise möglich, während ein Teil verdunstet. Die Rückführung selbst wäre nur mithilfe von Pumpen möglich.

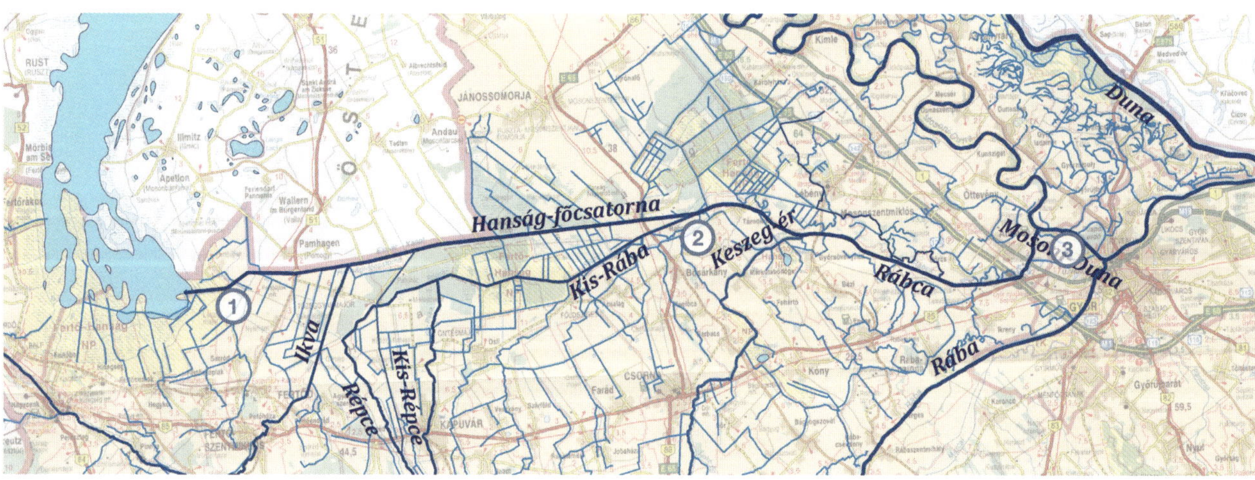

Abb. 5: Ableitungssystem Hanság

Dieser Kartenausschnitt gibt einen Überblick über die natürlichen und künstlichen Wasserläufe zur Ableitung von Oberflächenwasser zwischen dem Neusiedler See und der Donau. Zentral ist der Hanság zu sehen, dem lange eine Pufferrolle zukam, die er aber durch die zahlreichen Eingriffe nicht mehr hat.
① Wehranlage ② Zusammenfluss Einser-Kanal und Rábca ③ Hochwassertor Abda

Dotierung des Seewinkels und des Sees

Ende Juli 2022 wurde zwischen Österreich und Ungarn ein „Memorandum of Understanding" für den Bau eines Kanals von der Mosoni Duna (Wieselburger Donau) in den Hanság und weiter in den Seewinkel unterzeichnet. Die Idee einer Zuleitung aus der Mosoni Duna geht auf das Jahr 2018 zurück. Zwei Jahre später nahm das Projekt konkrete Züge an. Die ungarische Seite informierte uns, dass es bereits einen Ausleitungskanal mit einer Länge von rund neun Kilometern gibt, der um zwölf Kilometer bis zur österreichisch-ungarischen Staatsgrenze verlängert werden kann. Aus unserer Sicht bietet das eine große Chance, Wasser in die niederschlagsärmste Region Österreichs zu bekommen. Während Ungarn das Projekt weiter ausgearbeitet hat, haben wir gemeinsam mit Ungarn eine Machbarkeitsstudie für eine gemeinsame Wasserbewirtschaftung im Grenzraum Hanság, Heideboden und Seewinkel erarbeitet. Laut Zeitplan sollte 2022 mit dem Bau der Verlängerung des Ausleitungskanals begonnen werden, in Ungarn würden alle Genehmigungen vorliegen. Im Juni 2021 kam es jedoch zu einer Verzögerung des Projekts. Die ungarischen Partner teilten uns mit, dass die EU-Fördergelder für die Finanzierung nicht abgerufen werden können, womit die nationale Finanzierung ins Stocken geriet. Eine Realisierung des Vorhabens verzögert sich somit bis zu jenem Zeitpunkt, zu dem Ungarn die Finanzierung des Projekts sicherstellen kann.

Die Kosten für den Gesamtbau des Ausleitungskanals bis zur Staatsgrenze wurden auf zehn Millionen Euro geschätzt. Österreich hatte eine Beteiligung mit drei Millionen Euro für Grundstücksankäufe und für den Ausbau der Ableitung bis zur Grenze bereits zugesagt. Einer finanziellen Einigung mit Ungarn steht aus heutiger Sicht nichts im Weg. Mit einem Bau des Kanals kann also allenfalls dann gerechnet werden, wenn die Finanzierung in Ungarn sichergestellt ist und sämtliche Details und Bedingungen für die Wasserlieferung vertraglich fixiert sind. Bis dann der erste Tropfen Wasser den Neusiedler See erreicht, wird es etwa vier bis fünf Jahre dauern. Eine Durchfeuchtung des Seewinkels ist hingegen schon früher zu erwarten, weil der Kanal bereits für den österreichischen Teil des Hanság eine verbesserte Grundwassersituation mit sich bringt. Grundsätzlich verfolgen wir mit der Zuführung des Wassers – und hier werden nunmehr seitens des Burgenlandes sämtliche Möglichkeiten, also nicht ausschließlich die von der Mosoni Duna geprüft – zwei Ziele: die dringend benötigte Erhöhung des Grundwasserspiegels und die ebenso dringliche Dotation des Neusiedler Sees. Um das Wasser in möglichst viele Ortschaften der Region zu bringen, ist der Bau eines Verteilungssystems geplant. Dafür sind insgesamt 25 Kilometer an Kanälen projektiert. Weiters wird es notwendig sein, das Wasser mit Pumpwerken zu heben, um es danach zu verteilen. Die Verteilung erfolgt über das natürliche Gefälle in Kanalanlagen und offene Gräben. Die Zuleitung zum Seebecken ist mit einer Länge von rund zwanzig Kilometern projektiert, sie wird Teil des gesamten Grabensystems sein.

Was die geplante Dotation des Neusiedler Sees betrifft, gehen wir von der Notwendigkeit einer kontinuierlichen Zuleitung von einem Kubikmeter pro Sekunde aus. Das würde einer Jahresmenge von 30 Millionen Kubikmetern und einer Erhöhung des Wasserspiegels um zehn Zentimeter entsprechen. Mit dieser Maßnahme sollen die Verdunstungsverluste durch die Klimaerwärmung ausgeglichen werden.

Deklariertes Ziel ist der Erhalt des Sees als Landschaftselement und Lebensraum. Darüber hinaus soll der bisherige, langjährige Schwankungsbereich wieder erreicht und nicht weiter unterschritten werden.

Um es ganz klar zu formulieren: Die geplante Zuführung von Wasser hat nicht das Ziel, den Neusiedler See wieder „aufzufüllen". Das wäre etwa auch im Hinblick auf die Salzkonzentration des Sees nicht wünschenswert. Deklariertes Ziel ist der Erhalt des Sees als Landschaftselement und Lebensraum. Darüber hinaus soll der bisherige, langjährige Schwankungsbereich wieder erreicht und nicht weiter unterschritten werden. Es gilt, das erfolgreiche Wasserregime von 1965 durch kompensatorische Maßnahmen, die als Reaktion auf die Klimaerwärmung zu verstehen sind, wiederherzustellen. Dabei spielen der Temperaturanstieg und die damit unmittelbar höher werdende Verdunstung eine bedeutende Rolle sowie die bereits erwähnte Änderung der Niederschlagsverteilung. Der Hauptgrundsatz lautet: „Das vorhandene Wasser durch geeignete Maßnahmen so lange wie möglich in der Region halten!" In weiterer Folge sind die Bilanzdefizite durch Zufuhr von Wasser aus anderen Gebieten auszugleichen. Die Kosten für die erste Maßnahme, also den Rückhalt des natürlich vorhandenen Wassers, betragen laut Machbarkeitsstudie rund 28,7 Millionen Euro. Berücksichtigt man weitere Kosten für die Verteilung des Wassers aus anderen Gebieten (z. B. der Mosoni Duna) im Bereich des Seewinkels – inklusive aller dafür erforderlichen Maßnahmen wie Pumpwerk, Wehranlagen, Grabenertüchtigungen, Rohrverlegungen, Sicherungsmaßnahmen bei den Ortschaften, Beweissicherung etc. –, erhöhen sich die Gesamtkosten auf rund 88,5 Millionen Euro. Nicht enthalten sind die Maßnahmen für die Seedotierung, da die Seezuleitung nicht Gegenstand der Machbarkeitsstudie für den österreichisch-ungarischen Grenzraum war. Würde man diese Maßnahmen ebenfalls einbeziehen, ergäbe sich ein Gesamtkostenrahmen von 108,6 Millionen Euro (Stand: Anfang 2023). Die genannten Summen sind Nettokosten.

Bis zur Realisierung der Projekte sind umfassende fachliche und rechtliche Prüfungen geplant. Die zu erwartenden Streitthemen lassen sich bereits jetzt aus der medialen Diskussion erahnen. Wir möchten betonen, dass wir eine substanzielle, sachlich basierte Diskussion begrüßen und dafür umfassende Informationen und Einblicke in die Projektzielsetzungen bieten. Am Ende dieses Prozesses sollte eine möglichst alle Aspekte umfassende Sichtweise stehen.

Anmerkung: Der Beitrag entstand auf Basis eines Interviews mit den Autoren.

Wasserportal Burgenland
https://wasser.bgld.gv.at

Land Burgenland

Grundwasser im Seewinkel: Dotation als Chance?

Autor: Alfred Paul Blaschke

Im Seewinkel gibt es keine natürlichen Flüsse. Die Erneuerung des Grundwassers erfolgt daher ausschließlich durch Versickerung von Niederschlagswasser. Angesichts geringer Niederschlagsmengen wäre ein Gesamtkonzept wichtig, wie das Wasser in der Region zu halten ist. Gegen eine zusätzlich geplante Dotation zur Auffüllung des Grundwasserkörpers des Seewinkels gibt es zumindest hinsichtlich der Wasserqualität keine grundsätzlichen Einwände, offene Fragen sind jedoch zu klären.

1. Der Grundwasserkörper: überwiegend stark durchlässig

Das Grundwasser im Seewinkel wird dem Einzelgrundwasserkörper GK100134 Seewinkel [LRR] zugerechnet und überwiegend als oberflächennahes Porengrundwasser gekennzeichnet (Umweltbundesamt 2020). Der österreichische Anteil am Grundwasserkörper weist eine Gesamtfläche von 412 Quadratkilometern auf und die Geländeoberkante hat eine mittlere Seehöhe von 120 Meter über Adria (mit einer Bandbreite von 108 bis 140 Meter über Adria). Er wird im Norden durch die markant abfallende Parndorfer Platte begrenzt, im Westen und Südwesten durch den Neusiedler See und im Süden durch den Einser-Kanal.

Der Grundwasserkörper Seewinkel besteht geologisch aus jungpleistozänen Schotterfluren des südlichen Vorlandes der Parndorfer Platte. Im Mittel beträgt die Aquifermächtigkeit 13 Meter und variiert sehr stark zwischen einem und 43 Metern. Größere Flächen sind von Seeschlamm-Ton-Ablagerungen überlagert. Die darunterliegenden fluviatilen Ablagerungen (Sand, Kies) weisen eine gute Wasserdurchlässigkeit auf. Die Grundwassermächtigkeit nimmt zum Neusiedler See hin deutlich ab und die dichteren Untergrundverhältnisse im Uferbereich bilden quasi eine Barriere, wodurch es zu keinem nennenswerten Wasseraustausch zwischen dem Grundwasserkörper des Seewinkels und dem Neusiedler See kommt. Der Durchlässigkeitsbeiwert der Schotter (kf-Wert) liegt im Mittel bei 4×10^{-4} m/s, das bedeutet, der Grundwasserkörper ist überwiegend stark durchlässig.

2. Die besondere Grundwassersituation des Seewinkels

Der Grundwasserkörper im Seewinkel stellt klimatisch eine Besonderheit dar. Der natürliche Wasserhaushalt im Gebiet wird von den geringen Jahresniederschlägen von unter 600 Millimetern und den warmen Lufttemperaturen wesentlich bestimmt. Der schon deutliche Einfluss des pannonischen Klimas führt zu einer hohen Durchschnittslufttemperatur, wodurch die Verdunstung speziell in den Sommermonaten häufig zu einer negativen Wasserbilanz in dieser Periode führt. Die Folge davon ist ein typischer Jahresgang im Grundwasserspiegel mit Höchstständen im Frühjahr und niederen Verhältnissen im Spätsommer. Im Seewinkel sind keine natürlichen Flüsse vorhanden, wodurch die Möglichkeit der Erneuerung des Grundwassers durch die natürliche Versickerung aus Fließgewässern wegfällt. Eine Grundwassererneuerung erfolgt daher ausschließlich durch die Versickerung von Niederschlagswasser. Das ist aufgrund der im österreichischen Vergleich geringen Niederschlagsmengen eines der Hauptprobleme des Seewinkels. Diese Grundwasserneubildungsrate ist im Verhältnis zu den unterschiedlichen Nutzungsansprüchen relativ klein, weshalb schon in diversen Studien darauf hingewiesen wurde und wird, dass es sich beim Seewinkel um ein aus wasserwirtschaftlicher Sicht ausgesprochen sensibles Gebiet handelt.

Betrachtet man längere Zeitreihen des Grundwasserstandes, so ist erkennbar, dass immer wieder Perioden mit trockenen, aber auch nassen hydrologischen Verhältnissen aufgetreten sind, die ihrerseits unterschiedliche wasserwirtschaftliche Probleme in der Region hervorrufen können. Prognosen zu den Auswirkungen des Klimawandels für diese Region sind derzeit kaum möglich. Das liegt daran, dass in Studien zum Klimawandel gezeigt wird, dass mit einer saisonal unterschiedlichen, geringen Zunahme des Niederschlages gerechnet wird und sich andererseits durch den generellen Temperaturanstieg die Verdunstung erhöht. Inwieweit sich diese beiden Wasserhaushaltskomponenten – erhöhter Niederschlag und erhöhte Verdunstung – letztendlich auf die Grundwasserneubildung auswirken, ist derzeit nicht seriös einzuschätzen. Fest steht, dass in Regionen wie dem Seewinkel der Bewirtschaftung der Wasservorkommen eine erhöhte Aufmerksamkeit zukommen muss.

Eine weitere Auffälligkeit im Seewinkel sind die längeren Aufenthaltszeiten bzw. geringen Fließgeschwindigkeiten des Grundwassers, was auf das sehr geringe Grundwassergefälle zurückzuführen ist. Diese geringen Fließgeschwindigkeiten können zu Verweilzeiten von mehreren Jahren oder sogar Jahrzehnten führen. Diese aus hydraulischen Größen abgeleiteten Verweilzeiten wurden durch Messungen zum Grundwasseralter in einer Studie bestätigt. Die Studie zeigte, dass sieben der zwölf Messstellen im Grundwasserkörper Seewinkel mittlere Verweilzeiten von elf bis 25 Jahre aufweisen; je zwei Messstellen fallen in die Altersgruppen von fünf bis zehn Jahren und 26 bis 50 Jahren; für eine Messstelle wird ein Alter von über 50 Jahren angegeben.

Abb. 6: Mähwiese unter Wasser

In regenreichen Jahren verdunstet das Niederschlagswasser auch im Hochsommer nur langsam.
(Bild: Hochgstetten bei Illmitz, 30. Juli 2014)

3. Interessengegensätze und mögliche Lösungsansätze

Neben der sensiblen wasserwirtschaftlichen Situation kommen im Seewinkel die zahlreichen Nutzungen hinzu, die den Grundwasserkörper zunehmend stark beanspruchen. Dazu zählen u. a. die Landwirtschaft mit der sehr großen Anzahl von Bewässerungsbrunnen; der Naturschutz mit seinem Ziel, die Grundwasserstandsverhältnisse besonders im Bereich der Salzlacken und dem Nationalpark Neusiedler See - Seewinkel zu erhalten; der Tourismus und die Erhaltung von Bademöglichkeiten; der Hochwasserschutz in den Siedlungen (Stichwort: Kellervernässung); der Erhalt von Nassflächen (auch aus jagdlicher Sicht); sowie die Frage der Entsorgung von gereinigtem Abwasser und in weiterer Zukunft die Nutzung für die Trinkwasserversorgung.

Der starke Wechsel zwischen trockenen und nassen Jahren erschwert eine ausgewogene Wasserwirtschaft zusätzlich.

Wenngleich in den vergangenen Jahrzehnten oft die Probleme während trockener Jahre im Mittelpunkt des Interesses standen, so haben nasse Jahre im letzten Jahrzehnt gezeigt, dass dieser starke Wechsel zwischen trockenen und nassen Jahren eine ausgewogene Wasserwirtschaft zusätzlich erschwert.

3.1. Konkrete Maßnahmen für eine adäquate Wasserbewirtschaftung

Die bereits erwähnten, extrem gegensätzlichen hydrologischen Situationen im Seewinkel lassen eine allen Interessen gerecht werdende Wasserwirtschaft kaum zu. Im Gegensatz zu den natürlichen Schwankungen im Jahresverlauf (hohe Grundwasserstände im Frühjahr und niedere Grundwasserstände im Herbst), welche auch im Seewinkel in „Normaljahren“ immer wieder vorkommen, sind es die über mehrere Jahre anhaltenden trockenen oder auch feuchten Phasen, die ein ausgewogenes Management schwierig machen. Wobei das insbesondere auf die längeren trockenen Perioden zutrifft.

Als wichtige Voraussetzung für ein machbares Management für den Grundwasserkörper Seewinkel muss an dieser Stelle betont werden, dass jede Maßnahme mögliche kleinere oder größere Auswirkungen auf die anderen Maßnahmen haben kann und dass für das Grundwasser keine Gemeinde- oder Grundgrenzen existieren. Das bedeutet aber auch, dass bei Eingriffen in dieses hochsensible System der mögliche Einfluss großräumig gedacht werden muss. Schon in den älteren Untersuchungen zur Wasserwirtschaft im Seewinkel wurde darauf hingewiesen, dass es von großer Bedeutung ist, möglichst viel (Grund-)Wasser im Gebiet zu halten. Diesem Ziel des Wasserrückhaltes wurde auch in den zuletzt ausgearbeiteten Grundlagenstudien zu einer nachhaltigen Wasser wirtschaft im Seewinkel Rechnung getragen.

Wie dargestellt, sind sowohl Hoch- als auch Niederwasserperioden zu berücksichtigen. Beispielhaft können folgende Maßnahmen angeführt werden:

Bei hohen Grundwasserverhältnissen:
- das gesteuerte Ableiten über Drainagegräben und die Überprüfung des vorhandenen Systems an Gräben
- als wichtige begleitende Maßnahme die Pflege und der Erhalt dieser Gräben
- die Errichtung von Wehranlagen, deren Steuerung aufeinander abzustimmen ist
- die Errichtung eines Kanals parallel zum Einser-Kanal zur Sammlung der Drainagegräben und die gezielte Abfuhr in den Einser-Kanal oder eine mögliche Rückführung in den nördlichen Teil und Wiederversickerung

Bei niederen Grundwasserverhältnissen:
- die Errichtung von Wehranlagen, deren Steuerung aufeinander abzustimmen ist
- als wichtige begleitende Maßnahme die Pflege und der Erhalt dieser Gräben
- Einschränkungen bei der landwirtschaftlichen Bewässerung
- Änderungen der Art von Bewässerungen bzw. bei der Wahl der Nutzpflanzen
- eine Fremdwasserzufuhr (siehe weiter unten)

Unter Berücksichtigung dieser Ansätze wurden bereits früher erste Maßnahmen umgesetzt, wie etwa die Errichtung einfacher Wehranlagen. Diese wurden in den vergangenen zehn Jahren mit etwas mehr Umsicht erweitert bzw. neu gestaltet. Ein Gesamtkonzept wurde jedoch erst in der Machbarkeitsuntersuchung zu einer Grundwasserbewirtschaftung ausgearbeitet. Aber auch hier sind noch einige grundsätzliche Fragen offengeblieben. Einige Untersuchungen in den vergangenen Jahren zeigten machbare Ansätze im kleinen Rahmen auf, wie zum Beispiel eine Grundwasserabsenkung im Zentralbereich zum Schutz vor Kellervernässungen durch Tieferlegen des Seewinkel-Hauptkanals. Auch wenn diese Maßnahmen lokal erfolgreich wirken können, so ist die Sicht auf die gesamte Situation meist nicht gegeben. Das ist jedoch oft auch dem Fehlen von entsprechenden Möglichkeiten einer großräumigen Betrachtung geschuldet. Das hat etwa mit einer mangelhaften Datenlage, mit vorhandenen Interessenkonflikten und mit fehlenden finanziellen Mitteln zu tun.

Fremdwasserzufuhr: strenge Vorgaben erforderlich

Aufgrund der klimatischen Entwicklungen ist – bei aller Unsicherheit – mit einer Zunahme der trockenen Perioden in den kommenden Jahren bzw. Jahrzehnten zu rechnen. Folgt man diesem Ansatz, wird es ohne eine Zufuhr von Fremdwasser in den Seewinkel kaum möglich sein, eine den unterschiedlichen Interessen weitgehend gerecht werdende Wasserbewirtschaftung umzusetzen.

Eine diesbezügliche Überlegung der Burgenländischen Landesregierung ist eine Fremdwasserzufuhr aus der Mosoni Duna. Als Ergänzung der Untersuchung, ob für ein wasserwirtschaftliches Gesamtkonzept für den Seewinkel (Machbarkeitsstudie, „Gruppe Wasser“) eine solche Fremdwasserzufuhr sinnvoll ist, wurden auch die chemischen und gewässerökologischen Auswirkungen einer Dotation des Grundwassers im burgenländischen Seewinkel sowie des Neusiedler Sees mit Wasser aus der Mosoni Duna untersucht. Dieses erste Gutachten zur Wasserzufuhr in den Seewinkel und den Neusiedler See ist zu folgendem Ergebnis gekommen (wobei lediglich auf bestehende Daten ohne zusätzliche Analysen zurückgegriffen wurde): Abschließend kann festgehalten werden, dass es keine grundsätzlichen „red flags“ gibt, die eine Dotation des Grundwassers des Seewinkels sowie des Neusiedler Sees im Hinblick auf die Wasserqualität als nicht realisierbar erscheinen lassen. Es bedarf jedoch weiterer Planungen und vor allem strenger Vorgaben in hydrologischer und hydrochemischer Hinsicht, um mögliche negative Auswirkungen zu vermeiden oder so gering wie möglich zu halten.

Es gibt keine grundsätzlichen „red flags", die eine Dotation des Grundwassers des Seewinkels sowie des Neusiedler Sees im Hinblick auf die Wasserqualität als nicht realisierbar erscheinen lassen. Es bedarf jedoch strenger Vorgaben in hydrologischer und hydrochemischer Hinsicht.

Abb. 7: Stelzenläufer finden zusätzlichen Lebensraum

Watvögel sind bei Hochwasser nicht nur an den Lacken zu sehen.

Im Falle des Seewinkels besteht die Chance, mit der Grundwasseranreicherung negative Entwicklungen der vergangenen Jahrzehnte umzukehren und zum Schutz der Salzlebensräume im Seewinkel beizutragen. Der Neusiedler See selbst „braucht" aus ökologischer Sicht keine Wasserzufuhr und würde seinen Charakter als Steppensee und damit die Grundlage für die hohe ökologische Wertigkeit auch bei häufigen Niedrigwasserständen erhalten. Es sind aber Szenarien einer Dotation denkbar, die mit den ökologischen Zielen gemäß der „Strategiestudie Neusiedler See" vereinbar erscheinen. Eine Wasserzuleitung mit maximal einem Kubikmeter pro Sekunde über sechs Monate ab einem Wasserstand von 115,2 Meter über Adria wird von den Verfassern als ein solches Szenario angesehen. Diese Aussagen beziehen sich ausschließlich auf die zu Beginn angesprochenen Themen der Wasserqualität in hydrochemischer Hinsicht, bedürfen jedoch noch tiefer gehender Untersuchungen. Fragen zur mikrobiell-hygienischen Wasserqualität sowie Naturschutzaspekte wurden hier nicht berücksichtigt.

Abb. 8: Niedriger Grundwasserpegel

Der dramatisch gefallene Grundwasserpegel wird in der Öffentlichkeit nicht wahrgenommen, weil er nicht sichtbar ist – außer in Schottergruben wie z. B. hier bei Wallern.

Verantwortung übernehmen

Stefan Ottrubay, Generaldirektor der Esterhazy Betriebe, und Landeshauptmann Hans Peter Doskozil im Gespräch über Zukunftsfragen der Region.

Die Bemühungen um den Erhalt des Neusiedler Sees laufen. Gibt es auch eine Strategie für den Fall, dass der See trockenfällt?
Doskozil: Der See darf keinesfalls trockenfallen. Er ist als Lebensraum eminent wichtig und stellt für die Bevölkerung, für die Wirtschaft und den Tourismus die wichtigste Lebensgrundlage in der Region dar. Die Taskforce Neusiedler See - Seewinkel arbeitet bereits intensiv an technischen Lösungen. Neben dem Dialog mit Ungarn prüfen wir auch weitere Varianten: In Nickelsdorf soll die bisher größte Anlage für die Produktion von Grünem Wasserstoff entstehen. Erhoben wird, ob wir parallel zur nötigen Transportleitung nach Schwechat auch eine Donau-Zufuhr zum See verwirklichen können. Außerdem denken wir ein gemeinsames Vorhaben mit der Slowakei an. Ein Mix dieser Maßnahmen wäre ebenfalls denkbar, um das beste Ergebnis zu erzielen.

Was würde ein – vorübergehendes – Verschwinden des Sees für das Unternehmen Esterhazy bedeuten?
Ottrubay: Das hätte für die Natur, für alle Menschen in der Großregion und für sehr viele Unternehmen verheerende Folgen. Man weiß aus dem 19. Jahrhundert, dass nach Austrocknung des Sees starke Staubwinde entstanden sind, die zu Lungenkrankheiten geführt haben. Die Lebensqualität wäre massiv geschädigt, das gilt für die hier lebenden Menschen wie auch für zehntausende Wochenend- und Feriengäste. Dazu kommen die Auswirkungen auf die Biodiversität und das Artenspektrum und anderes mehr. Als bedeutender Player im Bereich Wohnen, Freizeit und Events ist Esterhazy natürlich mehrfach betroffen. Deshalb spüren wir die große Verantwortung, gemeinsam mit den Betroffenen, den Behörden und der Politik schnell umsetzbare Lösungen zu entwickeln.

Die zentrale Frage angesichts sinkender Grundwasserspiegel ist: Welche Schritte sind nötig, um gegenzusteuern?
Doskozil: Langfristig bietet eine Wasserzufuhr sicherlich die beste und effizienteste Lösung für die Stabilisierung des Grundwasserspiegels und die Versorgungssicherheit der Region. Auf die Klimaveränderungen und die landwirtschaftliche Bewässerung haben wir bereits reagiert: Die Bescheid-Auflagen wurden angepasst, Beregnung ist nur in der Nacht und für gewisse Fruchtarten erlaubt. Darüber hinaus überprüfen Experten, ob die bewilligten Entnahmemengen heute noch vertretbar sind. Wichtig ist uns zudem der Schutz der Salzlacken, auch hier streben wir eine Lösung an.

Was bedeuten die knappen Grundwassermengen für die Landwirtschaft Ihrer Betriebe schon heute?
Ottrubay: Die Landwirtschaft am Ostufer des Sees, im Seewinkel, nutzt das Grundwasser für die Beregnung unterschiedlichster Kulturpflanzen. Auch unsere Betriebe tun das zum Teil. Es geht aber nicht um reine Ertragsmaximierung, sondern um die Absicherung des Überlebens der Kulturen in langen Phasen der Trockenheit. Damit wird nicht zuletzt auch die regionale Versorgungssicherheit erhalten. Zudem werden die Beregnungstechniken wassersparender, wir beobachten dabei aber auch die Auswirkung auf das Grundwasser.

Abb. 9: Im Dialog

Stefan Ottrubay, Generaldirektor der Esterhazy Betriebe, und Landeshauptmann Hans Peter Doskozil sprechen über die Zukunft der Region Neusiedler See.

Welche Rolle spielt Ungarn, welche Verantwortung sehen Sie hier?

Doskozil: Wir sind zwei Länder mit dem gemeinsamen Ziel, den Neusiedler See zu erhalten. Durch unsere bilateralen Gespräche haben wir die Pläne des Ausbaus des Moson-Donau-Bewässerungskanals von Jánossomorja bis zur österreichischen Staatsgrenze bereits vorangetrieben. Mit Ungarn haben wir schon in der Vergangenheit Projekte wie den grenzüberschreitenden Nationalpark Neusiedler See - Seewinkel oder auch das UNESCO-Welterbe realisiert. Und ich bin mir sicher, dass wir auch im Bereich des Neusiedler Sees unserer Verantwortung gerecht werden.

Welche Ansätze verfolgen Sie für die biologische Landwirtschaft? Ist diese bei Trockenheit widerstandsfähiger als der konventionelle Anbau?

Ottrubay: Trockenheit bedeutet immer auch Einbußen bei den Ertragsmengen. Das gilt für die konventionelle wie für die biologische Anbauweise. Die biologischen Bestände sind jedoch meist widerstandsfähiger als die konventionellen. Dabei werden Pflanzen nicht ans Limit ihrer Leistungsfähigkeit geführt und ihre biologische Vielfalt stärkt die natürlichen Kräfte. Zusätzlich sind der biologische Anbau und die hohe Regionalität der Nahrungsmittel wichtige Qualitätsmerkmale für den Tourismus im ländlichen Raum.

6. Geschichte der Seelandschaft

Im Vergleich mit den anderen Seelandschaften Mitteleuropas können der Neusiedler See und der Seewinkel auf eine einzigartige Entstehungs- und Entwicklungsgeschichte zurückblicken. Auf der Basis der geologischen und geomorphologischen Rahmenbedingungen des Neusiedler See-Gebietes werden seine Entstehung und jene der Lacken im Seewinkel erklärt sowie wichtige Entwicklungsschritte dieser Landschaft zusammengefasst. Mit dem Auftreten des Menschen beginnt die historische Zeitreise in der Urgeschichte und Antike, in der erste Überformungen von Landschaftsteilen durch systematische Besiedlung und landwirtschaftliche Nutzung stattfanden. Im Mittelalter und in der frühen Neuzeit wurde die Landschaft um den See durch ein Auf und Ab von klimatischen und kriegsbedingten Krisen geprägt. In der Neuzeit wurden das Seegebiet, die weiten Moore und die Sumpfwiesen des Hanság zusehends durch ökonomisch motivierte Eingriffe des Menschen zerstört. Das hat zu Brüchen und Verwerfungen geführt, die bis heute einer ganzheitlich naturnahen Landschaftsentwicklung entgegenstehen.

6.1. Geologie und Landschaft des Neusiedler Sees

Autoren: Erich Draganits, Michael Weißl, Johannes Loisl, Gabor Tari, András Zámolyi

Geologischer Überblick

Das Neusiedler See-Gebiet ist eine einzigartige (Seen-)Landschaft an der geodynamischen und geomorphologischen Grenze zwischen Alpen, Karpaten, Wiener Becken und dem Pannonischen Becken, mit aktiven tektonischen Bewegungen seit dem frühen Miozän (Abb. 1), also seit etwa 20 Millionen Jahren.[1] Wegen dieser speziellen geodynamischen Position ist dieses Gebiet auch eine spannende Übergangszone für die Topographie, das Klima, die Vegetation, die Tierwelt und für Kulturen. Die geologische und geomorphologische Situation wurde in jüngster Zeit in mehreren Studien untersucht und zusammengefasst.[2]

Stark vereinfacht kann man die Gesteinsabfolge im Neusiedler See-Gebiet in zwei Abschnitte einteilen. Der liegende Abschnitt umfasst metamorphe Gesteine (unter hohen Druck- und Temperaturbedingungen umgewandelte Gesteine) der Ostalpinen Kristallin-Einheit, die beispielsweise in zentralen Bereichen des Leithagebirges und des Ruster Hügellandes zu finden sind.[3] Diese Gesteine stehen im Zusammenhang mit der Krustenverdickung während der alpidischen Gebirgsbildung.[4]

Über diesen Gesteinen folgen unmetamorphe Sedimente aus dem Miozän (Badenium, Sarmatium und Pannonium) (Abb. 1)[5] und zuletzt, vor allem im Seewinkel, die gering mächtigen Sedimente aus dem Quartär.[6] Die Ablagerung dieser Sedimente steht zeitlich und räumlich im Zusammenhang mit Dehnungsvorgängen in der Erdkruste, die seit 20 Millionen Jahren mehr oder weniger aktiv sind. Die Mächtigkeit der neogenen Sedimente unter dem Neusiedler See beträgt etwa 600 Meter.[7]

Tektonik

Seismische und aseismische vertikale Krustenbewegungen haben in diesem extrem flachen Gebiet große Auswirkungen auf die Hydrologie. Beispielsweise werden für die Umgebung von Győr aktive Krustenabsenkungen von ein bis zwei Millimeter pro Jahr angegeben.[8] Diese Absenkungen resultierten in mehr als 8.000 Meter mächtigen Sedimenten aus dem Neogen und in mehr als 600 Meter mächtigen quartären Ablagerungen.[9] Diese Absenkung verursacht auch eine Verkippung des ganzen Neusiedler See-Gebietes in Richtung Osten und eine Mächtigkeitszunahme der neogenen Sedimente von null am Ostrand des Leithagebirges bis mehr als 2.000 Meter unter dem Hanság (Waasen).[10]
Das Andauern dieser Verkippung bis in die geologisch jüngste Zeit zeigt sich durch die analoge Mächtigkeitszunahme quartärer Sedimente von nahezu null am Ostrand des Neusiedler Sees bis 25 Meter an der Staatsgrenze[11] und durch die zahlreichen Nordost-Südwest-orientierten Störungen[12], die in den seismischen Untersuchungen nachgewiesen wurden.[13] Wichtige tektonische Abschiebungen finden sich am Ostrand des Leithagebirges und des Hackelsberges, am Ost- und Westrand des Ruster Höhenzuges und im Bereich von Podersdorf, wo 1936 in der Bohrung Podersdorf-1 metamorphe Gesteine in nur 377,5 Meter Tiefe angetroffen wurden.[14]

Geomorphologie

Das Neusiedler See-Gebiet war nie vergletschert. Der östlichste Gletscher der Ostalpen befand sich etwa 60 Kilometer westlich vom Neusiedler See in der Breiten Ries am Schneeberg.[15] Trotzdem haben die Kaltzeiten während des Quartärs die geomorphologische und sedimentäre Entwicklung stark beeinflusst, einerseits durch die verstärkte Sedimentfracht der Flüsse und andererseits durch Permafrost-Prozesse[16].

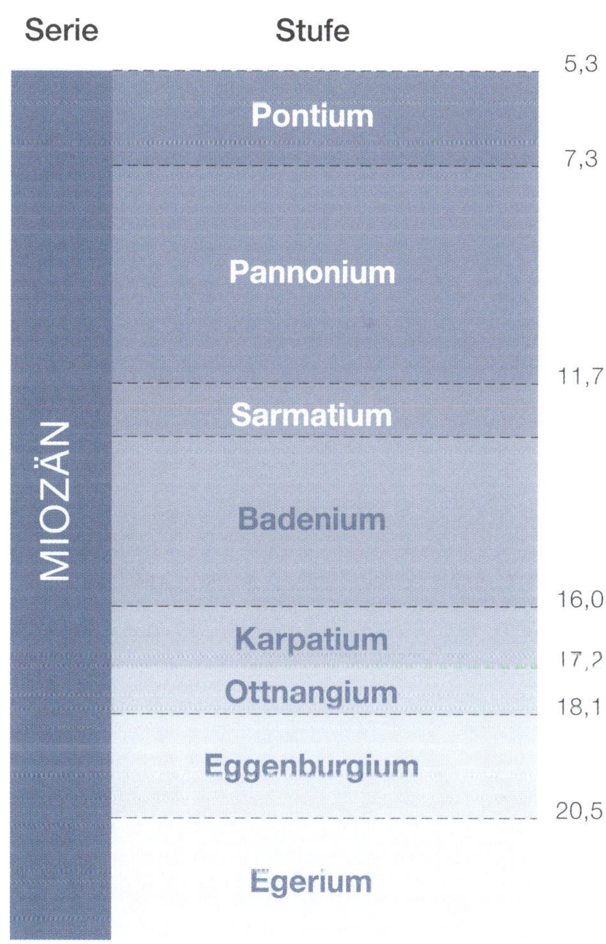

Abb. 1: Stratigraphische Übersicht des Miozäns

Altersangaben in Millionen Jahren[48]

In historischer Zeit haben menschliche Aktivitäten die Landschaft und Ausdehnung der Gewässer in einem immer größeren Ausmaß verändert.[17] Generell kann die Landschaft des Neusiedler See-Gebietes in drei geomorphologische Formen eingeteilt werden. Erstens: erhöhte Regionen mit hügeliger Oberfläche (tektonische Hochzonen oder „Horste"), bestehend aus metamorphen Gesteinen und einer partiellen Bedeckung aus miozänen Sedimenten. Zweitens: fluviatile (durch Flüsse entstandene) Terrassen und Plateaus sowie drittens: Vertiefungen (teilweise mit Wasser gefüllt). Die erhöhten Regionen inkludieren das Leithagebirge, das Ruster Hügelland und, etwas weiter im Süden, das Ödenburger Gebirge (Abb. 2). Das Leithagebirge zeigt eine Nordost-Südwest verlaufende hügelige Landschaft zwischen 118 und 484 Meter Seehöhe, die sich relativ abrupt von dem umgebenden Flachland abhebt. Geologisch handelt es sich beim Leithagebirge um eine sogenannte Horst-Struktur (eine Hochzone, die von tektonischen Absenkungen begrenzt wird), die das Wiener Becken vom Neusiedler See-Gebiet trennt. Im Zentrum finden sich unterostalpine Schiefer, Gneise und Amphibolite, überlagert von Quarziten und Dolomiten aus der Trias, am Rande bedeckt durch klastische Sedimente und Kalke aus dem Badenium und Sarmatium.[18]

Abb. 2: Digitales Geländemodell des Neusiedler See-Gebietes mit seinen geomorphologischen Teilgebieten

Farbcodierte digitale „Airborne Laserscanning"-Daten mit einer Auflösung von 10x10 m und 50 % transparenter Schattierung aus Nordwest. Die gleiche Darstellung des Geländes im ungarischen Teil erfolgte mit SRTM30-Daten, die eine Auflösung von 30x30 m haben. Natürliche Gerinne in blau eingezeichnet. Die Lacken des Seewinkels (blau) und die Kanäle (rot) wurden aus der Österreich-Karte (ÖK50) digitalisiert und entsprechen dem Stand 2001–2005.

Das Ruster Hügelland ist eine schmale Hügellandschaft mit 118 bis 283 Meter Seehöhe, am Westrand des Neusiedler Sees (Abb. 2). Ähnlich wie im Leithagebirge finden sich unterostalpine Schiefer, Gneise und Amphibolite, fast komplett bedeckt von Kalken und klastischen Sedimenten aus dem Karpatium, Badenium bis Sarmatium.[19] Auch das Ruster Hügelland wird als tektonischer Horst interpretiert, mit steilen Störungen an seiner West- und Ostseite.[20]

Das Ödenburger Gebirge mit einer Seehöhe von 250 bis 606 Meter ist das östlichste Vorkommen metamorpher Gesteine des Ostalpins (Abb. 2); es ist randlich durch Sedimente aus dem Karpatium bis Sarmatium bedeckt.[21] Die metamorphen Gesteine und die darüber liegenden Sedimente sind intensiv durch Nordwest-Südost und Ost-West orientierte steile Störungen deformiert.[22] Diese Störungen waren sehr gut in den ehemaligen Kohlebergbauen in Ritzing und Brennbergbánya zu sehen, mit Verschiebungen von bis zu 80 Metern.[23]

Die fluviatilen Terrassen und Plateaus inkludieren die Parndorfer Platte und den Seewinkel (Abb. 2). Erstere zeigt eine relativ ebene Oberfläche und besteht aus klastischen Sedimenten des Pannoniums mit einer dünnen Bedeckung aus quartären, fluviatilen Sanden und Kiesen. Die Oberfläche der Parndorfer Platte befindet sich etwa 25 bis 45 Meter über den sie umgebenden Bereichen. Ihre Oberfläche fällt sehr flach in Richtung Südosten, im Nordwesten von etwa 184 Meter bis circa 144 Meter im Südosten. Im Nordwesten hat sie eine schmale Verbindung mit ähnlich hohen Donauterrassen im Wiener Becken, in alle anderen Richtungen zeigt sie mehr oder weniger steile Abfälle. Die recht einheitliche Oberfläche wird im Süden durch einige relativ geradlinige Nordwest-Südost verlaufende Trockentäler durchschnitten. Generell wird die Parndorfer Platte als ehemalige Terrasse(n) der Donau interpretiert, deren Alter noch nicht zufriedenstellend geklärt ist.

Der Seewinkel wird im Westen durch den Neusiedler See begrenzt, im Nordosten durch die Parndorfer Platte und im Süden durch den Hanság. Die Seehöhen betragen nur 114 bis 130 Meter, und auch der tiefste Punkt Österreichs befindet sich im Seewinkel. Ähnlich wie bei der Parndorfer Platte findet man feinkörnige, klastische Sedimente aus dem Pannonium, überlagert durch relativ dünne Schichten von fluviatilen Kiesen und Sanden aus dem Quartär.[24]

Die dritte geomorphologische Form betrifft (abflusslose) Vertiefungen. Dadurch, dass sie oft mit Wasser gefüllt sind bzw. waren, sind sie die auffälligste und spezifischste Landschaftsform im Neusiedler See-Gebiet. Sie inkludieren den Neusiedler See, die Lacken im Seewinkel und auf der Parndorfer Platte sowie den Hanság (Abb. 2, 3). Sie sollen hier einzeln kurz besprochen werden.

Der Neusiedler See unterscheidet sich in mehrfacher Hinsicht von anderen Seen Mitteleuropas. Er ist z. B. als einziger größerer See in den Alpen und im Alpenvorland nicht durch glaziale Erosion entstanden. Unterschiedliche Ansätze zu seiner Entstehung werden in der Literatur diskutiert.[25] Als aktuell plausibelste Erklärung gilt eine Entstehung durch tektonische Absenkung zwischen den Abschiebungen an der Ostseite des Hackelsberges und westlich des tektonischen Horstes von Podersdorf.[26] Die Radiokarbon-Altersbestimmung von Muschelschalen aus einer Kanalbaustelle in Jois ergibt ein Alter von 12.340 ± 70 Jahren vor heute; da es sich dabei um ein unkalibriertes Alter handelt und die Probe nicht von der Basis der Seesedimente stammt, ist dieses Alter als Minimumalter zu interpretieren.[27] Die Seesedimente unter dem See erreichen nur 0,7 Meter[28] und wurden über tektonisch schräg gestellten Sedimenten des Pannoniums abgelagert.[29]

Die Paläohydrologie des Neusiedler Sees war bei weitem dynamischer und spannender, als sie sich heute nach jahrhundertelangen wasserbaulichen Eingriffen darstellt – ein abflussloser See mit der Wulka als einzigem nennenswerten Zufluss. Historische Karten, Urkunden und zeitgenössische Berichte beschreiben den Neusiedler See als mit dem Hanság im Südosten hydrologisch in engem Austausch – und bei Hochwasser episodisch durch die Ikva (Spitalbach), Rabnitz und Raab gespeist.[30] So wurde der Wasserspiegel des Neusiedler Sees beim Raabhochwasser von 1853 bis auf eine Höhe von 117,6 Meter über Adria aufgestaut.[31] Diese Höhenangabe deckt sich gut mit den höchsten Vorkommen von Seesedimenten um 117,65 Meter über Adria.[32] Die Überschwemmungsgebiete dieses Hochwassers wurden 1871 auskartiert und dienten nach den Plänen von János Újházy als Grundlage für die Eingriffe der Raab-Regulierungsgesellschaft (Rábaszabályozó Társulat)[33], die sich 1873 konstituierte.[34]

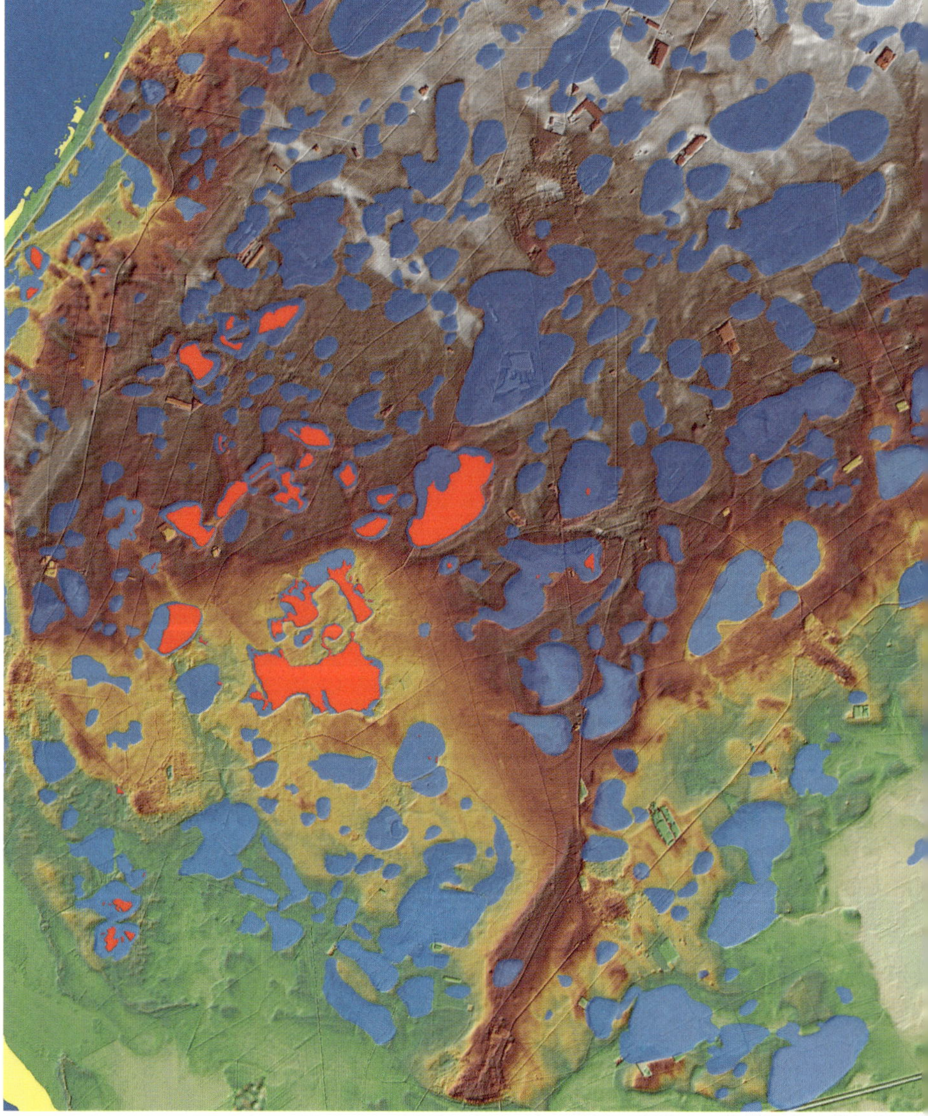

Abb. 3: Digitales Geländemodell des Seewinkels.

Farbcodierte digitale „Airborne Laserscanning"-Daten mit einer Auflösung von 10x10 m und 50 % transparenter Schattierung aus Nordwest. Die Vertiefungen der Thermokarst-Paläoseen sind in Blau eingezeichnet, die 2001–2005 noch existierenden Lacken in Rot. Der dramatische Verlust der Feuchtgebiete ist offensichtlich.

Der Hanság (Abb. 2) schließlich erstreckt sich auf einer Seehöhe unter 117,5 Meter und war ursprünglich ein Niedermoorgebiet. Berühmt für seinen „Schwimmrasen" und seine Erlenbruchwälder, ist er heute durch Kanalisierungsmaßnahmen weitgehend trockengelegt. Vor der Fertigstellung des mit einigen Durchlässen versehenen Fahrdammes zwischen Pamhagen und Esterháza (Fertőd) im Jahr 1780 war ein hydrologischer Austausch zwischen dem Neusiedler See und dem Hanság ungehindert möglich. Die Durchlässe von damals wurden mit der Zeit reduziert. Bei Hochwasser wie jenem von 1853 bildete der Neusiedler See mit dem Hanság und den weiten Überschwemmungsgebieten der Rabnitz und der Raab eine riesige zusammenhängende Wasserfläche.[35]

Die ehemals zahlreichen Salzlacken im Seewinkel[36] sind seit Jahrzehnten im Verschwinden begriffen. Gab es Mitte des 19. Jahrhunderts noch etwa 150 Lacken, so waren um 2000[37] nur noch etwa 40 übrig. Im Spätsommer 2022 waren bereits sämtliche Lacken ausgetrocknet. Entwässerungsmaßnahmen und die Absenkung des oberflächennahen Grundwasserspiegels sind die offensichtlichsten Gründe dafür. In der extrem flachen Landschaft des Seewinkels steht heute mit den hochaufgelösten Oberflächenmodellen von Airborne Laserscanning (ALS) ein hervorragendes Werkzeug für die geomorphologische Untersuchung dieses Raumes zur Verfügung.[38] In diesen Daten zeichnen sich Lacken und auch bereits trockengefallene Lacken deutlich als (meist) abflusslose Vertiefungen ab. Mehr als 370 Lackenvertiefungen konnten auf diese Weise im Seewinkel kartiert werden.[39] Weitere dieser trockengefallenen Senken finden sich auf der Parndorfer Platte, im Hanság und sogar westlich des Neusiedler Sees bei St. Margarethen, beispielsweise die um 1885[40] trockengelegte Sulzlacke. Die größte dieser ehemaligen Lacken ist der ehemalige Egelsee südlich von Gols mit einer Länge von über fünf Kilometern und einer Breite von mehr als zwei Kilometern, der durch den Golser Kanal entwässert wurde. Wenn man sich die Nützlichkeit und den Detailreichtum dieser Daten vor Augen hält, wird klar, wie dringend notwendig es wäre, auch den ungarischen Anteil am Neusiedler See-Gebiet mit dem Hanság in dieser hohen Auflösung zu vermessen.

Diese Lacken wurden seit 1965 für Überreste von Pingos (das sind eisgefüllte Permafrost-Bildungen) gehalten.[41] Heute ist diese Erklärung überholt.[42] In modernen Arbeiten werden Pingos als eher einzelne Strukturen mit einem Durchmesser von unter 0,6 Kilometer beschrieben.[43] Beide Eigenschaften stehen im Widerspruch zur Größe und Häufigkeit der Vertiefungen im Seewinkel.[44] Das Aussehen und die Eigenschaften der Lacken ähneln viel mehr jenen von Thermokarstseen in Nordkanada und im nördlichen Sibirien.[45] Thermokarstseen entstehen in der Aufwärmungsphase am Ende einer Eiszeit durch das Aufschmelzen von Poreneis im Zwischenraum von Sedimentpartikeln[46]. Dadurch entsteht flüssiges Wasser, in dem Sedimentpartikel nach unten sinken. In Vertiefungen können dadurch kleine Wasserflächen entstehen, die durch die hohe spezifische Wärmekapazität des Wassers lokale thermische Anomalien bilden, die mit wachsender Ausdehnung der Seen zunehmen. In den darauffolgenden Sommern dehnen sich die Uferlinien mit einer Rate von bis zu 1,2 Metern pro Jahr aus.[47] Benachbarte Thermokarstseen können auf diese Weise zusammenwachsen.

6.2. Zur Geschichte der Landschaft des Neusiedler Sees von den Anfängen bis 800

Autor: Elmar Csaplovics

Urgeschichte

Die ersten Spuren menschlicher Präsenz in der Landschaft um den Neusiedler See stammen aus dem Mesolithikum (8500 bis 5500 v. Chr.). Bei Neusiedl am See sowie am Föllik bei Großhöflein liegen Fundorte von Steingeräten, die in das Spätmesolithikum um 6000 v. Chr. datiert wurden.

In das Neolithikum (5500 bis 3800 v. Chr.) fällt die Periode der Sesshaftwerdung, die in logischer Übereinstimmung mit der gleichzeitig beginnenden postglazialen Warmzeit steht, deren optimale Perioden – unterbrochen durch eine Kaltzeit (Klimapessimum) während des 4. Jahrtausends – zwischen 6000 und 4000 v. Chr. respektive in der Kupfer(stein)zeit (4000 bis 2000 v. Chr.) zwischen 3000 und 2000 v. Chr. lagen, und die – wenngleich mit sinkendem Trend der Durchschnittstemperaturen bezogen auf einen Zeitmaßstab von Jahrtausenden – noch immer anhält (Holozän).

In Purbach wurde die frühneolithische Siedlung um 5000 v. Chr. durch eine Mure nahezu zwei Meter hoch verschüttet. Die Errichtung der Siedlung war eventuell durch den Kahlschlag des für das Klimaoptimum typischen Ulmen-Linden-Eichenmischwaldes bzw. durch Überweidung der Hänge des Leithagebirges möglich geworden.[49]

Durch Nachweis wärmeabhängiger Ostracoden (Muschelkrebse), wie dem lebenden Fossil Metacypris cordata, in Bohrkernen im Hanság wird deutlich, dass nach dem frühen kalten Stadium des Neusiedler Sees eine signifikante Erwärmung des Wassers erfolgte, die schließlich zur Ausbildung einer charakteristischen Sumpffauna führte, wie sie in ähnlicher Form noch heute in den Schilfflächen des Sees existiert.[50]

Das nach wie vor suboptimale Klima des Jahrtausendwechsels (2000 v. Chr.) könnte in Übereinstimmung mit einem sehr tiefen Wasserstand des Sees oder gar einer Austrocknungsphase im Nachhang des Klimaoptimums um 2500 v. Chr. stehen. Während der Austrocknungsphase des Sees in den Jahren 1865 bis 1870/74 im südlichen Seebereich circa zwei Kilometer nördlich von Hidegség (Kleinandrä) und Fertőboz (Holling) gemachte Funde aus dem Zeitraum um 2000 v. Chr. lassen diesen Tiefstand des Sees vermuten.[51]

Ein Temperaturminimum um 1400 v. Chr. koinzidiert mit der für die Zeit von 1500 bis 1300 v. Chr. nachgewiesenen Phase eines markanten alpinen Gletschervorstoßes (Löbben-Gletscherschwankung) in den Alpen und der damit verbundenen vorübergehenden Klimadepression. Dass zu diesen Zeiten zunehmend feuchtkühle Witterung und die damit verbundenen Vernässungen in ehemaligen Gunstlagen der Ebenen zu dominanter Besiedlung von höher gelegenen Arealen auch im Raum um den Neusiedler See führten, ist naheliegend (Draßburger Kultur, z. B. Föllik bei Großhöflein, Kirchner-dűlő bei Ödenburg, Taborac bei Draßburg).

Wechselnde klimatische Bedingungen

Untersuchungen von Bodenprofilen deuten auf eine dem Klimapessimum um 1400 v. Chr. folgende längere Warmtrockenperiode östlich-kontinentalen Klimas in Mitteleuropa während der mittleren Spätbronzezeit (um 1100/1000 v. Chr.) hin. Die von Tschernosemböden geprägten Landschaften Mitteleuropas hatten ausgeprägt steppenartigen Charakter mit negativen Auswirkungen auf den Feldbau. Gleichzeitig werden aber auch vermehrt Einflüsse anthropogen verursachter Übernutzung für Versteppungstendenzen verantwortlich gemacht.
Es wird angenommen, dass im Verlauf der Spät-

bronzezeit die intensivste nacheiszeitliche Trockenperiode mit zeitweise dürreähnlichen Ausformungen währte.[52] Funde der Urnenfelderkultur der Spätbronzezeit bei Illmitz legen nahe, dass zu dieser Zeit markant niedriger Wasserstand eine Besiedlung der vom Wasser des Sees und von den Sümpfen des Hanság umgebenen Ebenen ermöglichte.[53]

Mit dem Übergang von der Bronzezeit zur Eisenzeit bis in das 7. und 8. Jahrhundert v. Chr. ist einerseits zunehmend feucht-kühles Klima anzunehmen, andererseits scheinen aber die Bedingungen für intensiven Feldbau in diesem Zeitabschnitt günstig gewesen zu sein. Neben Emmer und Einkorn sowie Gerste nahmen vor allem die Nutzung von Hirse und – ab der jüngeren Bronzezeit – von Dinkel zu, während Hafer und Roggen, aus Ostmitteleuropa stammend, erst im Laufe der Eisenzeit auftauchten.

Die Landschaft um den Neusiedler See war auch in der ab dem 9. Jahrhundert ausgreifenden älteren Eisenzeit (Hallstattzeit) bevorzugtes Siedlungsgebiet. Das Vorhandensein von Weinkulturen in der Landschaft um den Neusiedler See seit dem Klimaoptimum um 1000 v. Chr. (Trockenphase) ist durch archäologische Funde belegt.[54]

Der Beginn der älteren Eisenzeit wird mit mehrfachen Oszillationen von trockenen und feuchten Perioden in Verbindung gebracht, die schlussendlich in eine ausgeprägt feucht-kalte Zeitspanne übergehen. Ein markantes Temperaturminimum liegt um 500 bis 400 v. Chr.

Eine „West-Ost-Erstreckung des Neusiedler Sees"[55] während der Eisenzeit könnte nur mit dem angesprochenen ausgeprägt kühlen, durch westlich-ozeanisches Klima mit erhöhten Niederschlägen gekennzeichneten Klimapessimum zum Ende der Hallstattzeit und der damit verbundenen vollständigen Überflutung des südöstlichen Seevorlandes und des Hanság in Verbindung gebracht werden.

In der Zeit der jüngeren Latènekultur (1. Jahrhundert v. Chr.) stießen Helvetier und durch suebischen Druck aus den böhmisch-herzynischen Wäldern gedrängte Boier nach Süden bis in norisches Gebiet vor. Ein Teil zog an die Donau ins Gebiet der Porta Hungarica und damit auch in das Land um den Neusiedler See (z. B. die Siedlung (oppidum) auf dem Burgberg von Pressburg).[56]

Eisengewinnung und Produktion von geschmiedeten Eisenwaren entwickelten sich zu wichtigen Wirtschaftszweigen. Das Zentrum der Eisengewinnung in der späten Latènezeit lag im mittleren Burgenland. Oberflächennahe Brauneisensteindepots wurden systematisch ausgebeutet und entlang von Bächen verhüttet (Kuppelöfen des Rennofentypus).[57]

Flächenhafte Rodungen für die Eisenverhüttung

Nicht nur die Befestigungen der oppida, sondern auch die Arbeitsschritte zur Verhüttung des Eisens bedurften großer Mengen an Holz. Damit ist für diese Periode das Einsetzen flächenhafter Rodungen des auch im Raum um den Neusiedler See wie im gesamten zentralen Mitteleuropa vorherrschenden vormals dichten älteren subatlantischen Eichen-Buchen-Mischwaldes mit Anteilen von Linden, Ulmen und Eschen sowie Erlen, Hainbuchen und Haseln an feuchten Standorten (Eichen-Ulmen-Auenwälder) zu postulieren. Dieser Waldtypus stellte gleichzeitig das Endstadium der holozän-urtümlichen, anthropogen nur mäßig beeinflussten Entwicklung dar.

Die Zeitspanne der mittleren bis jüngeren Latènezeit ab ca. 200 v. Chr. war durch den Anstieg der mittleren Temperaturen bis zu einem relativ trockenen Klimaoptimum von ca. 130 v. Chr. bis 50 n. Chr. geprägt.[58] Die günstigeren Bedingungen für landwirtschaftliche Nutzung haben sicher auch die in der mittleren und späten Eisenzeit vervollständigte Entwicklung geeigneter Gerätschaften, wie eiserne Pflugscharen, bewirkt.

Römerzeit und Frühmittelalter bis zu den Awarenkriegen

Im Jahr 10 n. Chr. wurde durch Kaiser Augustus die Provinz Pannonia eingerichtet.[59] Nach dem Regierungsantritt des Tiberius 14 n. Chr. kam es auch in Pannonien zu Heeresrevolten, die niedergeschlagen wurden.

Das bestehende Klimaoptimum um die Zeitenwende ließ die durch die Wirren der ersten Jahrzehnte des 1. Jahrhunderts n. Chr. sicherlich verringerte Siedlungsdichte in der Landschaft um den Neusiedler See nicht lange währen, da in Anbetracht der alsbald einsetzenden (Wieder-)Erschließung vor allem die landwirtschaftlichen Gunstlagen in den Ebenen westlich des Sees und an den Hängen des Leithagebirges von großer Attraktivität waren.

Eine erste mehr oder weniger gesicherte Nennung des Neusiedler Sees findet sich bei Plinius im dritten Band seiner Naturalis Historia (77 n. Chr.): *Noricis iunguntur lacus Peiso, deserta Boiorum; iam tamen colonia Divi Claudii Sabaria, et oppido Scarabantia Iulia habitantur.*[60]
Hier tauchen zwei Ortsbegriffe auf, deren Zuordnung kontroversiell diskutiert wurde und wird: lacus Peiso und deserta Boiorum. In dem von Plinius beschriebenen Zusammenhang ist eindeutig der Neusiedler See gemeint. Aber in anderen Fällen, wie zum Beispiel bei der Beschreibung der Rodungen und Trockenlegungen durch Kaiser Galerius um 295 n. Chr. durch Sextus Aurelius Victor, scheint alles auf eine Beziehung zum Balaton hinzudeuten.[61]

Auch die Zuordnung der von Plinius mit deserta Boiorum bezeichneten Landschaft bereitet einige Probleme. Das nicht näher bezeichnete Gebiet liegt zwischen Noricum und Pannonia. Fraglich ist die genauere Begrenzung dieses Gebietes, wie auch die Bedeutung der Bezeichnung deserta.

Erste Ausprägung einer Kulturlandschaft um den Neusiedler See

Während des römerzeitlichen Klimaoptimums, das zwar in den ersten beiden Jahrhunderten n. Chr. bereits an Effizienz abnahm, waren die Jahresmitteltemperaturen in Europa um circa ein bis 1,5 Grad Celsius höher als der Durchschnittswert im 20. Jahrhundert.[62] Dendrochronologische Untersuchungen an römisch-pannonischen Fundstücken zeugen von einem relativ trockenen Klima, das die Waldausbreitung hemmte und den Feldbau begünstigte.[63] Der Schluss liegt nahe, dass diese klimatischen Verhältnisse, gepaart mit relativ sicheren Lebensbedingungen, entscheidenden Anteil am Ausbau der intensiven Siedlungs- und Produktionstätigkeit sowohl in der Landwirtschaft als auch im Handel hatten und somit die erste Ausprägung einer Kulturlandschaft um den Neusiedler See ermöglichten, wiewohl unklar bleibt, inwieweit die Ufer des Sees, die teilweise versumpften Gebiete des Wulkabeckens und die ausgedehnten Sumpfgebiete des Hanság erschlossen wurden.[64]

Funde belegen Getreide-, Hanf-, Flachs-, Obst- und Gemüseanbau sowie Weinbau. Von den Getreidearten waren neben Emmer (Spelzweizen) und Einkorn vor allem Dinkel, Saatweizen, Roggen und Gerste als Brotgetreide sowie Hafer – oft als Tierfutter – und Rispenhirse von Bedeutung.[65] Bei Ausgrabungen bei Winden am See wurde ein römischer Gutshof mit der ersten auf österreichischem Boden ergrabenen römerzeitlichen Weinpresse aufgedeckt.[66]
Ein Blick auf die Komplexität der archäologischen Funde in der Region des Neusiedler Sees zum Zeitpunkt des beginnenden Niederganges des Römischen Reiches in Pannonien im 4. Jahrhundert n. Chr. enthüllt ein verzweigtes Wegenetz, das die römische Stadt Scarabantia (Sopron, Ödenburg) mit Vindobona und Carnuntum einerseits, aber auch diese Straßen untereinander verband, wie die Peutinger-Karte (Tabula Peutingeriana), die einzige – in einer mittelalterlichen Kopie – erhaltene römische Straßenkarte, deren Ursprung im 2./3. Jahrhundert n. Chr. liegt, zeigt (Abb. 4).[67]

Abb. 4: Ausschnitt aus der Tabula Peutingeriana

Links oben Carnuntum, darunter die mansio Ulmus (bei Winden), Scarabantia (Ödenburg/Sopron) und Sabaria (Steinamanger/Szombathely), ÖNB Cod. 324

Wachtürme und kleine Militär- und Poststationen (mansiones) bestanden entlang dieses Netzwerkes. Primäre Aussagen über den Charakter der Landschaft sind naturgemäß nicht möglich. Die Wegeführungen zeigen dennoch, dass der See und die im Osten und Südosten anschließenden Sümpfe ebenso Hindernisse darstellten wie die bewaldeten Höhenrücken des Leithagebirges, die gleichwohl von Straßen durchschnitten wurden (Donnerskirchen-Hof, Winden Königshof). Spuren menschlicher Ansiedlung finden sich in den Ebenen entlang des Flusslaufes der Wulka und an den Hängen der Hügelketten. Eine zumindest während der klimatischen Gunstperiode der ersten beiden Jahrhunderte n. Chr. regelmäßig genutzte Wegeführung durch das Sumpfgebiet des Hanság könnte zufolge der Verteilung der Fundorte vermutet werden und wäre von Scarabantia über Harkau, Fertőboz und Gols mit der Heeresstraße nach Carnuntum respektive von Gols und Bruckneudorf nach Osten in Richtung Ad Flexum (Ungarisch-Altenburg, Mosonmagyaróvár) und/oder Gerulata (Karlburg, Rusovce) zu vernetzen.[68]

Aus mittelfristiger Sicht waren aber durch die immer massiver werdenden Bedrohungen durch Stämme jenseits der Donau (Quaden, Markomannen, …) die Bedingungen für eine kontinuierliche wirtschaftliche Entwicklung nicht mehr gegeben. Gleichzeitig machten sich ab dem 3. Jahrhundert n. Chr. erste Anzeichen einer nachhaltigen, durch langsamen Humiditätsanstieg bei gleichzeitigem Absinken der Durchschnittstemperatur gekennzeichneten Klimaverschlechterung bemerkbar, die um 400 n. Chr. in ein beginnendes Pessimum mündete[69] und bis zum Ende des 7. Jahrhunderts andauerte.[70]

Die Überflutungen der Rabnitz scheinen bedrohlich gewesen zu sein, da ein Damm von der Rabnitz bis zur kleinen Donau gebaut wurde, der noch in der zweiten Hälfte des 19. Jahrhunderts in Teilen erhalten war.[71] Die zunehmend regenreichen Jahrzehnte ab dem späten 3. Jahrhundert mit Kulmination im Klimapessimum um 400/500 n. Chr. könnten zu einer verstärkten Hochwassergefahr entlang der Rabnitzmündung in die Mosoni Duna (Wieselburger Donau) geführt und die Versumpfung der Böden befördert haben. Römische Baumaßnahmen zur Bekämpfung der Rabnitz-Überflutungen und zur Entwässerung sind auch in einem Kanal belegt, der nebst Gebäuderesten bei Sándorháza, ein Stück in Richtung Győr, gefunden wurde.[72]

In der Landschaft um den Neusiedler See brach erneut eine Zeit der Verödung und Unsicherheit an. Nach 488 zerstörten die Eruler im Verband mit Franken und Sachsen weite Teile der „pannonischen Provinzen".[73] Es folgten die Langobarden, die nach dem Tode des ostgotischen Königs Theoderich (des Großen) 526 den Machtverlust Westroms und damit auch jenen der suebischen Föderaten im vormaligen Pannonia Prima und in Valeria nutzten.[74] Mit Beginn der Herrschaft der Awaren degenerierte die Verbindung des Ostalpenraumes zu Italien. Auch die Landschaft um den Neusiedler See wurde während des 7. und 8. Jahrhunderts maßgebend durch awarische Präsenz geprägt.

Rückentwicklung zu natürlichen Landschaften

Aber erst ab dem späten 6. Jahrhundert verfielen römische Gutshöfe und Siedlungen zusehends und die dünne Besiedlung führte zur nahezu ungestörten Rückentwicklung großflächiger Landschaftsteile zu natürlichen Landschaften.[75]

Der Bruch in der Entwicklung der Kulturlandschaft wird auf Basis pollenanalytischer Untersuchungen für den ehemaligen Limesbereich entlang des Rheins auf den Zeitraum 460 bis 500 n. Chr. gelegt.[76] Die mitteleuropäischen Kulturlandschaften wurden somit ab dem 6. Jahrhundert im zentralen Mitteleuropa, damit auch entlang der pannonischen Donaugrenze, in Naturlandschaften transformiert, was zu einer Wiederbewaldung riesiger zusammenhängender Flächen führte. Der Hercynische Wald zwischen Rhein, Donau, Elbe und Oder war schon von Plinius als uralter und unsterblicher Baumbestand beschrieben worden.[77]

Im 6. und 7. Jahrhundert traten in weiten Teilen Europas immer wieder Hungersnöte auf, die von Seuchenzügen gefolgt wurden. Ein signifikanter Rückgang der Bevölkerungszahlen, der teils durch Migrationsbewegungen überlagert wurde, führte in regional unterschiedlicher Ausprägung zu den geringsten Siedlungsdichten seit dem Neolithikum.[78] Die Topographie der bekannten awarischen Siedlungsplätze zeigt in der Landschaft um den Neusiedler See – mit der größten Dichte in der spätawarischen Zeit – ausschließlich Funde entlang des Leithagebirges, mit je einer Ausnahme am Nord- bzw. Südufer des Sees sowie östlich des Sees bei Podersdorf.[79] Im Südosten finden sich Siedlungen erst wieder außerhalb des Sumpfgebietes des Waasen und des Hanság.[80]

Während des Feldzuges im Jahre 791 (Awarenkriege Karls des Großen 791 bis 803), der bis zur Mündung der Raab in die Donau geführt hatte, war eine mobile Pontonbrücke errichtet worden, um die sumpfigen und wasserreichen Gebiete an der Donau (Rábaköz) zu überwinden.[81] Nach neuerlicher awarischer Erhebung und endgültiger Niederwerfung im Jahre 805 wurde den Besiegten die Einrichtung eines abhängigen, tributpflichtigen awarischen Fürstentums (Tributärkhaganat) inter Scarbantiam et Carnuntum gestattet, das bis um 830 bestand.[82]

So ergibt sich ein etwas verschwommenes Bild einer schrittweise und in Ansätzen entstehenden Kulturlandschaft, die im Klimaoptimum der römischen Kaiserzeit ein Hauch von mediterranen Lebensbedingungen prägte, in der Weinrebe, Edelkastanie und Mandel gediehen, und die für rege Siedlungstätigkeit entlang der klimatisch bevorzugten Südhänge des Leithagebirges mit fruchtbaren, vormals bewaldeten, dann teils gerodeten Flächen geradezu prädestiniert war.[83]

Die optimale Konstellation von Friedenszeiten und klimatischer Gunstperiode im 1. und 2. Jahrhundert n. Chr. hat die Kultivierung der Landschaft entscheidend beschleunigt. Weinbau entlang der Leithagebirgshänge ist belegt (Weinpresse in der villa rustica von Winden).[84] Die Lössflächen der Parndorfer Platte wurden intensiv für den Getreideanbau genutzt (Dreschplatz in der villa rustica in Bruckneudorf).[85] Die Heilquellen am See (Balf) waren den Bürgern von Scarabantia bekannt und wurden auch dementsprechend erschlossen,[86] Kultstätten wurden mit Blick auf den See eingerichtet (Mithräen von Kroisbach und Illmitz).[87] Ansonsten blieben aber See und Sumpfland wohl ein eher bedrohlicher Landstrich. Und dennoch finden sich auch unmittelbar östlich des Sees Spuren der Besiedlung auch aus römischer Zeit. Ob mehr als ein Pfad oder Karrenweg auch durch diese Gegend von Scarabantia nach Carnuntum führte, bleibt jedoch ungewiss.

Anmerkung: Dieser Beitrag beruht auf Textgrundlagen aus umfassenden vom Autor publizierten Studien zur Topochronologie der Landschaft um den Neusiedler See.[88]

6.3. Zur Geschichte der Landschaft des Neusiedler Sees von 800 bis 1800

Autor: Elmar Csaplovics

Mittelalter

Rodungen ab dem frühen 9. Jahrhundert

Damit ist auch das historisch letzte Stadium weitestgehender Unberührtheit der mitteleuropäischen Landschaften erreicht. Denn sowohl der langsame Anstieg der Durchschnittstemperaturen ab dem 7. Jahrhundert als auch die (nach dem Ende des von den fränkischen Kaisern geduldeten Awaren-Khaganats) zaghaft einsetzende Kolonisation durch bayrische und fränkische Siedler bewirkten eine ab dem frühen 9. Jahrhundert einsetzende Rodungstätigkeit. Der bald danach stärker werdende Druck der Magyaren auf die Ostgrenze des Reiches sowie die verheerenden Einfälle aus dem nordwestpannonischen Raum bis weit nach dem westlichen Mitteleuropa führten schließlich zu einer Destabilisierung und Rückentwicklung der Landstriche um den Neusiedler See und zu Prozessen der neuerlichen Verödung.

Waren bis dahin – nach Zusammenbruch der römischen Landwirtschaft – vor allem Feldgras- und Brandwirtschaft prägend, führte die fränkische Besiedlung zur Einrichtung der Dreifelderwirtschaft mit Hufenverfassung auf Gewannfluren. Es ist zu vermuten, dass diese Bewirtschaftungsform in den nördlichen Teilen der Mark später Platz griff, da hier während der ersten Jahrzehnte des 9. Jahrhunderts noch awarischer Einfluss geltend war. Die Dreifelderwirtschaft brachte auch kaum Verbesserungen in der Ernährungslage, da die Ernteerträge nach wie vor gering waren und Hungersnöte in regional unterschiedlicher Dynamik auftraten.[89] Dendrochronologische Messreihen belegen für das gesamte 10. Jahrhundert eine signifikante Abnahme des Jahresringwachstums und damit – gemäß Temperaturdiagramm – den möglichen Einfluss einer trockeneren, jedoch sehr warmen Witterungsphase (Abb. 5).[90]

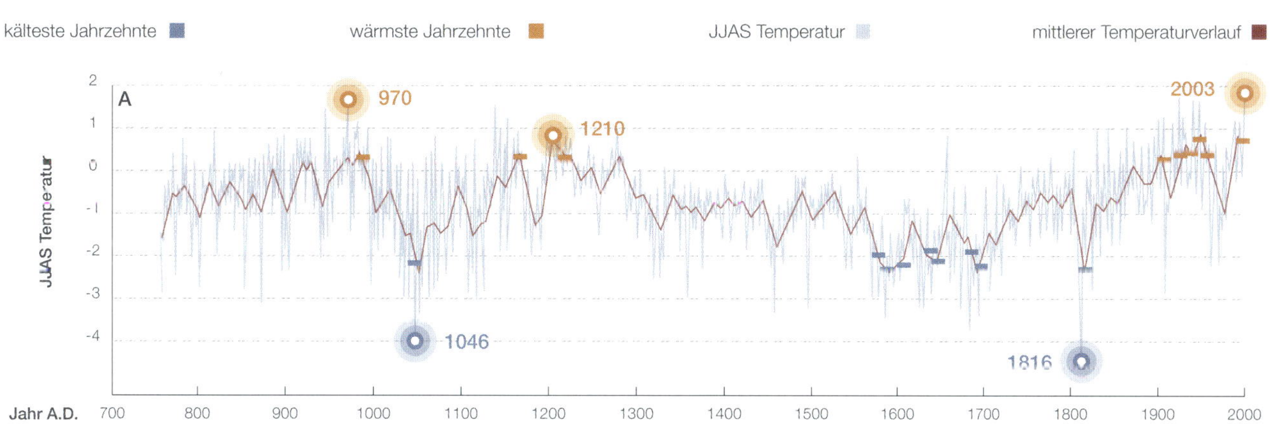

Abb. 5: Alpines Sommertemperatur-Diagramm

Temperatur (JJAS – Juni, Juli, August, September) in Dekaden-Mittelwerten über den Zeitraum 755–2004, wobei die gelben und blauen Markierungen die zehn wärmsten bzw. kältesten Jahrzehnte bezeichnen und die rote Linie einem low-pass-gefilterten mittleren Temperaturverlauf entspricht; die Temperatur wird als Abweichung (in Grad Celsius) vom Mittelwert 1901–2000 dargestellt.

Das mittelalterliche Klimaoptimum, das sich bereits im späten 8. Jahrhundert andeutete, wurde vor allem um die Mitte des 11. Jahrhunderts durch eine Phase instabiler Witterungsverhältnisse unterbrochen, die neben durchaus normalen Jahrzehnten durch eine signifikant große Anzahl von Jahrzehnten mit unterdurchschnittlichem Jahresringwachstum und mit teils markant niedrigen Temperaturen (vgl. das Minimum um 1046) geprägt war.

Die Entstehung des ungarischen Königtums durch die Krönung Stephans im Jahre 1000 – Vorbedingung war die erzwungene Konvertierung seines Volkes zum christlichen Glauben – und seine Verheiratung mit der bayrischen Herzogstochter Gisela begründete ein zwar nach dem Westen orientiertes, aber kaum auf dem westeuropäischen Feudalsystem, sondern eher auf dem intensiven Ausbau des Krongutes, des Patrimoniums, fußendes Reich.[91] Der von den Ungarn traditionell präferierten Weidewirtschaft wurde langsam der Ackerbau gleichwertig. Die Rodungsdynamik in Mitteleuropa setzte wieder in vollem Umfang ein und wurde durch das ab dem Ende des 11. Jahrhunderts endgültig einsetzende Klimaoptimum des Mittelalters beschleunigt. Dennoch blieben die zu Beginn des Jahrtausends nach den vorangegangenen kriegerischen Jahrzehnten naturgemäß dünn besiedelten Landstriche um den See eher vernachlässigt und dienten hauptsächlich als brachliegende Grenzlandstreifen, die Verteidigungsmaßnahmen unterstützen sollten (Gyepű, deserta Boiorum).[92] Um die Jahrtausendwende waren die Römerstraßen größtenteils verfallen und als Relikte einer fremden Welt noch nicht erneuert worden. Größere Gütertransporte wurden vornehmlich auf dem Wasserweg durchgeführt.[93]
In einem Bericht über einen Aufstand gegen den ungarischen König Salomon im Jahre 1074 wird der Neusiedler See das erste Mal – als stagnum Ferteu – gesichert genannt. Relativ niedrige Temperaturen (vgl. Abb. 5) gehen in diesem Zeitabschnitt mit niedrigen Zuwachsraten von Baumringen einher und deuten somit auf feucht-kühle Winter und kühltrockene Sommer hin, sodass anzunehmen ist, dass zumindest im Winter und Frühjahr weitläufig überschwemmte Sumpfgebiete (Stagna) existiert haben.[94]

Maximum landwirtschaftlicher Nutzung im Hochmittelalter

Das 12. Jahrhundert bildete den Höhepunkt des mittelalterlichen Klimaoptimums, das – mit einer um 400 Meter höheren Waldgrenze als heute – alle witterungsspezifischen Voraussetzungen dafür bot, aus Sicht der Landnutzung das bei weitem dynamischste aller Zeiten zu werden. In Ungarn wuchs die Bevölkerung im Zeitraum von 1000 bis 1340 noch einmal von etwa 1,5 Millionen auf zwei Millionen Menschen.[95]
Im Rábaköz, dem Gebiet zwischen den Unterläufen von Rabnitz und Raab, wurde im 11. und 12. Jahrhundert ein komplexes Kanalsystem, das der Bewirtschaftung von Fischteichen und der Beschaffung zusätzlicher landwirtschaftlich nutzbarer Flächen diente, angelegt. Im Tóköz (Gebiet der Seen), dem östlichen Teil des Rábaköz, konnten bis dato auf einer Fläche von 22 Quadratkilometern arpadenzeitliche Kanäle mit einer Gesamtlänge von 52 Kilometern dokumentiert werden. Das Management solcher Anlagen erforderte ein ausgereiftes Maß an Organisation. Dies lässt darauf schließen, dass im westungarischen Raum zur Zeit des mittelalterlichen Klimaoptimums ein landwirtschaftlicher Standard herrschte, der im europäischen Vergleich hoch entwickelt war[96] und auch in diesem Sinne wahrgenommen wurde.[97]
Die exponentielle Zunahme der Rodungsaktivitäten, verbunden mit intensiver landwirtschaftlicher Nutzung auch auf labilen Böden, führte allenthalben zu einer Phase maximaler Ausdehnung von Ackerflächen während des 12. und 13. Jahrhunderts. Diese Entwicklung wurde durch die ab dem 12. Jahrhundert einsetzende perfekt organisierte Landgewinnung durch die Klöster, im Land um den Neusiedler See insbesondere durch die Zisterzienser von Heiligenkreuz, nachhaltig unterstützt.[98]
Der Flächenanteil von landwirtschaftlich genutzten Flächen war im hohen Mittelalter größer als je zuvor oder danach.[99] Die um 1170 einsetzende Phase geringer Biomasseproduktion war mit einer Periode kühlerer Witterungsverhältnisse und zunehmender

Niederschlagshäufigkeit verbunden, die wohl auch während einer letzten Warmphase um 1200/1210 andauerte. Sowohl eine Heiligenkreuzer Urkunde des Jahres 1217[100] als auch die Nennungen der Seemaut 1237 und 1244[101] lassen den Rückschluss auf ausreichend hohen Wasserstand des Sees zu. Dass der See nur drei Jahrzehnte später als Teich bezeichnet wird,[102] könnte in Übereinstimmung mit dem ersten ausgeprägten Minimum des Jahresringwachstums im Dezennium von 1270 bis 1280 gleichwohl auf trockene Jahre zurückgeführt werden.

Es besteht zunehmend Konsens darüber, dass nach der europaweiten Pestepidemie 1348/1349 nicht die großen Bevölkerungsverluste zu einer wirtschaftlichen Krise führten, sondern krisenhafte Erscheinungen, die schon vor den Pestjahren aufgetreten waren, durch die Seuche verstärkt wurden.[103] Das Klimapessimum des späten 13. und der ersten Hälfte des 14. Jahrhunderts mit besonderer Ausprägung zwischen 1310 und 1350 bewirkte – verstärkt durch mehrere extreme Starkregenereignisse – den Zusammenbruch der großflächigen Landwirtschaft in vielen Gegenden Mitteleuropas. Ab dem frühen 14. Jahrhundert etablierte sich eine stark variierende Klimasituation, die in teils extremen Schwankungen trockene heiße Phasen auf extrem feuchte Jahre folgen ließ. Dies trifft in Bezug auf das Sommerhalbjahr insbesondere auf die regenreichen Jahre bis 1320 folgende und bis um 1340 anhaltende warme und trockene, oft in Dürreperioden ausartende Zeitspanne zu.[104]

Der Hitze des Jahres 1348 folgte der Ausbruch der Pest in Europa. Die extremen klimatischen Einflüsse, die eine Folge von Missernten während der ersten Hälfte des 14. Jahrhunderts bewirkten, damit einhergehend zu Verteuerungen von Lebensmitteln[105] und zu Hungersnöten auf dem Land führten, hatten die Krankheitsdisposition der armen Landbevölkerung bereits vor 1348 dramatisch erhöht.

Sukzessiver Zerfall der Kulturlandschaft

Das Phänomen der Wüstungen wurde ab dem 14. Jahrhundert – damals entscheidend beeinflusst durch die klimatisch extrem ungünstige Dekade von 1310 bis 1320 und die damit verbundenen Hungersnöte und Seuchenzüge[106] – zu einem europaweit landschaftsprägenden Faktor.[107] Das Entstehen und Zerfallen von Siedlungen ist naturgemäß von großem Einfluss auf Struktur und Erscheinungsbild der Landschaft. Somit ist auch im Falle der Landschaft um den Neusiedler See die Analyse der Dynamik des Wüstfallens von Siedlungen ein zentraler Parameter der Untersuchung von Struktur und Erscheinungsbild des Landschaftsgefüges. Die Urbarmachung von Heide- und Ödland, die Entwicklung der Siedlungen, des Wegenetzes und schließlich der sukzessive, schleichende Zerfall der Kulturlandschaft nach ebenso schleichender klimatisch verursachter und/oder durch Grenzkämpfe unmittelbar wirksamer Zerstörung der Ortschaften prägten das Muster der Landschaft entscheidend und stellten treibende Kräfte der Transformation von Landschaftsteilen dar. Oftmals lagen die Gebiete längere Zeit öde und wurden erst später in die Nutzung durch benachbarte Ortschaften eingegliedert. Die klimatisch ungünstigen Verhältnisse setzten sich bis in das 15. Jahrhundert fort. Nach den katastrophalen Jahrzehnten der ersten Hälfte des 14. Jahrhunderts setzte großflächige Wiederbesiedlung mit Wald auf vormals agrarisch genutzten Flächen ein, die sich erst ab den ersten Jahrzehnten des 15. Jahrhunderts zögerlich stabilisierte und wieder in eine rückläufige Phase eintrat, die gleichwohl in Bezug auf die Dynamik des 11. bis 13. Jahrhunderts wesentlich geringer ausgeprägt war und um 1600 verflachte.

Das Leithagebirge war in Übereinstimmung mit der seit den klimatisch schlechten Jahrzehnten des frühen 14. Jahrhunderts einsetzenden Phase der Wiederbewaldung wieder zu einem flächenmäßig ausgedehnten, teilweise undurchdringlichen Waldland geworden.

Frühe Neuzeit

Destabilisierung der Landschaft

Die Destabilisierung der Landschaft um den Neusiedler See hatte nach den Grenzkämpfen des mittleren und späten 15. Jahrhunderts und den Jahrzehnten klimatischer Ungunst mit ausgeprägt niedrigen sommerlichen Temperaturmittelwerten um 1450 und einer Phase etwas günstigerer, im Dekadenmittel dennoch stark variierender klimatischer Bedingungen um die Jahrhundertwende und während der ersten beiden Jahrzehnte des 16. Jahrhunderts ein weitreichendes Ausmaß angenommen.[108] Der Wasserstand des Sees scheint zu Beginn des 16. Jahrhunderts hoch gewesen zu sein, da im Urbar der Grafschaft Forchtenstein von 1500/1510 die Seemaut sowohl für Breitenbrunn als auch für Pamhagen und Wallern und damit für die Seen des Hanság angeführt wurde.[109]

Lazarus, Sekretär des Kardinals von Strigonia (Gran, Esztergom) (um 1475 bis um 1526), fertigte um 1514 in einer Handzeichnung eine Karte Ungarns an, die angesichts der drohenden Invasion der Türken in Südungarn strategischen Zwecken dienen sollte. Nach Lazarus' Tod wurde die Karte von dem in Wien wirkenden humanistischen Gelehrten Georg Collimitius (Tanstetter) ohne Hinzufügung neuer Karteninhalte fertiggestellt und von Johannes Cuspinianus (Spießheimer) editiert sowie schlussendlich von Petrus Apianus (Bennewitz) in dessen Offizin in Ingolstadt im Jahre 1528 in Holz geschnitten und gedruckt. Die Lazarus-Tannstetter-Karte (Chorographia Hungariae, Tabula Hungariae) ist die erste überlieferte regionale Karte Ungarns und gehört darüber hinaus zu den ersten Länderkarten der in der Renaissance

Abb. 6: Lazarus, Tabula Hungariae

Ingolstadt 1528, Holzschnitt. Széchényi B/App. H 136 (Ausschnitt)

ab 1500 aufblühenden Regionalkartographie (Abb. 6).[110] Es handelt sich um ein weitgehend autark gefertigtes Werk, in dem der Neusiedler See als Newsidler See / Fertow zum ersten Mal in einer Karte namentlich genannt wird. Die nierenartige Form des Sees (ohne Verbindung zur Rabnitz) lässt – bei Berücksichtigung der irrtümlichen Verdrehung der Orientierung der Karte um 45 Grad aus der Nordrichtung – auf eine Seefläche schließen, die auch in den Hanság reicht. Dies würde zumindest einem mittelhohen Wasserstand um 1514 entsprechen.

Das Phänomen im Jahresrhythmus signifikant oszillierender Signaturen dendrochronologischer Reihen ist insbesondere für den Zeitraum von 1530 bis 1541 dokumentiert.[111] Kalte Sommer mit späten Weinernten sind auch für die Jahre 1527 bis 1529 belegt und stimmen mit den Berichten über das feuchtkalte Jahr 1529, das den Rückzug der osmanischen Truppen nach der erfolglosen Belagerung von Wien zufolge Kälte und Mangel an Verpflegung so verlustreich gestaltete, überein. Ebenso erschwerten starke Regenfälle und daraus resultierende schwierige Geländeverhältnisse sowie Verpflegungs- und Futtermangel den Aufmarsch der osmanischen Truppen im Jahre 1532.[112] Ab 1570 kam es zu einem dramatischen Abfall der mittleren Frühjahrs- und Sommertemperaturen, der sich bis in das erste Jahrzehnt des 17. Jahrhunderts fortsetzte. Diese Jahrzehnte zählen zu den zehn kältesten Dekaden des Zeitraumes von 750 bis 2000.[113] Gleichzeitig wurde laut Urbar der Grafschaft Forchtenstein aus dem Jahre 1589 in Breitenbrunn keine Seemaut eingehoben, da der See dort verwachsen sei[114] – die ausgeprägte Verschilfung kann auf zurückgehenden Wasserstand hindeuten. Ein Verordneter Commissarien-Bericht vom 5. Juni 1568, der sich mit der Untersuchung der Ursachen für den von vielen Seegemeinden beklagten Rückgang des Wasserstandes im Neusiedler See seit dem Jahre 1560 befassen sollte, brachte in Erfahrung, dass die Rabnitz für den Betrieb einer dreirädrigen herrschaftlich Nadásdyschen Mühle bei Kapuvár genutzt wurde und aus diesem Grund der Zufluss von Wasser in den See unterbrochen worden war. Ein alter Graben, durch den die Rabnitz vormals in den See floss, lag trocken. In Breitenbrunn hatte der Wasserstand schon seit 1558 spürbar abgenommen und die Uferlinie war mit Stand 1568 bereits um 350 Klafter (ein Wiener Klafter entspricht 6 Fuß oder 1,90 Metern), in Jois gar um 700 Klafter seewärts gewandert, wodurch die Fischerei, die auch die Wiener

Märkte versorgte, empfindlichen Schaden erlitt.[115] Der Bericht belegt, dass die Hofkammer über Antrag der Kommission anordnete, die Rabnitz wie ehedem wieder in den See zu leiten.[116]

Es ist erwiesen, dass die fortschreitende kontinuierliche Verödung vieler Orte sowohl auf europäischer Ebene als auch im Land um den Neusiedler See vor allem aus den schlechten klimatischen, sozio-ökonomischen und politischen Bedingungen des 15. Jahrhunderts resultierte. So kulminierte auch in England die Wüstungswelle in den Jahren von 1430 bis 1485[117] (vgl. Abb. 5, Temperaturminimum um 1450). Auch im nordwestpannonischen Raum war die teilweise bis vollständige Verödung zahlreicher Orte aus ebendiesen Gründen schon lange vor den türkischen Invasionen ausgelöst worden und eingetreten.
Die Landschaft um den Neusiedler See wurde insbesondere in den Jahren 1594, nach dem Fall der Festung Raab (Rückeroberung 1598), und 1605, während des Bocskay-Aufstandes, der in eine Allianz großer Teile des ungarischen Adels mit Türken und Tataren mündete, in Mitleidenschaft gezogen.[118]
Wie so oft liegen die Gründe für kriegsbedingte Zerstörungen der Landschaft in dem Einwirken beider Konfliktparteien. In einem Rentmeisterbericht des Jahres 1597 heißt es, dass in der Herrschaft Ungarisch-Altenburg sämtliche Märkte und Dörfer bis auf einige wenige verwüstet wurden und die Einwohnerzahlen stark gesunken seien.[119] Nach dem Verlust von Raab im Jahre 1594 haben mit Sicherheit auch zurückflutende marodierende kaiserliche Truppen das Ihre zur Destabilisierung des Gebietes um den Neusiedler See beigetragen. Die Angaben über die weitreichende Zerstörung und Entvölkerung vieler burgenländischer Landstriche durch die Türken sind meist maßlos übertrieben.[120] Die meisten verödeten Dörfer um den Neusiedler See waren schon lange vor den Türkenkriegen – zufolge eines komplexen Einwirkens von sozio-ökonomischen und klimatischen, durch Seuchenzüge und Grenzkämpfe zusätzlich verstärkenden Faktoren – wüst gefallen.

Extreme Wasserstandsschwankungen ab dem 17. Jahrhundert

Auf der Fassade des ehemaligen Rathauses von Rust ist vermerkt, dass der See im Jahre 1677 zwischen Rust und Illmitz 3.830 Klafter breit war.[121] Dies entspricht der Ausdehnung des Sees zur Zeit des Wasserhochstandes in den 1880er-Jahren (3.847 Klafter).[122] Doch ab 1693 begann der Seespiegel trotz ausreichender Niederschläge langsam und ab 1728 unvermutet schnell zu sinken, und 1740 war der See fast ausgetrocknet. Für das Jahr 1728 ist außerdem ein immer wieder ohne Quellenangabe zitierter Hinweis überliefert – ausgenommen bei Rumy (1815) und Csaplovics (1821) – dass ab diesem Jahr das Wasser des Sees ziemlich salzig geworden sei.[123]
Schon ab 1741 stieg der Wasserspiegel so schnell an, dass bereits 1742 Klage über weiträumig überschwemmte Wiesen im Bereich von Széplak (Schlippach am See) geführt wurde.[124] Das Wasser stieg kontinuierlich weiter und erreichte 1786 einen historischen Höchstwert, der anscheinend das gesamte Becken des Sees und das angrenzende Gebiet des Hanság umfasste.
Das entspricht einem Gebiet von rund 515 Quadratkilometern.[125] Der hohe Wasserstand wird in der Müller-Karte des Königreiches Ungarn aus dem Jahr 1769 (Kapitel 3, Abb. 2, Seite 48) und in den entsprechenden Sektionsblättern der Josephinischen Landesaufnahme aus den Jahren 1784/1785 (Kapitel 3, Abb. 3, Seite 49) eindrucksvoll dokumentiert. Durch andauernde Überschwemmung der ausgedehnten Wiesen im Umfeld des Waasen/Hanság zu Ende des 18. Jahrhunderts, deren Ursache man im Rückstau von Wasser aus der Rabnitz und der Raab in den See vermutete, wurde die Einkommensgrundlage vieler Bauern (Heuhandel, vornehmlich nach Wien) nachhaltig beeinträchtigt und es kam zu einer Auswanderungswelle aus dem Wieselburger Komitat.[126] Wie so oft begann der Wasserspiegel ohne wetterbedingte Ursache ab 1801 wieder zu sinken und erreichte nach einem kurzzeitigen Anstieg um 1807 in den Jahren 1811 bis 1813 einen extremen Tiefstand, der eine Austrocknung des Sees bewirkt hätte, wenn der Wasserstand nicht ab 1813 wieder in hohem Maße zugenommen hätte, sodass wenig später ein Hochstand fast vergleichbar mit jenem von 1786 erreicht wurde.[127]

Anmerkung: Dieser Beitrag beruht auf Textgrundlagen aus umfassenden vom Autor publizierten Studien zur Topochronologie der Landschaft um den Neusiedler See.[128]

6.4. Landschaftswandel am Neusiedler See von 1800 bis 2020: eine Umwelt- und Wahrnehmungsgeschichte

Autor: Sándor Békési

Im hier behandelten Zeitraum veränderte sich am Neusiedler See nicht nur die Nutzung und Wahrnehmung der Landschaft wesentlich, sondern auch die physische Landschaft selbst. Der See verlor einen großen Teil seines Wasservolumens, seine hydrologische Verbindung zum Waasen (ung. Hanság) wurde weitgehend unterbunden, und die offene Wasserfläche trat in weiten Bereichen zugunsten des Schilfs zurück. Zur selben Zeit entwickelte sich das Gebiet zu einer stark frequentierten Tourismusregion, zur anerkannten Weinbauregion und zur geschützten Natur- und Kulturlandschaft. Eine Gegend, die einst auch als „fatale, sumpfige Niederung"[129] bezeichnet wurde, gilt heute durchwegs als „Natur- und Urlaubsparadies".[130]

Dieser Wandel geschah im Kontext übergreifender, europaweiter Prozesse, welche die neuzeitliche Moderne insgesamt prägen. Dazu zählen die In-Wert-Setzung von Natur, die entstehende Freizeit- und Konsumgesellschaft sowie die Herausbildung unabhängiger (Massen)Medien und einer kritischen Öffentlichkeit. Was den Neusiedler See im Vergleich zu anderen Seelandschaften auszeichnet, ist die besonders starke Ausprägung sowohl der natürlichen als auch kultureller Dynamiken. Am Steppensee konnten (und können) die physischen Veränderungen von kurzfristigen starken Wasserschwankungen zwischen Austrocknung und Überschwemmung bis zum langfristigen Wandel des Seecharakters reichen. Gleichzeitig war das Grenzgebiet um den See immer wieder auch von (geo)politischen Verschiebungen betroffen. In unserem Fall ist jedoch weniger der radikale Wandel der generellen Bewertung dieser Landschaft im Laufe von rund zweihundert Jahren zum Positiven hin bemerkenswert, sondern vielmehr die lange anhaltende Ambivalenz der Zuschreibungen. Die Menschen einigten sich nur langsam darauf, dass auch ein Steppensee „schön" sein kann. Er war weder „erhaben" wie das Hochgebirge noch „malerisch" wie ein Alpensee. Auch „pittoreske Ruinen" fehlen hier fast völlig. Der auch von Sümpfen (Niedermoor, Feuchtwiesen) umgebene Neusiedler See entsprach nicht dem Schema romantischer Lieblichkeit. Bis heute fordert er die gängigen Landschaftspräferenzen heraus, vor allem sein vergleichsweise seichtes und spezifisch trübes Wasser trifft nicht jedermanns Geschmack – dessen medizinische Qualität wurde aber einst geschätzt.

Der Neusiedler See wurde ab der Jahrhundertwende um 1800 zum Schauplatz und zur Referenzfläche zwischen purem Nützlichkeitsdenken und ästhetischer Überhöhung.

Dabei zeigt sich der grundsätzlich konstruktive Charakter jeder Landschaftswahrnehmung. „Landschaft", ob als wissenschaftliche oder künstlerische Kategorie für einen bestimmten Raumausschnitt, entsteht erst in unserem Kopf und ist damit kulturell geprägt. Und dies geschieht in ständiger Interaktion mit den physisch-räumlichen Gegebenheiten. Physische und symbolische Landschaft bedingen sich gegenseitig. Das heißt auch: Wie wir über Umwelt und Natur denken, so gehen wir mit ihnen auch um. Wobei „Natur" am Neusiedler See ab dem 19. Jahrhundert immer weniger ohne menschliche Einflüsse zu denken ist.
Die Geschichte dieser Landschaft ist insgesamt von

Extremen und Widersprüchen geprägt. Der Neusiedler See wurde ab der Jahrhundertwende um 1800 zum Schauplatz und zur Referenzfläche zwischen purem Nützlichkeitsdenken und ästhetischer Überhöhung. Man entdeckte den Neusiedler See damals in mehrerer Hinsicht fast gleichzeitig: als Problem- und Regulierungsfall für den Wasserbau, und zum anderen als Badeort und Ausflugsziel. Das bedeutete paradoxerweise, dass, während sich die einen über den großen See zunehmend erfreuten, Grundherren und Wasserbautechniker überlegten, wie man den See gänzlich oder teilweise trockenlegen und landwirtschaftlich nutzen könnte.

Abb. 7: „Wasserlandschaft“ zwischen Neusiedler See, Waasen und Raab mit Überschwemmungsgebieten, um 1830

Ausschnitt aus: „Die ständig oder periodisch unter Wasser stehenden Gebiete des Karpatenbeckens vor Beginn der Hochwasserschutz- und Entwässerungsarbeiten.“ Magyar Kir. Földművelésügyi Minisztérium, 1938; Quelle: Archiv des MBFSZ, Budapest

Vielzahl von Plänen

Bis nach Mitte des 20. Jahrhunderts gab es eine Vielzahl von Plänen und Überlegungen zur Regulierung des Neusiedler Sees, die von völliger Trockenlegung bis zur Aufstauung reichten. Einen wesentlichen Schub erhielten solche Projekte durch die gänzliche Austrocknung des Sees zwischen 1865 und 1871. Ein an sich natürlicher Vorgang an einem Steppensee, der aber diesmal – zumindest teilweise – bereits durch die erfolgten Entwässerungsmaßnahmen im Waasen bedingt worden sein konnte.[131] Der Seeboden war in dieser Trockenperiode bereits mit Pflanzen bedeckt, und man begann, Teile der früheren Seefläche für die Weidewirtschaft oder gar für Pflanzenanbau zu nutzen. Gleichzeitig kam es durch das Verschwinden des Sees auch zu Salzverwehungen und anderen negativen Effekten für das regionale Klima. Das Wasser kam jedoch zurück und bald gab es sogar wieder Überschwemmungen. Im Jahr 1873 wurde dann die Raab-Regulierungsgesellschaft gegründet, unter anderem mit dem Ziel, den See und das angrenzende Feuchtgebiet des Waasen trockenzulegen. In den 1890er-Jahren hat man mit dem Bau des Einser-Kanals begonnen.[132] Das Auf und Ab des Wassers zeigte sich indes erneut: Die anhaltend niedrigen Wasserstände von 1891/92 ließen zahlreiche Fische im See verenden und machten die ersten Ansätze des Segelsports zunichte.[133] Einen bedeutenden Schritt zur unmittelbaren anthropogenen Beeinflussung des Wasserstandes des Neusiedler Sees brachte in den Jahren 1908 bis 1910 die Anbindung an den Einser- oder Hanságkanal, mit dem Ziel, nach dem Hanság (Waasen) auch den See trockenzulegen. Mit der Entwässerung und Abtrennung des weitläufigen Sumpfgebiets im Südosten verlor der Neusiedler See eine wichtige hydrologische Pufferzone, die bei Hochwasser bis zu den Flüssen Raab, Rabnitz und Ikva (Spitalbach) reichte.[134] (Abb. 7) Mit dem Einser-Kanal konnte zwar die beabsichtigte Entwässerung des Sees nicht erreicht werden, doch infolge der Anbindung soll dieser bis Mitte der 1960er-Jahre immerhin bis zu zwei Drittel seines mittleren Wasserinhaltes verloren haben.[135] Letztlich ist es wohl auch dem Zufall zu verdanken, dass der Neusiedler See in seiner uns bekannten Größe überhaupt erhalten blieb. Noch im Jahr 1918 sahen Pläne der größten See-Grundeigentümer vor, den Neusiedler See teilweise trockenzulegen und aufzuteilen: in der Westhälfte in Ackerflächen und im östlichen Bereich in Fischereigründe. Erst die politischen Umwälzungen infolge des Ersten Weltkrieges und vor allem die neue Grenzziehung, durch die der größere Seeteil zu Österreich kam, verhinderten bzw. erschwerten später solche Pläne.[136] Was blieb, war praktisch eine Halblösung zwischen Entwässerung und Erhaltung des Sees.

So dürfte auch die Niedrigwasserperiode von 1929 bis 1936, die einen Einbruch in der gerade anlaufenden touristischen Erschließung des Sees auf österreichischer Seite brachte, bereits durch menschliche Eingriffe mitverursacht worden sein. Ein breiter Uferstreifen lag trocken, bei der Badeanlage in Neusiedl gab es mehrere Jahre hindurch im August weniger als 50 Zentimeter Wassertiefe.[137] Um 1960 gaben dann Niedrigwasserstände neuerlich Anlass für Bedrohungsszenarien. „Nur mehr zehn Jahre Neusiedler See?" – lautete eine der Schlagzeilen in den Zeitungen.[138] Der touristische Boom der Wirtschaftswunderjahre setzte gerade ein. Und der aktuelle Zustand des Sees schien den Ansprüchen einer Freizeitgesellschaft immer weniger zu entsprechen. Seit der Jahrhundertwende war der mittlere Wasserspiegel des Sees in der Tat um rund 60 cm zurückgegangen. Ein führender Wasserbautechniker schlug in traditionell radikaler Manier vor, den „todkranken" See mit dem Bau eines Seedammes zwischen Illmitz und Mörbisch sowie unter Zuleitung von Wasser aus Leitha und Raab – damals schon – zu „retten".[139]

Natur aus zweiter Hand

Doch es kam zur Erhaltung des Neusiedler Sees in einer anderen Form. Mithilfe einer bilateralen Schleusenregelung am Einser-Kanal in der ungarischen Mekszikópuszta wird der Wasserstand seit 1965 konstant auf etwas höherem Pegelniveau gehalten. Die Schleuse wird nur zu Zeiten hoher Niederschläge geöffnet, um Hochwasserschäden zu vermeiden. Mit den großen natürlichen Wasserschwankungen war es damit vorerst vorbei. Aus dem einst unberechenbaren Steppensee wurde mehr oder weniger ein reguliertes, gezähmtes Gewässer. Dieser Umstand einer beherrschten und „befriedeten Natur" (Nobert Elias) dürfte wesentliche Voraussetzung für die nachfolgende und anhaltende Popularität sowie die starke wirtschaftliche Nutzung des Sees gewesen sein.

Wir haben es heute in Summe mit einer anthropogen stark überformten und kontrollierten Wasserlandschaft zu tun, praktisch mit Natur aus zweiter Hand. Was uns also heute am Neusiedler See als Naturidyll erscheint, ist vielfach durch – gewollte oder ungewollte – menschliche Einflüsse geprägt. Ein Ergebnis daraus ist die Verschilfung von mehr als der Hälfte der Seefläche, die sich v. a. in der ersten Hälfte des 20. Jahrhunderts vollzog.[140] Die Hauptfaktoren dafür waren die relativ niedrigen Wasserstände sowie der mit der Intensivierung der Landwirtschaft steigende Nährstoffeintrag, Letzterer vor allem am West- und Südufer aufgrund des Gefälles. Das ökologische Problem der Verlandung bietet zugleich Potenzial für neue Naturprozesse: Im Schilfdickicht finden zahlreiche bedrohte Tierarten ihr Rückzugsgebiet. Die Verschilfung des Neusiedler Sees ist auch ein bemerkenswertes Beispiel dafür, wie eine massive physisch-räumliche Veränderung allmählich in den ästhetischen Landschaftsdiskurs integriert und positiv besetzt werden kann. Denken wir in diesem Zusammenhang nur an die viel zitierten Topoi „Rohrdschungel" oder „rauschender Schilfwald". Wir blicken heute jedenfalls auf eine andere Landschaft als die ersten Ausflügler um 1800: Das damals noch vergleichsweise schilffreie West- und Südufer des Sees bot einen ganz anderen Anblick und ermöglichte Impressionen, die für uns heute überraschend wirken. So berichtet ein Reiseschriftsteller um 1830 bei Holling (Fertőboz) von hohen Ufern und – vielleicht in etwas romantischer Überhöhung – von heftiger Brandung.[141] (Abb. 8)

***Abb. 8:** Seeufer zwischen Wolfs (ung. Balf) und Holling (ung. Fertőboz), um 1845, Ausschnitt mit dem Seebad östlich des Dorfes Holling*

Quelle: Zweite Landesaufnahme (Öst. Staatsarchiv; Arcanum Adatbázis Kft.)

Im Landschaftsdiskurs der Reisenden lässt sich gleichwohl bis nach 1800 noch keine Dominanz von positiven Positionen im Hinblick auf den Neusiedler See feststellen. Die Beschreibungen bewegten sich, vermutlich auch in Abhängigkeit von der Wasserführung des Sees, in einem weiten Spektrum zwischen Ablehnung und Begeisterung. So blieb auch das Interesse bürgerlicher Bildungsreisender und biedermeierlicher Fußwanderer zunächst nicht nachhaltig – trotz der Eisenbahn, die ab den 1840er-Jahren den See näher an die nahegelegenen Städte rücken ließ. Schuld daran waren die starken Wasserschwankungen, zudem lag der See ab dem Ausgleich von 1867 jenseits der Grenze zur ungarischen Reichshälfte und war damit in der Wahrnehmung der entstehenden Großstadt Wien nur wenig präsent. So ging das ästhetische Interesse am See im letzten Drittel des 19. Jahrhunderts etwas zurück und wurde erst in der Zwischenkriegszeit wieder aufgenommen und intensiviert. Eine kontinuierliche positive Besetzung des Neusiedler Sees als Attraktion und touristisches Ziel lässt sich gar erst für die Zeit nach 1950 konstatieren.

Zunehmender Nutzungsdruck

Die Tatsache, dass der westlichste Steppensee Europas nur 50 Kilometer von einer Großstadt entfernt ist, wurde nach dem Ersten Weltkrieg wieder relevanter. Mit dem von Touristikern des neuen Bundeslandes Burgenland geprägten Slogan vom „Meer der Wiener" sollten gezielt Gäste aus der Hauptstadt angelockt werden, für die das Mittelmeer unerreichbar war. Geschickt wurde dabei die Sehnsucht nach exotischer Ferne mit bequemer Nähe verknüpft. Im patriotischen Selbstbild der Ersten Republik bildeten der fremd wirkende Steppensee und die Puszta den Gegenpol zur symbolisch dominanten Alpenlandschaft. Die neue Generation der Badeanlagen errichtete man oft als kostengünstige und flexible Pfahlbauten im Wasser, dem Schilf vorgelagert.[142] (Abb. 9) (Siehe auch Kapitel 11 zum Tourismus.)

Nach dem Zweiten Weltkrieg musste der Neusiedler See gleichsam neu entdeckt werden. Der Eiserne Vorhang verlief mitten durch den See, das ökonomisch benachteiligte und in der sowjetischen Besatzungszone liegende Gebiet wurde zu einer peripheren Grenzregion. Eine wichtige Rolle bei der erneuten Popularisierung dieser Landschaft spielten bald Biologen – Otto Koenig und die von ihm präsentierten gefährdeten Vogelarten wurden zu Fernsehstars. Ab den 1970er-Jahren sahen und fanden auch zahlreiche Künstlerinnen und Künstler sowie Intellektuelle im Steppensee und seiner Umgebung ihre „alternative" Landschaft, fasziniert vom fremd anmutenden pannonischen Charakter der Gegend.

Die Breitenmotorisierung trug wesentlich dazu bei, dass immer mehr Wochenend- und Feriengäste an den See kamen. Der zunehmende Nutzungsdruck durch Tourismus und Wassersport sowie die steigende Belastung durch ungeklärte Abwässer und Einträge aus der Landwirtschaft führten ab den 1960er-Jahren wiederum zu neuen Problemen. (Siehe Kapitel 2 zur Wasserqualität und Gewässerökologie.) Erstarkendes Umweltbewusstsein und der Naturschutzgedanke sorgten für die Wahrnehmung einer ökologischen Krise. Der Slogan „Meer der Wiener" erfuhr eine Ergänzung durch die Bezeichnung „Kloake der Wiener".[143]
Ihren Höhepunkt erreichte die Divergenz der Leit- und Raumbilder im Konflikt um eine geplante Straßenbrücke um 1970. Diese hätte Illmitz und Mörbisch quer über den See – und damit den Seewinkel in seiner grenzbedingt isolierten Lage – mit der Landeshauptstadt verbinden sollen und wurde letztlich durch heftigen (auch zivilgesellschaftlichen) Protest verhindert. Die ökologische Krise schien ab den 1980er-Jahren überwunden, als entsprechende Umweltschutzmaßnahmen und die Gründung eines bilateralen Nationalparks eine Verbesserung und einen gewissen Interessenausgleich brachten.
Doch die Geschichte war damit nicht zu Ende. In den vergangenen Jahren entstanden neue Konflikte, vor allem im Zusammenhang mit der fortschreitenden Verbauung des Schilfgürtels, mit der geplanten

Abb. 9: Pfahlbauten des Seebades in Neusiedl am See, 1930er-Jahre

Die Pfahlbauten des Seebades in Neusiedl am See, Ansichtskarte 1937

Schnellstraße zwischen Neusiedl und Eisenstadt und durch die jüngsten Pläne, den See aufgrund einer möglichen Austrocknung künstlich zu dotieren. (Siehe Kapitel 5 zum Wassermangel im Feuchtgebiet.) Der menschengemachte Klimawandel verschärft zudem mit der künstlichen Stabilisierung des Sees verbundene Probleme. Im Sommer/Herbst 2022 bewegte sich der Wasserstand des Neusiedler Sees auf dem niedrigsten Niveau seit der 1965 gültigen Wehrbetriebsordnung, durch die der mittlere Wasserstand um knapp einen halben Meter erhöht wurde. Geringe Wassertiefen werden aufgrund der klimatischen Veränderungen aber auch für die Zukunft prognostiziert.

Die Erfahrung zeigt, dass maßgebliche menschliche Eingriffe in natürliche Systeme (oder Systeme mit überwiegend natürlicher Dynamik) stets auch ungeplante Wirkungen entfalten, die wiederum neue Maßnahmen erforderlich machen. Die derzeit angedachte Zuleitung von Donauwasser, um den Seewinkel zu durchfeuchten und den See erneut zu stabilisieren, würde dieses Gewässer jedenfalls auf eine neue Stufe anthropogener Beeinflussung heben. Ob alle dabei auftretenden Veränderungen des See-Charakters auch diesmal in den ästhetisch-touristischen Diskurs positiv integriert werden können, wie das etwa beim Schilfgürtel der Fall war, bleibt abzuwarten.

„Dieses Stück Land war etwas Besonderes“

Protagonist: Josef Fally

Josef Fally, Biologielehrer und Buchautor aus Deutschkreutz, über die Wahrnehmung der Region im Wandel der Zeiten.

Als 1958 Geborener bin ich glücklicherweise hineingeschubst worden in eine Zeit, als der Krieg und die russische Besatzung schon vorüber waren. Der Stacheldraht im Osten prägte das Denken meiner Kindheit: Hier bei uns die Freiheit, drüben die Eingesperrten. Und dieses Bollwerk zog sich auch durch die Region Neusiedler See.

Von Umweltproblemen hatte ich kaum etwas gehört in den 1970er-Jahren, der Konflikt um die geplante Brücke über den See ging als 13-Jähriger an mir vorbei. In Erinnerung blieb mir aber, dass Rudi Carrell 1975 von der Abwesenheit eines „richtigen“ Sommers sang. Eine Eiszeit stünde demnächst wieder bevor, erzählten die Erwachsenen.

Dann das Biologiestudium in Wien, erste floristische und ornithologische Exkursionen in den Seewinkel – dieses Stück Land war etwas Besonderes! Erinnerlich sind mir auch die Theorien über die Entstehung und die Dotation des Neusiedler Sees: Einmal galt er als Rest eines aussüßenden Meeres, dann wieder als ein abgetrennter Donauarm; seine Füllung sollte er je nach Wissensstand direkt vom Grundwasser oder aus unterseeischen Quellen beziehen. Dass man heute überzeugt ist, der See sei durch eine tektonische Absenkung vor ca. 12.000 Jahren entstanden und erhalte sein Wasser großteils über Niederschläge, beweist nur, dass auch wissenschaftliche Hypothesen nicht in Stein gemeißelt sind.

Jedenfalls, als sich am 12. November 1992 die burgenländischen Landtagsabgeordneten von ihren Sitzen erhoben, war er gesetzlich verwirklicht, der Nationalpark Neusiedler See - Seewinkel. Ich saß auf der Zuschauertribüne, Freudentränen nahe. Noch im selben Jahr erschien in meinem Eigenverlag ein Bildband über das Gebiet, weitere Bücher sollten folgen.

Als Lehrer kam ich – der Stacheldraht war gefallen – oft mit Schülergruppen in den Nationalpark, um auch ein wenig stolz zu zeigen, was unser kleines Land zu bieten hat. Dass nicht alles rosig war im Natur- und Umweltschutz, kam allmählich ans Tageslicht: Waldsterben, saurer Regen, Lebensraum- und Artenschwund etc. Und dann die Klimakrise. Dass der See für eine Austrocknung schon längst überfällig wäre, hörte ich Wissenschaftler schon vor Jahren sagen. 2022 klang das etwas differenzierter. Der Vergleich mit der letzten Trockenphase im 19. Jahrhundert ist wahrlich schwer zu ziehen, zu viel hat sich seither geändert. Und es gilt vermutlich auch hier, was der Zoologe und Meeresforscher Rupert Riedl oft zu sagen pflegte: „Wenn es in der Wissenschaft um etwas geht, dann kann und darf es nur um den Menschen gehen.“

„Dass der See für eine Austrocknung schon längst überfällig wäre, hörte ich Wissenschaftler schon vor Jahren sagen.“

Abb. 10: Josef Fally

Ein Vergleich mit der letzten Trockenphase im 19. Jahrhundert ist schwer zu ziehen.

Zwischen Wind und Wein

Protagonist: Peter Schandl

Peter Schandl gilt als Ruster Urgestein. Das Weingut Peter Schandl ist ein Familienbetrieb und besteht seit 1741. Der Sohn, Paul Schandl, führt das Weingut gemeinsam mit seinen Eltern und seiner Frau Elle. Die Ruster Familie ist tief mit ihrem Heimatort verwachsen, genauso ihre Reben rund um Rust.

Rust. Die malerische Freistadt ist Heimatort vieler Weinbauern – so auch vom Weingut Peter Schandl. Die Leidenschaft für den Weinbau hat sich bereits auf die nächste Generation übertragen: Der 1741 gegründete Familienbetrieb wird von Paul und seiner Frau Elle mit Unterstützung durch die Eltern Ursula und Peter Schandl geleitet. Neben dem Weinanbau gehören auch ein Hotel sowie eine Buschenschank, geführt von Barbara Schandl, zum Familienbesitz.

„Für mich ist der Ruster Ausbruch der einzige Süßwein, der Feuer, Frucht, Finesse und Balance vereint. Ein sensorisches Feuerwerk der Natur", sagt Sohn Paul. Das Ziel ist, neben dem Süßwein auch andere historische Sorten wieder hochleben zu lassen: Furmint, Gelber Muskateller und Welschriesling. Die Weingärten sind rund um ihren Heimatort Rust verteilt. Beim Weinbau spielen mehrere Faktoren eine große Rolle: Die Topographie und Geologie, Temperatur, Sonneneinstrahlung und Niederschlag – von all diesen Elementen hängt das ganze Weinbaujahr ab und das spiegelt sich in jedem einzelnen Wein wider. Dadurch wird jeder Jahrgang einzigartig.

Neben dem Weinbau hat das Ehepaar Ursula und Peter Schandl eine weitere Leidenschaft für sich entdeckt: Segeln. Peter war schon immer begeisterter Segler und nahm an mehreren Regatten teil. Aus der Passion wurde Ernst: Für die Wein- und Segel-Kombiwertung stand er am Start. Die Kombination bestand aus einer Leichtweinverkostung und einer Yardstick-Regatta im Burgenländischen Yacht-Club in Rust. Der Winzer musste mit an Bord sein. „Ich hoffe, dass die Natur mir meinen geliebten See so zurückgibt, wie ich ihn seit 80 Jahren kenne. Für mich und meine Familie sind der See mit Wasser, Wind, Luft und die Auswirkung auf den Wein ein wichtiges Element."

„Ich hoffe, dass die Natur mir meinen geliebten See so zurückgibt, wie ich ihn seit 80 Jahren kenne."

Abb. 11: Peter Schandl

„Jeder einzelne Wein spiegelt die Topographie, Geologie und Sonneneinstrahlung sowie Niederschlag von Rust wider."

3. Der Mensch in der Region

7. Der Schutz der Biodiversität

Die Vielfalt an Lebensraumtypen und Arten im Naturraum Neusiedler See hat ihren Ursprung im Aufeinandertreffen europäischer Großlandschaften: Hier vollzieht sich der Übergang von den östlichsten alpinen Gebirgslandschaften in die Ungarische Tiefebene. Über dieses Gebiet am Westrand des eurasischen Steppengürtels schreibt der Journalist Stefan Schomann in seinem Buch über Przewalski-Wildpferde: „Man könnte elftausend Kilometer weit von Wien bis Wladiwostok reiten und müsste dabei weder zufüttern noch nennenswerte Erhebungen überwinden.“[1]

1. Der Naturraum Neusiedler See: Naturlandschaft, Kulturlandschaft, Natura-2000-Gebiet und Welterbe

Unzählige seltene Tier- und Pflanzenarten haben in der Region Neusiedler See ihre Verbreitungsgrenze, Zugvögel auf ihrem Weg zwischen Nordeuropa und Afrika finden hier Rast- und Nahrungsplätze.

Nach Norden schließt die Parndorfer Platte mit der Leithaniederung den Naturraum ab, im Osten erstrecken sich Seewinkel und Heideboden bis zum Niedermoor des Hanság (deutsch: Waasen), im Süden und Westen begrenzen das Ödenburger Gebirge und das Leithagebirge die Region.
Der Naturschutz kann am Neusiedler See auf eine lange Geschichte zurückblicken. Die grenzüberschreitende Region ist heute als Natura-2000-Gebiet der EU ausgewiesen, sowohl in Österreich als auch in Ungarn ist das Feuchtgebiet als Ramsar-Gebiet deklariert.

Das – ebenfalls grenzüberschreitende – UNESCO-Weltkulturerbe Neusiedler See/ Fertő táj umschließt mit dreißig Gemeinden das Seebecken. Die Flächen des Nationalparks liegen zur Gänze in den entsprechenden Europaschutzgebieten „Neusiedler See und nordöstliches Leithagebirge“ bzw. „Waasen-Hanság“.

Der Neusiedler See und sein Schilfgürtel haben mit einer Fläche von rund 320 Quadratkilometern eine landschaftsprägende Dimension und zählen zu den bedeutendsten Brut-, Nahrungs- und Durchzugsgebieten für Feuchtgebietsvogelarten in Europa. Dieser Steppensee ist im Durchschnitt nur knapp über einen Meter tief und weist einen geringen Salzgehalt auf.

Europaschutzgebiete im Burgenland

Abb. 1: Gebiete nach der Vogelschutz-Richtlinie (SPA) und Fauna-Flora-Habitat-Richtlinie (SCI)

Karteninhalt: GIS-Koordinationsstelle (Amt der Burgenländischen Landesregierung), Stand: Mai 2015, Kartographie: B. Dillinger (Naturschutzbund Burgenland)
Erstellt am 7. Mai 2015

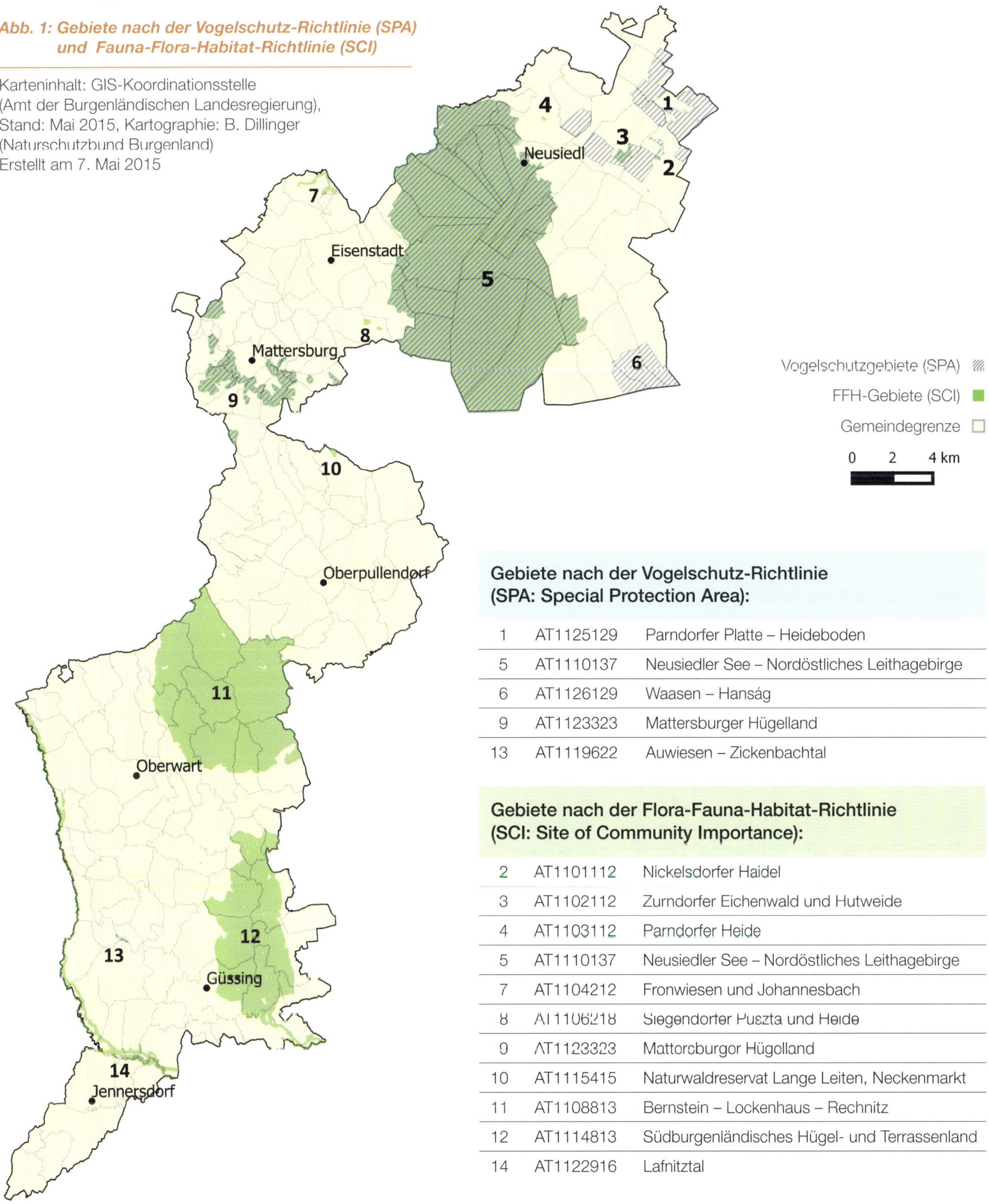

Gebiete nach der Vogelschutz-Richtlinie (SPA: Special Protection Area):

1	AT1125129	Parndorfer Platte – Heideboden
5	AT1110137	Neusiedler See – Nordöstliches Leithagebirge
6	AT1126129	Waasen – Hanság
9	AT1123323	Mattersburger Hügelland
13	AT1119622	Auwiesen – Zickenbachtal

Gebiete nach der Flora-Fauna-Habitat-Richtlinie (SCI: Site of Community Importance):

2	AT1101112	Nickelsdorfer Haidel
3	AT1102112	Zurndorfer Eichenwald und Hutweide
4	AT1103112	Parndorfer Heide
5	AT1110137	Neusiedler See – Nordöstliches Leithagebirge
7	AT1104212	Fronwiesen und Johannesbach
8	AT1106218	Siegendorfer Puszta und Heide
9	AT1123323	Mattersburger Hügelland
10	AT1115415	Naturwaldreservat Lange Leiten, Neckenmarkt
11	AT1108813	Bernstein – Lockenhaus – Rechnitz
12	AT1114813	Südburgenländisches Hügel- und Terrassenland
14	AT1122916	Lafnitztal

Weil sein Wasserstand von Niederschlag und Verdunstung abhängig ist, unterliegt er starken Schwankungen – von der völligen Austrocknung (in Jahrhundertabständen) bis zu Überflutungen des Seevorgeländes und des Waasens. Fast jährlich hingegen trocknet ein Großteil der salzhaltigen, seichten Lacken des Seewinkels aus. Die Lacken liegen fast alle im Nationalpark und sind mit ihren Verlandungszonen eingebettet in Grünlandflächen – Hutweiden und Mähwiesen – sowie Weingärten und Ackerflächen. Die weiträumig offenen, pusztaähnlichen Wiesengebiete sind zugleich Rastplatz und Lebensraum für Wiesenvögel; die Feuchtwiesen und Überflutungsräume fungieren als Rückhaltebecken und Versickerungsflächen. Zu den wohl seltensten Bodentypen Europas zählen Solontschak und Solonetz: In diesen Salzböden wird in Trockenphasen das Grundwasser in Kapillaren nach oben gezogen, es transportiert dabei aus Gesteinen gelöste Salze an die Oberfläche. Wo diese kristallisieren, zeigen sich auf Solontschak im Sommerhalbjahr strahlend weiße Felder von „Sodaschnee". Die natürliche Vegetation dieser Böden besteht v. a. aus salztoleranten Pflanzen (Halophyten). Eiszeitliche Sande und Schotter, abgelagert von Flüssen und oft mit Lehm überdeckt, sowie für den Steppengürtel typische fruchtbare Schwarzerdeböden (Tschernoseme) dominieren auf landwirtschaftlichen Flächen.

Tief unter dem Neusiedler See liegt in zwei getrennten Stockwerken Europas größte Mineralwasserlagerstätte auf rund 250 Quadratkilometern. Vier tektonische Bruchlinien beherrschen den Raum um den See: der Mörbischer, der Oggauer und der Neusiedler Bruch sowie der Mönchhofer Fischerhüttenbruch, der von Mönchhof über Illmitz nach Ungarn führt. Genutzt werden die Heil-, Thermal- und Mineralwässer vor allem in Ungarn. Seit 2009 ist auf österreichischer Seite die St. Martins Therme bei Frauenkirchen in Betrieb.

Klimatisch verzeichnet die Region extrem geringe Jahresniederschlagsmengen zwischen 550 und 600 Millimeter, nicht selten auch darunter.

Im Burgenland hat der Naturschutz eine lange Tradition. Rund 40 Prozent der Landesfläche stehen unter Schutz.

Das weist auf den starken Kontrast zum atlantischen Klimaeinfluss in den Ostalpen hin. Längere Hitzeperioden, in denen fast alle Lacken austrocknen, verdankt die Region der heißen und trockenen Luft, die aus dem Südosten des Kontinents hereinströmt. Die Jahresdurchschnittstemperatur mit deutlich mehr als zehn Grad Celsius ist die höchste in ganz Österreich. Die zeitliche Ausdehnung der Hitzeperioden und zunehmend öfters auftretende milde Winter sind eine Folge des Klimawandels.

Wie in vielen anderen Feuchtgebieten ist der Wandel der Kulturlandschaft eine bestimmende Konstante: Auf Rodungen in den trockeneren Lagen seit frühgeschichtlicher Zeit folgte im Spätmittelalter das Anlegen von Entwässerungssystemen. Beides veränderte mehrmals den Landschaftscharakter. Die Siedlungsdichte sank – vor allem am Ostufer – ab dem 15. Jahrhundert. Bis ins 19. Jahrhundert stieg hingegen der Bedarf an Weideflächen, sowohl für die Nutztiere der einheimischen Bauern und Gutsbetriebe als auch für die großen Graurinderherden aus der Tiefebene, die vor der Zollgrenze an der Leitha Fettweiden im Seewinkel und am Heideboden nutzten. Je nach Niederschlagsverteilung dominierte im Waasen bis zum Beginn des 20. Jahrhunderts die Heunutzung oder die Fischerei, erst danach vollzog sich der Wandel zum Ackerbau. Traubenkernfunde aus vorrömischer Zeit weisen auf die lange Tradition des Weinbaus hin.

2. Wie funktioniert der Naturschutz in der Region Neusiedler See?

Naturschutz ist als wesentlicher Teil des Umweltschutzes ein Bereich, der nicht nur für den Schutz von seltenen oder vom Aussterben bedrohten Tier- und Pflanzenarten verantwortlich ist. Ziel des Naturschutzes und des Naturschutzrechtes ist ein ganzheitlicher Schutz, der u. a. auch die Vielfalt, Eigenart, Schönheit sowie den Erholungswert von Natur und Landschaft erfasst. Eingedenk der Erkenntnis, dass der Mensch durch sein vorwiegend ökonomisches Wirken zur Gefährdung der schützenswerten Elemente der Natur beiträgt, wird an jeden einzelnen Bürger appelliert, die Natur zu pflegen und zu schützen – einerseits in Anerkennung des Eigenwertes der Natur (also aus einer ökologisch-ethischen Sicht), andererseits in Anerkennung der Natur als Lebensgrundlage des Menschen.

Um den Naturschutz stärker zu verankern, bedarf es einer gesetzlichen Grundlage. Eine wesentliche Rolle spielt dabei auch die Zugehörigkeit zur Europäischen Gemeinschaft. Österreich, insbesondere die für den Naturschutz zuständigen Bundesländer verpflichten sich, die Richtlinien der Gemeinschaft in innerösterreichisches Recht umzusetzen. Hier sind insbesondere die Flora-Fauna-Habitat-Richtlinie (FFH-Richtlinie) und die Vogelschutzrichtlinie hervorzuheben, die zusammen das Netzwerk von Natura 2000 schaffen sollen. Schließlich sind auch noch weitere internationale Regelwerke wie das Washingtoner Artenschutzabkommen und die Ramsar-Konvention zum Schutz von Feuchtgebieten Teil des Naturschutzrechtes.

Im Burgenland hat der Naturschutz eine lange Tradition. Es gibt 67 Schutzgebiete mit einer Fläche von insgesamt 158.600 Hektar, dazu kommen fünf Gebiete, die nach internationalen Konventionen geschützt sind. Das bedeutet, dass rund 40 Prozent der Landesfläche unter Schutz stehen.

In Österreich obliegt der Naturschutz den neun Bundesländern. Damit hat Österreich auch neun Naturschutzgesetze.

In Österreich obliegt – anders als in Deutschland, wo der Bund die Gesetzgebungskompetenz hat – der Naturschutz den neun Bundesländern. Damit hat Österreich auch neun Naturschutzgesetze. Im Amt der Burgenländischen Landesregierung liegt die Verantwortung bei der Abteilung 4, die für Agrarwesen, Natur- und Klimaschutz zuständig ist. Zu ihren Aufgaben zählen u. a. Klimaschutz, Boden- und Pflanzenschutz, das Jagd- und Fischereiwesen und das Wasserrecht sowie koordinierende Maßnahmen in Angelegenheiten des Umweltschutzes; des Weiteren rechtliche und fachliche Angelegenheiten von Naturschutz und Landschaftspflege; Angelegenheiten des Nationalparks Neusiedler See - Seewinkel. Die Abteilung ist auch für die Biologische Station Neusiedler See zuständig.

Im Hauptreferat „Naturschutz, Landschaftspflege und Agrarwesen" sind zwei Referate angesiedelt: das Referat für Arten- und Lebensraumschutz sowie der Naturschutzfachliche Dienst. Deren Aufgaben umfassen u. a. folgende Bereiche: den Vertrags- und Projektnaturschutz, Artenschutz und Landschaftspflege, die Naturschutzorgane, internationale Naturschutzangelegenheiten, Schutzgebietsmanagement – Pflegemaßnahmen und Entschädigungen –, die fördertechnische Beurteilung von naturschutzfachlichen Projekten sowie Gutachten für Natur- und Landschaftsschutz, Botanik und Zoologie.

Sonderbestimmungen für den Neusiedler See

Für die Region Neusiedler See sieht das Naturschutz- und Landschaftspflegegesetz Sonderbestimmungen für den Schutz von Pflanzen und Tieren vor. Sie basieren auf den entsprechenden Richtlinien der Europäischen Union. Die Wasserfläche und der Schilfgürtel des Neusiedler Sees sind gemäß der Vogelschutzrichtlinie geschützt.[2]

Die Erhaltung der natürlichen Lebensräume sowie der wildlebenden Tiere und Pflanzen ist durch die Fauna-Flora-Habitat-Richtlinie (kurz: FFH-Richtlinie) geschützt.[3] Darüber hinaus wurde der Neusiedler See als erstes (und nach wie vor größtes) Feuchtgebiet Österreichs als Ramsar-Gebiet ausgewiesen. Das Übereinkommen betrifft Feuchtgebiete von internationaler Bedeutung (Ramsar-Konvention) und sieht insbesondere den Schutz der Lebensräume für Wasser- und Watvögel vor. Die Konvention wurde im Jahr 1983 von der Bundesregierung ratifiziert.[4] Der Naturraum Neusiedler See ist auch als Europäisches Biogenetisches Reservat des Europarates geschützt. Ziel ist der Schutz von Habitaten oder gesamten Ökosystemen, um ein ökologisches Gleichgewicht sowie die biogenetische Vielfalt in der EU zu erhalten.[5]

Welche Bedeutung der Naturraum Neusiedler See besitzt, ist somit an den mehrfachen, einander „überlagernden" Schutzkategorien zu erkennen. Insofern verwundert es nicht, dass das Gebiet auch Teil einer weiteren relevanten Initiative ist. Nach dem Fall des Eisernen Vorhangs zeigten sich entlang des früheren Todesstreifens hunderte europaweit bedeutende Lebensräume, die von bedrohten Arten als Rückzugsgebiet genutzt worden waren. Im Rahmen der Initiative „Grünes Band Europa" verpflichten sich die 24 Anrainerstaaten zur Erhaltung dieses gemeinsamen Naturerbes und zur grenzüberschreitenden Zusammenarbeit in der nachhaltigen Regionalentwicklung. Der Naturraum Neusiedler See ist ein bedeutender Teil des rund 1.300 Kilometer langen Grünen Bandes, das sich allein durch Österreich zieht.[6]

Schutzgebiete im Naturraum Neusiedler See: Vielfalt am Übergang von den Alpen in die Tiefebene

Neben den weithin bekannten Schutzgebieten mit eigenem Vor-Ort-Management (Nationalpark, Naturpark) findet sich im Raum Neusiedler See eine Vielzahl wertvoller Lebensräume, die in unterschiedlichen Kategorien unter Schutz gestellt wurden. Ihre Bedeutung ist auch – und vor allem – als Trittstein für die Ausbreitung und als Rückzugsgebiet gefährdeter Pflanzen- und Tierarten zu sehen. Die mit dem jeweiligen Schutzgebietstyp verbundenen Auflagen und Vorschriften sind im betreffenden Landesgesetzblatt detailliert angeführt. Zum „Europaschutzgebiet" im Rahmen des Natura-2000-Netzwerks der EU wurden großteils bereits bestehende Naturschutzgebiete erklärt (siehe Karte). Die typisch burgenländischen, kleinstrukturierten Besitzverhältnisse erfordern eine möglichst frühe Einbindung der Grundstückseigentümer in jeden Prozess der Unterschutzstellung. So ist der Nationalpark Neusiedler See - Seewinkel erst nach mehrjähriger Planung 1993 auf Flächen von mehr als 1.200 Eigentümern entstanden, während das Pendant auf ungarischer Seite auf Staatsbesitz errichtet werden konnte.

„Das Erfolgsrezept für die Naturschutzarbeit im Burgenland könnte man so beschreiben: Man kennt sich. Informationsaustausch und Lösungssuche passieren im Burgenland auf kurzem Weg", erklärt Martina Jauck vom Hauptreferat Naturschutz, Landschaftspflege und Agrarwesen. Das Amt der Burgenländischen Landesregierung arbeitet eng – oft auch im Rahmen von geförderten Projekten – mit NGOs wie BirdLife, WWF, Naturschutzbund, VBNO, dem Nationalpark, den Naturparks, dem Verein BERTA, aber auch mit Entscheidungsträgern in Institutionen und Unternehmen erfolgreich zusammen.

Naturschutz verringert Klimawandelfolgen

Im Juni 2022 veröffentlichte der WWF gemeinsam mit der Internationalen Föderation der Rotkreuz- und Rothalbmondgesellschaften (IFRC) Studien, denen zufolge die Intensität klimabedingter Naturkatastrophen durch Naturschutzmaßnahmen um mehr als ein Viertel verringert werden kann. Maßnahmen zum Schutz, zur nachhaltigen Bewirtschaftung und zur Wiederherstellung von natürlichen Ökosystemen, welche die Lebensgrundlage der Menschen verbessern, die Artenvielfalt erhalten und das Klima beeinflussen, zählen zu den naturbasierten Lösungen zur Verringerung der Folgeschäden des Klimawandels. Hochgerechnet bis zum Jahr 2030 können, so zeigt der Bericht, durch effektiven Naturschutz Kosten in Höhe von 104 Milliarden Dollar vermieden, bis 2050 könnten 393 Milliarden Dollar eingespart werden.

3. Der Naturraum Neusiedler See in der aktuellen Biodiversitätskrise

Der Gesetzgeber ist, wie erwähnt, der wichtigste Akteur, wenn es um die Rahmenbedingungen für den Naturschutz geht. Für dessen praktische Umsetzung und vor allem auch Kontrolle braucht es aber eine durchsetzungsfähige Verwaltung sowie ein nicht zu unterschätzendes Engagement der Zivilgesellschaft. Im Raum Neusiedler See sind v. a. die NGOs WWF, BirdLife und der Naturschutzbund in die Forschung und in die Ausarbeitung von Maßnahmen eingebunden. Dem Nationalpark Neusiedler See - Seewinkel kommt naturgemäß eine zentrale Rolle zu, wenn es darum geht, die Aufgaben des angewandten Naturschutzes wahrzunehmen. Eine gute Kooperation zwischen diesen Akteuren ist wichtig, um – gemeinsam mit weiteren Organisationen – Strategien und effiziente Maßnahmen gegen den drohenden Verlust von Lebensräumen und Arten zu entwickeln.

Europaschutzgebiete	Fläche (ha)
Parndorfer Heide	7
Siegendorfer Puszta und Heide	28
Nickelsdorfer Haidel	12
Waasen – Hanság	3.006
Zurndorfer Eichenwald und Hutweide	153
Neusiedler See – Nordöstliches Leithagebirge	57.125
Parndorfer Platte – Heideboden	9.001
Vollnaturschutzgebiete	
Hackelsberg und Jungerberg (KG Jois)	
Goldberg (Schützener Kogel)	
Pfarrwiesen (KG Illmitz)	
Naturschutzgebiete	
Batthyanyfeld (KG Kaisersteinbruch)	
Thenau (KG Breitenbrunn)	

Tabelle: Schutzgebiete in der Region Neusiedler See

Schutzgebiete mit unterschiedlichem Status im nördlichen Burgenland

- NATIONALPARK -
NEUSIEDLER SEE - SEEWINKEL
FERTŐ - HANSÁG
- NEMZETI PARK -

Der Nationalpark Neusiedler See - Seewinkel: Aufgaben und Herausforderungen im Klimawandel

Autor: Johannes Ehrenfeldner,
Direktor des Nationalparks

Die Verwaltung eines Nationalparks hat umfassende Aufgaben zu erfüllen. Diese sind im Nationalparkgesetz definiert, das wiederum den Richtlinien der International Union for Conservation of Nature (IUCN) im Hinblick auf die internationale Anerkennung zu folgen hat. Darüber hinaus übernimmt ein Nationalpark auch Aufgaben mit Bezug auf EU-Standards (Natura-2000-Schutzgebietsnetzwerk) sowie weitere für die Region geltende Schutzkategorien bzw. Konventionen (UNESCO-Weltkulturerbe, RAMSAR-Gebiet).

Salzlebensräume: dringender Handlungsbedarf

Die größten und wohl auch am wenigsten abschätzbaren Herausforderungen stellen die weltweite Klimakrise und der damit einhergehende Verlust der Biodiversität dar. Der Klimawandel trifft unseren Nationalpark an seiner empfindlichsten Stelle, nämlich an seinem international bedeutendsten Schutzgut – den Salzlebensräumen im Seewinkel. Um diese Salzlebensräume (wenn überhaupt möglich) langfristig erhalten zu können, bedarf es eines Zusammenwirkens aller Akteure in der Region, auf Landesebene und in den zuständigen Bundesministerien.
Diese Salzlebensräume sind Schutzgüter gemäß der EU-Natura-2000-Richtlinie. Somit tragen das Land Burgenland und die Republik Österreich die Verantwortung für deren Erhalt. Die Intensivierung der Landwirtschaft rund um die Nationalparkflächen, vor allem durch den überproportionalen Anbau bewässerungsintensiver Feldfrüchte wie Mais, Zuckerrüben und Kartoffeln sowie die Drainagierung des Gebietes, gepaart mit den Auswirkungen des Klimawandels (Verschiebung der Winterniederschläge ins Sommerhalbjahr, extreme Trockenperioden), bringen diese empfindlichen Lebensräume sukzessive zum Verschwinden. Aufgabe des Nationalparks ist es, gemeinsam mit den genannten Akteuren die negativen Entwicklungen zu verlangsamen und langfristig zu stoppen, um diese einzigartigen Ökosysteme den kommenden Generationen weitestgehend intakt zu hinterlassen.

Das Nationalparkmanagement erfüllt darüber hinaus auch gesellschaftspolitische Aufgaben, die – abgesehen von der ökologischen Komponente – die soziale Komponente (Erlebbarmachen geschützter Natur, Bildungsangebote, naturtouristische Angebote, Schaffung von Arbeitsplätzen) sowie die ökonomische Komponente (Sicherstellung der Finanzierung des Betriebes, Einwerben von Drittmitteln) umfassen. Ein Schutzgebiet mit einem professionellen Management wirkt sich positiv auf die Artenvielfalt aus – das haben die vergangenen 29 Jahre seit der Gründung des Nationalparks eindrucksvoll bewiesen. Ohne die Unterschutzstellung in grenzüberschreitender Kooperation mit Ungarn wäre die Sicherung dieses Gebietes als europäischer Knotenpunkt der Artenvielfalt auf diesem Niveau nicht möglich gewesen. Das Fundament dafür bildet die dafür notwendige finanzielle Absicherung, einerseits durch Entschädigungsleistungen für den Ertragsentgang der Grundeigentümer (die Nationalparkfläche befindet sich zu hundert Prozent in Privateigentum) und andererseits für die Durchführung von Managementmaßnahmen.

Die Zonierung des Nationalparks Neusiedler See - Seewinkel / Fertő – Hanság

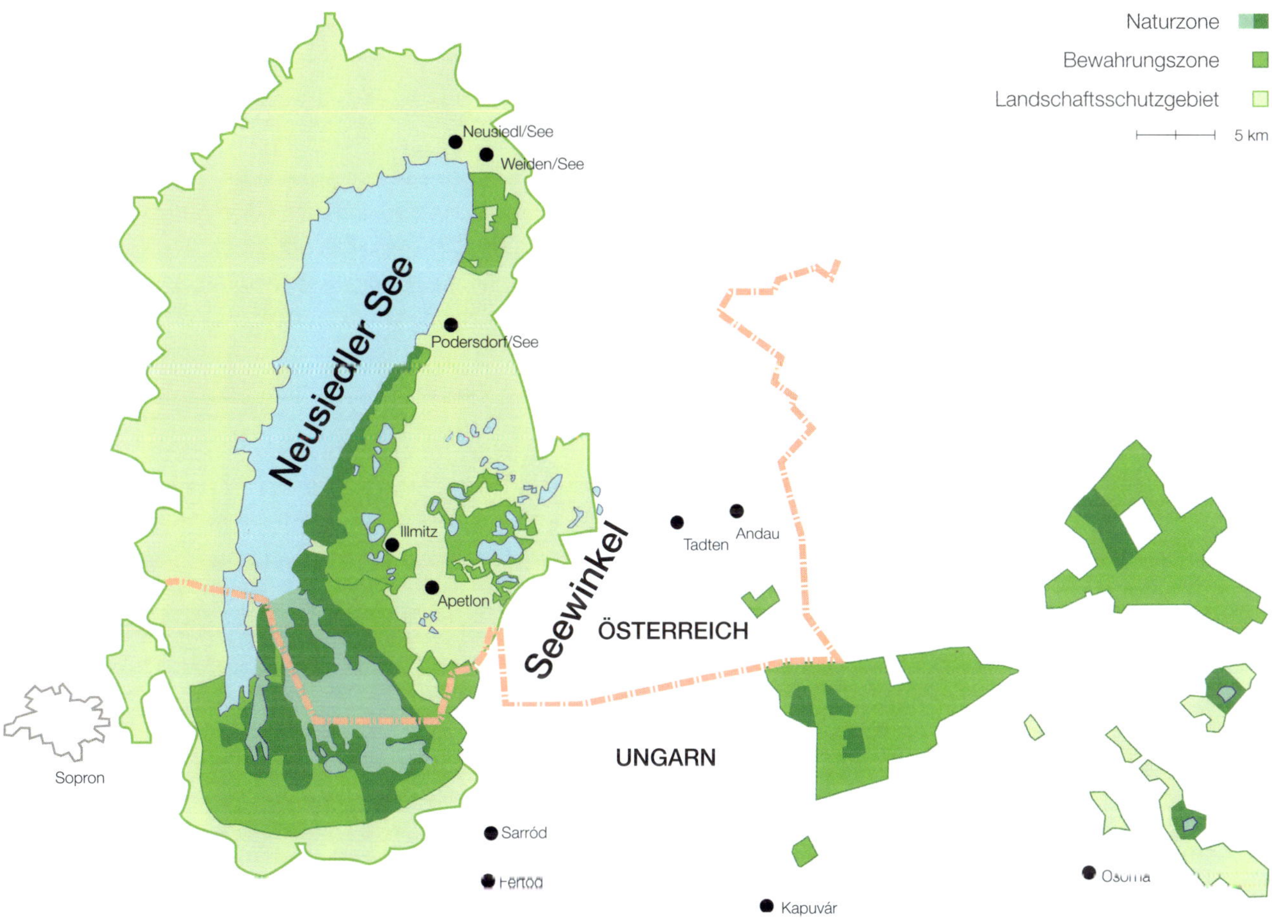

Grenzüberschreitend von Anfang an

Als Krönung einer langjährigen österreichisch-ungarischen Zusammenarbeit im Naturschutz gründeten die Republik Ungarn und das Land Burgenland Anfang der 1990er-Jahre ihren ersten grenzüberschreitenden Nationalpark.
Auf insgesamt rund 300 Quadratkilometern, davon ein Drittel auf österreichischer Seite, erstreckt sich dieses Großschutzgebiet. Den Nationalpark-Kriterien der IUCN (International Union for Conservation of Nature) entsprechend sind die Teilflächen in zwei Zonen gegliedert: In der Naturzone dürfen natürliche Prozesse ohne Einfluss des Menschen ablaufen, in der Bewahrungszone finden nach Vorgaben des Managementplans gezielte Pflegemaßnahmen statt, zudem haben hier das Naturerlebnis und die Umweltbildung hohe Priorität. Auf österreichischer Seite wurde der Nationalpark auf Privatgrund – gegen Ertragsentgangsentschädigung der Eigentümer –, in Ungarn auf Staatsbesitz errichtet.

Konservierender Naturschutz reicht nicht aus

Ohne Pflegemaßnahmen würde man in der artenreichen Kulturlandschaft des Neusiedler See-Gebietes den weiteren Verlust an Lebensräumen nicht verhindern können – das haben wenige Jahrzehnte des Strukturwandels nach dem Zweiten Weltkrieg deutlich gezeigt: In den Lackenbecken und im Seevorgelände dominierte ohne Beweidung bald das Schilf, auf nicht mehr gemähten Wiesen drohte Verbuschung, meist mit invasiven Arten wie Ölweide, Götterbaum und Robinie.

Im Rahmen des Naturraummanagements des Nationalparks werden die etablierten Methoden wie extensive Mahd und Beweidung weiterentwickelt, indem die Ergebnisse aus Forschung und Monitoring noch stärkere Berücksichtigung finden. Konkret handelt es sich um die Ausrichtung der Maßnahmen an den traditionellen kleinflächigen Bewirtschaftungsformen, kombiniert mit moderner Technologie wie GIS und GPS, um so unterschiedliche Strukturen der Vegetation zu erhalten oder zu fördern. Dafür unabdingbar ist die gemeinsame Erstellung von Mahd- und Beweidungsplänen mit den Bewirtschaftern der an den Nationalpark angrenzenden Flächen, was unter den geltenden GAP-Förderrichtlinien wohl eine der größten Kraftanstrengungen in diesem Bereich darstellen wird.

Vorangetrieben wird zudem die Weiterentwicklung der Methoden für Langzeitforschungsprojekte. Digitale Erfassungs- und Übertragungssysteme versprechen eine Erleichterung gegenüber der aufwendigen Feldarbeit und gleichzeitig eine Erhöhung der Datenqualität. Kooperationen mit Universitäten sowie landes- und bundesnahen Einrichtungen sind hierbei ebenso zu forcieren wie die Forschungskommunikation. Die zielgruppengerechte Aufbereitung und Vermittlung von Forschungsergebnissen ist bereits jetzt ein wesentlicher Inhalt von Gäste- und Schulprogrammen.

Besucherlenkung und Sensibilisierung

Das steigende Bedürfnis des Menschen, die Freizeit in intakter Natur zu verbringen, ist für ein Schutzgebiet, speziell im Einzugsgebiet von zwei europäischen Hauptstädten, als sehr positiv zu bewerten – zeigt es doch eine gesellschaftspolitische Trendwende mit der Besinnung auf Grundwerte. Für das Schutzgebietsmanagement stellt das eine Gratwanderung zwischen aktivem Marketing für den Besuch im Nationalpark und der Sensibilisierung für die Natur dar. Bei der Aus- und Weiterbildung von Rangern und Gebietsbetreuern bilden diese Bereiche deshalb einen Schwerpunkt. Umso mehr, als nahezu alle Bereiche dieses Schutzgebietes ohne besondere Erfahrung und Ausrüstung erreichbar sind. Besucherlenkung und eine entsprechende Vorinformation spielen hierbei eine wichtige Rolle. Auch die Bildungsarbeit verlangt nach permanenter Weiterentwicklung. Unser Ziel ist es, möglichst allen Zielgruppen ein maßgeschneidertes Programm zu bieten, das neben einem nachhaltigen Erlebnis auch einen Bildungswert beinhalten muss. Neben dem Beobachten von Arten ist es uns wichtig, im Rahmen von geführten Touren auch ökologische Zusammenhänge zu vermitteln und den Lebensstil der Besucher positiv zu beeinflussen. Wie die Erderwärmung begrenzt werden kann, wie dem zunehmenden Biodiversitätsverlust Einhalt geboten werden kann, welche Zusammenhänge es zwischen diesen Prozessen gibt – und wie bereits kleine Änderungen im täglichen Leben zu einem nachhaltigen Lebensstil beitragen: All dies muss in Schulprogramme einfließen. Deshalb wird sich deren Ausrichtung künftig nicht allein auf den Nationalpark beschränken. Ranger und Rangerinnen werden auch im Winterhalbjahr die Schulen besuchen und neue, vertiefende Unterrichtseinheiten anbieten. Nur im Austausch mit zahlreichen Partnern, Experten, Entscheidungsträgern und Interessenvertretern wird es gelingen, dieses einzigartige Großschutzgebiet seiner Bedeutung für den Naturschutz, für die Bildung und für die Wirtschaft entsprechend zu positionieren – als angesehener Akteur in der nachhaltigen, grenzüberschreitenden Regionalentwicklung.

Welterbe-Naturpark
Neusiedler See Leithagebirge

Der Naturpark im Weltkulturerbe Neusiedler See

Autorin: Andrea Grabenhofer,
Biodiversitätsexpertin

Am Übergang von der Pannonischen Tiefebene zu den Ausläufern der Alpen liegt der Welterbe-Naturpark Neusiedler See – Leithagebirge. Er ist geprägt von vielfältigen Lebensräumen: vom Schilfgürtel des größten Steppensees Europas bis zu den artenreichen Trockenrasen an den Abhängen des Leithagebirges. Dazwischen dominieren die kleinstrukturierte, von Weinbau und Kirschbäumen geprägte Kulturlandschaft und Ortschaften mit historischer Bausubstanz das pittoreske Landschaftsbild.

Der Naturpark wurde im Frühjahr 2006 gegründet. Der aus fünf Gemeinden bestehende Regionalverband widmet sich seither der Umsetzung verschiedener Maßnahmen, die in einem gemeinsamen Entwicklungsplan erarbeitet wurden. Unmittelbar nach der Gründung hatte der Vorstand des Regionalverbandes die Erarbeitung eines Entwicklungsplanes in Auftrag gegeben, der bisher zweimal überarbeitet wurde. Die Naturparkfläche von 103 Quadratkilometern erstreckt sich über einen Großteil der Gemeindegebiete von Donnerskirchen, Purbach, Breitenbrunn, Winden und Jois. Der gesamte Naturpark liegt im Europaschutzgebiet (Natura-2000-Gebiet) „Neusiedler See – Nordöstliches Leithagebirge" und beherbergt eine Vielzahl von schützenswerten Lebensräumen.

Wie alle österreichischen Naturparks definiert sich der Welterbe-Naturpark Neusiedler See – Leithagebirge über vier Säulen: Schutz, Erholung, Bildung und Regionalentwicklung. Das beinhaltet neben Aktivitäten zum Erhalt der typischen Kulturlandschaft und Bewusstseinsbildung über den Wert der typischen Lebensräume in der lokalen Bevölkerung auch die Schaffung neuer naturtouristischer Angebote, die Etablierung biodiversitätsfördernder Maßnahmen, den Erhalt regionaler Kirschsorten und die Förderung regionaler Produkte sowie die Ausarbeitung und Durchführung von Bildungsprogrammen mit Schulklassen.

Mittlerweile sind im Naturpark die ersten Folgen des Klimawandels durch eine Bestandsveränderung mancher Tier- und Pflanzenarten erkennbar. Um die Auswirkungen des Klimawandels auf das Auftreten von im Gebiet vorkommenden Tagfalterarten zu erforschen, beteiligt sich der Naturpark seit einigen Jahren an einem europaweiten Citizen-Science-Projekt zum Thema Tagfalter-Monitoring. Dabei werden von Freiwilligen von April bis September regelmäßig entlang definierter Strecken die dort vorkommenden Tagfalterarten dokumentiert. Mit den daraus gewonnenen Daten können in Zukunft auch langfristige Änderungen des Auftretens und der Häufigkeit einzelner Arten erfasst werden.

Naturschutzbund Burgenland: Flächensicherung, Lebensraumpflege und Bewusstseinsbildung

Autor: Ernst Breitegger,
Präsident ÖNB Burgenland

Die älteste Naturschutzorganisation des Burgenlandes – gegründet 1931 – hat sich bis zu Beginn des Zweiten Weltkrieges hauptsächlich mit dem Naturraum Neusiedler See beschäftigt: Bereits 1936 wurden rund 200 Hektar Lackenflächen gepachtet, Teile davon gehören von Anfang an zum Nationalpark Neusiedler See - Seewinkel. Flächensicherung war also schon damals wichtiger als Spendenkampagnen, und auch heute hat für den Naturschutzbund Burgenland der „Naturschutz vor der Haustür“ oberste Priorität.

Für die Naturschutzpraxis in Zeiten des Klimawandels stellt die nachhaltige Pflege von mittlerweile 131 Grundstücken – darunter auch Naturwaldflächen – das kleine Team des Vereins und seine lokalen Partner vor große Herausforderungen. Lange anhaltende Trockenperioden wie in jüngster Zeit verlangen nach einer Anpassung des Biotopmanagements, zudem verursacht das Eindringen invasiver Arten einen beträchtlichen Mehraufwand. Wenngleich viele dieser Grundstücke für sich betrachtet relativ klein und naturschutzfachlich unbedeutend erscheinen, spielen sie doch in vielen Fällen eine wichtige Rolle als Keimzellen für die Neubesiedlung stillgelegter landwirtschaftlicher Flächen in ihrer Nachbarschaft.

Kleine Grundstücke, große Wirkung

Es sind gerade diese oft isoliert wirkenden, kleinen Naturschutzbundflächen, die – über ihre Funktion als Genreservoir hinaus – eine große Wirkung im Bereich der Öffentlichkeitsarbeit und Bewusstseinsbildung für den Naturschutz entfalten: Zum einen können sie als bestens geeignete Zielgebiete für Exkursionen und Bildungsprogramme genutzt werden, zum anderen zeigen sie deutlich sichtbar, wie artenreiche Lebensräume für gefährdete Tier- und Pflanzenarten auch unter schwierigen klimatischen Bedingungen erhalten werden können.

Projekte mit Mehrwert

Die zielgerichtete Zusammenarbeit mit der Naturschutzbehörde, mit Gemeinden, mit dem Bildungssektor, mit dem Nationalpark und mit den Naturparks, aber auch mit anderen Naturschutzorganisationen wie BirdLife Österreich oder dem WWF mündet oft in gemeinsam entwickelten, meist mehrjährigen EU-kofinanzierten Projekten im Auftrag der Landesregierung. Der Naturschutzbund Burgenland bringt dabei viel Erfahrung und Kompetenz ein. Die Vermittlung der Projektergebnisse an alle Zielgruppen gehört dabei zum essenziellen Output, sei es über Medien, lokale Multiplikatoren, Folder oder unsere vierteljährlich erscheinende Zeitschrift „Natur & Umwelt im Pannonischen Raum“.

Wie wichtig Trittsteinbiotope, die zwischen zwei Schutzgebieten liegen, für den Lebensraum- und Artenschutz sein können, zeigt ein aktuell laufendes Projekt. Auch dabei wird – gemeinsam mit der Naturschutzbehörde – großer Wert auf die Einbindung der betreffenden Gemeinden und Grundeigentümer gelegt. Weitere Beispiele unserer Aktivitäten: Im Rahmen eines ÖNB-Projekts bringt der Fischotter-Ombudsmann für das Burgenland, Andreas Kranz, sein Fachwissen ein; Clemens Trixner entwickelt im Auftrag des ÖNB Maßnahmen zur Akzeptanz des Bibers im Burgenland; der Projektkoordinator des ÖNB, Klaus Michalek, steuert die Umsetzung des Projekts „Zwergohreule in den Streuobstwiesen des Südburgenlandes"; die Biologin Elke Schmelzer erforscht die Bestandsentwicklung für das Europäische Ziesel im Burgenland und entwickelt dazu Managementpläne; die Website „Die Pflanzenwelt des Burgenlands – online". Alle Pflanzenarten des Burgenlandes, Pflanzengesellschaften sowie botanische Wanderziele werden jetzt auf der Website www.burgenlandflora.at präsentiert.

Diese aktuellen Beispiele machen deutlich, wie breit angewandter Naturschutz – über die Bewusstseinsbildung und die Unterschutzstellung hinaus – aufgestellt sein muss, um den schwierigen Rahmenbedingungen gerecht werden zu können. Eine lokal gut verankerte Naturschutzorganisation mit direktem Kontakt zur Entscheidungsträgerebene kann und muss sich zu Wort melden, wenn sie das reiche Naturerbe bedroht sieht. Das geschieht aber nicht durch die Skandalisierung von Plänen und Aktivitäten, sondern in Form einer sorgfältigen Aufbereitung der wichtigsten Informationen für die Öffentlichkeitsarbeit. Dass die größte Bedrohung der Biodiversität heute auch im Burgenland vom Klimawandel ausgeht, steht außer Frage. NGOs wie der Naturschutzbund Burgenland müssen sich deshalb mehr denn je im Umweltschutz engagieren – ohne dabei den angewandten „Naturschutz vor der Haustür" zu vernachlässigen.

Naturschutzorgane BURGENLAND

Verein der burgenländischen Naturschutzorgane (VBNO)

Autor: Hermann Frühstück, Landesleiter der Naturschutzorgane Burgenland

Obwohl es im Burgenland keine Berg- und Naturwacht gibt, haben Naturschutzorgane eine lange Tradition und einen rechtlichen Bestand. Das Naturschutzgesetz ermöglichte erstmals 1961 ihren Einsatz rund um den Neusiedler See und im Seewinkel. Neu und umfassend geregelt wurde der Bereich „Naturschutzorgane und Naturwacht" im Naturschutz- und Landschaftspflegegesetz 1990 mit der verpflichtenden Bestellung sogenannter hauptamtlicher Naturschutzorgane, wie es sie in keinem anderen Bundesland Österreichs gibt. Neben den Aufgaben dieser Organe regelt das Gesetz auch deren Organisation: „Im Einvernehmen mit der Landesregierung können Aufgaben ... vom Verein der Burgenländischen Naturschutzorgane (VBNO) wahrgenommen werden." Seit 1992 besteht nun dieser Verein, bietet engagierten Menschen Schulungen an, um sie dann als Naturschutzorgan vereidigen zu lassen. Derzeit sind etwa 240 Organe bestellt, das Interesse an den Schulungen ist unverändert groß.

Wer kann Naturschutzorgan werden?

Jeder EU-Staatsbürger ab dem vollendeten 19. Lebensjahr, der im Burgenland oder in einem benachbarten Bundesland seinen Wohnsitz hat und die entsprechende Ausbildung mit erfolgreicher Prüfung abgeschlossen hat. Gefragt sind dabei fachliche bzw. rechtliche Kenntnisse in den Bereichen Natur- und Umweltschutz, Jagd, Fischerei und Ökologie.

Um immer auf dem aktuellen Stand des Wissens zu sein, unterziehen sich die aktiven Naturschutzorgane regelmäßigen Schulungen und nehmen an einschlägigen Weiterbildungsveranstaltungen teil. Die Tätigkeit als Naturschutzorgan ist grundsätzlich ehrenamtlich, nur bei Aktivitäten im besonderen Auftrag der Behörde gebührt ein Kostenersatz. Die Gesetzesvollziehung berechtigt ein Naturschutzorgan, die Identität von verdächtigen Personen festzustellen, Beweismittel zu beschlagnahmen oder Fahrzeuge zu durchsuchen. Auch der ungehinderte Zutritt zu Grundstücken und Objekten (ausgenommen Wohnräume) ist einem Naturschutzorgan zu gewähren. Eine der wichtigsten Aufgaben eines Naturschutzorgans ist es, fachliche und rechtliche Information und Beratung zu bieten. Darüber hinaus stehen Aktivitäten wie etwa die Erhaltung, Verbesserung oder Wiederherstellung der Lebensbedingungen für Menschen, Tiere und Pflanzen im Aufgabenheft, beispielsweise Pflegemaßnahmen in Naturschutzgebieten sowie im Rahmen von Artenschutzprojekten. Organisatorisch besteht der Verein aus der Landesleitung und den sieben Bezirksleitungen – wobei die operative Vereinsarbeit vor allem in den Bezirksgruppen erfolgt.

Mit der Natur – oder gegen sie?

Optionen für den Umgang mit dem Neusiedler See und den Seewinkellacken in Zeiten des Klimawandels

Autor: Bernhard Kohler, WWF Österreich

Das Neusiedler See-Gebiet gehört unzweifelhaft zu den europäischen Hotspots der Biodiversität, also zu den für den Erhalt der natürlichen Arten- und Lebensraumvielfalt wichtigsten Gebieten Europas. Nicht umsonst liegen über der Region zahlreiche „Schutzschichten" in Form von Schutzgebietsausweisungen, internationalen Vereinbarungen und Prädikaten. Das Spektrum reicht von Nationalpark und Natura-2000-Gebiet über UNESCO-Weltkulturerbe und RAMSAR-Gebiet bis hin zum Biosphärenreservat. Hinsichtlich der Schutzgebietstypen beinhaltet dieses Spektrum fast alle Schutzgebietskategorien, die von der IUCN, der International Union for Conservation of Nature, definiert wurden: vom Nationalpark (IUCN-Kategorie II) über Naturdenkmäler (Kategorie III), Naturschutzgebiete (Kategorie IV) und Landschaftsschutzgebiete (Kategorie V) bis hin zum Ressourcenschutzgebiet mit Nutzung (Kategorie VI, entspricht dem Biosphärenpark). Lediglich die Kategorien Ia – Strenges

Wissenschaftliches Reservat und Ib – Wildnis fehlen (noch) im Portfolio; bei entsprechend großzügiger Renaturierung eines ehemals sehr wilden, heute weitgehend zerstörten Gebietsteils des Hanság bestünden sogar für die Ausweisung eines Wildnisgebietes gewisse Chancen. Es ist jedenfalls gar nicht einfach, anderswo in Europa eine derartige Zusammenballung von Schutzinstrumenten zu finden wie in der Region Neusiedler See - Seewinkel – Hanság.

Die geradezu üppig anmutende Schutzgebietskulisse ist das Ergebnis eines rund hundertjährigen, zähen Kampfes des „Naturschutzes" gegen die seit mindestens 250 Jahren laufenden Bemühungen, die besonderen, vom Wasser geprägten Lebensräume der Region vollständig zu zerstören. Der Naturschutz umfasst Bürgerinnen und Bürger ebenso wie Naturschutzorganisationen, Forschungsinstitutionen, verantwortungsvolle Wirtschaftsbetriebe und den behördlichen Naturschutz. Er ist ein Mitspieler, der sehr spät die Bühne des Ringens um die Zukunft der Region betreten hat und vergleichsweise schwach ist. Paradoxerweise muss er immer noch darum kämpfen, gehört zu werden, obwohl es ihm um eine der Grundlagen aller menschlichen Existenz und allen Wirtschaftens geht: die Erhaltung funktionierender, naturnaher Ökosysteme und Landschaften.

Angesichts der Schutzgebietskulisse könnte man über die Etikettierung „vergleichsweise schwacher Naturschutz" den Kopf schütteln. Zweifellos hat „der Naturschutz" in der Region Enormes geleistet und erreicht, speziell wenn man die ihm zur Verfügung stehenden Ressourcen in Betracht zieht. Er hat einen Großteil dessen vor der vollständigen Zerstörung gerettet, was heute noch an eindrucksvoller Natur im Gebiet vorhanden ist. Hätten die Gegenkräfte aus Land- und Forstwirtschaft, Wasserbau, Verkehrs- und Kraftwerksplanung, Fremdenverkehr und Freizeitwirtschaft etc. jeweils ihre *erklärten Ziele* erreicht, die zu verschiedenen Zeitpunkten im Fokus des allgemeinen Interesses gestanden haben, dann wäre die Neusiedler Seeregion heute kaum mehr wiederzuerkennen.

Natur: große Verluste

Das gesamte 19. Jahrhundert und die erste Hälfte des 20. Jahrhunderts hindurch war es das *erklärte Ziel* maßgeblicher Institutionen und einflussreicher Teile der Bevölkerung, den gesamten Hanság, den gesamten Neusiedler See und sämtliche Lacken und Sümpfe des Seewinkels komplett trockenzulegen und sie in Acker- und Siedlungsland umzuwandeln. Im Hinblick auf den Hanság ist das fast vollständig gelungen. Dort sind mehr als 90 Prozent der ursprünglich vorhandenen naturnahen Flächen (Schilfflächen, baumfreie Niedermoore, Erlen- und Weidenbruchwälder) zerstört worden. Im Seewinkel belaufen sich die Verluste auf rund 70 bis 80 Prozent, je nachdem, ob man der Berechnung die Zahl der Lacken (Rückgang um 72 Prozent, von ursprünglich 139 auf aktuell circa 30), die summierte Lackenfläche (Rückgang um 83 Prozent von 3.600 auf circa 600 Hektar) oder die Fläche an Hutweiden und Wiesen zugrunde legt. Sie sind seit dem 18. Jahrhundert von rund 22.000 Hektar auf maximal 5.300 Hektar geschrumpft, das entspricht einem Rückgang von 75 Prozent. Am Neusiedler See fielen die Verluste von einem Viertel der naturnahen Flächen etwas geringer aus. Der See ist in diesem Sinn trotz aller erfolgten Eingriffe immer noch der am besten erhaltene Gebietsteil.

Diese Zahlen bilden allerdings nur die Flächenverluste ab. In allen drei Gebietsteilen ist es darüber hinaus zu massiven Veränderungen im Erhaltungszustand der verbliebenen Ökosysteme gekommen, die vielfach deren mittel- und langfristigen Fortbestand infrage stellen. Das gilt vor allem für die Sodalacken und die sie umgebenden Alkalisteppen. Die seit fast hundert Jahren im Seewinkel laufenden Entwässerungsmaßnahmen haben zu einer massiven Ausschwemmung von Salzen aus den Lacken und zu einer flächenhaften Absenkung des Grundwasserspiegels geführt. Eine Untersuchung stellte bereits im Jahr 2012 fest, dass keine einzige Sodalacke mehr als völlig intakt einzustufen ist. Lediglich fünf Lacken befinden sich in einem relativ guten Zustand, der Rest durchlebt mehr oder weniger fortgeschrittene

Stadien der Degradation oder ist bereits zerstört. Beim See wurden durch den Bau des Einser-Kanals (1886 bis 1910) die früheren Hochwasserspitzen gekappt, die bis dahin regelmäßig dazu geführt hatten, dass der See Wassertiefen von bis zu drei Meter erreichen und viele tausend Hektar im Seevorgelände und der Seerandzone überschwemmen konnte. Zusätzlich hat die seit hundert Jahren immer wieder durchgeführte, massive Ableitung von Wasser bewirkt, dass der See bis heute etwa 80 Prozent seines ursprünglichen Salzgehalts eingebüßt hat. Das brachte schwerwiegende Folgen für die Artenzusammensetzung und die Funktionsfähigkeit der salzgeprägten Ökosysteme mit sich. Die nahezu vollständige Entwässerung des Hanság führte zudem zu einer enormen, allerdings nie quantifizierten Freisetzung von Treibhausgasen, da diese Maßnahme eine (bis heute fortlaufende) Zersetzung der Torfvorräte des ehemaligen Niedermoors ausgelöst hat. Die Torflager waren ursprünglich zwar nur ein bis drei Meter mächtig, hatten sich aber über einen Großteil des 57.000 Hektar großen Niedermoors erstreckt.

Naturschutz: kleine Siege

Der Naturschutz konnte in der Region zahlreiche bedeutende Erfolge erzielen: die Verhinderung des Baus einer Brücke über den See; die Unterschutzstellung einer Auswahl der größten Seewinkellacken; die Rettung der letzten großen Hutweiden bei Apetlon in den 1960er-Jahren; die Einrichtung des Nationalparks 1993 und die dadurch ermöglichte vertragliche Sicherung und naturschutzorientierte Pflege der verbliebenen Flächen. Langfristig gesehen handelt es sich aber um eher kleine Siege in einem verzweifelten Rückzugsgefecht, das nur einen Bruchteil des einst vorhandenen Reichtums zu bewahren vermochte.

Das nüchterne Fazit, das somit für die Region Neusiedler See zu ziehen ist: Es gibt keine Rechtfertigung mehr für die weitere Zerstörung von Natur. Es kann keine weiteren Kompromisse mehr auf Kosten der Natur geben. Und wir dürfen uns keinesfalls mit dem Status quo zufriedengeben. Wir müssen künftig so viel wie möglich in Renaturierungsmaßnahmen investieren und uns wenigstens um eine teilweise Wiederherstellung des Verlorengegangenen bemühen.

Es gibt keine Rechtfertigung mehr für die weitere Zerstörung von Natur.

Denn die verbliebene Restnatur hat bei der bloßen Aufrechterhaltung des Status quo wahrscheinlich keine Zukunft. Dazu sind die Flächen zu klein und die Einflüsse einer großteils weiterhin nicht nachhaltigen Land- und Wasserwirtschaft zu groß. Deshalb reicht es nicht, die weitere Naturzerstörung zu verlangsamen, sondern es muss vielmehr darum gehen, beeinträchtigte und zerstörte Lebensräume und Ökosysteme wiederherzustellen und Terrain für die Natur zurückzugewinnen. Zumindest so weit, dass ihre Funktionsfähigkeit dauerhaft gewährleistet ist. Insofern muss die Richtschnur (nicht das Ziel!) dieser Wiederherstellung die Funktionsweise der jeweiligen Ökosysteme im „Naturzustand" sein. Die Bezugsgröße, an der wir Ziele, Maßnahmen und Erfolge orientieren und messen sollten, ist also ein Zustand der Ökosysteme, der vom Menschen noch nicht maßgeblich verändert worden ist.

Selbst auferlegter Blindflug

Was hat das mit der im Titel aufgeworfenen Frage nach dem Umgang mit dem Neusiedler See und den Seewinkellacken in Zeiten des Klimawandels zu tun? Sehr viel, denn wir stehen erneut an einem Wendepunkt in der (Naturschutz-)Geschichte der Neusiedler Seeregion. Wir stehen vor der Frage, ob wir mit großangelegten technischen Eingriffen, die immer noch den unbekümmerten, naiv-fortschrittsgläubigen Geist des 19. Jahrhunderts atmen, komplexe Ökosysteme derart manipulieren können, dass sie unseren recht eng gefassten ökonomischen und ästhetischen Interessen gehorchen. Im Grunde geht es darum, dass wir aktuell – wie es bei allen bisherigen Eingriffen in die Neusiedler Seeregion der Fall war – die wirtschaftliche Ertragsmaximierung in bestimmten Bereichen, nämlich dem Fremdenverkehr am See, der Landwirtschaft im Seewinkel und der Land- und Forstwirtschaft im Hanság, über die Erhaltung der natürlichen Ökosysteme stellen, auf denen diese Nutzung letztlich beruht. Dabei werden systematisch unsere ohnedies bescheidenen Kenntnisse über die natürlichen Ökosysteme in den Wind geschlagen. Wir sind vielfach in einem selbst auferlegten Blindflug unterwegs.

Testfall Neusiedler See

Als besonderer Testfall für den künftigen Umgang mit diesen Fragen stellt sich die aktuelle Diskussion um die „drohende" Austrocknung des Neusiedler Sees dar. „Drohend" wird hier deshalb unter Anführungszeichen gesetzt, weil Austrocknungsereignisse zur natürlichen Dynamik, also zu den systemprägenden und keineswegs bedrohlichen Eigenschaften dieses Steppensees gehören. Im historischen Rückblick ist der Neusiedler See (mit Ausnahme des 20. Jahrhunderts) bisher durchschnittlich ein- bis zweimal pro Jahrhundert trockengefallen, das letzte Mal zwischen 1865 und 1868. Diese Austrocknungsepisoden fanden in einem fast regelhaften Wechsel mit Hochwasserständen statt, die, wie erwähnt, zu Wassertiefen von mehr als drei Metern führen konnten. Nun soll eine möglicherweise bevorstehende Austrocknung durch die Zuleitung von Donauwasser verhindert werden. Begründet wird das mit dem Bestreben, „den See als Landschaftselement zu erhalten". Dahinter verbirgt sich die unhinterfragte Prämisse, dass Baden und Bootfahren in einem seichten, von starken Wasserstandsschwankungen geprägten Steppensee jederzeit möglich sein müssen, selbst wenn dieser See zu seinem langfristigen Überleben mehrjährige Trockenphasen braucht. Die Zuleitung von Donauwasser soll für eine dauernde Wasserbedeckung sorgen. Dadurch wird jedoch die für den See lebenswichtige Zersetzung des organischen Anteils des Schlamms unterbunden, der sich in Zeiten der ständigen Wasserführung im See angesammelt hat; eine derartige Zersetzung kann nur bei Luftzutritt, das heißt während einer Austrocknungsepisode erfolgen. Durch die Zuleitung wird auch verhindert, dass der Wind die verbleibenden anorganischen Bestandteile des Schlamms aus dem trockenen Seebecken weht.

Abb. 3: Rückhalteflächen

Der Xixsee bei Apetlon, bei Hochwasser rückgestaut. Im Hintergrund ist die Lange Lacke zu sehen.

Die Zuleitung größerer Mengen kalkhaltigen Donauwassers würde zu einem Ausfall der für den See typischen Trübe führen. Das würde die Schlammbildung beschleunigen, das Wasser lichtdurchlässiger machen und das Algenwachstum fördern.

Weil der Schlamm also im Becken bleibt, wird – wie bei jedem dauernd wasserführenden See – der Verlandungsprozess weitergehen. Beim bis zu 250 Meter tiefen Bodensee hat man berechnet, dass dieses Gewässer infolge der natürlichen Verlandung in rund 15.000 Jahren von der Landkarte verschwunden sein wird, bzw. dann nur mehr als riesiges Niedermoor fortbestehen wird. Das Becken des Neusiedler Sees besteht seit rund 13.000 Jahren und war nie tiefer als etwa drei Meter. Wäre der See ein „normaler", das heißt ständig wasserführender See, dann gäbe es ihn wegen seiner geringen Tiefe schon seit Jahrtausenden nicht mehr. In den letzten 10.000 Jahren sind zahlreiche, zum Teil wesentlich tiefere Seen durch Verlandung zu Moorflächen geworden – das ganze Alpenvorland ist voll von solchen ehemaligen Gewässern. Das langfristige Überlebensrezept des Sees sind also seine regelmäßig wiederkehrenden Trockenphasen. Der Anspruch, dass der See dauernd Wasser führen soll, wird letztlich sein dauerhaftes Verschwinden bewirken.

Eine durchgehende Wasserbedeckung tut übrigens auch dem Schilfgürtel nicht gut, weil sie die Verjüngung der natürlicherweise alternden Schilfflächen behindert. Der Schilfgürtel bricht derzeit wegen Überalterung und ausbleibender Verjüngung auf großer Fläche zusammen. Die Gründe dafür liegen in der relativ gleichmäßigen Wasserführung, die der See seit der Mitte des 20. Jahrhunderts hatte, und im Rückgang der Schilfnutzung sowie dem Verbot des Abbrennens von Schilfflächen. Derzeit erleidet der Schilfgürtel also einen dramatischen Flächenverlust. Vor diesem Hintergrund erscheint es geradezu ironisch, dass die neu gegründete See-Managementgesellschaft eine ihrer Aufgaben in der Bekämpfung des Schilfs im Umkreis der Freizeit-Pfahlbauhütten von Mörbisch und Rust sieht, weil hier der Schilfgürtel lokal (und übrigens nur geringfügig) vorrückt und den Zugang zu den Hütten erschwert.

Die Zuleitung von Donauwasser hat aber noch weitere schwerwiegende Folgen: Donauwasser zeichnet sich durch eine andere chemische Zusammensetzung aus als der sodahaltige Neusiedler See. Es gibt Prognosen, wonach die Zuleitung von größeren Mengen kalkhaltigen Donauwassers zu einem Ausfall der für den See typischen Trübe führen wird. Das würde die Schlammbildung beschleunigen, das Wasser lichtdurchlässiger machen und das Algenwachstum fördern. Es wäre damit auch mit einer erheblichen Minderung der Qualität des Neusiedler Sees als Bade- und Freizeitgewässer zu rechnen. Es ist wohl kaum anzunehmen, dass künftige Feriengäste inmitten eines schleimigen, hellgrünen Algenteppichs baden und Boot fahren wollen. Wie solche Algenteppiche aussehen, kann man im Frühsommer an jenen Lacken des Seewinkels beobachten, deren Trübefracht durch Entsalzung und Fremdwasserzufuhr verringert wurde. Ökologisch schwer wiegt, dass mit dem Verlust der Trübepartikel im Seewasser und mit dem durch die Zuleitung verringerten Salzgehalt auch das Trägersubstrat für die salzliebenden Bakterien im See, ja sogar deren Lebensgrundlage verloren geht. Diese Bakterien sind bei der Wasserreinhaltung und der Zersetzung von anfallendem organischem Material höchst effizient. Ihr Verschwinden würde weitreichende Folgen für die Wasserqualität haben und den Verlandungsprozess beschleunigen.
Die Zuleitung von größeren Donauwassermengen würde sich also äußerst negativ auf den Salzgehalt,

der für den Neusiedler See als Steppensee so charakteristisch ist, auswirken.

Eine touristisch relevante Anhebung des Wasserspiegels würde die Wasserwirtschaft dazu zwingen, öfters Wasser (und damit Salz) über den Einser-Kanal abzulassen, da sich Starkniederschläge und Hochwasser im Klimawandel möglicherweise verstärken. Bereits seit der Errichtung des Einser-Kanals hat der See extrem viel Salz verloren. Seit 1903 ist der Salzgehalt durch die Ausleitungen in den Einser-Kanal von 16 Gramm pro Liter auf aktuell ein bis zwei Gramm dramatisch abgesunken. Salz gehört aber zu einem abflusslosen Steppensee genauso dazu wie der schwankende Wasserstand. Die Salze haben sich über Jahrtausende angesammelt und werden sich in menschlich relevanten Zeiträumen nicht wieder erneuern. Vom Salzgehalt des Sees und der Lacken sind alle besonderen, salzliebenden Tier- und Pflanzenarten der Region abhängig. Sie stellen einen Wert an sich dar, bilden aber auch die Grundlage für den Natur- und Nationalparktourismus in der Region. Dieser Form des Tourismus würde durch eine dramatisch beschleunigte Aussüßung des Sees der Boden entzogen.

Sodalacken: ambitionierte Renaturierungsprojekte

Anders, aber im Grunde ähnlich ist die Situation im Seewinkel. Es ist seit Jahrzehnten bekannt, dass zwischen 40 und 100 Prozent der jährlich neugebildeten Grundwassermenge über zahlreiche Entwässerungsgräben abgeleitet werden. Ein Großteil der wertvollen Sodalacken wurde dadurch bereits zerstört. Durch die mit der Wasserableitung ausgeschwemmten Salze werden die wenigen überlebenden, von Gräben direkt angezapften Lacken schleichend degradiert. Die flächenhafte Grundwasserstandsabsenkung schädigt alle übrigen noch verbliebenen pannonischen Salzlebensräume – also Sodalacken, Salzsteppen und Salzsümpfe. Und das, obwohl Österreich seit seinem EU-Beitritt (und seit 2004 gemeinsam mit Ungarn, der Slowakei und Rumänien) eine rechtlich bindende Verpflichtung zur Erhaltung dieser europaweit einzigartigen Lebensräume hat. Die Nichteinhaltung dieser Verpflichtung kann im Extremfall mittels saftiger Strafzahlungen sanktioniert werden. Die zuständigen Behörden haben diese Gefahr bislang weitgehend ignoriert.

Stattdessen gilt der Blick der Förderung einer Landwirtschaft, die nicht nur unter dem Druck des Klimawandels, sondern auch hinsichtlich des Ertragsumfanges und der Ertragssicherheit nahezu hemmungslos auf die angeschlagenen Grundwasserressourcen des Seewinkels zugreift. Zwar gibt es Wassergenossenschaften, die die Entnahme regeln sollen, und Warnwasserstände, ab deren Unterschreitung (theoretisch) kein Grundwasser mehr zu Beregnungszwecken entnommen werden darf. Weil aber diese Wasserstände bisher nur in Bezug auf die mengenmäßige Nachhaltigkeit des landwirtschaftlichen Wasserverbrauchs definiert wurden, und weil eine genaue Überwachung der mehr als 5.000 Brunnen im Seewinkel aus Ressourcengründen nicht durchführbar war, sind die von wesentlich höheren Grundwasserständen abhängigen Salzlebensräume auf der Strecke geblieben. Zuletzt ist unter dem Druck steigender Temperaturen, sinkender Niederschläge und stark vermehrter Entnahmen der Grundwasserstand im Seewinkel so stark abgesunken, dass die meisten Entwässerungsgräben sogar im Frühjahr, zum Zeitpunkt des alljährlichen Höchstwasserstandes, kaum noch Wasser geführt haben. Alle Lacken und Salzsümpfe lagen bereits zu diesem Zeitpunkt dauerhaft trocken.

Treiber: bewässerungsintensive Kulturpflanzen

Als Treiber für die verstärkten Grundwasserentnahmen sind nicht nur die höheren Temperaturen und das Niederschlagsdefizit der vergangenen Jahre zu nennen, sondern auch die bedenkenlose und marktgetriebene Umstellung auf sehr wasserbedürftige Kulturpflanzen. Dabei wurde etwa der Rückgang im Anbau der sehr wasserbedürftigen Zuckerrübe durch den Zuwachs an Anbaufläche von Mais und

Kartoffeln im Hinblick auf den Wasserverbrauch nicht nur kompensiert, sondern sogar bei weitem übertroffen. Von ernsthaften Bestrebungen zum Umstieg auf trockenheitstolerante Kulturpflanzenarten und -sorten ist man noch weit entfernt. Wider besseres Wissen und unter Verzicht auf sektorenübergreifende, ganzheitliche Betrachtungsweisen wird auch in diesem Bereich immer noch gegen die Natur gewirtschaftet. Auch wenn es im Hinblick auf die alarmierende Grundwassersituation im Seewinkel neuerdings ernsthafte und weitreichende Bestrebungen seitens der Behörden gibt, die Grenzwasserstände an die Erfordernisse des Salzlebensraumschutzes anzupassen, und auch wenn es Projektanträge für ambitionierte Renaturierungsprojekte an den Lacken und Salzböden gibt, die das Problem erstmals umfassend anpacken, liegt noch ein langer und schwieriger Weg der Umsetzung vor uns.

Die Option, mit der Natur – statt gegen sie – zu wirtschaften, wurde also bislang weder im Fall des Neusiedler Sees noch im Seewinkel in ausreichendem Umfang gezogen. In beiden Fällen würde es einer konsequenten Ausrichtung auf vermehrte Wasserrückhaltung in wasserreichen Zeiten bedürfen. Dieser Weg ist beim See mit der letzten Anhebung der Ableitungswasserstände und der Neuregelung der Wehrbetriebsordnung 2010 zwar ausgereizt worden, wahrscheinlich aber nur, wenn man vom Status quo ausgeht. Durch eine Wiederanbindung ausgedehnter, in der Vergangenheit vom See abgetrennter Überschwemmungsräume auf ungarischer Seite des Gebiets könnten möglicherweise doch noch größere Wassermengen im Gebiet zurückgehalten werden, anstatt sie im Hochwasserfall ableiten zu müssen. Dies wäre ein echter Renaturierungsschritt, weil er zu einer wenigstens teilweisen Wiederherstellung der für den See charakteristischen Hochwasserspitzen führen würde und eine Vorratsbildung für Trockenzeiten erlauben würde. Begleitend dazu müssten wahrscheinlich auch Hochwasserschutzmaßnahmen bei gefährdeter Infrastruktur gesetzt werden, etwa in den Seebädern. Von den Kosten her lägen solche Maßnahmen vermutlich unter den kolportierten 60 bis 90 Millionen Euro, die eine Donauwasserzuleitung kosten würde. In Zusammenhang mit dem verstärkten Wasserrückhalt müssten endlich auch das aktuelle wasserwirtschaftliche Management und die problematische Landnutzung im Hanság hinterfragt werden, vor allem im großen ungarischen Gebietsanteil. Es kann nicht sein, dass – plakativ gesprochen – der tiefstgelegene Teil der Badewanne mit größtem Aufwand trocken gehalten wird, während angrenzende Regionen wie der Neusiedler See und der Seewinkel unter massiven Wasserproblemen leiden.

Für den See sind jedenfalls der Verzicht auf eine Zuleitung, die Wiederherstellung der Hochwasserspitzen und die Vorratsbildung durch vermehrten Wasserrückhalt sowie das Zulassen gelegentlicher Austrocknungsepisoden die einzig wirklich naturkonformen Lösungen. Im Seewinkel ist eine drastische Reduktion der Grundwasserentnahmen (bis hin zu einer völligen Einstellung der landwirtschaftlichen Entnahmen aus dem Grundwasserkörper) und eine konsequente und weitgehende Einschränkung der Entwässerung anzustreben, nebst einer umfassenden Renaturierung degradierter und zerstörter Sodalacken, Salzsteppen und Salzsümpfe. Für den Hanság, als immer noch weitgehend siedlungs- und straßenfreies Gebiet, muss schließlich ein großflächiger Rückzug der herkömmlichen Landnutzung und die Wiederherstellung des riesigen Sumpfgebiets ernsthaft in Betracht gezogen werden – im Dienste nicht nur der Biodiversität, sondern auch des Klimaschutzes und eines naturnäheren gesamtregionalen Wasserhaushalts. Die Zukunft liegt also in allen Teilen der Region auf Seiten des „mit der Natur“ statt auf Seiten des „gegen sie“.

Anmerkung: In diesen Diskussionsbeitrag wurden bewusst keine Literaturverweise eingefügt, um die Lesbarkeit des Textes zu erhalten. Alle kritischen Aussagen zur See-Dotierung und zur Situation von Seewinkel und Hanság können mit Forschungsergebnissen und Publikationen belegt werden.

Vogelschutz im Schilfgürtel

Autoren: Michael Dvorak, Erwin Nemeth, BirdLife Österreich

Noch in den 1990er-Jahren war der Neusiedler See einer der wichtigsten Lebensräume für Vögel in ganz Europa, übertroffen einzig vom über zwanzig Mal größeren Donaudelta in Rumänien. Heute sind die Bestände dramatisch eingebrochen. Die Ursache dafür liegt u. a. in der Überalterung des Schilfs und der Schilfstruktur. Es ist also höchste Zeit, Managementmaßnahmen auszuarbeiten, welche die Wiederherstellung und Erhaltung eines Mosaiks an unterschiedlichen Altersstadien ermöglichen. Dazu zählt auch das Brandmanagement.

Der Schilfgürtel des Neusiedler Sees ist für eine Vielzahl von Vogelarten von höchster Bedeutung als Brut- und Nahrungsplatz.[7] Von außen betrachtet, deutet allerdings nur wenig darauf hin, dass es sich hier um ein einmaliges Stück Natur von höchstem ökologischem Wert handelt. Ein mehr als 180 Quadratkilometer großer, mehr oder weniger reiner und daher monoton erscheinender Bestand des Schilfrohrs *Phragmites australis*, der an seiner breitesten Stelle fünf bis sechs Kilometer erreicht. Wohl kaum ein Gebiet, wie sich Naturfreunde und Naturfreundinnen ein Vogelparadies vorstellen, und doch haben wir es hier mit einem hervorragenden Stück Natur zu tun. Der Grund dafür ist eigentlich simpel – es handelt sich um einen extrem einfach strukturierten Lebensraum: Im Prinzip sind es dicke, vertikal stehende, hohe, zumeist im Wasser stehende Pflanzenhalme. Diese bieten aufgrund ihrer einfachen Strukturierung zwar nur relativ wenigen, dafür aber zumeist hochspezialisierten Tierarten Lebensraum, die oft den Zusatz „Schilf-" oder „Rohr-" im Artnamen tragen. Solche Schilfspezialisten (v. a. Insekten und Spinnen) können aufgrund der wenigen anderen vorkommenden Arten im sehr produktiven Lebensraum Schilf extrem hohe Bevölkerungsdichten erreichen.

Auch unter den Vögeln gibt es im Schilf viele Spezialisten: Schilf-, Teich- und Drosselrohrsänger, Rohrschwirl, Rohrammer, Zwergdommel und Wasserralle sind einige der Vogelarten, die beinahe ausschließlich in Schilfbeständen vorkommen. Möglich wird diese (relative) Artenvielfalt durch ein überreiches Nahrungsangebot sowohl im Wasser als auch an und in den Schilfpflanzen selbst. Fast alle Vögel können im Schilf Zahlen (Ornithologen bezeichnen das als „Siedlungsdichten") erreichen, die diejenigen anderer Lebensräume um ein Vielfaches übertreffen. 20 bis 30 Vogelpaare pro Hektar sind durchaus üblich und werden ansonsten in Europa nur in hochkomplexen Lebensräumen wie z. B. in Auwäldern erreicht. Als diese spezielle Vogelwelt zu Beginn der 1980er-Jahre erstmals systematisch von Wissenschaftlern der Biologischen Station Illmitz gezählt wurde,[8] kamen sie aus dem Staunen nicht heraus. Fast alle Arten kamen damals in enorm hohen Brutbeständen vor, und diese Verhältnisse wurden auf großen Flächen angetroffen. Diese Untersuchungen und weitere in den 1990er-Jahren[9] zeigten, dass der Neusiedler See einer der wichtigsten Lebensräume für Vögel in ganz Europa ist.

Diese Studien zeigten auch, dass Schilf nicht gleich Schilf ist, und dass Schilf unterschiedlichen Alters auch jeweils unterschiedliche Vogelbestände beherbergt. Hohe Schilfbestände mit dicken Halmen wurden von Zwergdommel, Drosselrohrsänger und Rohrschwirl bevorzugt, solche mit sehr horstigem Bewuchs von der Bartmeise, und ältere Schilfbestände von mehr als zehn bis 15 Jahren wiesen überhaupt eine eigene Artengarnitur auf.[10]

Insbesondere zwei solcher Altschilf-Vogelarten, der Mariskensänger und das Kleine Sumpfhuhn, hatten damals am Neusiedler See mit einiger Wahrscheinlichkeit die größten Brutpopulationen Europas, vielleicht sogar der ganzen Welt. Das zeigt den enormen Wert, den dieses Gebiet vor 30 Jahren für den Naturschutz besaß.

Zwei der Altschilf-Vogelarten, der Mariskensänger und das Kleine Sumpfhuhn, hatten vor 30 Jahren am Neusiedler See mit einiger Wahrscheinlichkeit die größten Brutpopulationen Europas, vielleicht sogar der ganzen Welt.

Mit Sicherheit kann aber gesagt werden, dass der See in den 1990er-Jahren für diese und noch eine Reihe anderer Arten die größten Brutpopulationen der Europäischen Union beherbergte. Die Vorkommen dieser und weiterer Vogelarten stehen unter dem besonderen Schutz des Anhangs 1 der seit 1981 gültigen EU-Vogelschutzrichtlinie. Seit dem österreichischen Beitritt 1995 ist sie auch für Österreich bindend. Deshalb ist der Staat verpflichtet, dafür Sorge zu tragen, dass sich der Zustand dieser Vogelarten langfristig nicht zum Schlechteren wendet. Nun kam keiner der damals tätigen Forscher auf die Idee, dass diese Arten gefährdet sein könnten.[11] Die Schätzungen für die kaum bekannten Kleinen Sumpfhühner bewegten sich bei bis zu 20.000 Paaren,[12] obwohl sich mancherorts Wohngebiet an Wohngebiet reiht – über Kilometer hinweg. Auch beim zweiten Altschilfspezialisten, dem Mariskensänger, ging man davon aus, dass am Neusiedler See zumindest 10.000 Paare leben.[13]

Ältere Schilfbestände als Lebensraum für diese zwei Arten gab es damals auf großen Flächen und sie genossen in der Kernzone des neu geschaffenen Nationalparks auch einen dauerhaften Schutz. Doch schon vor 30 Jahren hatte der Vogelschutz Sorge, weil jedes Jahr im Winter im Zuge der Schilfbewirtschaftung sehr große Flächen von mehr als zweijährigem Altschilf abgebrannt wurden und damit Lebensraum zumindest kurzfristig verloren ging. Unter Fachleuten festigte sich damals die Ansicht, dass der Schutz dieser und der meisten anderen Schilfvogelarten in erster Linie eine Bewahrung und Vergrößerung der Altschilfbestände benötigt.[14]

Wandel als einzig beständiges Element

Seither wurden weitere Teile des Schilfgürtels untersucht. Es zeigte sich, dass der Wandel das einzige beständige Element hinsichtlich des Zustandes der Vogelwelt des Schilfgürtels ist. Dabei wirkt sich ein hoher oder niedriger Wasserstand auf einzelne Vogelarten unterschiedlich aus. Arten wie etwa die Rohrdommel verschwinden bei niedrigen Pegelständen fast vollständig.[15] Auch wirkt sich das Alter der Schilfbestände nicht linear auf die Lebensraumgüte für Vögel aus: Aktuelle Untersuchungen zeigen, dass die Siedlungsdichte vieler Vogelarten in Schilfbeständen, die mehrere Jahrzehnte alt sind, wieder abnimmt.[16] Die ehemalige Nutzung des Schilfs und generell die historische Entwicklung des Schilfgürtels sind entscheidende Faktoren für Managemententscheidungen. Im Gegensatz zu stabileren Lebensräumen wie in Wäldern unterliegen Feuchtgebiete und deren Tier- und Pflanzenwelt raschen Veränderungen, die bis zu einem kompletten Wechsel der gesamten Artengemeinschaft reichen. Das ist am Neusiedler See in den vergangenen 250 Jahren mehrfach eingetreten. Einem Kartierer, der zur Zeit der Josephinischen Landesaufnahme in den Jahren 1782 bis 1785 unterwegs war, bot der Neusiedler See noch ein völlig anderes Bild: Die offene Wasserfläche war damals mit 450 Quadratkilometern im Vergleich zu heute mit rund 120 Quadratkilometern deutlich größer. Viele heute agrarisch oder als Siedlungsgebiet genutzte

Abb. 4: Mariskensänger

Der Zustand des Schilfgürtels als Lebensraum hat sich für die Vogelwelt drastisch verschlechtert. Der Bestand beim Mariskensänger hat sich in den vergangenen 30 Jahren halbiert.

Abb. 5: Kleines Sumpfhuhn

Noch in den 1980er-Jahren hatten 20.000 Paare des Kleinen Sumpfhuhns Brutplätze. 2019 waren es nur mehr 4.000 Paare.

Flächen standen damals metertief unter Wasser. Es darf als sicher gelten, dass sich solche extrem hohen und sehr tiefen Wasserstände mit Amplituden von bis zu zwei Metern in der Geschichte des Sees laufend abgewechselt haben. Unter solchen Bedingungen ist die Ausbildung eines derart großflächigen Schilfgürtels, wie er heute besteht, aller Wahrscheinlichkeit nach nicht möglich. Und tatsächlich zeigt die im Zuge der Josephinischen Landesaufnahme erstellte Karte nur an wenigen Stellen Signaturen, die auf das Vorhandensein ausgedehnterer Schilfbestände schließen lassen.[17] Am Westufer fand sich zwischen der Mündung der Wulka und dem Südwestufer des Sees bei Balf ein zumeist schmaler, direkt am Ufer liegender Schilfsaum. Einen größeren Röhrichtbestand gab es lediglich im Südosten, wo sich heute die Kernzone des Nationalparks befindet. Das Röhricht stellte die Verbindung zum damals noch weitgehend unberührten Niedermoor Hanság dar. Die Karten der 1819 bis 1869 durchgeführten Franziszeischen Landesaufnahme[18], aber auch die nach der weitgehenden Austrocknung Ende der 1860er-Jahre erstellten Karten der Franzisco-Josephinischen Landesaufnahme (1869 bis 1887)[19] zeigen im Großen und Ganzen dieselbe Verteilung der Schilfbestände. 1910 wurde der Einser-Kanal bei Mekszikópuszta zum See hin durchgestochen, mit der dezidierten Absicht, diesen trockenzulegen. Es gelang damals zwar nicht, den gesamten Wasserkörper abzulassen, dennoch fiel der Wasserstand innerhalb kürzester Zeit um 70 Zentimeter.[20] Der bis dahin stark schwankende Wasserspiegel stabilisierte sich in den darauffolgenden drei Jahrzehnten. Damit waren gute Bedingungen für das Gedeihen von Schilf gegeben. Militärkarten aus den Jahren 1922, 1935 und 1941[21] zeigen die langsame Ausbreitung des Schilfgürtels: 1923 war das Schilf am Westufer bis Purbach vorgedrungen und begann bei Jois, Neusiedl am See und Weiden Fuß zu fassen, während das gesamte Ostufer nach Süden bis zum Sandeck noch keinen Schilfwuchs aufwies. 1935 wuchs am gesamten West- und Nordufer bereits ein 500 Meter bis 1,5 Kilometer breiter Schilfgürtel. Eine weitere, detaillierte Karte aus dem Jahr 1941 zeigt im Bereich von Donnerskirchen bereits einen ca. 2,5 Kilometer breiten Schilfgürtel, während das Ostufer vom Golser Kanal bis Illmitz mit Ausnahme einiger Schilfinseln nach wie vor völlig frei von Röhricht war. Auf Luftbildern aus dem Jahr 1957 ist zu sehen, dass die Ausdehnung der heutigen bereits sehr nahekommt. Mit der Umsetzung einer neuen Wehrordnung und der damit verbundenen Erhöhung des Wasserstandes um 50 Zentimeter kam die rasche seeseitige Ausbreitung des Schilfgürtels im Jahr 1965 zum Stillstand.

Für den Vogelschutz ist es wichtig, festzuhalten, dass der Schilfgürtel des Neusiedler Sees vor den großen wasserbaulichen Eingriffen Ende des 19. und Anfang des 20. Jahrhunderts aller Wahrscheinlichkeit nach immer nur einen Teil der heutigen Fläche ausmachte. Das bedeutet auch, dass sich die Brutpopulationen aller heute wertgebenden Vogelarten erst im Verlauf des 20. Jahrhunderts aufgebaut haben, also sehr rezenter Natur sind. Ob für diese Arten nutzbare, großflächige Schilfbestände im östlich angrenzenden Hanság jemals existiert haben, ist hingegen unklar, zumindest für das 19. Jahrhundert aber unwahrscheinlich.

Schilfurwälder als idealer Lebensraum

Der zweite für den Vogelschutz eminent wichtige Faktor ist die wirtschaftliche Nutzung des Schilfs. Es ist davon auszugehen, dass die wenigen kleinflächigen und landseitig gelegenen Schilfbestände, die es am „ursprünglichen" Neusiedler See wohl immer gab, von der örtlichen Bevölkerung in gewissem Ausmaß zum Bau von Gebäuden und zum Dachdecken genutzt wurden. Eine richtige „Schilfwirtschaft" entwickelte sich jedoch erst mit dem Heranwachsen der Schilfbestände im Verlauf des 20. Jahrhunderts. In den ersten Jahrzehnten wurde Schilf überwiegend in Handarbeit geerntet. Dazu passt, dass Lajos Varga[22] im Jahr 1931 die Zahl der Menschen, die rund um den See von „Rohrschnitt und Fischerei" gelebt haben, auf 50.000 schätzte. Das war ein Großteil der damaligen Bevölkerung. Erst später, nach dem Zweiten Weltkrieg, setzte die Mechanisierung der Schilfbewirtschaftung ein, die von den 1950er- bis in die 1970er-Jahre eine Blütezeit erlebte. Große Teile des Schilfgürtels wurden alljährlich abgeerntet, zusätzlich wurden mehrjährige Bestände regelmäßig abgebrannt.[23]

Die Brutbestände aller heute wertgebenden Vogelarten haben sich hier erst im 20. Jahrhundert aufgebaut.

Diese intensive und fast flächendeckende Schilfnutzung hatte mit Sicherheit gravierende Auswirkungen auf die Vogelwelt. Wie zuvor beschrieben, benötigen fast alle im Schilf vorkommenden Vogelarten bestimmte strukturelle Merkmale, die in sehr jungen Schilfbeständen nicht oder nur unzureichend ausgeprägt sind. Sie finden erst im „Schilfurwald", also in mehr- bis vieljährigen Schilfbeständen, die besten Lebensbedingungen. Solche Altschilfbestände waren bis in die 1960er-Jahre vermutlich selten und nur in entlegenen oder schwer zugänglichen Teilen des Schilfgürtels auf größerer Fläche erhalten. Demgemäß müssen damals auch alle spezialisierten, heute als besonders schutzwürdig geltenden Vogelarten sehr selten gewesen sein. Kehren wir an dieser Stelle wieder zu unseren zwei speziellen Vogelarten zurück, für die der Neusiedler See eines der weltweit größten Brutvorkommen beherbergt. Während es von den meisten anderen

Arten seit Mitte des 19. Jahrhunderts zahlreiche Nachrichten über Brutvorkommen gibt, fehlen vom Kleinen Sumpfhuhn mit einer Ausnahme alle Nachrichten. Auch über den Mariskensänger existieren nur wenige Angaben.[24] Das lässt darauf schließen, dass diese und andere Arten älterer Schilfbestände bis Mitte des 20. Jahrhunderts viel seltener als heute waren bzw. sogar weitgehend gefehlt haben. Offenbar nahmen alle diese Arten erst ab den 1940er-Jahren zu, was auf die rasch fortschreitende Vergrößerung der Schilfbestände und eine Phase sehr hoher Wasserstände zurückgeführt werden kann. Man kann davon ausgehen, dass der in den 1950er-Jahren auf weit über 150 Quadratkilometer angewachsene Schilfgürtel trotz der intensiven Nutzung da und dort noch Platz für „Schilfurwälder" und damit optimalen Lebensraum für die darauf spezialisierten Vogelarten bot.

Aus heutiger Sicht ist für den Vogelschutz besonders die Entwicklung der letzten 50 Jahre seit dem Niedergang der Schilfwirtschaft interessant. Seit den 1970er-Jahren wird immer weniger an Fläche genutzt. Wie wir heute wissen, erreichen Schilfbestände am Neusiedler See in der Altersspanne zwischen fünf und zehn sowie von 20 bis 30 Jahren (und älter) einen Zustand, der für fast alle Schilfvogelarten einen sehr guten bis optimalen Lebensraum ermöglicht.[25] Durch die sukzessive Aufgabe der Bewirtschaftung in Teilen des Schilfgürtels ab den 1970er-Jahren dürften dadurch für einige Jahrzehnte großflächige „Schilfurwälder" im optimalen Alter entstanden sein. Einige an Altschilfbestände angepasste Vogelarten erlebten innerhalb von 40 bis 50 Jahren ihre Blütezeit und konnten große, weltweit bedeutsame Brutpopulationen entwickeln. Es ist ein Glücksfall, dass in dieser Zeit die intensive Erforschung der Schilfvogelwelt begann und bis heute fortgeführt werden konnte.

Das ermöglichte, in dieser „Optimalphase" das volle Potenzial des Schilfgürtels als Lebensraum für die Vogelwelt zu erfassen. Aktuell können wir dadurch leider auch den dramatischen Niedergang der Avifauna dokumentieren.

Für weite Teile des Schilfgürtels müssen Managementmaßnahmen ausgearbeitet werden, welche die Wiederherstellung und Erhaltung eines Mosaiks von unterschiedlichen Altersstadien ermöglichen.

Wie Untersuchungen aus den Jahren 2018 und 2019 zeigen, verschlechtert sich die Lebensraumqualität des Schilfs mit zunehmendem Alter. Schilfflächen, die älter als 15 Jahre sind, weisen bereits eine geringere Besiedlung auf als jüngere.[26] Die Schilfwirtschaft hat sich zurückgezogen, zwischen 2010 und 2019 wurden jedes Jahr nur noch sechs bis zehn Prozent der Flächen geschnitten.[27] Auch das bis vor 20 Jahren übliche kontrollierte Abbrennen von Schilfflächen entfällt aufgrund des bundesweit geltenden Luftreinhaltegesetzes. Zwar hatten die teils unkontrollierten Brände oft gravierende Auswirkungen auf die Vogelwelt, aus heutiger Sicht trugen diese Maßnahmen aber wesentlich dazu bei, dass im Schilfgürtel noch vor 30 Jahren eine vielfältige Mischung unterschiedlicher Altersklassen zu finden war.
Die stark negative Entwicklung der „Urwaldbewohner" unter den Schilfvögeln demonstriert uns deutlich, dass sich der Zustand des Schilfgürtels als Lebensraum für die Vogelwelt drastisch verschlechtert hat. Hatten dort in den 1980er-Jahren noch 20.000 Paare des Kleinen Sumpfhuhns Brutplätze, waren es 2019 nur mehr 4.000 Paare. Das bedeutet, vier von fünf Brutpaaren sind in den vergangenen 30 Jahren vom See verschwunden. Beim Mariskensänger beträgt der Schwund 6.000 Paare, damit hat sich

der Bestand halbiert. Auch die Brutbestände vieler anderer, ökologisch ganz unterschiedlicher Arten brechen zusammen. Gab es vor zehn Jahren noch 700 Paare des Silberreihers, er ist der Wappenvogel des Nationalparks, waren 2021 nur mehr 250 Paare übrig.[28] Verschärft werden diese Entwicklungen durch das großflächige Absterben der ältesten Altschilfbestände in den vergangenen fünf Jahren. Alte Schilfhalme brechen dabei um und bilden ausgedehnte, liegende Matten an abgestorbenem Schilf. Diese dichten Lagen toten Pflanzenmaterials können von jungen Halmen kaum mehr durchdrungen werden, sodass es in diesen Bereichen zu keinem Pflanzenwuchs mehr kommt. Diese Gebiete können auch von schilfbewohnenden Vögeln kaum mehr besiedelt werden.[29, 30]

Um diese besorgniserregende, ganz aktuelle Entwicklung in den Griff zu bekommen, sind sofortige Maßnahmen notwendig. Vögel sind vermutlich die am besten geeigneten Bioindikatoren und ihr Niedergang zeigt mit hoher Wahrscheinlichkeit eine dramatische Verschlechterung der allgemeinen ökologischen Situation im Schilfgürtel an. Darüber hinaus hat Österreich als EU-Mitglied in Bezug auf den Naturschutz weitreichende internationale Verpflichtungen. Für bestimmte Vogelarten – darunter befindet sich eine Reihe der hier behandelten Schilfvögel – hat jeder Mitgliedstaat die Verpflichtung, für die jeweiligen nationalen Populationen entweder einen „günstigen Erhaltungszustand“ zu bewahren oder wiederherzustellen. Im Fall der oben behandelten Vogelarten ist das offensichtlich nicht gelungen. Die Ursachen sind bekannt und könnten daher behoben werden. Was ist also zu tun? Im Prinzip bleiben zwei Optionen, für beide gibt es eine gewisse fachliche Rechtfertigung. Auch wenn die Existenz des Schilfgürtels am See in seiner heutigen Ausdehnung, wie oben beschrieben, auf tiefgreifende menschliche Eingriffe zurückgeht, handelt es sich doch um den ökologischen Prozess der Sukzession und beim Schilfgürtel daher um ein Stadium dieser Sukzession. Die derzeit geltenden Bestimmungen für die Kernzone des Nationalparks sehen einen Prozessschutz vor, was bedeutet, dass die hier gelegenen Schilfbestände bis auf weiteres sich selbst überlassen bleiben. Die Entwicklung in diesem Gebiet sollte jedoch genauestens überwacht werden.

Für alle anderen Teile des Schilfgürtels müssen jedoch Managementmaßnahmen ausgearbeitet werden, welche die Wiederherstellung und Erhaltung eines Mosaiks von unterschiedlichen Altersstadien ermöglichen, wie es in den Jahrzehnten nach Aufgabe der großflächigen Bewirtschaftung der Fall war. Maschineller Schilfschnitt wird dabei nur ein kleiner Teil der Lösung sein und kann nur in noch stehenden Beständen eingesetzt werden. Das bevorzugte Mittel der Wahl wird bei Bruchschilfbeständen (aber nicht nur bei diesen) das kontrollierte Abbrennen sein. Die verantwortlichen Stellen sind daher aufgerufen, unverzüglich erste Schritte für ein Brandmanagement zu setzen.

Amt der Burgenländischen Landesregierung
Hauptreferat Naturschutz, Landschaftspflege und Agrarwesen
post.a4-natur-lebensraum@bgld.gv.at

Nationalpark Neusiedler See - Seewinkel
https://nationalparkneusiedlersee.at

Welterbe Naturpark Neusiedler See – Leithagebirge
Haus am Kellerplatz, Purbach
www.neusiedlersee-leithagebirge.at

Naturschutzbund Burgenland
Esterhazystraße 15, 7000 Eisenstadt
www.naturschutzbund-burgenland.at

Verein der burgenländischen Naturschutzorgane (VBNO)
Europaplatz 1, 7000 Eisenstadt
naturschutzorgane.bgld@gmx.at

BirdLife Österreich
Museumsplatz 1/10/8, 1070 Wien
www.birdlife.at

WWF
Ottakringer Straße 114–116, 1160 Wien
wwf@wwf.at

Abb. 6: Selten gesehen

Die Große Rohrdommel ist eine der vielen Vogelarten, die perfekt an den Lebensraum Schilf angepasst ist.

Tanz über das Wasser

Protagonist: Stefan Pollin

Der Naturfotograf und Birdwatcher Stefan Pollin fährt seit über 50 Jahren in den Seewinkel. Vieles hat sich in dieser Zeit verändert.

Mai 2017.
Bereits vor Sonnenaufgang bin ich mit dem Rad auf dem Weg zur Warmblutkoppel. Ich mag diese Stimmung: Noch erklingt das Nachtkonzert der Frösche und Unken, jedoch bald wird es abgelöst vom Morgenkonzert der Rohrsänger. Noch bin ich allein, aber ich weiß, das wird sich bald ändern. Bei gutem Wasserstand ist die Warmblutkoppel ein Hotspot für viele Naturfotografen und Ornithologen. Mit dem ersten Licht füllt sich der Beobachtungsstand. Viele von uns kennen einander, treffen einander Jahr um Jahr im Seewinkel. Auch einige Ornithologen erscheinen. Dankbar nehme ich ihr Wissen entgegen, lerne, wie man einen Waldwasserläufer von einem Bruchwasserläufer im Flug unterscheidet, höre viel von dem Zugverhalten einiger Limikolenarten. Dieses Wissen hilft mir bei der Umsetzung meiner fotografischen Ziele.

Dann entdecke ich in der Runde einen älteren Mann. Irgendwie ist mir sein Gesicht vertraut. 1972 sind wir uns im Seewinkel begegnet, haben gemeinsam Pirol und Wiedehopf fotografiert, auch die Löffler am Apetloner Dorfteich. Damals wagte ich als 13-Jähriger meine ersten naturfotografischen Schritte, während er mit der Materie schon recht vertraut war. Dann erinnert sich auch er. „Stefan, das gibt es ja nicht!“ Herzliche Umarmung, es gibt viel zu erzählen.

50 Jahre sind seit meinem ersten Besuch vergangen. Vieles hat sich verändert. Wer heute in den Seewinkel fährt und auf optimale Bedingungen hofft, um Löffler, Reiher oder Limikolen zu fotografieren, wird enttäuscht nach Hause fahren. Aber es gibt Neues zu entdecken: Schlangenadler, die im Juli über abgemähten Wiesen nach Reptilien Ausschau halten, große Kolonien von Bienenfressern und die Rückkehr der Rotfußfalken. Ich denke, diesen Wandel gilt es behutsam zu begleiten.
Was war nun das Besondere an diesem Morgen? Begegnungen mit den Menschen, oder doch der Seidenreiher, der vor mir auf Nahrungssuche ging? In meinem Inneren trage ich ein bestimmtes Bild von ihm: Tänzelnd läuft er über das Wasser, sein Gefieder vom Licht durchflutet. Am Abend komme ich wieder. Ich bin allein. Nicht viele mögen Gegenlicht. Der Seidenreiher ist auch da. Flügelschlagend läuft er über das Wasser. Ich mache dutzende Aufnahmen. Und dann gibt es das Bild: die Flügel ausgebreitet, der Blick zu mir gewandt, der Schopf weht im Wind. Nicht oft werden innere Bilder und fotografische Umsetzung in der Realität deckungsgleich. Heute ist es gelungen. Bei meiner nächsten Ausstellung hängt dieses Bild als Fine-Art-Druck großformatig an der Wand. Viele Besucher bleiben stehen, sind beeindruckt von der grazilen Schönheit dieses Vogels. Ich denke, Menschen auf das aufmerksam zu machen, was es zu bewahren gilt, ist das wesentliche Ziel der Naturfotografie.

„Es gibt immer Neues zu entdecken: Schlangenadler, große Kolonien von Bienenfressern und die Rückkehr des Rotfußfalken."

Abb. 7: Stefan Pollin

„In meinem Inneren trage ich ein bestimmtes Bild vom Seidenreiher: Tänzelnd läuft er über das Wasser, sein Gefieder vom Licht durchflutet."

Sind wir hier überhaupt in Österreich?

Protagonist: Andreas Zach

Andreas Zach, Ökopädagoge und Ranger, über das Staunen der Besucher im Nationalpark Neusiedler See - Seewinkel und die Faszination der Region.

Seit mittlerweile über zehn Jahren zeige und erkläre ich Besucherinnen und Besuchern des Nationalparks Neusiedler See - Seewinkel die naturnahe Kulturlandschaft diesseits und jenseits der Grenze. Immer wieder blicke ich in erstaunte Gesichter und kann die Gedanken der Menschen fast hören, wenn sie den faszinierenden Naturraum des Neusiedler Sees zum ersten Mal wahrnehmen.

„Sind wir hier überhaupt in Österreich?“ „Ich hätte nicht erwartet, dass es hier solche Tiere gibt“ und Ähnliches schwirrt den Leuten offensichtlich durch den Kopf. Ich muss dabei jedes Mal lächeln, und denke an mich selbst, wie ich den Seewinkel und den ungarischen Teil des Nationalparks die ersten Male wahrgenommen habe. Voller Erstaunen entdeckt man hier Tier- und Pflanzenarten, die man eigentlich viel weiter östlich erwarten würde. Es sind aber nicht nur die Flora und Fauna, die zu begeistern wissen, auch die schier endlosen Weiten verzaubern Groß und Klein.

Dabei ist es, aus der Sicht des Ökopädagogen, gar nicht von allzu großer Bedeutung, ob es sich um ein feuchtes oder um ein trockenes Jahr handelt. Selbst in den trockenen Jahren kann man die in Mitteleuropa einzigartige Landschaft mit allen Sinnen erleben. Seien es die speziellen Gerüche der Wildkräuter und Sodalacken, oder die Rufe der Grau- und Blässgänse bei einem abendlichen Spaziergang mit den wohl schönsten Sonnenuntergängen in Ungarn und Österreich.

Apropos Ungarn. Fahre ich mit Besucherinnen und Besuchern auf eine Entdeckungsreise in den ungarischen Teil des Nationalparks, fällt ihnen sofort auf, dass hier alles ein bisschen anders ist. Was es genau ist, ist schwer zu sagen. Vielleicht ist es hier durch den ehemaligen Eisernen Vorhang etwas wilder, etwas ursprünglicher. Noch immer entdecke ich hier neue Gebiete und freue mich darauf, sie den interessierten Naturliebhabern zu zeigen. Dann schaue ich in ihre staunenden Gesichter und weiß, dass der Neusiedler See mit seiner Naturlandschaft für immer einzigartig bleiben wird.

Abb. 8: Andreas Zach

Im Nationalpark Neusiedler See - Seewinkel entdeckt man jeden Tag Neues und Interessantes.

„Fahre ich mit Besucherinnen und Besuchern auf eine Entdeckungsreise in den ungarischen Teil des Nationalparks, fällt ihnen sofort auf, dass hier alles ein bisschen anders ist.“

8. Die Region als Kulturlandschaft und Welterbe

Der Natur- und Kulturraum Neusiedler See ist eine historisch gewachsene Landschaft von herausragendem Wert. Geprägt von einer besonderen Artenvielfalt, unterschiedlichsten Landschaftstypen und einer langen Geschichte kultureller Transfers hier lebender Völker, wurde die Region Fertő – Neusiedler See im Jahr 2001 in die Liste des UNESCO-Welterbes aufgenommen – mit dem deutlichen Hinweis auf den hohen Wert der reich strukturierten Kulturlandschaft. Im folgenden Kapitel soll vor allem auf die Bedeutung traditioneller Siedlungsstrukturen und Bauweisen und deren Gefährdung seit den 1960er-Jahren eingegangen werden. Eine Besonderheit der Region sind die Streckhöfe mit ihren auffälligen Grundrissen.

8.1. Kulturlandschaft braucht den Menschen

Er ist ein Knotenpunkt der Artenvielfalt und kultureller Prägungen, wie man ihn nur selten unter den Großlandschaften Europas findet: der Natur- und Kulturraum Neusiedler See.

Der Natur- und Kulturraum Neusiedler See liegt am Ostrand der Alpen und am Westrand der Ungarischen Tiefebene, also am Ende des eurasischen Steppengürtels. In Nord-Süd-Richtung durchquert ihn zudem der Alpen-Karpaten-Korridor, eine der wichtigsten Säugetier-Migrationsrouten auf dem Kontinent. Und für eine Vielzahl von Vogelarten sind die Rast- und Nahrungsplätze unverzichtbar für ihren Zug zwischen Nordeuropa und Afrika. Neben dieser Lage an mehreren Übergängen liegt der Schlüssel für die reiche Artenausstattung in der Vielfalt intakter Lebensraumtypen.

Gestaltet – oder zumindest beeinflusst – hat der Mensch den Naturraum Neusiedler See über Jahrtausende. Die offene, artenreiche Kulturlandschaft ist das Ergebnis einer extensiven Viehwirtschaft. Die dafür genutzten Flächen wurden zuvor gerodet oder entwässert. Heute ist das Gesamtbild geprägt von Naturlandschaftsresten und einer Vielzahl von Kulturlandschaftselementen, wie etwa den Trocken- und Halbtrockenrasen entlang des Westufers, dem Löss-Abhang von der Parndorfer Platte im Norden, den Hutweiden, Feuchtwiesen und dem sandigen Seedamm im Seewinkel und den Niedermoorresten im Hanság.

Beweidung – ein Auslaufmodell?

Die Kulturlandschaft rund um den Neusiedler See wurde – wie in allen Teilen des Karpatenbeckens – über viele Jahrhunderte geprägt durch eine extensive, vielerorts auch gemeinschaftlich organisierte Weidewirtschaft. Herden mit Rindern, Pferden, Schafen, Schweinen und Geflügel lieferten Nahrung und Einkommen für die größtenteils bäuerliche Bevölkerung. Auf den Hutweiden der herrschaftlichen Flächen sah es ähnlich aus. Zudem wurden über mehrere Jahrhunderte die Weideflächen jener Ortschaften genutzt, die nach Wirtschaftskrisen und Kriegen nicht mehr besiedelt waren. Hier grasten riesige Herden von Graurindern aus Zentralungarn auf sogenannten Auffettungsweiden, von wo die Tiere über die Zollgrenze (an der Leitha) getrieben wurden. Das kontinentale Klima ließ eine im Vergleich zum Alpenraum lange Beweidungsperiode zu.

Die weitgehend baumlose Landschaft der Wiesen und Hutweiden entlang des Ostufers und rund um die Lacken des Seewinkels beherbergte eine Vielfalt an angepassten Pflanzen und Tieren, darüber hinaus wurde sie als Nahrungs- und Rückzugsgebiet auch von Zugvogelarten genutzt. Die Mechanisierung und Intensivierung in der Landwirtschaft zu Beginn des 20. Jahrhunderts, die Anwendung neuer Methoden des modernen Wasserbaus und später der Wechsel zu ertragreicheren Formen der Landwirtschaft – vor allem Wein- und Gemüsebau – führten innerhalb weniger Jahrzehnte zu einem dramatischen Landschaftswandel: Die wesentlich geringeren Viehbestände blieben in den Ställen, die Hutweiden wurden zum Teil umgeackert oder verschilften.

In den 1980er-Jahren bemühten sich die Naturschutzorganisationen, die letzten Hutweiden zu erhalten. Mit der Gründung des Nationalparks 1993 wurde die Beweidung schrittweise wieder aufgenommen und in das Flächenmanagement integriert. Heute weiden wieder deutlich mehr als tausend Tiere im Nationalpark, auf ungarischer Seite sind es noch mehr.

Das Seevorgelände bei Apetlon konnte mit einer Herde von Graurindern und Wasserbüffeln wieder zu einem artenreichen Lebensraum umgewandelt werden, am Seedamm weiden Weiße Esel, Warmblutpferde, Przewalski-Pferde, Angusrinder und Fleckvieh. Die Apetloner Dorfherde ist rund um die zentralen Seewinkellacken im Einsatz, an Zicklacke und Kirchsee weidet Fleckvieh, im Waasen stehen Galloways. Die Forschungsprojekte des Nationalparks beweisen, wie sehr sich die gezielte Erhaltung der Kulturlandschaft auf die Erhaltung der gebietstypischen Biodiversität auswirkt.

Was macht eine Landschaft zur Kulturlandschaft?

Nutzung prägt die Landschaft. Charakteristisch für diese Region ist die Abfolge unterschiedlicher Kulturlandschaftstypen: Vom Niedermoor des Hanság über den Seewinkel und das Seevorgelände bis zum Schilfgürtel mit seinen Kanälen und Blänken, von den landwirtschaftlich genutzten ebenen Lagen mit den Dörfern und der strukturreichen Weinlandschaft bis hin zu den bewaldeten Kuppen des Leithagebirges und des Ruster Hügellandes und den dortigen Kalksandsteinbrüchen. Die Nutzung dieser Landschaftselemente dauerte teils nur wenige Jahrzehnte, teils viele Jahrhunderte. Von der Weinkultur zum Weinerlebnis: Die Weinkultur ist historisches Erbe – und gleichzeitig Zukunftspotenzial dieser Welterbe-Kulturlandschaft. Schon die Kelten nutzten die idealen Boden- und Klimabedingungen für den Weinbau, es folgten die Römer, und ab dem 16. Jahrhundert führte ein Aufschwung der Weinwirtschaft in manchen Seegemeinden zur Errichtung prunkvoller Bürgerhäuser – heute Teil eines touristisch attraktiven Ortsbildes.

Die Kulturlandschaftsnutzung hat viele Facetten. Mit der dauerhaften Trockenlegung großer Flächen und der Rodung ausgedehnter Wälder hat der Mensch seit dem Mittelalter den wohl stärksten Einfluss auf das Landschaftsbild ausgeübt. Ackerbau, Viehwirtschaft, Weinbau, Gemüsebau und Forstwirtschaft wurden von adeligen und kirchlichen Großgrundbesitzern, später auch von Bauern betrieben. Zudem gab es großen Bedarf an Weideflächen für die Rinderherden auf ihrem langen Weg auf die Fleischmärkte entlang der Donau bis nach Bayern. In dieser baumarmen Kulturlandschaft hat sich eine artenreiche, bestens angepasste Fauna und Flora entwickelt.

Der Wandel hält an: Mit der oftmaligen Änderung der wirtschaftlichen Rahmenbedingungen ging die strukturelle Änderung der Kulturlandschaft einher: Mechanisierung und moderner Wasserbau führten zu einer Ausdehnung der intensiv bewirtschafteten Flächen, der Ausstieg aus der Viehwirtschaft brachte ab den 1960er-Jahren Beweidung und Mahd zum Erliegen. Hutweiden und Trockenrasen gelten seither als bedrohte Lebensräume. Und mit der anhaltenden Verbuschung aufgelassener Weingartenflächen wie mit der Zunahme an Mais-, Kartoffel- und Sonnenblumenfeldern droht eine ökologische Verarmung der Kulturlandschaft.

Wahrnehmung und Wirklichkeit: Die Freizeitgesellschaft des 21. Jahrhunderts hat einen urban beeinflussten Zugang zur Landschaftswahrnehmung. Güterwege müssen den Ansprüchen von Radfahrern gerecht werden, und nicht nur in der Tourismuswerbung finden „Outdoor"-Aktivitäten ausschließlich bei sogenanntem Schönwetter statt. Die Ansichtskartenklischees des 20. Jahrhunderts haben allerdings nach wie vor ihre Wirkung auf die regionale Identität, wenngleich nur eine Minderheit die Kulturlandschaftsgeschichte hinter dem Ziehbrunnen-plus-Schilfhütte-Motiv kennt.

Die Schärfung einer kritischen Wahrnehmung des (schleichenden) Landschaftswandels zählt deshalb zu den Hauptaufgaben des grenzüberschreitenden Welterbegebietes, des Nationalparks und des Naturparks.

8.2. Die Entwicklung der Siedlungen vom Mittelalter bis in die Neuzeit

Autorin: Rosalinde Kleemaier-Wetl

Für den universellen Wert der Welterbe-Kulturlandschaft Fertő – Neusiedler See sind die traditionellen Siedlungsstrukturen und Bauweisen von großer Bedeutung. Die Erhaltung der Integrität unserer Welterbestätte erfordert die Durchsetzung von Bestimmungen zur Eindämmung von Neubauten auf freien Flächen und das Respektieren von Form und Maßstab traditioneller Bauten. Wie aber entwickelten sich diese traditionellen Strukturen? Im folgenden Beitrag wird ihre historische Entwicklung von den Anfängen über ihre beginnende Auflösung in den 1960er-Jahren bis zum heutigen Status quo skizziert.

Von Menschen besiedelt wurde das Gebiet um den Neusiedler See schon lange. Funde sprechen für eine kontinuierliche Besiedlung des Gebietes ab etwa 5600 bis 4900 v. Chr., also seit der älteren Jungsteinzeit. Seitdem nutzten viele Völker und Kulturen die strategisch günstige Lage als Siedlungsgebiet. Die Positionierung der Siedlungen variierte über die Jahrtausende zwischen seenahen, mittleren und erhöhten Lagen am Leithagebirge, abhängig von den klimatischen Verhältnissen sowie wirtschaftlichen und gesellschaftspolitischen Einflussfaktoren. Nur wenige Zeugnisse früherer Kulturen sind heute noch in der Landschaft sichtbar. Hügelgräber aus der Bronze- und Eisenzeit, wie z. B. am Mahdberg in Donnerskirchen, oder Überreste von Wallanlagen der ehemaligen Burgställe von Sopron, Eisenstadt oder Purbach zeichnen sich als ungewöhnliche Geländeformationen in der Kulturlandschaft ab. Meist treten Zeugnisse früher Siedlungstätigkeiten bei Feld- oder Grabungsarbeiten zufällig zutage.

Auch während der Römerzeit war die Region dicht besiedelt. Viele archäologisch erfasste Gutshöfe, Dörfer und Gräberfelder zeugen davon. Ein wichtiger Verkehrsweg im Römischen Reich – die Hauptverbindung von Aquileia nach Carnuntum und von dort weiter an die Ostsee (Bernsteinstraße) – verlief entlang des Sees und des Leithagebirges.

Die heutige Siedlungslandschaft entwickelte sich aus dem Lehenssystem des Mittelalters und war immer eng mit der Bewirtschaftung von Grund und Boden verbunden. Der König als Besitzer des Landes konnte Ländereien, Dörfer und Städte an geistliche und weltliche Würdenträger verschenken oder verpfänden. Die jeweiligen Grundherren siedelten in der Folge Bauern zur Bewirtschaftung ihrer Ländereien an. Zur gerechten Aufteilung des Ackerlandes wurden die Flure in Gewannen und diese wiederum in schmale Streifen unterteilt. Die Wiesen und Weideflächen wurden gemeinschaftlich genutzt. Neben Ackerland erhielten die Lehensbauern schmale, lange Hofparzellen zugeteilt, die in Zeilen entlang eines Baches, einer Straße oder eines Angers aufgereiht waren. Im Gegenzug mussten die Bauern Abgaben entrichten und Arbeitsdienste (Robot) für die Grundherrschaft leisten. So entwickelten sich im Laufe der Jahrhunderte die für unsere Region typischen Straßen- und Angerdörfer. Dieses System der Grundherrschaft hatte bis Mitte des 19. Jahrhunderts Bestand. Danach war Grund und Boden frei handelbar. Trotzdem prägen die Gewann- und Weingartenstreifenflure bis heute das abwechslungsreiche Erscheinungsbild unserer Kulturlandschaft.

Über die genaue Entstehung und die frühe Entwicklung der heute existierenden Orte wissen wir mangels Quellen nur wenig. Für Altersangaben bezieht man sich in der Regel auf die ersten urkundlichen Erwähnungen der Ortsnamen, die vielfach aus dem 13. Jahrhundert stammen. Aber wie sahen die mittelalterlichen Siedlungen rund um den Neusiedler See aus? Plandarstellungen der Orte kennen wir erst seit dem 18. Jahrhundert.[1] Aus frühen Urbaren können wir jedoch zumindest Rückschlüsse auf die Strukturen der mittelalterlichen Siedlungen ziehen. Für Winden am See kann zum Beispiel auf das älteste bekannte Urbar des Burgenlandes aus dem Jahr 1388 zurückgegriffen werden. Diesem ist zu entnehmen, dass der Ort zu dieser Zeit aus zwei Häuserzeilen mit insgesamt 48 Hausstellen bestanden hat, die auf beiden Seiten des Baches eine breite Straße bildeten.[2] Diese Grundstruktur ist bis heute am Ortskern ablesbar.

Gewissheit über die Siedlungsgröße und -struktur haben wir erst seit dem 19. Jahrhundert, als im Franziszeischen Kataster, dem Vorläufer der heutigen Grundstücksdatenbank, die Parzellen und auch deren Bebauung erstmals exakt dokumentiert wurden. In der Region um den Neusiedler See treten zwei verschiedene Siedlungstypen auf – das Straßendorf und das Angerdorf. Bei den Straßendörfern sind die Hofstellen der Bauern entlang einer Durchzugsstraße/Landstraße aufgereiht. Beispiele dafür sind Oggau (Abb. 1), Jois, Fertőrákos oder Balf.

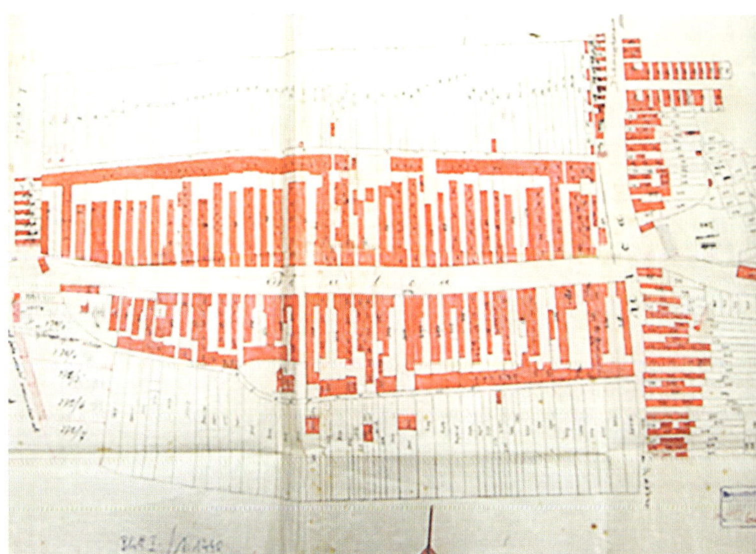

Abb. 1: Oggau, Katasterplan von 1880

Ein typisches Straßendorf (Burgenländisches Landesarchiv)

Die Angerdörfer sind ähnlich aufgebaut, jedoch mit einer Grünfläche – dem gras- oder baumbestandenen Anger, oft auch von einem Bach durchflossen – zwischen den Häuserzeilen. Der Anger wurde vielfältig genutzt, z. B. als Weidefläche, zum Tränken der Haustiere oder Stapeln von Holz. Diese zentrale Grünfläche wird von Randstraßen gesäumt, an welche die Hofparzellen direkt angrenzen. Je nach örtlicher Gegebenheit kann der Anger schmal, breit, oval oder dreieckig ausgebildet sein. Im Mittelalter angelegte Breitanger wurden in späteren Jahrhunderten meist verbaut, sodass die Grünflächen heute verschwunden sind. Das ist z. B. in Breitenbrunn, Purbach (Abb. 2), Donnerskirchen oder Rust der Fall. Nach den Türkenkriegen neu errichtete Siedlungen wurden nach dem Schema eines Breitangerdorfes planmäßig errichtet. Zu diesen sogenannten Ingenieurdörfern gehören u. a. Halbturn, Wallern und St. Andrä am Zicksee. Hier prägen die breiten Grünstreifen noch heute die Ortszentren.

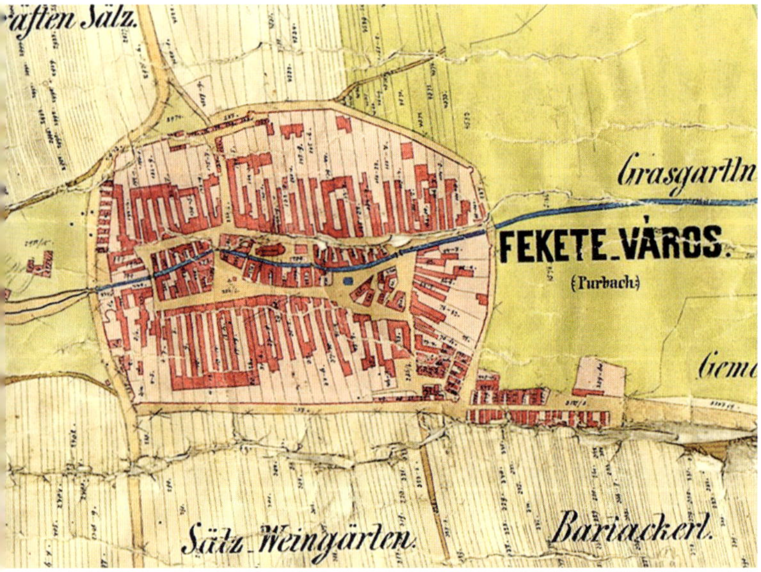

Abb. 2: Purbach, Katasterplan von 1875

Ein typisches Angerdorf (Burgenländisches Landesarchiv)

In den abgebildeten Beispielen sind die beiden Bauernzeilen mit ihren langen, schmalen Parzellen entlang der Straße deutlich erkennbar. Sie bilden den Kern der Siedlung. Die Bebauung der Hofparzellen basierte auf dem Typus des Streckhofes, das heißt, alle Gebäude wurden in einer Reihe zusammengebaut, mit dem Wohntrakt zur Straße bzw. zum Anger hin. Den hinteren Abschluss des Hofes bildeten die Stadel. Mit der Zunahme der nicht bäuerlichen Bevölkerung in der Neuzeit entwickelten sich an den Rändern der Bauernzeilen eigene Söllner-Viertel (Söllner bedeutet Lohnempfänger) und Kleinhäusler-Siedlungen (Abb. 1 bis 3). Diese wurden nach dem Muster der Bauernzeilen, jedoch auf kleineren Parzellen, beginnend schon ab circa 100 Quadratmetern, errichtet. Dieses Schema der Siedlungserweiterung wurde bis Mitte des 20. Jahrhunderts beibehalten. Die Erweiterungen erfolgten stets maßvoll und Boden sparend. Mit Ausnahme von Sonderfunktionen, wie z. B. Mühlen, wurde außerhalb der kompakten Ortsstrukturen nicht gebaut, sodass die Dörfer kompakt und klar von der Kulturlandschaft abgegrenzt blieben. Stadelzeilen als Siedlungsbegrenzung sind heute noch in Donnerskirchen oder Oggau zu sehen.

Große regionale Unterschiede rund um den See

Ausgehend von diesen einheitlichen Strukturen verlief die Entwicklung über die Jahrhunderte jedoch regional sehr unterschiedlich. Im Spätmittelalter existierten auf dem Gebiet des heutigen Bezirks Neusiedl 24 Ortschaften mehr als heute.[3] Infolge von Kriegen, Epidemien und Krisen verödeten viele davon schon im 14. und 15. Jahrhundert wieder. Die aufgrund von schwankenden Wasserspiegeln und ertragsschwächeren Böden wirtschaftlich weniger konkurrenzfähigen Standorte wurden nicht wieder neu besiedelt. Betroffen waren vor allem der Seewinkel und der Heideboden, während sich die Siedlungen am Westufer des Sees infolge der stabileren hydrogeologischen Bedingungen kontinuierlich weiterentwickelten.

Die Distanzen zwischen den heutigen Orten sind daher östlich des Sees deutlich größer als am Westufer. Auch die Zerstörungen durch die Türkeneinfälle im 16. und 17. Jahrhundert hinterließen auf der Nord- und Ostseite des Sees viele Wüstungen. Einige der zerstörten Orte wurden später wieder neu errichtet, indem das überlieferte Siedlungsschema optimiert und planmäßig angewandt wurde (Ingenieurdörfer).

Die Bauern in den Dörfern lebten über die Jahrhunderte von einer gemischten Landwirtschaft aus Viehzucht, Ackerbau, Weinbau und Obstbau in regional unterschiedlicher Ausprägung. Entlang des Leithagebirges waren neben dem Weinbau auch der Obstbau, v. a. die Kirschen, eine wesentliche Einnahmequelle. Pater Adalbert Winkler schrieb 1923:

„Die Haupteinnahmequelle der Windener bilden aber die Kirschen, welche ihnen in guten Jahren 30.000–40.000 Kronen einbringen. Am kalkreichen Leithagebirge gedeihen die Kirschbäume vorzüglich, weswegen dieselben seit Jahrhunderten zahlreich in den Weingärten und auch auf den Äckern angepflanzt werden.“ [4]

Auch der Fischfang und die Schilfwirtschaft spielten in einigen Orten eine wichtige Rolle. Unterschiede und Veränderungen in den wirtschaftlichen Schwerpunkten zeigten sich auch in den Baustrukturen der Bauernhöfe. Hinter den straßenseitig gelegenen Wohntrakten verfügten praktisch alle Bauernhöfe über Fruchtkammern, Stallungen und Stadel zur Einlagerung von Heu, Stroh und landwirtschaftlichen Geräten. Diese Grundstruktur wurde nach Bedarf an die regionalen Möglichkeiten der Landbewirtschaftung und die wirtschaftlichen Veränderungen angepasst.

Am Nord- und Westufer, wo der Weinbau lange Tradition hat, sind auch Presshäuser und Weinkeller in die Höfe integriert. Aufgrund des hohen Grundwasserspiegels wurden die Keller häufig in Form eines eingetieften Erdgeschosses ausgeführt, was sich im Straßenbild durch den Versatz der Geschosse (Halbstock) ausdrückt. Außerhalb der Ortskerne liegende Kellerviertel bzw. Kellergassen wurden in der Regel erst ab dem 19. Jahrhundert angelegt. Über lange Zeit änderten sich die Wirtschaftsweise und damit auch die Hof- und Dorfstrukturen nur graduell. Steigender Wohlstand äußerte sich v. a. im Ausbau der Wohntrakte bis hin zu bürgerlich-städtischen Strukturen, wie die Altstadt von Rust eindrucksvoll vor Augen führt. Trotz vergleichbarer naturräumlicher und klimatischer Voraussetzungen entwickelte sich entlang des Hügellandes eine große Varietät von Ortsbildern aufgrund unterschiedlicher Herrschaftsstrukturen und sozio-ökonomischer Verhältnisse. Am deutlichsten zeigt sich dies an den benachbarten Orten Rust und Mörbisch. In Rust – seit dem 16. Jahrhundert Freistadt – drückte sich der steigende Wohlstand in prachtvollen Winzerhöfen und Bürgerhäusern aus. In Mörbisch (ähnlich im benachbarten Fertőrákos) bildeten sich infolge wiederholter Besitzteilung immer kleinere Einheiten heraus, die sich baulich in Form von Anbauhöfen und Hofgassen manifestierten. Die daraus resultierenden Ortsbilder könnten kaum unterschiedlicher sein. Diese Vielfalt an Ortsbildern auf engstem Raum stellt einen noch viel zu wenig wahrgenommenen Schatz unserer Region dar.

Nicht graduell, sondern mit großen Umwälzungen verbunden verlief die Entwicklung im Seewinkel, was am Beispiel von Illmitz besonders gut zu veranschaulichen ist. Über Jahrhunderte mussten sich die Bewohner mit ständig wechselnden Wasserspiegeln arrangieren und lebten daher hauptsächlich vom Fischfang und der extensiven Weidewirtschaft. Noch um 1700 bildete Schafwolle neben den Fischen die Haupteinnahmequelle der Illmitzer. Ein Detail am Rande: Die frühere Illmitzer Kirche am Kirchsee war zeitweise nur mit dem Boot erreichbar und wurde erst im 18. Jahrhundert in die Mitte des Ortes verlegt. Trockenlegungsmaßnahmen ermöglichten schließlich eine intensive Zucht von Rindern und Pferden. Um 1880 wurden allein in Illmitz zwölf Rinderherden mit jeweils mehreren hundert Tieren ausgetrieben und in weiterer Folge die erste Molkereigenossenschaft im Komitat Moson (Wieselburg) gegründet.[5] Der Illmitzer Käse war als Spezialität weitum bekannt und wird noch heute in Ungarn hergestellt. Diese grundlegende Änderung der Wirtschaftsweise erforderte auch eine angepasste bauliche Infrastruktur, die auf den Hofparzellen nicht unterzubringen war. An den Ortsrändern wurden daher Zeilen von großen Kreuzstadeln in Holzständerbauweise mit Schilfausfachungen, sogenannte Rohrstadel, zur Versorgung der Herden errichtet. 1959 wurde in Illmitz die letzte Viehherde ausgetrieben und mit den Herden verschwanden auch die großen Rohrstadel aus dem Ortsbild. Heute ist nur mehr schwer vorstellbar, dass im Seewinkel tausende Rinder und Pferde weideten.

Auch die Bauweisen entwickelten sich in Abhängigkeit von den verfügbaren Materialien regional unterschiedlich. Am Westufer wurden schon im 19. Jahrhundert nicht nur die Wohnbauten, sondern auch die allermeisten Nebengebäude in Massivbauweise (Naturstein) errichtet. Die wohlhabenderen Bewohner bauten die einfachen Streckhöfe um und errichteten oft auch zweigeschossige Wohntrakte in geschlossener Bauweise. Auf der Ostseite des Sees war Lehm bis in das 20. Jahrhundert übliches Baumaterial. Nebengebäude wurden häufig aus Holz oder aus Holz mit Schilfrohr errichtet und waren dadurch weniger dauerhaft. Bis Mitte des 20. Jahrhunderts waren im Seewinkel mit Ausnahme von einzelnen Pfarrhöfen, Schulen oder Herrschaftsgebäuden keine zweigeschossigen Bauten zu finden.

Grundlegender Strukturwandel Mitte des 20. Jahrhunderts

In der Phase des Wirtschaftsaufschwungs nach dem Zweiten Weltkrieg setzten große wirtschaftliche und strukturelle Veränderungen in der gesamten Region ein. Insbesondere die Viehwirtschaft verlor in der Region rasch an Bedeutung. Tourismus, Wein- und Ackerbau bildeten von nun an die wirtschaftlichen Schwerpunkte. Ehemalige Wiesen und Weiden wurden, soweit möglich, zu Äckern und Weingärten. Am stärksten manifestierten sich diese wirtschaftlichen Umwälzungen wieder in der Kulturlandschaft des Seewinkels. Wo sich früher riesige Weideflächen erstreckten, dominieren jetzt die Weingärten. Die bauliche Infrastruktur für den Weinbau musste großteils neu geschaffen werden, was sich im Ortsbild vor allem in den Hintausgassen bemerkbar macht. Ehemalige Wiesen- und Weideflächen, die für den Wein- oder Ackerbau nicht geeignet waren, wurden zunehmend nutz- und damit wertlos. Die Urbarialgemeinden (Agrargemeinschaften), in deren Besitz sich die Weideflächen befanden, waren daher bemüht, die unproduktiven Flächen zu veräußern. Was lag näher, als diese in Bauland umzuwidmen. So wurden z. B. in Illmitz Anfang der 1960er-Jahre alle ortsnahen Flächen der Urbarialgemeinschaft umgewidmet, parzelliert und die Bauplätze unter den Anteilseignern verlost.[6]

Abb. 3: Fertőszéplak (Schlippach am See)

Dorfmuseum, eigene Aufnahme

Abb. 4: Siedlungsentwicklung von Winden am See

Seit 1947 hat sich die Inanspruchnahme von Kulturlandschaftsflächen für Neubauten dramatisch erhöht.

Quelle: eigene Auswertung auf Basis des Katasterplanes von 2016 (GIS) und der Katastermappen des BEV, des Burgenländischen Landesarchivs und des Gemeindearchivs

Damit wurde Bauland für Generationen geschaffen. Ein typisches Merkmal der Siedlungsentwicklung in der zweiten Hälfte des 20. Jahrhunderts ist daher das Ausfransen in Richtung der ehemaligen Weideflächen. Zusätzlich wurden weiter von den Ortskernen entfernte Flächen für die Errichtung von Feriensiedlungen und Zweitwohnsitzen umgewidmet. Damit wurde die Zersiedelung eingeleitet.

Auch die historischen Ortskerne blieben vom Strukturwandel nicht verschont. Infolge des Aufschwunges in der Wein- und Tourismuswirtschaft und des allgemein zunehmenden Wohlstandes wurden viele Höfe aus- und umgebaut oder durch zeitgenössische Neubauten ersetzt. Bauernhöfe wurden zu Privatquartieren und Frühstückspensionen ausgebaut, zusätzlich wurden Hotels errichtet. Besonders massiv traf diese Veränderung wieder den Seewinkel und den Heideboden. In manchen Orten, wie z. B. Podersdorf oder Weiden, ist heute der Bestand an Gebäuden, die auf die Zeit vor 1919 zurückgehen, unter 0,5 Prozent. Man könnte sagen, diese Orte wurden in der zweiten Hälfte des 20. Jahrhunderts neu gebaut. Zum größten Teil erhalten geblieben sind aber auch dort die traditionellen Strukturen in den Ortskernen.

In Ungarn wurde die Landwirtschaft kollektiviert. Die Wirtschaftsgebäude der ehemaligen Bauernhöfe verloren ihre Funktion und verschwanden mit der Zeit aus den Ortsbildern. Für neue Wohnhäuser wurde ein einheitlicher Typus – das „Würfelhaus“ bzw. der „Kádár-Kubus“ – entwickelt. Die Struktur der langen, schmalen Parzellen in den Ortskernen blieb aber erhalten. Für das Dorfmuseum in Fertőszéplak wurden die ehemaligen Hofstrukturen mit ihren Wirtschaftsgebäuden wieder weitestgehend hergestellt, die Stadel zum Teil aus anderen Orten transferiert. So kann heute wieder ein Ensemble von Höfen der ehemaligen Ackerbauern des Hanság-Beckens mit ihren gut erhaltenen Arkadenhäusern gezeigt werden (Abb. 3).

Ab den 1960er-Jahren hat man sich im Nordburgenland von den traditionellen Strukturen und Bauweisen zunehmend entfernt und ist bei Neuparzellierungen an den Ortsrändern zu „modernen“ Rastersiedlungen mit freistehenden Einfamilienhäusern übergegangen. In vielen Orten hat sich die Siedlungsfläche seither in etwa verdoppelt. Als Beispiel kann hier die Entwicklung von Winden am See dienen (Abb. 4).

Aktuelle Herausforderungen

Die zunehmende Zersiedelung und die modernen Siedlungsstrukturen und Bauweisen stellen nicht nur ein Problem für das Erscheinungsbild der einzigartigen Kulturlandschaft dar, sondern bringen verschiedenste negative Begleiterscheinungen mit sich.

Für den außergewöhnlichen universellen Wert der Welterbe-Kulturlandschaft Fertő – Neusiedler See sind die traditionellen Siedlungsstrukturen und Bauweisen von großer Bedeutung. Die Erhaltung der Integrität unserer Welterbestätte erfordert die Entwicklung und Durchsetzung von Bestimmungen zur Eindämmung von Neubauten auf freien Flächen und das Respektieren von Form und Maßstab traditioneller Bauten. Die Entwicklung der vergangenen Jahre verläuft diametral dazu und gefährdet damit den Outstanding Universal Value (OUV) und als mögliche Folge den Weiterbestand der Welterbestätte.

Unabhängig von der Eintragung in die Liste der UNESCO-Welterbestätten beeinträchtigt die gegenwärtige Entwicklung im Siedlungsbereich unsere einzigartige Kulturlandschaft. Mit der zunehmenden Bodenversiegelung (wir sind Europameister im Bodenverbrauch!) gehen die Verluste von landwirtschaftlichen Flächen und der Artenvielfalt einher. Die Versiegelung verstärkt aber auch die Auswirkungen des Klimawandels, etwa indem durch die geringere Versickerungsmöglichkeit der Grundwasserspiegel weiter abnimmt. Bei Extremwetterereignissen wie Starkregen sind die Ableitungssysteme daher überfordert, wodurch es zu kleinräumigen Überflutungen kommt. Nicht zuletzt bringt die beständige Ausweitung der Siedlungen durch den damit verbundenen steigenden Aufwand für die Errichtung und Erhaltung der Infrastruktur höhere finanzielle Belastungen für die Gemeinden mit sich.

Jede Bautätigkeit verbraucht Ressourcen und Energie und trägt damit zum Klimawandel bei. In allen Bauwerken ist diese Energie in Form der „grauen Energie“ gebunden. Nichtnutzung oder Abbruch von Gebäuden bedeutet also immer eine Verschwendung dieser grauen Energie. Bei der Nutzung von Gebäuden gewinnt die Kühlung im Sommer im Vergleich zum Heizen im Winter infolge der Klimaerwärmung zunehmend an Bedeutung. Schon derzeit steigt der Energieverbrauch für Klimaanlagen rasant. Diese haben einen doppelt negativen Effekt – den hohen Energieverbrauch und das Aufheizen der Umgebung. Traditionelle Bauten sind hinsichtlich der Sommertauglichkeit den Neubauten oft überlegen. Die sorgsame Adaptierung und Nutzung von Bestandsgebäuden trägt also in mehrfacher Hinsicht zum Klimaschutz bei.

Ein weiteres Handlungsfeld in Bezug auf die Auswirkungen des Klimawandels stellt das Mikroklima in den Siedlungen dar. Dabei geht es vor allem darum, Wärmeinseln zu vermeiden. Grünflächen, Verdunstungszonen und Beschattung der Außenräume müssen in der Planung verstärkt berücksichtigt werden. Auch diesbezüglich können wir von traditionellen Strukturen lernen.
Die Steuerung der Siedlungsentwicklung unter Berücksichtigung des Klimawandels und ohne Zerstörung der grundlegenden, historisch gewachsenen Qualitäten ist eine zentrale Herausforderung für die Zukunft. Wesentliche Instrumente dafür sind die Einführung von Siedlungsgrenzen und die Erhaltung und Nutzung des historischen Baubestandes.

Abb. 5: Fenster zur Dorfstraße

Kleine Fensteröffnungen mit Schatten spendenden Fensterläden und die kalkweiße Fassade wirken zusammen als „Klimaanlage“.

8.3. Der wahre Schatz, das sind die Streckhöfe

Autor: Klaus-Jürgen Bauer

In den 1960er-Jahren rollte eine umfassende Modernisierungswelle über das Land, die vor allem in der baulichen Neugestaltung von Wohnhäusern, öffentlichen Gebäuden und Verkehrswegen ihren Ausdruck fand. *Brutalistische* Sichtbeton-Architekturen ersetzten zunehmend die alten Streckhöfe als Leitmotiv. Auch die Streckhöfe wurden nunmehr als rückständig und unzeitgemäß angesehen.

Über den Wert des Baubestandes im Welterbe

Was ist eigentlich ein Streckhof? Wie der Name schon sagt: Ein *Streck-Hof* ist nichts anderes als ein Haus, das in die Länge gezogen – also *gestreckt* – ist. Diese Höfe sind in der Regel schmal – meistens kaum mehr als fünf Meter breit –, aber dafür unglaublich lang, manchmal fast hundert Meter! Die Menschen, die in solchen Streckhöfen lebten und arbeiteten, waren in der Regel arm und – alle waren gleich arm. Daher waren in den Dörfern rund um den Neusiedler See viele Häuser gleich groß und sahen – bis auf kleine Unterschiede – auch ähnlich aus.

Besonders am Ostufer des Neusiedler Sees sind sogenannte *Zwerchhöfe* weit verbreitet. Dieser seltsame Name ist ein uraltes Sprachdenkmal. Es entstand aus dem mittelalterlichen Wort *twerch* und bedeutet quer, schräg oder verkehrt. Ein Zwerchhof ist also ein Streckhof mit einer straßenseitigen L-förmigen Erweiterung. Der Wohntrakt wurde dabei *zwerch umi* – also ums Eck herum – an den langen Streckhof angebaut. Zwerchhöfe sind also fast immer spätere Erweiterungen von Streckhöfen.

Die Streckhöfe rund um den See wurden aus Stein, Ziegeln, Lehm oder Holz gebaut: immer mit dem Material, das gerade zur Verfügung stand. Die Bauweise war bei jedem Material ähnlich. Die Höfe bestehen aus dickem *Massenmauerwerk*, das in der Regel ohne Fundamente direkt auf der lehmigen Erde steht. Die unterste Schicht bildeten oft zerschlagene Tontöpfe als kapillarbrechende Schicht, darauf legte man dann große, flache Steine, die man zuvor auf den Feldern zusammengesammelt hatte. Auf diese Steine wurden dann die Mauern gestellt, die kaum je höher als vier Meter sind. Der dreieckige Dachstuhl sorgte schließlich dafür, dass sich diese langen, dicken fundamentlosen Mauern nicht nach außen neigten. Egal, woraus die Streckhöfe letztlich gebaut waren: Immer waren sie verputzt und weiß gekalkt. Man sprach daher früher auch von den *weißen Dörfern am See*.

Zur Straße hin gab es meist zwei kleine Fenster mit Fensterläden, ein steiles Dach, daneben ein großes Tor. Durch das Tor konnte man in die Höfe einfahren. Da die meisten Streckhöfe zu schmal waren, um einen Pferde- oder Ochsenwagen im Hof zu wenden, musste normalerweise die ganze Hoflänge durchfahren werden, um *hintaus* wieder hinauszufahren.

An der Straßenseite – und nur dort – waren die Fassaden der Streckhöfe meist hübsch mit *Gesimsen* und Putzfeldern verziert. Jeder Hausherr – so arm er auch gewesen sein mag – war auf seine kleine Fassade zur Straße hin stolz. Neben den Gesimsen gab es oft auch aufwendige Fensterumrahmungen. Gesimse und Fensterausschmückungen – auch *Architekturteile* genannt – stellten die Bauern normalerweise nicht selbst her. Es gab dafür Spezialisten, die von Dorf zu Dorf wanderten und den Bauern Mustermappen für die Gestaltung ihrer Straßenfassaden zeigten.

Manchmal wurde das Kalkweiß auch mit einer grauen Farbe ergänzt, die wie Stein aussehen sollte. Viele Streckhöfe hatten zusätzlich blaugrauschwarze Sockel. Diese Farbe entstand durch den Ruß verbrannter Rebstöcke. Erst im 20. Jahrhundert – mit der industriellen Farbenproduktion – waren neben Weiß und Grau auch noch andere Farben möglich.

Dörfer der Schönheit

All diese Eigenschaften von Streckhöfen – und das ist nun der entscheidende Punkt – waren jedoch *keine* individuellen Entscheidungen ihrer Bewohner, sondern basierten auf einer komplexen und strengen Vorschriftenwelt, die weit weg vom See – nämlich in der Ungarischen Staatskanzlei in Wien – festgelegt wurde. Vor Streckhöfen mussten zum Beispiel früher Bäume gepflanzt werden: Das war keine romantische Idylle, sondern eine Vorschrift, die verhindern sollte, dass bei einem Brand das Feuer von einem Haus auf das andere übersprang. Als Feuerschutzbäume setzten die Dorfbewohner oft Obstbäume, die im Sommer Schatten spendeten und im Herbst durch ihre Früchte den Speisezettel aufbesserten.

Die Eigenschaften von Streckhöfen waren keine individuellen Entscheidungen ihrer Bewohner, sondern basierten auf einer komplexen und strengen Vorschriftenwelt, die weit weg vom See in der Ungarischen Staatskanzlei in Wien festgelegt wurde.

Streckhöfe sind standardisierte Typenhäuser! Zwischen Wien und Bukarest stehen daher überall entlang des Mittellaufs der Donau die gleichen Häuser. Einen Streckhof gibt es nie allein, sondern Streckhöfe stehen immer nebeneinander aufgereiht entlang von Straßen. Man nennt die Orte, in denen sie sich befinden, daher zu Recht *Straßendörfer*: die endlosen Streckhofdörfer Mittelosteuropas.

Abb. 6: Dorfstraße von Oslip

Diese Aufnahme zeigt den Variantenreichtum der Fassaden der Streckhöfe.

Diese gleichförmigen Dörfer rund um den Neusiedler See waren also ursprünglich ein Ausdruck eines josephinischen Ordnungsgeistes. Den aufklärerischen Masterminds in der Ungarischen Staatskanzlei in Wien ging es bei der Neuorganisation der Dörfer rund um den See nach dem Ende der Türkenbedrohung um eine neue, strenge, völkische und ständische Ordnung. Die regionale Umsetzung des aufklärerischen Geistes kam dem Großgrundbesitz zu: Im Falle des Neusiedler Sees waren das die Esterházy. Besonders Fürst Nikolaus II. Esterházy de Galantha – *Il Magnifico* genannt – tat sich mit besonderer Liebe für Architektur und Gestaltung hervor. Nikolaus war Soldat von Beruf, sein Herz jedoch gehörte den Künsten, besonders der Architektur. Er schuf damit im Zeitalter der Empfindsamkeit aus dem sumpfig-bäuerlichen Substrat der Seelandschaft das später von Goethe so bezeichnete *Esterházysche Feenreich*.

Gemeinsam mit seinem Pariser Architekten Charles Moreau – einem Anhänger klassizistischer Revolutionsarchitektur – betrieb Nikolaus zwischen 1794 und 1812 die empfindsame, malerische Umgestaltung der Landschaft – *seiner Landschaft* – rund um den See. Alles hier wurde damals mit Gärten, Aussichtspunkten, Jagdhäusern, Alleen, Wäldern, Wiesen und Schlössern geradezu *geimpft*.

Nikolaus schuf aus dem sumpfig-bäuerlichen Substrat der Seelandschaft das später von Goethe so bezeichnete *Esterházysche Feenreich.*

Das Nützliche – nämlich die Landwirtschaft und hier vor allem die Schafzucht – wurde durch den Schönheitssinn des geschmackvollen Fürsten überformt, indem die naturschöne Landschaft kongenial mit kunstschönen Bauten überzogen wurde. Man könnte sagen: Nikolaus und Moreau fügten der rationalistischen Gleichförmigkeit der Dörfer als weitere Zutat Schönheit hinzu.

Die leibeigenen Bauern in den Dörfern wurden dadurch zu Bewohnern besonders *schöner Häuser*, weil natürlich auch diese ins Gesamtsystem der schönen Landschaft passen mussten. Damals entstanden die klassizistisch geschmückten, schmalen, weiß- und grautönigen Streckhoffassaden, welche in endlosen Reihen die staubigen Hauptstraßen der Bauerndörfer rund um den See säumten.

Konservierung der Schönheit

Dieser Wille zur Schönheit stoppte jäh durch Napoleon. Der unter dem Druck des Franzosen neu geschaffene Staat Österreich ging im Jahr 1811 – nur fünf Jahre nach seiner Gründung – bankrott und die glanzvollen Esterházy folgten ihrem Kaiser ein Jahr später. Alle Bauprojekte rund um den See wurden gestoppt, der Hofstaat entlassen und Fürst Nikolaus II. floh nach Italien.

Die der Gegend damals zugrunde gelegte Schönheit jedoch blieb gleichsam 150 Jahre lang konserviert. Bis zur Individualisierung und Entbäuerlichung nach dem Zweiten Weltkrieg stellten die gleichförmigen Streckhofdörfer den vielleicht entscheidenden ästhetischen Höhepunkt der Landschaft rund um den See dar.

Wiederentdeckung der Schönheit

Im Jahre 1961 wurde die architektonische Schönheit der Nikolaus'schen Landschaft rund um den See dann wiederentdeckt. In jenem Jahr nämlich trat das erst kürzlich zuvor gegründete Institut für Städtebau der Akademie der bildenden Künste in Wien mit einem Buch an die Öffentlichkeit, das – für ein Buch über Städtebau ungewöhnlich genug – sich nicht mit der Stadt, sondern mit dem ländlichen Raum, genauer mit dem Nordburgenland beschäftigte. Dieses wichtige Buch zeigte den damals noch ungestörten Bestand der Dorf- und Hauslandschaften rund um den See, bis hin zu schwarz gekleideten Frauen, die vor weiß gekalkten Arkadenhäusern in der Abenddämmerung sitzen. Roland Rainer schrieb in seiner Einleitung, dass jene von Nikolaus II. und Moreau gegründete *schöne* Kulturlandschaft – die 1961, also im Erscheinungsjahr des Buches, bereits im Verschwinden war – den Stoff für eine generelle städtebauliche Neugestaltung der Zukunft bot:

„[statt der] bedrückenden Fülle der Eindrücke einer von Massenhaftigkeit, Mechanismus und Eile beherrschten Umwelt wirkt die Weite, Ruhe und Einfachheit, die Übersichtlichkeit und deutlich erkennbare Gesetzmäßigkeit, der wohltuende menschliche Maßstab der Orte zwischen Neusiedler See und Leithagebirge wie eine Befreiung."

Dieser Satz hätte auch von Moreau stammen können. Der suggestiven, ja geradezu magischen Schönheit der Bilder stand in Rainers Buch jedoch ein eher pessimistischer Tenor entgegen: Einer der Gründe für die Herausgabe jener Monographie war für Rainer die Tatsache, dass das von ihm festgehaltene Bild nordburgenländischer Dörfer einer „immer rascher fortschreitenden Zerstörung zum Opfer" fallen würde.

Rainers Idee, autochthone Strukturen zu analysieren, um daraus Erkenntnisse für die moderne Stadtplanung zu gewinnen, war bemerkenswert und wurde durchaus auch international diskutiert.

Aneignung der Schönheit

Eine unmittelbare Folge von Roland Rainers Buch war die Aneignung dieser *schönen* Landschaft durch zeitgenössische, progressive Architekten und Künstler. Die Wiener Kunstszene entdeckte das in Schönheit sterbende Nordburgenland und eignete sich schöne Reste an – Burgen, Schlösser, Mühlen, Steinbrücken, Hofhäuser. In diesen Gebäuden zelebrierte man eine Vision vom einfachen und gelingenden Leben in Schönheit, ein später, romantischer Nachhall der Nikolaus-Ideen. Das kulturelle Profil einer in Schönheit sterbenden Kulturlandschaft wurde zu einer Art Gemeingut des bürgerlichen Bewusstseins.

Zerstörung der Schönheit

Die oft harte Realität der Bewohner rund um den See stand allerdings diesem ästhetischen Empfinden oftmals diametral entgegen. Nicht Schönheit prägte daher den Diskurs im Land, sondern Mängel. Die Streckhöfe wurden als rückständig und unzeitgemäß angesehen. Es rollte daher eine umfassende Modernisierungswelle über das Land, die vor allem in der baulichen Neugestaltung von Wohnhäusern, öffentlichen Gebäuden und Verkehrswegen ihren Ausdruck fand. *Brutalistische* Sichtbeton-Architekturen ersetzten zunehmend die alten Streckhöfe als Leitmotiv. Es wurde und wird seither sehr viel gebaut rund um den See, aber vieles ohne Qualität. Roland Rainers Befürchtungen in Bezug auf den Untergang der schönen Dörfer rund um den See sind mittlerweile eingetreten. Heute gibt es von der einstigen Schönheit – wenn man von Rust und Purbach absieht und wenigen Straßenzügen anderswo – nur mehr Reste, kaum tauglich für positiv-touristische Umdeutungen. Wir sind rund um den See architektonisch in einer Talsohle angekommen. Die Bilder, die Roland Rainer von der anonymen nordburgenländischen Architektur gezeigt hat, und die begeisterte, ästhetisierende und romantische Rezeption dieser Hauslandschaften durch die Künstler sind Geschichte. Bauen rund um den See heißt heute in der Regel gedankenlose Anwendung von Industrieprodukten. Grelle Farben und Erdölprodukte bestimmen das Bild. Das Bewusstsein für das, was Qualität ist, fehlt weitgehend.

Wiederaufbau des Feenreiches

Es liegt nun an unserer Generation, für die verbliebenen baulichen Strukturen dieses Landstrichs unter der Ägide des Weltkulturerbes ein positives Entwicklungs- und Interpretationspotenzial zu finden. Wir müssen die lange Zeit ungeliebten, unbeachteten und damit auch unbekannten Strukturen unserer Kulturlandschaft wieder neu entdecken. Es geht dabei jedoch nicht um Highlights wie Kirchen oder Schlösser, sondern um das Normale, das Gewebe, das Ensemble. Dieses Besondere im Normalen aber sind die verbliebenen Streckhöfe. Deren inhärente Potenziale müssen für die Architektur entdeckt werden.

Obwohl also Streckhöfe *das* entscheidende strukturelle Merkmal der Region darstellen, werden sie im Welterbegebiet immer noch fleißig abgerissen. Damit wird die Geschichte ausgetilgt und in der Regel durch Schlechteres ersetzt. Immer noch tobt man sich auf der freien Wiese aus, immer noch sterben die Dorfkerne aus. Was in der Region rund um den See dringend fehlt, sind eigene Schutzzonen. Diese würden nämlich den Bürgermeistern ein Mittel in die Hand geben, die strukturbestimmenden Streckhöfe zu erhalten. Wahr ist auch, dass wir das System Streckhof leider immer noch zu wenig kennen. Hier sollte man endlich eine ernsthafte Hausforschung in Gang bringen, um mehr über Baualter, klimatische Wirkungsweisen und spezielle Konstruktionsdetails zu erfahren. Nur auf das, worüber wir Kenntnis haben, können wir letztlich auch schützend einwirken. Am optimalsten wäre es, wenn es in den touristischen Orten rund um den See eine Art Regimebewirtschaftung von mehreren nebeneinanderliegenden Streckhöfen geben könnte. Dann nämlich könnte man in einem etwas größeren Maßstab – also über das Einzelobjekt hinausgehend – alternative und ensemblebildende Modelle wie Albergi Diffusi in solche kontextbildenden Streckhofzeilen implantieren. Mit dem Weiterleben der Streckhöfe im Welterbe gibt es jedenfalls noch viel Luft nach oben.

Gott sei Dank gibt es rund um den See auch heute schon immer wieder Bauherren, die solche Streckhöfe reparieren, weil sie sich als Eigentümer dem Ensemble verpflichtet fühlen. Solche Einzelprojekte machen neugierig auf das, was sein könnte, würde sich das öffentliche Bewusstsein wieder der Architektur zuwenden.

Architekten, Bauherren, Genossenschaften, kritisches Publikum und auch Politiker müssen verstehen lernen, dass das Bauen in einem Welterbegebiet eine besondere Sensibilität verlangt: Architektur muss unbedingt als kultureller Wert begriffen werden. Im Welterbegebiet Neusiedler See jedoch kann *nur* die ensemblebildende Vielheit des Gleichen dazu beitragen, dass neben der unbestritten schönen Landschaft auch wieder eine international wahrnehmbare Kulturlandschaft entsteht. Streckhof-Ensembles können dazu beitragen, aus der Welterbelandschaft des alten schönen Feenreiches eine Kulturlandschaft unserer Zeit zu machen.

Abb. 7–9: Einen Streckhof gibt es nie allein

Streckhöfe stehen immer nebeneinander aufgereiht entlang von Straßen. Man nennt die Orte, in denen sie sich befinden, daher zu Recht Straßendörfer.

8.4. Die Welterbekonvention

Autorin: Ulrike Herbig

Die Region Fertő – Neusiedler See wurde 2001 in die Liste des Welterbes der UNESCO aufgenommen. Was aber sind die Ziele der Welterbekonvention?

Die Kulturlandschaft Fertő – Neusiedler See gehört seit 2001 zu den aktuell 1.154 Stätten auf der Welt, die von außergewöhnlichem universellem Wert sind und daher einen Platz auf der UNESCO-Welterbeliste innehaben. Damit soll ihr Erhalt nicht nur durch nationale, sondern auch durch internationale Zusammenarbeit langfristig gewährleistet werden. Die Konvention – das Übereinkommen zum Schutz des Kultur- und Naturerbes der Menschheit – legt fest, nach welchen Kriterien eine Stätte in die Welterbeliste aufgenommen werden kann. Dieser internationale Vertrag zwischen allen UNESCO-Mitgliedstaaten legt damit die Rahmenbedingungen für den Erhalt des Welterbes fest. 2022 jährte sich das Bestehen der Welterbekonvention zum 50. Mal. Doch selbst nach einem halben Jahrhundert sind der Zweck und die Ziele der Welterbekonvention nicht allgemein bekannt, obwohl die Bewusstseinsbildung für die Bedeutung des Welterbes und dessen Erhalt zu einer der wesentlichen Aufgaben zählen. Diese Lücke und die zahlreichen Herausforderungen, mit denen viele Stätten zu kämpfen haben, lassen den Schluss zu, dass die Staatengemeinschaft die höheren Ziele der Konvention nicht erreicht hat.

Um die Welterbekonvention zu verstehen, ist es sinnvoll, zu den Wurzeln der dahinter liegenden Idee zurückzugehen. Dafür muss man ein wenig ausholen und auf die Geschichte in der ersten Hälfte des 20. Jahrhunderts zurückblicken. Die zwei Weltkriege brachten nicht nur einen unermesslichen Verlust an Menschenleben mit sich, sondern hinterließen den Überlebenden zerstörte Städte, Kulturgüter und Naturgebiete. Die Zerstörungen schufen ein Bewusstsein dafür, wie wichtig diese Stätten für Menschen sind, da sie einen Ort der gemeinsamen Erinnerung bilden und zugleich das kollektive Gedächtnis eine Basis für die Traumaverarbeitung einer Gemeinschaft darstellen kann. Damit verursachten die Weltkriege nicht nur unendliches Leid, sondern sorgten auch für die Erkenntnis, dass sich solche Ereignisse nicht wiederholen dürfen.

Die UNO wurde 1945 gegründet, um allen Staaten ein gemeinsames friedliches Miteinander zu garantieren. Zeitgleich wurde auch erkannt, *„dass ein Friede, der sich ausschließlich auf die politischen und wirtschaftlichen Vereinbarungen der Regierungen stützt, kein Friede wäre, der die einmütige, dauerhafte und aufrichtige Unterstützung der Völker der Welt sichern könnte, und dass der Friede daher, wenn er nicht scheitern soll, auf der geistigen und moralischen Solidarität der Menschheit beruhen muss“.*[7] Dies ist in der Verfassung der UNESCO (*United Nations Educational, Scientific and Cultural Organization)* verankert, die nicht ganz einen Monat nach der UNO konstituiert wurde. Die UNESCO hat zum Ziel, durch die Förderung der Zusammenarbeit zwischen den Nationen in puncto Bildung, Wissenschaft und Kultur zu Frieden und Sicherheit beizutragen. Bemerkenswert ist, dass Österreich 1948 der UNESCO beigetreten ist, noch vor der Erlangung der Souveränität 1955 durch den Staatsvertrag. Es war einer der ersten Beitritte Österreichs zu einer internationalen staatlichen Organisation. Die Österreichische UNESCO-Kommission (ÖUK) ist die nationale Koordinations- und Verbindungsstelle zu internationalen Organisationen.

Österreich: ein Beitritt mit Verpflichtungen

Eine der bedeutendsten und aufsehenerregendsten Aktivitäten der UNESCO war die Unterstützung bei der Rettung der Tempel von Abu Simbel in Ägypten. Als 1960 mit dem Bau eines Staudamms bei Assuan begonnen wurde, waren die Tempelanlagen bedroht, unter dem Wasserspiegel des Nassersees zu versinken. Damit wäre eine der bedeutendsten Kulturstätten der Welt für immer verloren gewesen. Durch die internationale Zusammenarbeit von Fachleuten und die finanzielle Unterstützung durch Mitgliedstaaten der UNESCO konnten die Anlagen abgebaut und auf einer höheren Stelle wieder errichtet werden. Mit der Rettung dieser Stätte erwachte ein Bewusstsein dafür, dass es auf der Welt Orte und Denkmäler gibt, die von so hoher Bedeutung sind, dass ihr Verlust nicht nur für die jeweilige Region, sondern für das kulturelle oder natürliche Erbe der gesamten Menschheit eine Tragödie wäre.

Damit war die Basis für die Definition der Welterbekonvention gelegt. Im Rahmen der 17. Generalversammlung der UNESCO am 16. November 1972 wurde das Übereinkommen zum Schutz des Kultur- und Naturerbes, die Welterbekonvention (*Convention concerning the Protection of the World Cultural and Natural Heritage*), angenommen. Mittlerweile wurde die Konvention als völkerrechtliche Vereinbarung von 193 Staaten unterzeichnet. Österreich ist im Jahre 1992 beigetreten und hat dies auch im Bundesrecht, im Bundesgesetzblatt zum Schutz des Natur- und Kulturerbes der Welt (BGBl 60/1993), verankert.[8]

Die Welterbekonvention besteht aus 38 Artikeln, welche die Rahmenbedingungen für das völkerrechtliche Übereinkommen festlegen. Wie in allen internationalen Vereinbarungen sind die Definitionen sehr allgemein gehalten, um langfristig gültig zu sein. In Artikel 11 beispielsweise wird festgehalten, wie die Liste des Welterbes zu führen und zu administrieren ist. Es wird beschrieben, welche Kriterien eine Stätte erfüllen muss, um in die Liste aufgenommen zu werden, und wie die Rahmenbedingungen und die Abläufe für eine Einschreibung sind. Es werden die Aufgaben und Pflichten der Vertragsstaaten beschrieben, um den Erhalt dieser Stätten zu gewährleisten. Unter anderem wird festgehalten, dass die Vertragsstaaten rechtliche Rahmenbedingungen schaffen müssen, die zum Schutz des Kultur- und Naturerbes der Welt

Die Vertragsstaaten müssen rechtliche Rahmenbedingungen für den Schutz des Kultur- und Naturerbes schaffen. In Österreich ist das nur in einem geringen Ausmaß erfolgt.

beitragen. Es sei an dieser Stelle erwähnt, dass in Österreich eine Umsetzung in diese Richtung nur in einem sehr geringen Ausmaß erfolgt ist.

Die Welterbekonvention definiert die Aufgaben und Pflichten des aus 21 Mitgliedern bestehenden Welterbekomitees und wie lange dieses gewählt werden soll. In der Welterbekonvention werden darüber hinaus Expertenorganisationen dargelegt, die das Komitee für die Einschreibung, die Beobachtung der Stätten und allfällige Maßnahmen zurate ziehen kann. Letztendlich werden die Rahmenbedingungen für internationale Hilfestellungen und für die Verwendung der Mittel aus dem Welterbefonds festgelegt.

Der Prozess zur Einschreibung einer Stätte ist ein wesentlicher Schritt zur Umsetzung der Welterbekonvention. Im Gegensatz zu einer weit verbreiteten Meinung legt nicht die UNESCO fest, welche Stätten in die Liste aufgenommen werden sollen. Es liegt im Ermessen der Vertragsstaaten, eine Liste von Objekten und Orten, die auf ihrem Staatsgebiet liegen, vorzuschlagen. Der Antrag, eine Stätte in die Welterbeliste aufzunehmen, muss von der jeweiligen Vertretung eines Staates gestellt werden. In Österreich ist dafür das Kulturministerium zuständig. Für den Antrag muss ein sogenanntes Nominierungsdossier erstellt werden, in dem beschrieben wird, warum die Stätte von außergewöhnlichem universellem Wert ist und weshalb sie durch internationale Zusammenarbeit geschützt werden soll. Nominierungsdossiers sind mittlerweile sehr umfangreiche Dokumente, die neben der Beschreibung der Stätte auch beinhalten müssen, welche Rahmenbedingungen bereits vom Staat geschaffen wurden, um sie zu erhalten. Diese werden in Form eines Managementplans dargelegt. Managementpläne verpflichtend für eine Nominierung vorzuschreiben, wurde erst 2007 in die operativen Richtlinien zur Umsetzung der Welterbekonvention aufgenommen. Für Stätten, die davor eingeschrieben wurden, sollen solche Pläne nachträglich erstellt werden. Das wurde notwendig, nachdem erkannt wurde, dass ohne zielführendes Management der Erhalt der Stätten nicht gewährleistet werden kann. Der Managementplan für die Kulturlandschaft Fertő – Neusiedler See wurde bereits 2003 erstellt. In Kürze wird eine überarbeitete Fassung veröffentlicht. Nach der Erstellung des Nominierungsdokuments wird dieses an das Welterbezentrum in Paris gesendet. Wichtig dabei ist vor allem zu überprüfen, ob die Stätten von außergewöhnlichem universellem Wert sind und mindestens einem der zehn in der Welterbekonvention festgelegten Kriterien[9] entsprechen. Die Welterbestätte Fertő – Neusiedler See ist nach dem Kriterium fünf eingeschrieben. Das bedeutet, dass die Stätte ein hervorragendes Beispiel einer überlieferten menschlichen Siedlungsform, Boden- oder Meeresnutzung darstellt, die für eine oder mehrere bestimmte Kulturen typisch ist, oder der Wechselwirkung zwischen Mensch und Umwelt, insbesondere wenn diese als Folge unaufhaltsamen Wandels vom Untergang bedroht wird. Die beratenden Gremien geben eine Empfehlung für die Einschreibung an das Welterbekomitee ab, das in einer jährlich stattfindenden Sitzung darüber entscheidet, welche Stätten neu in die Liste aufgenommen werden. Danach liegt es – im Sinne der völkerrechtlichen Vereinbarung, die ein Staat mit der Unterzeichnung der Welterbekonvention eingegangen ist – in der Verpflichtung des jeweiligen Vertragsstaates, die Stätte mit allen zur Verfügung stehenden Mitteln basierend auf der Beschreibung im Nominierungsdokument zu bewahren.

Die Aufgaben der einzelnen Organisationen

Wie die Welterbekonvention tatsächlich wirksam wird, ist in den operativen Richtlinien[10] für die Umsetzung derselben festgehalten und wird vom Sekretariat des Welterbekomitees, dem Welterbezentrum, koordiniert. Die Richtlinien werden regelmäßig überarbeitet, um sie an das aktuelle Geschehen anzupassen. Unter anderem wird hier beschrieben, welche Aufgaben die bereits erwähnten beratenden Organisationen haben. Dies sind der Internationale Rat für Denkmalpflege (*ICOMOS – International Council on Monuments and Sites*), die Internationale Union zur Erhaltung der Natur *(IUCN – International Union for Conservation of Nature)* und die Internationale Studienzentrale für die Erhaltung und Restaurierung von Kulturgut (ICCROM – *International Centre for the Study of the Preservation and Restoration of Cultural Property*). Um das Verständnis für die Aufgaben der einzelnen Organisationen zu fördern, werden sie hier im Einzelnen kurz vorgestellt.

ICOMOS ist eine nichtstaatliche Organisation mit Sitz in Paris, Frankreich. Aufgabe des 1965 gegründeten Rates ist es, die Anwendung von Theorien, Methoden und wissenschaftlichen Verfahren auf die Erhaltung des architektonischen und archäologischen Erbes zu fördern. Seine Arbeit basiert auf den „Grundsätzen der Internationalen Charta zur Erhaltung und Restaurierung von Denkmälern und Stätten (Charta von Venedig) von 1964“[11]. In vielen Ländern unterstützen nationale Komitees die Umsetzung der Welterbekonvention, und in 30 wissenschaftlichen Komitees[12] arbeiten Fachleute an spezifischen Themen, von Architektur und Archäologie über Restaurierung bis hin zu rechtlichen Rahmenbedingungen zum Erhalt des kulturellen Erbes.
Die IUCN wurde 1948 in der französischen Stadt Fontainebleau gegründet. Als erste globale Umweltorganisation brachte sie Regierungen und die Zivilgesellschaft mit dem gemeinsamen Ziel zusammen, die Natur zu schützen. Der Zweck der IUCN ist es, die internationale Zusammenarbeit

zu fördern und wissenschaftliche Erkenntnisse und Instrumente für den Naturschutz bereitzustellen. Die Studienzentrale ICCROM wurde 1956 auf einen Antrag im Rahmen der UNESCO-Generalversammlung in New Delhi gegründet. Der Zweck der zwischenstaatlichen Organisation mit Sitz in Rom ist es, Wissenschaftler, Restauratoren, Museumskuratoren, Stättenverwalter, Archivare, Forscher und Archäologen in den Bereichen Ausbildung, Information, Forschung, Zusammenarbeit und Interessenvertretung in der Denkmalpflege zu unterstützen.

Bewusstsein für den Erhalt des Welterbes stärken

Neben der Evaluierung der Nominierungsdokumente für die Aufnahme von neuen Stätten unterstützen die beratenden Gremien das Welterbezentrum bei der Umsetzung der Welterbekonvention. Zu den Aufgaben gehört es, den Erhaltungszustand der zum Welterbe gehörenden Stätten zu beobachten und darüber zu berichten. Manche ICOMOS-Nationalkomitees, wie in Österreich, bieten darüber hinaus Beratung für die Verantwortlichen von Welterbestätten im Sinne der Welterbekonvention an. Besondere Verantwortung liegt in der Unterstützung von Missionen, die bei Entwicklungen und Vorkommnissen beantragt werden, die den außergewöhnlichen universellen Wert einer Stätte gefährden könnten. Diese kann durch den Vertragsstaat in Form einer sogenannten Beratungsmission (*Advisory Mission*) oder durch das Welterbekomitee in Form eines reaktiven Besuchs (*Reactive Monitoring*) erfolgen. Für die Welterbestätte Wien wurde 2018 eine *Advisory Mission* in Zusammenhang mit der Diskussion um die Entwicklungen, die zur Planung des Hotels am Heumarkt geführt haben, durchgeführt. Um zu verhindern, dass solche Missionen notwendig werden, gehört es zu den Aufgaben der beratenden Gremien, Strategien zum Aufbau von Wissen über die Bedeutung und den Erhalt des Welterbes zu generieren und bei der Entwicklung und Umsetzung einer globalen Strategie für eine repräsentative, ausgewogene und glaubwürdige Liste des Erbes der Welt zu unterstützen. Selbst bei Entscheidungstragenden herrscht vielerorts die Meinung vor, dass die UNESCO vorschreibt, wie mit einer Stätte verfahren werden soll und dass die Einschreibung in die Liste jede Entwicklung verhindert. Die Welterbekonvention bedeutet nicht ein Verhindern von Veränderungen, sondern eine Möglichkeit, Rahmenbedingungen zu schaffen, um sich auf die außergewöhnlichen universellen Werte, die eine Stätte so einzigartig machen, zu besinnen. Es ist die Chance, den nächsten Generationen Werte zu hinterlassen, die sich über Jahrhunderte, wenn nicht Jahrtausende entwickelt haben und zum Zeitpunkt der Einschreibung dokumentiert werden konnten. Besonders für Kulturlandschaften wie Fertő – Neusiedler See müssen die Entwicklungen im Hinblick auf die außergewöhnlichen universellen Werte immer wieder hinterfragt und angepasst werden. Das Ziel ist, bei allen Maßnahmen mit dem Bewusstsein zu agieren, dass es diese Werte gibt und Veränderungen so vorgenommen werden, dass diese weiterhin erkennbar bleiben. Wird dies nicht bedacht, laufen wir Gefahr, die Generation zu sein, die das Erbe der Menschheit unwiederbringlich zerstört.

Abb. 10: Die Gloriette in Fertőboz (Holling)

Die Region Fertő – Neusiedler See wurde 2001 in die Liste des Welterbes der UNESCO aufgenommen.

Volkskultur erlebbar machen

Protagonist: Josef Haubenwallner

Mit 40 Jahren begann Josef Haubenwallner das Dorfmuseum in Mönchhof aufzubauen. Seit 1990 betreibt er das Museum mit seiner Frau Christine, schon lange gehört es zu den touristischen Attraktionen des Burgenlandes.

Von der Hobbysammlung zum Museum

Das Dorfmuseum Mönchhof im Burgenland wurde 1990 gegründet und öffnet seither jährlich seine Pforten. Doch beginnen wir am Anfang: Josef Haubenwallner, Gründer des Dorfmuseums, wäre, auch wenn er sich eine andere Karriere hätte aussuchen können, wieder Maurer, Fliesenleger und Steinmetz geworden. „Ich bin zufrieden mit dem Handwerk, das ich erlernt habe", sagt der gelernte Maurer.

Dabei war es zu Beginn gar nicht so leicht, überhaupt eine Lehrstelle zu finden. Das war im Jahr 1964. Damals wurden die Lehrlinge vor allem für Hilfsarbeiten eingesetzt, wenngleich sie sich schon gerne stärker an der Arbeit beteiligt hätten.

Später ist Haubenwallner sein Handwerk ebenfalls zugutegekommen. Und zwar, als er im Alter von 40 Jahren begann, gemeinsam mit seiner Frau Christine das Dorfmuseum Mönchhof aufzubauen. Das Sammeln von Objekten zählt zu den vielen Passionen von Josef Haubenwallner. Aus einer kleinen Privatsammlung wurde in den vergangenen 30 Jahren ein Freilichtmuseum. Viele Handwerksberufe sind im Dorfmuseum vertreten, wie etwa Tischler, Schuster, Schneider, Sattler, Wagner, Zimmermann, Fassbinder und Friseur.

Das Freilichtmuseum gehört zu den beliebtesten touristischen Attraktionen im Burgenland. 2002 wurde dem Dorfmuseum das Österreichische Museumsgütesiegel verliehen. Die Leidenschaft rund um das Museum hat bereits auf die nächste Generation abgefärbt. Seine Tochter Manuela Pasterk schätzt sehr, was ihr Vater aufgebaut hat, und möchte das Werk weiterführen. Dann bliebe es auch in der Familie, wie sie anmerkt. Tatsächlich ist sie schon seit 2018 die Geschäftsführerin des Dorfmuseums, das mittlerweile aus 35 Gebäuden besteht – alle ursprünglich aus dem Heideboden stammend und hier in Mönchhof wieder aufgebaut.

Anmerkung: Christine und Josef Haubenwallner erhielten im Oktober 2022 das Goldene Ehrenzeichen für Verdienste um die Republik Österreich. Josef Haubenwallner erhielt den Titel Professor. Diese höchste Bundesehrung würdigt ihr Lebenswerk.

Abb. 11: Josef Haubenwallner

„Ich bin zufrieden mit dem Handwerk, das ich erlernt habe", sagt der gelernte Maurer.

Vermittler der Tradition

Protagonist: Sepp Gmasz

Wer weiß heute noch, wofür der Begriff „Heideboden" steht? Sepp Gmasz lebt in Neusiedl am See und ist als Musikant und Volkskundler schon lange um die Bewahrung von Liedern, Tänzen und Bräuchen bemüht.

Wenn ein Leben – wie meines – von frühester Kindheit an von Musik durchdrungen ist, dann hat das wohl auch mit dem kulturellen Nährboden zu tun, dem es entstammt. In meinem Fall ist das der Heideboden, in dessen geistlichem Zentrum Frauenkirchen ich zur Welt kam und aufwuchs.

Heidebauern („Hoadbauern") nannte man die Bewohner der deutschen Dörfer des ehemaligen Komitats Wieselburg. „Selten findet man hier einen Bauern aus besserem Haus, der nicht Bücher lesen und – soweit es seine Angelegenheiten erfordern – auch schreiben kann", konzedierte der Polyhistor Matthias Bel schon 1742 den Heidebauern eine überdurchschnittliche Bildung. Und tatsächlich gab es zu dieser Zeit in vielen Häusern selbstverfasste handschriftliche Liederbücher, von denen noch heute Dutzende im Stift Pannonhalma aufbewahrt werden.

Gerühmt wurde der Heideboden auch für die in der Winterzeit aufgeführten geistlichen Volksschauspiele. Die „Comedi vom Jüngstn Gericht", in Apetlon zuletzt im Jahr 1926 gespielt, konnte ich ein halbes Jahrhundert später noch selber mit den letzten Darstellern in Text und Musik aufzeichnen.

Vom Brautabholen bis zum Kirchenzug, von den Gassenstückln bis zum Kranzltanz – die opulenten Hochzeiten auf dem Heideboden waren von Musik durchdrungen. Als alter Hochzeitsmusikant und oftmaliger Gast der Bauernkapelle Fleischhacker in Illmitz weiß ich, wovon ich rede. Bis in die jüngere Zeit hat man an den Liedern und Tänzen sowie an den Bräuchen zu den markanten Jahres- und Lebensfesten festgehalten. In ihnen offenbarte sich mir das Weltkulturerbe Neusiedler See auf eine spezifische Weise: als eine kulturelle Region, die durch eine besondere Geistigkeit und Musikalität der Menschen geprägt ist.

Freilich, die gesellschaftlichen Umbrüche der Gegenwart haben vieles zum Verstummen gebracht. Leider ist selbst der Begriff „Heideboden" aus unserer medialen Öffentlichkeit gänzlich verschwunden. Und doch: Dass ich als Musikant und Sänger Teil und Vermittler dieser Traditionen sein durfte, bleibt ein beglückendes Gefühl.

Abb. 12: Sepp Gmasz

Schon im 18. Jahrhundert gab es in vielen Häusern der Heidebauern selbstverfasste handschriftliche Liederbücher.

9. Warum wir die Landwirtschaft in Zeiten der Klimaerwärmung neu denken müssen

Autor: David Goldenits

Die Folgen der Klimaerwärmung sind schon jetzt in der Region Neusiedler See spürbar. Sie stellen insbesondere die Landwirtschaft vor neue Herausforderungen. Die Diskussion darüber, wie wir uns mit dem Wasserhaushalt, adäquaten Anbauweisen und einer Neustrukturierung der agrarischen Landschaft für die Zukunft rüsten können, hat bereits begonnen. Der folgende Beitrag erhebt den Status quo und skizziert Szenarien für die Zukunft.

Die Erwartungen an die Landwirtschaft bleiben auch in unserer technologisierten Gesellschaft hoch: Einerseits soll die wachsende Weltbevölkerung mit sicheren, nachhaltig produzierten Lebensmitteln versorgt werden. Andererseits gilt es, aus ökologischen Gründen Produkte fossilen Ursprungs nach und nach durch Materialien aus erneuerbaren Rohstoffen, wie etwa Bioplastik oder Biotreibstoffe, zu ersetzen. Aufgrund der sich verändernden klimatischen Verhältnisse und der damit verbundenen Häufung von Wetterextremen, die zu Hitze, Dürren oder Starkregen führen, wird es allerdings immer schwieriger, diesen Anforderungen gerecht zu werden. Erschwerend kommt hinzu, dass sich die Klimaveränderung auf die Ernten früher und stärker auswirkt als bisher angenommen. So verweist etwa eine Studie der NASA und des Potsdam-Instituts für Klimafolgenforschung darauf, dass sich Landwirte und Landwirtinnen weltweit schon innerhalb des nächsten Jahrzehnts auf eine neue Klimarealität einstellen müssen, um die Ernten zu sichern.[1]
Das bestätigt etwa auch der ZAMG-Meteorologe Gerhard Wotawa: „Speziell im Frühjahr und im Sommer gibt es zunehmend längere Episoden, in denen es sehr trocken ist. Diese gab es früher nur alle zehn bis 20 Jahre, mittlerweile sieht man sie nahezu jährlich. Das führt zu großem Stress für die Vegetation und ist auch für die Wasser- und Energieversorgung in der Zukunft problematisch."[2]
Der folgende Beitrag soll daher einen Einblick in den Bereich der landwirtschaftlichen Nutzung dieses unverwechselbaren, vom pannonischen Klima stark beeinflussten Gebietes geben. Die Knappheit an Wasser gibt dabei noch stärker als in anderen Anbauregionen Österreichs die Richtung vor.

Abb. 1: Olivenöl vom Neusiedler See

Olivenbäume zwischen den Weingärten bei Mörbisch am Neusiedler See. Klingt utopisch, ist aber jetzt schon Realität und ein Szenario laut Klimaprognosen.

Strukturbereinigung: Viele Kleinbetriebe geben auf

Einen wichtigen Beitrag zum Verstehen der aktuellen Agrarstruktur in der Region des Neusiedler Sees liefert ein Blick in die Vergangenheit.

Relativ spät, erst zu Beginn des 19. Jahrhunderts, vollzog sich in der Region eine langsame Umstellung der bis dahin vorherrschenden extensiven Weidewirtschaft auf eine intensive landwirtschaftliche Nutzung. In dieser Zeit entstand die lombardische Bewässerung über Kanalsysteme in der Region nördlich von Strass-Sommerein/Hegyeshalom. Die grünlandbetonte Fruchtfolge wurde um den intensiven Anbau von Kartoffeln, Getreide und diversen Feldfrüchten ergänzt. Noch als das Burgenland Teil Ungarns war, wurden Märkte in Wien mit Salat beliefert. Nach Angliederung des Burgenlandes an Österreich 1921 kam es zu einer Steigerung der Produktion und zur Gründung der ersten Genossenschaft für die Produktion und die Vermarktung von Frischgemüse. Bis in die 1960er-Jahre war die Landwirtschaft im Burgenland die wichtigste Erwerbsform, wobei aber ihre Bedeutung danach kontinuierlich abnahm. Das „Bauernsterben“ machte auch vor dieser Region nicht halt. In Österreich gab es 1950 insgesamt noch 433.000 land- und forstwirtschaftliche Betriebe, im Jahr 2020 waren davon nur mehr rund 155.000 Höfe übrig. Diese Entwicklung flachte ab dem Jahr 2010 etwas ab. Während allerdings im vergangenen Jahrzehnt etwa in Salzburg nur 17,1 Prozent der Betriebe schlossen, gaben im Burgenland zwischen 2010 und 2020 mehr als 28,5 Prozent der Betriebe auf, das ist mehr als jeder vierte. Dieser Rückgang auf mittlerweile 5.400 landwirtschaftliche Betriebe ist Österreichrekord.[3] Für die Region Neusiedler See bedeutet das, dass noch rund 2.100 Betriebe existieren, davon 1.670 im Bezirk Neusiedl am See und 423 im Bezirk Eisenstadt-Umgebung.[4]

Größere Flächeneinheiten werden geschaffen

Dieser Strukturwandel der burgenländischen Landwirtschaft hat verschiedene Ursachen, u. a. auch historische: die viel zu eng gebauten Streck- und Hakenhöfe, die eine Mechanisierung behindern, aber auch dicht angelegte Dörfer, die Erweiterungen nur bedingt zulassen, um auf die extreme Flurzersplitterung durch Realteilung zu reagieren.[5] Das erschwerte auch die Anpassung an einen Markt, der immer globalisierter organisiert ist. Die Region verlor zunächst marktseitig den Anschluss gegenüber dynamischen Anbaugebieten wie dem Marchfeld. Mittlerweile konnte jedoch ein Teil der Betriebe durch Spezialisierung und Investitionen in Wirtschaftsgebäude und andere Infrastruktur diesen Rückstand wieder aufholen. Damit verbunden ist aber bei einem längerfristigen Fokus auf Hackfrüchte wie Mais und Erdäpfel (ohne diverse Fruchtfolgen) das Risiko einer Bodenerschöpfung. Eine zusätzliche Herausforderung stellt der zukünftige Umgang mit bewässerungsintensiven Kulturarten wie Gemüse, Mais und Kartoffeln dar. Schon jetzt wird darüber diskutiert, wie sich der Anbau bestimmter Kulturarten, die Verfügbarkeit von Wasser, die Klimaerwärmung und die Marktchancen vereinbaren lassen.
Zum Getreideanbau ist zu sagen, dass sich dieser nach vormals österreichweit unterdurchschnittlichen Erträgen und kontinuierlichen Verbesserungen immer stärker auf hochwertiges Brot- und Braugetreide verlagert hat. In der Region verringern die trockene Witterung und viel Wind die Gefahr eines Pilzbefalls und erleichtern dadurch den Umstieg auf eine biologische Produktion.
Der Maisanbau erstreckt sich in der Region mittlerweile auf eine Fläche von 10.500 Hektar, als zweitwichtigste Anbaufrucht nach dem Winterweizen. Die zum Trocknen in regional typischen „Tschardaken" (Holzkonstruktionen) aufgehängten Kukuruz gehörten lange zum Ortsbild des Seewinkels.
In Bezug auf die Saatgutproduktion nimmt vor allem der Bezirk Neusiedl am See eine bedeutende Rolle in der gesamtösterreichischen Produktion ein. Die Austrosaat, ein Zusammenschluss zahlreicher alter, renommierter österreichischer Samenzuchtfirmen, unterhält im Seewinkel Anbauflächen für Blumen-, Gemüse- und Kräutersämereien sowie Rasensaatgut und Blumenzwiebeln. Im Jahr 1983 baute der US-amerikanische Konzern Corteva Agriscience, vormals Pioneer – einer der größten Saatguthersteller der Welt –, eine Saatgut-Station zur Produktion von Hybridmais in Parndorf. Dadurch wurden rund 150 Arbeitsplätze geschaffen und 500 landwirtschaftliche Betriebe in die Produktion eingebunden. Das Saatgut wird für den heimischen und globalen Markt produziert.[6] Im Hinblick auf die kritische Wassersituation ist eine Umstellung auf Tröpfchenbewässerung geplant, wobei das damit verbundene Problem der Kunststoffabfälle zu lösen ist.
Hackfrüchte (Kartoffel, Futterrübe) hatten lange Zeit kaum Bedeutung, ebenso wie Futterpflanzen (Rotklee und Luzerne). Besonders markant war der Rückgang des Kartoffelanbaus: Er sank von 19.000 Hektar im Jahr 1927 auf etwa 500 Hektar im Jahr 1993. Das war im Wesentlichen eine Folge des Rückgangs der Schweinemast in den Kleinbetrieben. Erst in jüngster Zeit nimmt der Kartoffelanbau wieder zu. Abnehmer ist die Stärke- und Speiseindustrie, Hauptanbaugebiet ist der Bezirk Neusiedl.[7]

Der Gemüseanbau hat vor allem rund um den Neusiedler See eine lange Tradition. Während in der Zwischen- und Nachkriegszeit vor allem Neusiedl (Neusiedler Grundsalat) und Mörbisch wichtig waren, wurde in der Zeit zwischen 1960 und 1970 der Feldgemüseanbau im Seewinkel, vor allem in den mittleren und östlichen Seewinkel-Gemeinden, stark ausgeweitet. Gurken, Paprika und Paradeiser wurden die wichtigsten Produkte, daneben Salat, Chinakohl und Karotten. Zur traditionellen Belieferung des Wiener Marktes kam die Abnahme durch die Konservenfabriken. Höchste Erträge und entsprechende Ertragssicherheit können im Gemüseanbau aber nur durch künstliche Bewässerung erzielt werden. Vielen bodenarmen Vollerwerbsbetrieben brachte der

Feldgemüseanbau eine Überlebensmöglichkeit.[8] Eine stärkere Ausrichtung auf den Frischmarkt ergab sich mit der Einführung des Anbaus von Gemüse unter Folie. Man ging Kooperationen mit dem Handel ein, es wurden Vertriebsgesellschaften gegründet. 2002 folgte die Produktion von Tomaten in Glashäusern, danach die von Paprika und Gurken.[9] Der Weinbau spielt bis heute eine bedeutende Rolle (siehe Kapitel 10 zum Weinbau). Der Obstbau hat in der Region mittlerweile kaum mehr wirtschaftliche Relevanz. Das war noch vor einigen Jahrzehnten anders, denkt man etwa an die Kirschenregion am Leithagebirgshang und im Mattersburger Hügelland am Westufer des Neusiedler Sees. „1938 standen dort 96.000 Kirschbäume. Noch in der Zwischenkriegszeit war der Verkauf der Kirschen auf den Wiener Märkten ein gutes Geschäft und bot den Bauern ein attraktives Einkommen. Der Rückgang begann in den 1970er-Jahren. In den Weingärten mussten die Kirschbäume der maschinellen Bearbeitung weichen. Nur noch etwa 20 Prozent der Bäume – das sind 8.000 von etwa 50.000 Bäumen – sind erhalten geblieben, heute jedoch meist überaltert." (Atlas Burgenland, 2021.) Heute ist die Kirschproduktion vor allem in touristischen Konzepten der Gemeinden am Leithagebirge ein Faktor.

Auch die Bedeutung der Viehwirtschaft ist in der Region um den Neusiedler See vergleichsweise gering. Laut Agrarstrukturerhebung 2020 verfügen im Burgenland weniger als 1,5 Prozent der Betriebe über eine Schweine- und Rinderhaltung.[10]

Zum Stand der landwirtschaftlichen Nutzung in der Region

Böden am Neusiedler See – hochwertige Ackerflächen

Die Region des Seewinkels umfasst die westlichste Salzsteppe Europas. Es dominieren nährstoffreiche Steppenschwarzerden (Tschernoseme), die bei hoher Humusauflage zu den fruchtbarsten Standorten weltweit gehören. Daneben gibt es kalkreiche Sandböden und Salzböden, im Bereich des Hanság im Südosten des Seewinkels herrschen humusreiche Moorböden vor (Bodenatlas). Entlang des Leithagebirges auf der Westseite des Neusiedler Sees dominieren flachgründige Humusauflagen auf kalkreichem Leithakalk, die dann zum Schilfgürtel hin in Feuchtschwarzerden und Salzböden übergehen.

Um den Neusiedler See liegt der Anteil des Ackerlandes an der landwirtschaftlich genutzten Fläche zwischen 40 und 90 Prozent.[11] Der Hauptgrund für diesen im Österreichvergleich hohen Anteil ist in den teils mit einem hohen Humushorizont ausgestatteten Schwarzerden zu finden. Diese Böden erwärmen sich schnell, es gibt in der Region nur wenige staunasse Bereiche und das kalkreiche Lockermaterial lässt sich mit Bodenbearbeitungsgeräten leicht und bodenschonend bearbeiten. Vor allem diese Eigenschaft kommt der biologischen Landwirtschaft zugute, in der ausschließlich mechanische Maßnahmen zur Beikrautregulierung gesetzt werden können. Die hohe Wertigkeit der Böden im Bezirk Neusiedl am See ist neben der Möglichkeit zur Bewässerung ein wesentlicher Grund für dessen hohen Anteil an Feldgemüseanbauflächen.

Bewässerung und deren Restriktion

Grundsätzlich begünstigten die hohe Anzahl an Sonnenstunden, eine trockene und windreiche Vegetationsperiode sowie klimatische Einflüsse durch den Neusiedler See und warme Salzböden den Wein- und Gemüseanbau in der Region. Aufgrund immer länger werdender Trockenphasen und hitzebedingt höherer Verdunstungsraten innerhalb der Vegetationsperiode ist eine landwirtschaftliche Bewässerung für kostenintensive Kulturarten, wie etwa für den Gemüse- und Obstanbau, essenziell geworden (ausführliche Informationen zu den klimatischen Bedingungen und Veränderungen in der Region finden sich in Kapitel 1).

Die Bewässerung für kostenintensive Kulturarten wurde essenziell.

Österreichweit wurden laut dem „Kompetenzzentrum Bewässerung" 2021 rund 120.000 Hektar Ackerfläche bewässert. Ein Großteil der Bewässerungsflächen liegt in Niederösterreich rund um Wien, in Oberösterreich im Eferdinger Becken, in der Steiermark u. a. im Grazerfeld, in Kärnten im Klagenfurter Becken sowie in Tirol im Oberinntal. Bemerkenswert ist, dass diese Regionen die wichtigsten Gemüseanbaugebiete des Landes sind.[12] West- und nordseits des Neusiedler Sees bestehen nur eingeschränkt Bewässerungsmöglichkeiten, da der hier tiefer liegende Grundwasserkörper nur schwer mit Pumpen erreichbar ist. Ausnahmen bilden vereinzelte Bewässerungssysteme in den Weingärten am Hang des Leithagebirges, im westlichen Seevorgelände sowie an der Parndorfer Platte. Im Seewinkel hingegen wird Grundwasser aus rund 5.000 behördlich bewilligten Brunnenanlagen für die landwirtschaftliche Bewässerung genutzt. In den Gemeinden haben sich dazu Wassergenossenschaften gebildet, die üblicherweise – auf zehn Jahre befristet – wasserbehördliche Bewilligungen erteilt bekommen. Die Grundwasserentnahme in der Region hat dabei lediglich Einfluss auf den Grundwasserkörper des Seewinkels, der mit dem Wasserkörper des Neusiedler Sees nicht zusammenhängt. Die entsprechende Freigabe zur Grundwasserentnahme für Bewässerung wird von der Bezirksbehörde erteilt und regelt die Entnahme nach bestimmten Kriterien. Welche Feldkulturen sind nun als beregnungsbedürftig festgelegt und werden aktuell in der Region beregnet?
Auf der West- und Nordseite des Neusiedler Sees werden aufgrund eingeschränkter Bewässerungsmöglichkeiten extensiver geführte Marktfrüchte wie etwa Getreide, diverse Leguminosenarten (Soja, Erbsen, Bohnen etc.), Sonnenblumen, Körnermais usw. angebaut.

Den wegen seiner Bewässerung stark in Diskussion stehenden Seewinkel betreffen in Summe rund 32.000 Hektar. Davon umfassen die bewässerten Ackerkulturen 720 Hektar Feldgemüse, 3.300 Hektar Saat- und Zuckermais, 1.400 Hektar Kartoffeln, 700 Hektar Zuckerrüben, 1.000 Hektar beregnetes Soja, und im Bedarfsfall circa 1.000 Hektar Getreide.[13] Das würde etwa ein Viertel der Gesamtfläche des Seewinkels ausmachen. Bewässerte Obstanlagen belaufen sich auf circa 330 Hektar.

Der mittlere jährliche Beregnungsbedarf der gesamten Genossenschaft wird auf Basis der empfohlenen Beregnungsgaben durch das Landwirtschaftliche Bezirksreferat Neusiedl am See und der Kulturartenerhebung 2001 der Burgenländischen Landwirtschaftskammer berechnet. Der höchste Beregnungsbedarf pro Jahr wird für Folienhäuser mit 750 Millimeter Beregnungsmenge ausgegeben, der von Erdäpfeln etwa liegt bei 200 Millimeter, der von Mais bei 150 Millimeter.
Mit dem Erreichen der restriktiven Phase treten für das entsprechende Jahr folgende Restriktionen in Kraft: ein Verbot der Beregnung von Getreide, Sonnenblumen, Raps, Erbsen und Weingärten, mit Ausnahme der Tröpfchenbewässerung. Sowie ein Beregnungsverbot mit einem Düsendurchmesser, der größer als zehn Millimeter ist (erlaubt ist eine Beregnung dann nur in der Nacht, von 19 bis 8 Uhr). Ab dem Beginn des auf die restriktive Phase folgenden neuen Jahres (1. Jänner) kann das Wasserbenutzungsrecht nur für die Bewirtschaftung von Folientunneln und zur Tröpfchenbewässerung herangezogen werden.

Die nachfolgende Grafik zeigt, dass der Grundwasserstand in einem Referenzbrunnen der Teilregion (Frauenkirchen Bl. 108 A) im Jahr 2022 bereits Mitte April – also noch vor Beginn der Hauptbewässerungsperiode (in der Region ab Anfang Juni) – unter den seit Aufzeichnungsbeginn 1969 verzeichneten Messbereich gefallen ist. Ausführliches Datenmaterial ist im Wasserportal Burgenland zu finden.

Langzeitvergleich Grundwasserstand

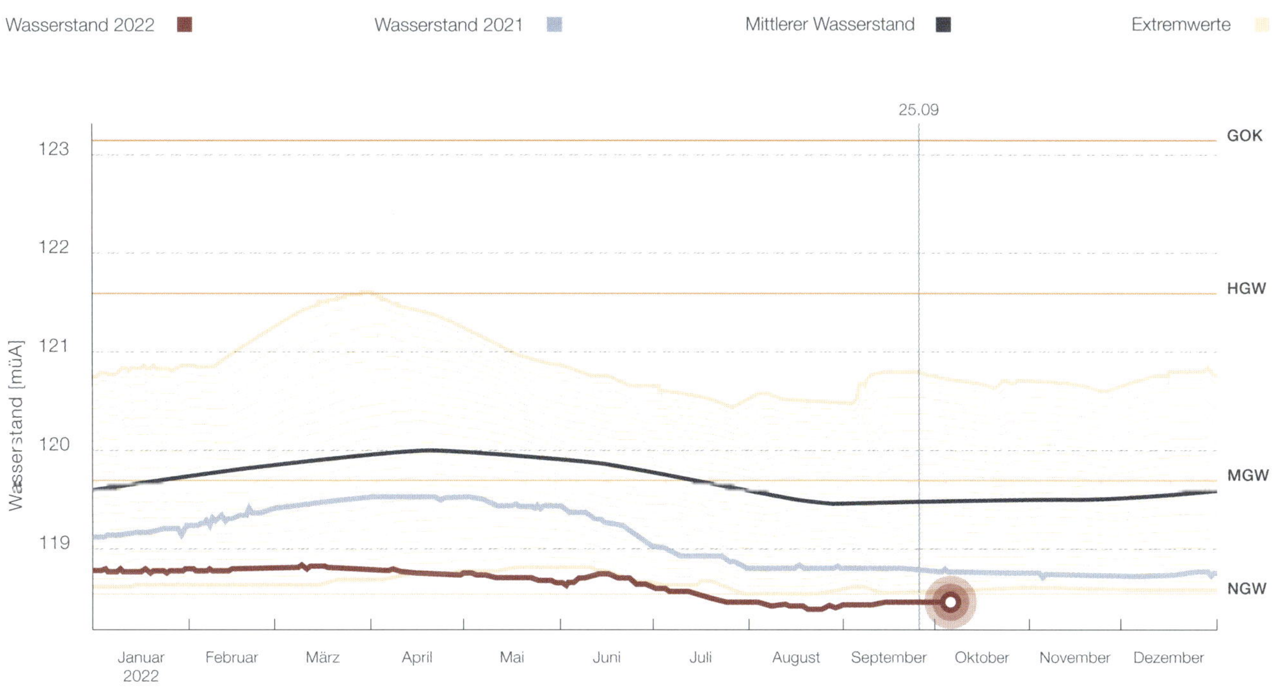

Abb. 2: Langzeitvergleich Grundwasserstand

Referenzbrunnen Frauenkirchen Bl.108 A

Die restriktive Phase wurde erstmals am 20. Juli 2022 für eine wasserwirtschaftliche Teilregion im Seewinkel eingeleitet, nachdem im entsprechenden Referenz-Feldbrunnen in der Gemeinde Apetlon (Brunnen Bl. 109 A) der Grenzwasserstand unterschritten wurde. Im Sommer 2022 wurde diese Einschränkung auf weitere Gemeinden ausgeweitet, u. a. auf Podersdorf, Illmitz und Tadten.

Neben der unmittelbaren landwirtschaftlichen Wasserentnahme beeinflussen weitere Faktoren den Grundwasserhaushalt des Seewinkels. Den weitaus wichtigsten Einfluss übt das veränderte Klimageschehen aus. Steigende Temperaturen führen zu erhöhten Verdunstungsraten, geringere Niederschlagsmengen – v. a. in den Wintermonaten – haben in den vergangenen Jahren zu einer Verschärfung der Situation geführt. Die Grundwasserspeicher konnten sich kaum noch auffüllen. Ein Blick auf das Wasserportal Burgenland belegt diese Entwicklung: In Halbturn verzeichnete man im Jahr 1965 mit 834 Millimeter den höchsten Jahresniederschlag, während er im Jahr 2003 mit knapp 366 Millimeter am niedrigsten ausfiel. Auch 2022 und im Jahr davor lagen die Niederschläge deutlich unter dem langjährigen Durchschnitt.[14]

Ein weiterer Faktor sind die unzureichenden Wasserhaltemaßnahmen, sie stellen ein gewichtiges Problem für den Grundwasserhaushalt der Region dar. Da permanent und unkontrolliert Oberflächen- und auch Grundwasser über Entwässerungskanäle abfließt, verbleiben kaum Wasserreserven im Gebiet. Diese Entwässerungskanäle wurden in den 1950er- und 1960er-Jahren zur Entwässerung und zur weiteren Nutzbarmachung für die Landwirtschaft und den Siedlungsbau errichtet bzw. wurden bestehende ertüchtigt. Mittlerweile hat sich die Situation grundlegend verändert. Darüber hinaus geht der Region aber auch Oberflächenwasser verloren, das mit hohem Aufwand hinausgepumpt wird. Das betrifft Regen- und Brauchwasser aus den Gemeinden Neusiedl am See und Parndorf, das in die Großkläranlage Bruck an der Leitha – und geklärt in die Leitha bzw. letztlich in die Donau – geleitet wird. Ein Faktor in der Wasserfrage ist auch die Anzahl der Gebäude, die im Nahbereich des Neusiedler Sees an dessen mittlere Wasserstandshöhe gebaut wurden. In niederschlagsreichen Jahren musste Wasser aus dem See über die Wehranlage des Einser-Kanals bei Fertőújlak abgeleitet werden, um bauliche Anlagen am See zu schützen. Damit wird allerdings verhindert, dass in niederschlagsreichen Wintern Wasserreserven im Neusiedler See aufgebaut werden. Erwähnt sei allerdings nochmals, dass der Neusiedler See einen abgetrennten Wasserkörper darstellt und nur in geringer Korrelation zum Grundwasserkörper des Seewinkels steht.

Und noch zwei weitere Faktoren sollen hier angeführt werden: Die zunehmende Bodenversiegelung, also das luft- und wasserdichte Überbauen von Böden durch Siedlungs-, Gewerbe- und Verkehrsflächen, verhindert, dass Oberflächenwasser in den Boden einsickern kann. Wasser von vermehrt auftretenden Starkniederschlägen geht der Region dadurch verloren. Zuletzt sei auf die erhöhten Verdunstungsraten von zusätzlich geschaffenen grundwassergespeisten Gewässern in der Region hingewiesen. So könnten etwa mit der täglichen Wasserverdunstungsmenge der beiden Seen um die Therme in Frauenkirchen an Tagen über 30 Grad Celsius täglich knapp 5,6 Hektar landwirtschaftliche Fläche mit 25 Liter pro Quadratmeter bewässert werden.

Abb. 3: Überkopfbewässerung von Maispflanzen

Mit rund 3.300 Hektar haben Saat- und Zuckermais einen relativ großen Anteil an den bewässerten Flächen in der Region.

Um den Grundwasserstand im Seewinkel nachhaltig abzusichern, hat das Land Burgenland mittlerweile eine „Taskforce" eingesetzt, die zwei Lösungsansätze verfolgt: Erstens Wasser so lange wie möglich in der Region zu halten. Dazu sollen Entwässerungsgräben und Drainagen steuer- und regelbar gemacht werden. Projekte dazu laufen bereits, angestoßen durch die Nationalparkverwaltung in den Seewinkel-Gemeinden Illmitz und Apetlon sowie initiiert durch lokale Landwirte/Bevölkerung, etwa auch in Tadten. Da eine ausgeglichene Wasserbilanz für den Seewinkel nicht möglich erscheint, soll zweitens Wasser aus der Mosoni Duna (Wieselburger Donau) in Ungarn für die Grundwasseranreicherung des Seewinkels herangezogen werden (weiterführende Informationen in Kapitel 5).

Landwirtschaft als Wirtschaftsfaktor und Arbeitsplatz

Das Burgenland zählt nach Niederösterreich und Oberösterreich zu den drei bedeutendsten Feldgemüseproduzenten in Österreich.[15]

Der Produktionswert der burgenländischen Agrarwirtschaft beläuft sich auf aktuell 476 Millionen Euro.[16] Betrachtet man den Grad der Eigenversorgung in Österreich, so wurden im Wirtschaftsjahr 2020/21 bei Wein 100 Prozent, bei Getreide 94 Prozent, bei Kartoffeln 90 Prozent, bei Gemüse 58 Prozent, bei Obst 48 Prozent, bei Ölsaaten 47 Prozent und bei pflanzlichen Ölen 25 Prozent erreicht.[17] Bei vielen Gemüsesorten ist Österreich nach wie vor von Importen abhängig, um den Eigenbedarf zu decken. Die wichtigsten Importländer sind Spanien, Italien und Deutschland.
Anhand dieser Daten lässt sich die Bedeutung der regionalen Gemüseproduktion erkennen, die allerdings stark von landwirtschaftlichen Bewässerungsmaßnahmen abhängt. Ein möglicher Bewässerungsstopp als Perspektive für die Zukunft, wie er in der aktuellen Diskussion bereits angedacht wurde, würde die Wertschöpfung der Feldgemüseproduktion in der Region zum Erliegen bringen und müsste durch eine Erhöhung der Importquote von Gemüse kompensiert werden. Diese mögliche Entwicklung lässt sich gut anhand der Seewinkler Erdäpfelproduktion skizzieren:
In den vergangenen Jahren sind in Niederösterreich aufgrund vermehrter Trockenphasen wichtige Anbaugebiete von Erdäpfeln weggefallen. Die Produktion hat sich daraufhin vermehrt in den Seewinkel verlagert, wo Erträge dieser kostenintensiven Kultur durch Bewässerung abgesichert werden können. Mit diesem Schritt wurde der Grad der Selbstversorgung in Österreich bei Kartoffeln auf einem Niveau von 90 Prozent stabilisiert. Ein Wegfall dieser Kultur müsste mit Importen aus Ägypten und anderen Ländern mit Bewässerungsinfrastruktur abgedeckt werden. Das entspräche aber einer Entwicklung, die sich negativ auf den Selbstversorgungsgrad, die regionale Wirtschaftsbilanz und – aufgrund des erhöhten Transportbedarfs – auch negativ auf die CO_2-Bilanz auswirken würde.

Tatsächlich kommen beregnungsintensive Kulturen auch in anderen Ländern oft nicht mehr ohne Bewässerungsabsicherung aus. So ist etwa im niederschlagsreicheren Deutschland in einigen Regionen ein wirtschaftlicher Anbau von Kartoffeln, Obst, Gemüse und einiger Sonderkulturen ohne Bewässerung künftig weitgehend nicht mehr möglich.[18]
Global gedacht, würde ein rigoroses Bewässerungsverbot das Problem der Wasserknappheit nur in andere Länder verschieben. Insofern ist es schon jetzt wichtig, über Alternativen und die Unterstützung für die regionale Landwirtschaft nachzudenken, um ein weiteres Betriebssterben zu verhindern. Laut einer Schätzung der Burgenländischen Landwirtschaftskammer wäre rund die Hälfte der Bauern im Seewinkel betroffen. Die Frage der Existenz fähigkeit eines Betriebes hängt auch von der Größe seiner Flächen ab. Um ein Beispiel zu geben: Auf der Parndorfer Platte, wo nur geringfügig oder nicht bewässert werden kann, braucht ein Betrieb bereits 140 Hektar, um überleben zu können, während im Seewinkel mit Gemüse, Kartoffeln oder Saatmais bisher rund 40 Hektar ausreichten.[19]

Anpassungsstrategien

Neben den bereits erwähnten wasserbaulichen Maßnahmen, um Grund- und Oberflächenwasser länger in der Region zu halten, kann auch die regionale Landwirtschaft ihren Beitrag zur Schonung des Wasserhaushalts leisten. Der Agrarmeteorologe Josef Eitzinger vom Institut für Meteorologie an der BOKU Wien nennt ganz grundsätzlich einige zentrale Schritte, die jeweils mit den lokalen Gegebenheiten abzustimmen sind.[20] Darunter u. a. kurzfristige Maßnahmen wie die verstärkte Anwendung von Bodenwasser konservierenden Bodenbearbeitungsverfahren (Mulchsysteme, reduzierte Bodenbearbeitung, Minimalbodenbearbeitung, Direktsaatverfahren etc.); die Auswahl trocken- und hitzeresistenter Arten und Sorten im Anbau; den Anbau wärmeliebender Arten und Sorten, angepasst an die Verschiebung der Temperaturzonen; die Anpassung der Anbauzeitpunkte bzw. der Feldarbeiten an die saisonalen Temperaturänderungen; Anpassungen in der Fruchtfolge (z. B. weniger Sommerungen, wenn keine Bewässerung zur Verfügung steht); die Sicherstellung von Maßnahmen zum Frostschutz und Hagelschutz verschiedener Kulturen; die Risikoabsicherung (in Form von Versicherungen, Reserven, Marktinstrumenten, Lagerhaltung etc.). Mittelfristig, also über mehrere Jahre gesehen, schlägt Eitzinger Landwirten und Institutionen u. a. vor: die Verbesserung der Bewässerungsinfrastruktur und Bewässerungstechnik (etwa durch Vermehrung verfügbarer Wasserressourcen und die Steigerung der Wassernutzungseffizienz); die Züchtung stresstoleranterer Sorten (gegen Trocken-, Hitze- und Ozonstress etc.); den Ausbau bzw. die Verbesserung operationeller Monitoringsysteme (gegen Schädlinge, Krankheiten, Auswirkungen von Klimaextrema wie Trockenheit etc.); eine Risikoverteilung (Diversifizierung) durch den Anbau bzw. die Nutzung verschiedener Pflanzenarten (sowohl regional als auch auf Betriebsebene), aber auch die Produktionssparten betreffend (z. B. ergänzende Biomasseproduktion); die Steigerung der Lagerkapazi-

Abb. 4–6: Aufstauen von Abflussgräben im Seewinkel

Links: Schleuse Zitzmannsdorfer Wiesen 2007, Mitte: Staustufe 2 Zicklacke bei Illmitz, rechts: Staustufe 3 Zicklacke bei Illmitz

täten (Vorratshaltung, Vermarktungsstrategien); den Umstieg auf ein anderes Produktionssystem (z. B. Ergänzung der Grünlandproduktion durch Futterpflanzenanbau, Nutzung weniger Wasser verbrauchender Kulturen etc.); verdunstungsreduzierende Maßnahmen (vor allem Windschutz) in trockenen Regionen durch veränderte Landschaftsstrukturen (z. B. das Anlegen von Windschutzhecken, Acker-Forst-Mischnutzung etc.); sowie das Erstellen betriebswirtschaftlicher Risikominderungsstrategien: einerseits durch die Sicherstellung einer besseren Marktpreisstabilität (wie die Nutzung von Marketingstrategien im ökologischen Landbau, oder auch die Einführung von Qualitäts- bzw. Herkunftsbegriffen); und andererseits durch eine größere Kostenflexibilität auf Betriebsebene (durch die Steigerung betriebswirtschaftlicher Kosteneffizienz, durch Mindestreserven etc.). Was diese Schritte konkret bedeuten, soll folgend erläutert werden.

Züchtung trockenheitstoleranter Sorten und der Ruf nach Gentechnik

Ein wesentlicher Beitrag zur Anpassung an den Klimawandel kann durch die Pflanzenzüchtung erreicht werden. In der Züchtung hat man sich lange vornehmlich auf den maximalen Ertrag konzentriert. Mittlerweile wurde das Augenmerk verstärkt auf klimaresistente Sorten gelegt.

Um ohne Gentechnik mit den sich rasch verändernden Bedingungen mithalten zu können, ist es notwendig, den klassischen Züchtungsprozess zu beschleunigen. Dieser dauert immerhin mindestens 15 Jahre.
So richtet die Forschung ihren Fokus darauf, jene Gene zu identifizieren, die für die Stresstoleranz verantwortlich sind. Ein übergreifender DNA-Test soll dabei helfen, stresstolerante Sorten rascher zu züchten.[21] Dennoch bringt der menschengemachte Klimawandel weitere, neue Herausforderungen mit sich. Trotz solcher Innovationen kommt die Pflanzenzüchtung in Bedrängnis. Der rasche Klimawandel und die Verkehrsströme in unserer globalisierten Welt führen dazu, dass zunehmend Schädlinge Richtung Norden einwandern. Es ist ihnen hier nun ausreichend warm. Dies gilt für Insekten, aber auch für Pilze und Bakterien. Während die Erwärmung der Erde noch mit einiger Präzision vorausgesagt werden kann, ist die Verbreitung eines neuen Schädlings nur schwer einzuschätzen. Pathogene sind oftmals sehr anpassungsfähig und verbreiten sich dann in neu besiedelten Regionen rapide. Daher bleibt für die Züchtung immer weniger Zeit, neue und resistentere Sorten zu entwickeln.[22] Auch aus diesem Grund wird der Ruf nach einem Einsatz von Gentechnik lauter. Mit Verfahren wie z. B. der CRISPR-Cas Technik ist eine rasche Entwicklung unterschiedlichster Pflanzeneigenschaften möglich. „Genome Editing" ermöglicht es, Pflanzen krankheitsresistent oder stresstolerant (z. B. gegen Trockenheit oder Salz) zu machen. Allerdings ist diese erhöhte Fitness der Pflanzen auch mit Umweltrisiken, wie z. B. einem erhöhten Auswilderungspotenzial, verbunden. Eine fundierte Risikoabschätzung ist daher auch bei diesen Pflanzen notwendig.[23] In der EU sind solche Nutzpflanzen derzeit nicht zugelassen. Die Frage ist, ob es nicht auch Alternativen gibt. Wie erfolgreich etwa standortangepasste Sorten sein können, zeigt sich an der lange vergessenen „Illmitzer Gerste"[24]:

Wie erfolgreich standortangepasste Sorten sein können, zeigt sich an der lange vergessenen „Illmitzer Gerste".

Die „Illmitzer Sorte" war eine Sommergerste, eine zweizeilige Landsorte vom Typ „nutans", das heißt mit nickender Ähre. Sie wird als früh und ertragssicher beschrieben. „Landsorte" bezeichnet eine traditionelle Getreidesorte, die im Laufe der Zeit an einem bestimmten Standort durch Umweltselektion oder durch Auslese entstanden ist.

Von Bauern aus den Ortschaften Illmitz und Apetlon unter deren Standortbedingungen immer wieder selektioniert und weitervermehrt, erlangte sie Bekanntheit bei großen ungarischen Ausstellungen. In einem Endbericht einer Versuchsstelle heißt es (frei übersetzt): „Die ungarische Illmitzer Gerste hat an Ertrag wie auch an Qualität die dort angebaute Chevalier (Hauptsorte) übertroffen, was wiederum zeigte, dass unter dem heißen Klima des Alfölds (Große Ungarische Tiefebene) Gersten mit langer Vegetationszeit nicht geeignet sind."
Österreichische Saatzuchtunternehmen legen den Fokus indes auch vermehrt auf den Umstieg von Sommer- auf Wintergetreide. Einerseits als Anpassungsstrategie an den Klimawandel, aber auch, um die Winterfeuchte besser nutzen zu können. Neben frühreifer Wintergerste umfassen weitere aktuell winterharte gezüchtete Sorten Winterackerbohne und Wintererbse, Winterhafer, Winterdurum oder auch Winterzuckerrübe.
Im Hinblick auf die klimaangepasste Züchtung von Gemüsesorten relativiert Anna Keutgen, Leiterin des Instituts für Gemüsebau an der BOKU, allerdings: Trockenresistenz geht in der Regel auf Kosten der Qualität. Das Gemüse wird faseriger, bitter oder weniger knackig und ist letztlich nicht vermarktungsfähig. Vielen Gemüsepflanzen machen die neuen klimatischen Bedingungen sehr zu schaffen. Unter der Trockenheit leiden vor allem Kartoffeln und Spargel, Blattgemüse wie Spinat oder Salat bekommen Sonnenbrand, und Paradeiser tun sich ab Temperaturen von 30 Grad Celsius schwer mit dem Rotwerden. Infolgedessen benötigen viele Glashäuser in Österreich mittlerweile Kühlungssysteme.[25]

Einsatz trockenheits- und hitzeresistenterer Kulturpflanzenarten

Auch durch den Einsatz trocken- und hitzeresistenterer Kulturpflanzenarten kann die Häufigkeit der Bewässerung reduziert werden. Bereits etablierte und in Österreich verstärkt angebaute derartige Kulturarten sind etwa (Öl-)Kürbis oder Körnerhirse. Die Anbaufläche trockentoleranter Ölkürbisse kann noch geringfügig ausgeweitet werden, ohne dass es zu einem Preisverfall käme. Die wärmeliebende Körnerhirse schwächelt wegen ihres geringen Marktpreises bei hohem Anbaurisiko, Trends wie vegetarische oder vegane Ernährung machen Hirse als Nahrungsmittel aber zunehmend interessant und könnten die Anbauzahlen in die Höhe bringen. Daneben stehen in der Region auch noch weniger verbreitete trockentolerante Kulturarten wie etwa Kichererbsen, Quinoa, Anis, Mungobohnen und Erdnüsse bereits im Praxisanbau. Eine Herausforderung für alle diese Marktfruchtarten stellt die geringere Konkurrenzkraft gegen Beikräuter am Feld dar. Sich stark verbreitende wärmeliebende Beikrautarten (v. a. Stechapfel, Ambrosia, Malvengewächse) verursachen nicht nur als direkte Konkurrenten dieser Kulturarten, sondern verstärkt auch bei etablierten Feldfrüchten massive Probleme.

Weniger verbreitete trockentolerante Kulturarten wie etwa Kichererbsen, Quinoa, Anis, Mungobohnen und Erdnüsse stehen bereits im Praxisanbau.

Zudem gibt es bei diesen neuen Kulturarten ein erhöhtes Ausfallrisiko aufgrund von Schädlings- und Krankheitsbefall. Es ist mehr Forschung notwendig, um standortangepasste Anbaumethoden für diese Kulturen zu erarbeiten und um letztlich eine ökonomische Alternative zu hochwertschöpfigen Arten wie etwa Saatmais zu finden.
Im Hinblick auf den Gemüseanbau ist jedenfalls aufgrund längerer Trockenperioden in Österreich mit einer Zunahme der Bewässerung zu rechnen. Anna Keutgen von der BOKU Wien schätzt, dass man zukünftig vermehrt auf mediterrane sowie tropische Arten ausweichen muss.

Gemüsearten wie etwa Okra, Süßkartoffeln, Amaranth, Gemüse-Portulak oder neuseeländischer Spinat stellen entsprechende Alternativen dar. Auch Keutgens eigene Versuchsreihen mit Artischocken in Wien verliefen vielversprechend. Die frostempfindlichen Gewächse passten sich schnell an die kälteren Temperaturen an, die Ernte war in Geschmack und Menge von Artischocken aus Frankreich oder Italien nicht zu unterscheiden. Als private Initiative entstand OLIVIA, ein weiteres Projekt, das sich im Zeichen der Klimaerwärmung landwirtschaftlichen Nutzungen in der Region widmet. Seit 2017 wurden in Mörbisch am Neusiedler See rund 500 Bäume gepflanzt, dabei setzte man auf 18 verschiedene Sorten aus zwei Ländern. Die bisherigen Erfahrungen sind vielversprechend, die Bäume haben sich gut entwickelt und halten auch winterlichen Frösten stand.[26]

Institutionen wie etwa der WWF fordern im Hinblick auf die gefährdeten Salzlacken im Seewinkel, dass in der Region anstelle von bewässerungsintensiven Kulturen, wie Zuckerrüben, Gurken oder Salaten, künftig trockenheitsangepasste Pflanzen wachsen sollten, so etwa Kürbis.[27]

Abb. 7: Seehof Donnerskirchen

Versuchsanlage für trockenheitsresistente Nutzpflanzen und wassersparende Kultivierung.

Viele der sich als sinnvolle Option darstellenden trockenheitstoleranteren Kulturarten haben derzeit noch keinen Markt, um mehreren Landwirten in der Region eine einkommensabsichernde Alternative zu Saatmais oder Kartoffeln bieten zu können. Die Ölkürbisproduktion kann nicht mehr erheblich gesteigert werden, ohne dass es wieder zu einem Preisverfall käme. In dieser Hinsicht wird auch dem Konsumenten eine Rolle zukommen, wie sich die Marktfähigkeit bestimmter Kulturen entwickelt.

Effizienz bei der Bewässerung

Einen unmittelbaren Einfluss auf die Effizienz der Wassernutzung haben die Art und der Zeitpunkt der Bewässerung. Für Überkopf-Beregnungsanlagen, mit denen Wasser über den Pflanzen ausgesprüht wird, liegt der Gesamtwirkungsgrad bei rund 75 Prozent. Verluste ergeben sich vor allem an windigen und heißen Sommertagen untertags.[28]
Bei der Bewässerung durch Sprinkler und Düsen hat auch die Düsengröße einen Einfluss auf die Höhe der Verdunstungsrate. Je feiner der Wassertropfen, desto mehr Wasser geht verloren. Allerdings: Je größer die Wassertropfen, desto mehr oberflächliche Bodenstruktur und in weiterer Folge Humus wird zerstört. Im Fokus stehen daher vermehrt Tropfbewässerungsmethoden, durch die wassersparend, energieeffizient, bodenstrukturschonend und zielgenau bewässert werden kann. Diese Technik konnte sich aufgrund des hohen Material- und Arbeitseinsatzes bisher im Ackerbau allerdings noch nicht durchsetzen. Neben den hohen Kosten stellt auch der Einsatz der Plastikteile, die oftmals im Boden zurückbleiben, ein Problem dar. Auf biologisch bewirtschafteten Flächen, wo bei beregnungsintensiven Kulturen eine meist intensive mechanische Beikrautregulierung erfolgen muss, kann die Tropfbewässerung nur eingeschränkt eingesetzt werden.
Eine neue Entwicklung stellen sogenannte Unterflur-Tropfbewässerungen dar. Dabei werden die Tropfrohre in 30 bis 40 Zentimeter Tiefe im Abstand von 40 bis 80 Zentimetern (je nach Boden) verlegt.

Eine solche Anlage, über die bei konventionellen Betrieben auch die Nährstoffzufuhr erfolgen kann, soll laut der Landwirtschaftskammer Niedersachsen eine Lebensdauer von mindestens zehn Jahren haben. Damit fallen die hohen jährlichen Verfahrenskosten durch Verlegen und Entnehmen der Tropfrohre weg. Praxiserfahrungen dazu gibt es bislang wenig.

Schwammfunktion des Bodens stärken

Je mehr Wasser der Boden aufnehmen und je länger er das Wasser halten kann, desto länger wird eine Pflanze darauf zugreifen können. Primäres Ziel in der Landwirtschaft, insbesondere in sensiblen Regionen wie der des Neusiedler Sees, muss daher die Erhöhung der Wasserspeicherfähigkeit des Bodens sein, die unmittelbar mit der Erhöhung des Humusgehaltes einhergeht. Was ein intakter Boden zu leisten vermag, zeigt sich etwa daran, dass die gespeicherte Wassermenge das Zwanzigfache des Humusgewichtes erreichen kann. Wichtig ist also, so viel Biomasse wie möglich in den Boden einzubringen. Erreicht wird das durch Maßnahmen wie folgende: Erstens eine ausgewogene Fruchtfolge aus Humusmehrern (u. a. Leguminosen) und Humuszehrern (Hackkulturen wie etwa Zuckerrüben, Kartoffeln, Mais, Feldgemüse etc.). In Fruchtfolgen, wo über mehrere Jahre intensiv geführte und bewässerte Hackkulturen angebaut werden, nimmt der Humusgehalt nachweislich ab. Gleichzeitig steigt der Bedarf nach Bewässerung. Zweitens das Einziehen von Zwischenfrucht- und Untersaatanbau. Drittens der Einsatz von organischem Dünger, etwa Stallmist oder Kompost. Zusätzlich ist es wichtig, den Humusgehalt nicht mit falschen Bewirtschaftungsmaßnahmen zu senken. Schon seit jeher gilt die Devise: Flach den Boden wenden, dafür aber ruhig tief lockern. Biomasse verbleibt dadurch an der Bodenoberfläche, das Bodenleben wird geschont, wodurch sich langfristig eine gute Bodenstruktur entwickeln kann. Auch hilft der richtige Zeitpunkt der Bodenbearbeitung, weniger im Boden gespeichertes Wasser verdunsten zu lassen.

Windschutzgürtel gegen Verdunstung

Vor allem im windreichen Osten Österreichs spielen geschlossene Landschaftselemente in Zeiten zunehmender Hitze- und Trockenphasen eine immer größere Rolle. In unmittelbarer Nähe der Gehölzstreifen treten zwar Konkurrenzeffekte zwischen Forst- und Ackerkulturen mit negativen Folgen vor allem für die unmittelbar angrenzenden einjährigen Kulturen auf. Allerdings kommen mit wachsender Distanz positive Einflüsse zum Tragen. Die Windschutzwirkung der Baumstreifen verringert die Verdunstung auf den Ackerstreifen, Bodenfeuchtigkeit bleibt dadurch gerade in Trockenphasen erhalten.[29] Zusätzliche positive Nebenerscheinungen umfassen u. a. eine Erhöhung der Biodiversität in der Landschaft, die Schaffung von Rückzugsgebieten für Wild sowie die Verringerung von Winderosion.

Als Weiterentwicklung sind letztlich Agroforst-Systeme anzusehen, bei denen bewusst Baumarten mit Ackerkulturen zwecks ökologischer und ökonomischer Leistungen kombiniert werden. Neben der Gewinnung von Wertholz können auch Produkte wie Früchte, Samen oder Nüsse erzeugt werden.

Modellregion für Klimaresilienz?

Die Diskussion über den Anbau hitze- und trockenheitsresistenter Nutzpflanzen wird seit Jahrzehnten in der Fachwelt und in der breiten Öffentlichkeit geführt. Mit den wachsenden Problemen durch die Klimaerwärmung steigt der finanzielle Druck, adäquate Maßnahmen zu setzen. Susanne Hanger-Kopp, Dozentin für Klimaschutz und -anpassung an der ETH Zürich und tätig am Internationalen Institut für Angewandte Systemanalyse (IIASA), skizziert zwei grundsätzliche Szenarien für die Zukunft.[30]

Variante 1: Risiken und stark den Grundwasserstand beeinflussende Faktoren werden einzeln identifiziert und gemanagt. Wo Wasser fehlt, wird versucht, zum Beispiel von anderen Quellen zuzuleiten. Das bietet sich vor allem für die Landwirtschaft an, das vorhandene Kanalsystem kann dazu mitgenutzt werden. Zusätzlich werden landwirtschaftliche Versicherungsmöglichkeiten verbessert und es wird für effizientere Bewässerung gesorgt. Einen aktiven Beitrag verlangt Variante 1 von der Landwirtschaft sowie von der öffentlichen Hand. Variante 2: Die Region kann zu einer Modellregion für (Klima-)Resilienz entwickelt werden. Für die Landwirtschaft würde das bedeuten, nur Kulturen anzubauen, die nicht oder kaum auf Bewässerung angewiesen sind. Beispiele dafür wären etwa Hirse, Lavendel oder pharmazeutische Kräuter. Oder in einer Weise anzubauen, dass sie nicht oder nur geringfügig auf Bewässerung angewiesen sind – also nur solche Kulturen, bei denen Tröpfchenbewässerung möglich ist (z. B. Wein).

Die Autorin sieht aber auch, dass eine Veränderung wie die Etablierung einer Modellregion für (Klima-) Resilienz nicht allein von Landwirten bewältigt werden kann. Um innovative Nischenprodukte und Ansätze erfolgreich auf den gesamten Markt hochzuskalieren, braucht es politische Unterstützung, einen deutlich flexibleren Handel und vor allem eine Gesellschaft, die ihre Nachfrage entsprechend anpasst. Im Idealfall braucht es auch in anderen Sektoren ein Umdenken, v. a. in der Raumplanung, im Bauwesen und im Transport. Die Probleme der Landwirtschaft im Seewinkel spiegeln ein grundsätzliches globales Problem wider, können aber auch als Beispiel für einen umfassenden Lösungsansatz dienen. Dass das Konsumentenverhalten ein relevanter Faktor ist, stellt das Intergovernmental Panel on Climate Change fest. Laut einem Bericht des IPCC kann ein an nachhaltige Produktionssysteme angepasstes Verbraucherverhalten sogar größere Effekte bringen als technische Maßnahmen in der Landwirtschaft selbst. Voraussetzung dafür wäre die verstärkte Nachfrage nach trockentoleranten Kulturarten.[31]

Abb. 8: Bio-Kichererbse in Reihenkultur am Seehof Donnerskirchen

Die Kichererbse ist ein „Kulturwandelfolger“, da sie trockenheitstolerant und wärmeliebend ist.

Abb. 9: Maisfeld im Seewinkel – im Jungstadium

Mais- und Getreidefelder Anfang Mai

Gesamt-Anbauflächen in den Bezirken Neusiedl am See und Eisenstadt-Umgebung 2021

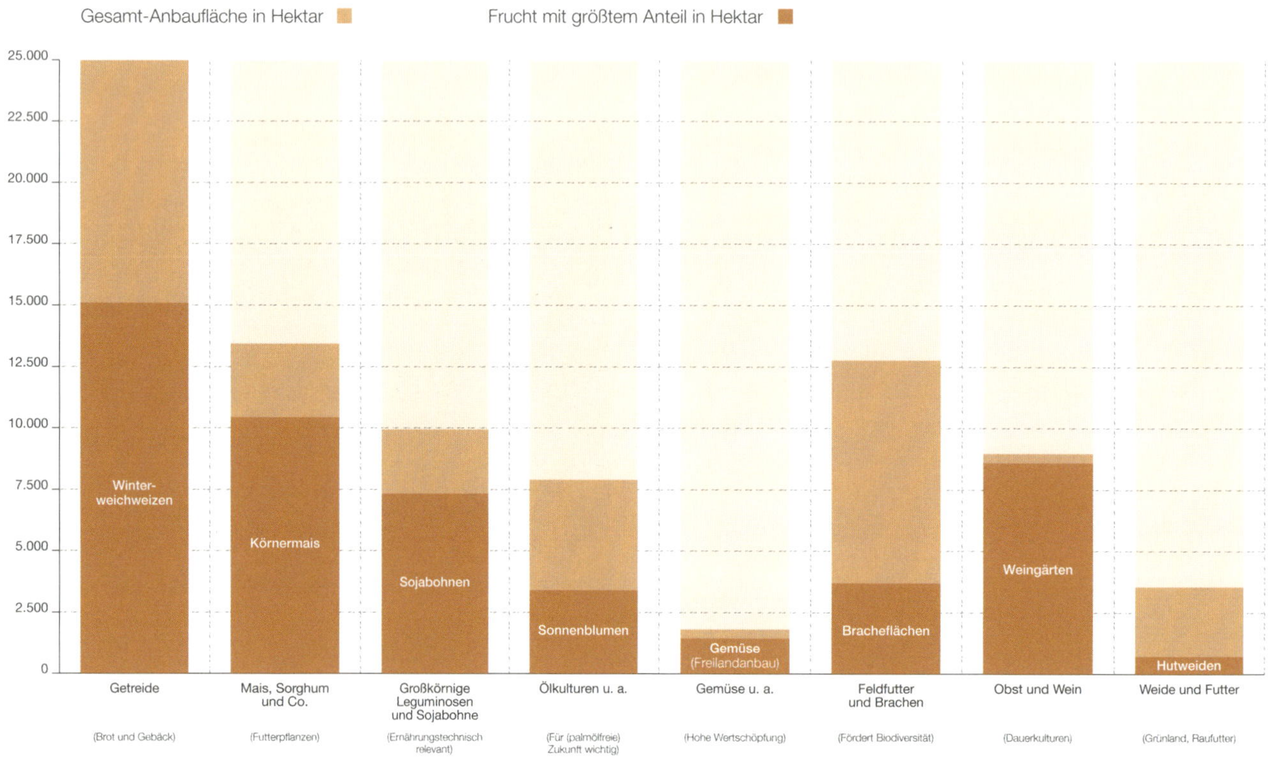

Abb. 10: Weizen, Mais und Wein prägen die Kulturlandschaft

Zu klären ist: Welchen Einfluss haben die einzelnen Formen des Ackerbaus auf den Grundwasserhaushalt der Region?

Fazit

Die Region um den Neusiedler See wird wesentlich vom pannonischen Klima beeinflusst und ist dementsprechend schon seit jeher trocken. Die nunmehr verstärkt auftretenden Wetterextreme verschärfen den Wassermangel noch und bringen den Lebensraum und seine Akteure, die lokale Bevölkerung, den Naturschutz, den Tourismus und auch die Landwirtschaft schwer unter Druck.

Das Konfliktpotenzial zwischen den Akteuren steigt, es stehen einander unterschiedliche Interessen gegenüber. Der Ruf nach Bewässerungseinschränkungen für die Landwirtschaft aufgrund tendenziell verschwindender Salzlacken in der Region des Seewinkels wird immer lauter. Dieser Ansatz greift allerdings zu kurz. Das durch die Trockenheit bereits angeschlagene Ökosystem in der Region lässt sich nicht allein mit Maßnahmen der Landwirtschaft retten.

Genauso wenig, wie landwirtschaftliche Probleme allein durch reduzierten Naturschutz gelöst werden können. Konkret müssen bisher oft emotional vorgebrachte Annahmen und Teilwahrheiten auf eine solide fachliche Basis gebracht werden. Es gilt, zuerst grundlegende Fragestellungen mit Blick auf den regionalen Grundwasserhaushalt zu beantworten. Wer verbraucht wie viel? Es müssen alle grundwasserverbrauchenden Akteure in diese Erhebung einbezogen werden. Konkret zu klären ist also: Welche Maßnahmen bringen welche Wassereinsparung und Wasserrückführung? Welche Folgewirkungen sind bei Entscheidungen für bzw. wider eine landwirtschaftliche Bewässerung um welchen (gesamtgesellschaftlichen) Preis zu erwarten? Erst nach wissenschaftlich fundierten Antworten ist eine fachliche Diskussion sinnvoll. Danach sollten konkrete Entscheidungen getroffen werden.

Zukunftsbild mit prosperierender Region

Text: Franz Traudtner

Die biologische Landwirtschaft in den Bezirken Eisenstadt-Umgebung und Neusiedl am See ist von einer Vielfalt unterschiedlicher Kulturen geprägt. Schon jetzt wird mit neuen Produkten experimentiert.

Die beiden Bezirke, die auf der österreichischen Seite um den Neusiedler See liegen, Eisenstadt und Neusiedl am See, spiegeln eine eindrucksvolle Entwicklung der biologischen Landwirtschaft im Burgenland wider. Durch die bereits erwähnten klimatisch bedingten Voraussetzungen ist es Betrieben nicht schwergefallen, auf eine biologische Wirtschaftsweise umzustellen. Ermöglicht wurde das u. a. durch die Vielfalt der unterschiedlichen Bodentypen, die um den See sehr groß ist und neben den in verschiedenen Variationen auftretenden Tschernosemen (Schwarzerde) auch Besonderheiten wie Niedermoore, Solontschak und Solonetz beinhaltet. Diese Vielfalt findet sich auch in der Anzahl der angebauten und kultivierten Kulturen wieder. Sie zeugen von der Experimentier- und Innovationsfreudigkeit vieler bäuerlicher Familienbetriebe in der Region. Die beiden umsatz- und einkommensstärksten Produktionszweige sind der Gemüsebau und der Weinbau. Gemüse wird sowohl als Feldgemüse wie auch im geschützten Anbau unter Folie bzw. Glas kultiviert. Darüber hinaus haben sich zahlreiche Betriebe auf bestimmte Bereiche spezialisiert. Sie setzen etwa auf die Jungpflanzenanzucht, auf Hanf, Reis, Ingwer, Kurkuma, Speiseöle, ätherische Öle, Schafmilch und Fleisch (Rind, Schaf, Schwein) sowie die Eierproduktion.

Flächenmäßig dominiert in den beiden Bezirken der Ackerbau. Neben Weizen und anderen Getreidearten werden Mais, Sojabohnen, aber auch Erdäpfel und Sonnenblumen angebaut. Eine Vielzahl zukunftsträchtiger Kulturen wie Ölkürbis, Sorghum, Hirse, Quinoa, Buchweizen, Saflor (Färberdistel), Kichererbsen, Linsen, Walnüsse, Mandeln und Oliven beginnt sich zu etablieren. Flächenmäßig fallen diese neuen Kulturen bislang nicht ins Gewicht, als zukünftige ökonomische Standbeine für die Betriebe und zur Versorgung der regionalen Bevölkerung wird ihre Bedeutung aber sicherlich noch wachsen. Bei den meisten dieser Kulturen geht es auch darum, einen Markt aufzubauen. Letztlich müssen diese Produkte Abnehmer finden, damit sie gewinnbringend produziert werden können.

Letztlich müssen die neuen, zukunftsträchtigen Erzeugnisse Abnehmer am Markt finden, damit sie gewinnbringend produziert werden können.

Die Schwankungen der Anbauflächen einzelner Kulturgruppen zeigen den Einfluss des Marktes bzw. der klimatischen Bedingungen in den einzelnen Jahren. Frühjahrskulturen wie Sommergetreide, Erbsen und Ackerbohnen sind aufgrund der ausbleibenden Frühjahrsniederschläge, der steigenden Temperaturen und der damit unsicheren Ertragserwartung rückläufig. Gegen diesen Trend steigt hingegen der Anbau von Früherdäpfeln, Erdäpfeln, Hafer, Sojabohnen und Ölkürbis. Diese Kulturen werden derzeit am Markt nachgefragt und sind somit noch zu entsprechend guten Preisen vermarktbar.

Bio-Anbauflächen

Gemüse Ackerland Grünland Obst Wein

Bezirk Neusiedl am See, 2021

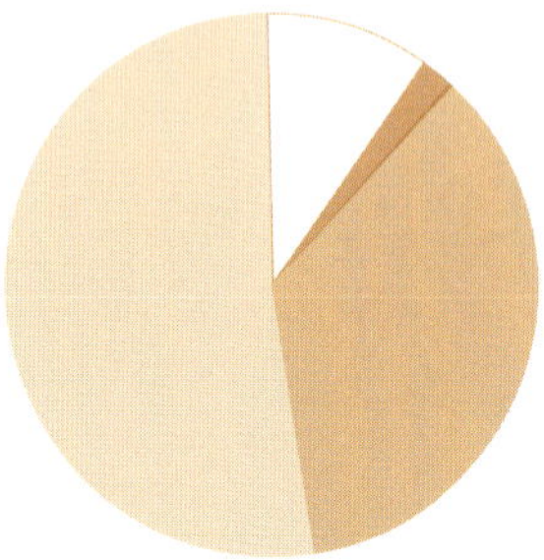

360
100
2.456
20.811
528
24.255 ha

Bezirk Eisenstadt und Umgebung, 2021

1
5.672
445
2
32
6.152 ha

Abb: 11: Bio Austria Burgenland

Die beiden Bezirke als Tortendiagramme,
Bio-Anbauflächen in Hektar

Eine bewusstere Ernährung der Bevölkerung spiegelt sich auch bei der Anbaufläche von Gemüse, Hafer und Soja deutlich wider. Bei den schwankenden Anbauflächen von Dinkel und Roggen schlagen hingegen immer wieder der begrenzte Markt (D, A, CH) und kurzfristige Ernährungstrends durch. Beim Zuckerrübenanbau lässt sich der Rückgang durch das schlechte internationale Marktumfeld erklären: Es herrscht international ein enormer Preisdruck aufgrund der vermehrten Rohrzuckerproduktion, zudem findet diese unter fragwürdigen Arbeitsbedingungen statt. Die Nachfrage nach Getreide (vor allem Weizen) ist vergleichsweise konstant, das zeigt sich an den flächenmäßig bedeutenden Anbauflächen, deren Größe sich über die Jahre nicht wesentlich verändert hat.

Wald und Baumbestände sind in der beginnenden kleinen ungarischen Puszta eher Mangelware und spielen ökonomisch keine Rolle. Etlichen Windschutzgürteln kommt als Strukturelementen in der Landschaft jedoch eine nicht zu unterschätzende Bedeutung zu. Mit ihnen wird versucht, die Winderosion der fruchtbaren Böden zu vermindern und zugleich die kleinklimatischen Bedingungen zu verbessern.

Die Zukunftsaussichten für eine Region, in der Wasser der limitierende Produktionsfaktor schlechthin ist, werden sich mit dem sorgsamen Umgang und der effizienten Nutzung dieser Ressource weisen. Tiefwurzelnde Dauerkulturen sollten nicht durch Wassergaben zu Flachwurzlern erzogen werden. Die Suche nach und das Experimentieren mit neuen Kulturen wird hoffentlich nie aufhören. Das sollte in der Produktion und in der Vermarktung sowohl von den politischen Entscheidungsträgern als auch von den Konsumentinnen und Konsumenten unterstützt werden. Denn die Vision darf sich nicht auf Olivenbäume, Agaven und Ziegenherden beschränken.

Als Zukunftsbild ist eine prosperierende Region mit Flächen, auf denen Wasser geplant und gesteuert zurückgehalten und zur Versickerung gebracht wird, anzustreben. Ein sorgsames Wassermanagement ermöglicht das Wachsen und Gedeihen einer Vielzahl von Kulturarten, auch solcher, die wir heute noch gar nicht in unserem Fokus haben, also von Pflanzen, die morgen unser Überleben bedeuten könnten. Hier, rund um den Neusiedler See, ist es heute schon möglich, die Realitäten von morgen zu erleben. Hier passiert die Zukunft jetzt!

Vereinfachte Bodenkarte der Nationalparkregion Neusiedler See - Seewinkel

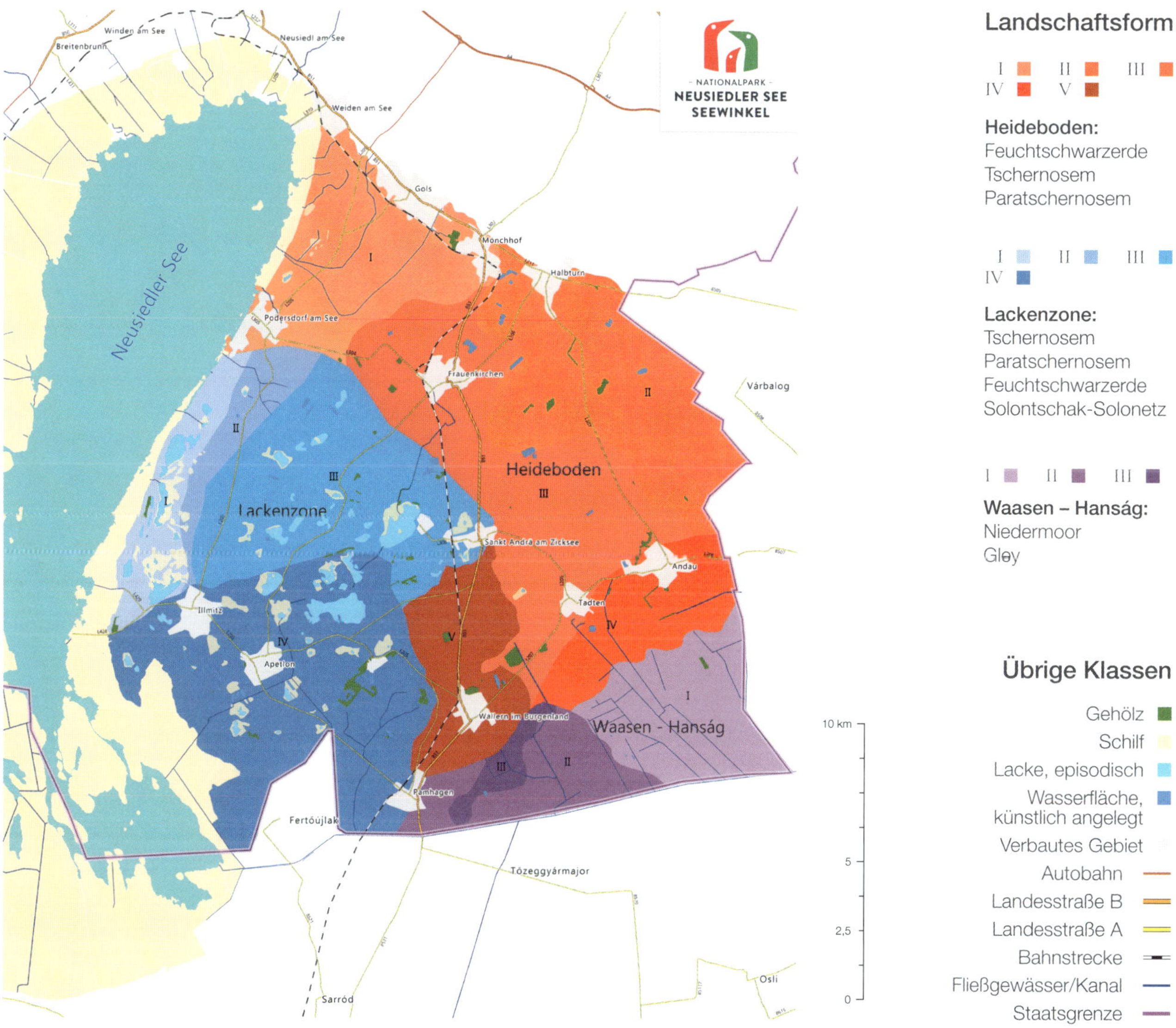

Ein Mosaik unterschiedlicher Bodentypen:

Am Westufer des Sees wuchsen noch im Tertiär Korallenriffe – ihnen verdanken wir den Leitha-Kalk. Eiszeitlicher Sand und Schotter, mit oder ohne Überdeckung mit Lehm, umrahmen das Seebecken. „Angeliefert" wurde der Schotter durch Flüsse aus den Alpen. Erst vor etwa 13.000 Jahren senkte sich der Boden und ließ das Becken des Neusiedler Sees entstehen. Auf rund 25 Quadratkilometern erstreckt sich östlich davon Österreichs größtes Salzgebiet: Solontschakböden entstehen, wo der salzhaltige Bodenhorizont nicht durch Schotter und Sand überdeckt ist.

Im Solonetz liegt der salzführende Horizont in einem halben Meter Tiefe. Bei Trockenheit entstehen in der sandigen Tonschicht Risse, sie zerfällt in kleine Säulen. Bei guter Durchfeuchtung quillt sie hingegen auf und wird wasserundurchlässig. Ist der salzführende Horizont von Schotter und Sand überdeckt, kann Schwarzerde entstehen.

Abb: 12: Vereinfachte Bodenkarte

Quelle: Othmar Nestroy, Michael Kuttner: Vereinfachte Bodenkarte der Nationalparkregion Neusiedler See - Seewinkel, 2019.

Markt der Erde

Protagonistin: Monika Liehl

Monika Liehl begann zunächst, Ziegen zu züchten. Dann wurde sie Mitglied des Netzwerks „Slow Food". Bald darauf kam sie auf die Idee, einen „Slow Food Earth Market" im Stadel am Ziegenhof aufzubauen. Mittlerweile hat sie einen erfolgreichen „Markt der Erde" für regionale Produkte etablieren können.

Vor 13 Jahren hat Monika Liehl begonnen, in Parndorf – am burgenländischen Streckhof ihres Mannes – Ziegen zu züchten und Käse herzustellen. „Ziegen haben mich schon immer fasziniert. Ich liebe Ziegenkäse, und zwar so, wie Käse ursprünglich sein soll: aus Rohmilch! Ein bodenständiges Lebensmittel zu produzieren mit einer Besinnung zurück zur Natur, was auch damit verbunden ist, auf dem eigenen Grund und Boden etwas anzubauen, hielt ich damals wie heute für eine wichtige Zukunftssicherung.
Für einen kleinen Ziegenhof mit 25 Tieren erschien mir die Direktvermarktung als der richtige Weg. Ich wurde Mitglied beim Netzwerk ‚Slow Food', lernte dabei viele hervorragende Produzenten aus der Region kennen sowie Gleichgesinnte, die regionale Lebensmittel schätzten und in der näheren Umgebung einkauften. So kam mir bald die Idee, einen ‚Slow Food Earth Market' im Stadel am Ziegenhof aufzubauen. Für mich bot das eine Möglichkeit, Konsumenten und Produzenten auf einfachem Wege zusammenzubringen. Ich fand innerhalb kurzer Zeit im ‚Slow Food'-Netzwerk Lebensmittel-Handwerker, die gut, sauber und fair produzierten."

Von Brot und Gebäck über Jungpflanzen, Samen, Gemüse, Obst und Eingekochtes bis zu Fisch, Fleisch, Wurst, Milch, Käse, Tofu, Eiern sowie Wein und Edelbränden – all das wird am „Markt der Erde" angeboten.

Nach den „Slow Food"-Richtlinien muss aber nicht nur gut, sauber und fair produziert werden. Der Produktionsstandort darf maximal 40 Kilometer Luftlinie vom Marktstandort entfernt sein.
„Seit Beginn veranstalten wir an jedem Markttag Weinverkostungen und in der Schauküche bereiten Köche mit den Produkten des Marktes saisonale Speisen zu. Der ‚Markt der Erde' ist ein Treffpunkt bewusster Einkäufer und Genießer geworden, ein entspanntes Zusammenkommen von Groß und Klein. Vor allem für die Kinder sind die Ziegen ein besonderes Erlebnis. Sie lernen einen respektvollen Umgang mit den Tieren, dürfen sie füttern und erfahren eine Menge über das Thema Tierhaltung. Der Markt bietet seinen Einkäufern regionale Produkte, die ganz ohne Zwischenhandel und lange Transportwege angeboten werden. Wenn die Einkäufer am Ende eines Markttages mit gut gefüllten Taschen und mit Vorfreude auf die eingekauften Lebensmittel nach Hause gehen, und sich zuvor bereits nach den Highlights des nächsten Markttages erkundigen, dann ist es für mich die Bestätigung, den richtigen Weg gefunden zu haben."

„Für einen kleinen Ziegenhof mit 25 Tieren erschien mir die Direktvermarktung als der richtige Weg."

Abb. 13: Monika Liehl

Der Produktionsstandort darf maximal 40 Kilometer Luftlinie vom Marktstandort entfernt sein.

Das Paradies der Paradeiser

Protagonist: Erich Stekovics

Erich Stekovics studierte zunächst Theologie und arbeitete als Religionslehrer, ehe er 1999 den Gemüseanbau-Betrieb seines Vaters übernahm. Heute ist er als „Kaiser der Paradeiser" bekannt und stolzer Besitzer der weltweit größten lebenden Sammlung von Tomatensamen mit rund 3.400 Sorten.

„Den Duft von Paprika habe ich seit meiner Kindheit in der Nase", erzählt der Bio-Bauer aus Frauenkirchen. Seine Eltern hatten 1958 begonnen, auf ihren Feldern im Seewinkel Paprika anzupflanzen. „Je nach Sorte ist ihr Duft verschieden, genauso wie ihre Farbe und ihr Geschmack." Erich, jüngstes Kind der Familie, wurde vom Paprikaduft angesteckt.

„Im Seewinkel kamen immer mehr Hochleistungsglashäuser auf. Doch diese Art des Gemüseanbaus war für Priska und mich nie ein Thema – schließlich habe ich ein Erbe aus Düften und Geschmäckern zu bewahren. So bringen wir unsere Paprika, Paradeiser und unser anderes Gemüse unter freiem Himmel aus. Hier kommen ihnen Sonne und Wind, Regen und die fleißigen Bienen zugute. Unsere Pflanzen wurzeln im Sand und werden von Steinen gewärmt. Sie haben viel Zeit zum Wachsen."

Wer kein Feld zum Anbau sein Eigen nennt, dem sei Balkonien geboten. So entgeht man jenen Tomaten, die zu 70 Prozent aus China stammen, selbst wenn „Made in Italy" auf der Verpackung steht. Zum Anbau nehme man Kübel mit 80 bis 120 Liter Fassungsvermögen, verwende keinen Stock, um die Pflanzen hochzuziehen, und gieße ein- bis zweimal die Woche rund drei bis fünf Liter.

Zum Thema Klimaerwärmung und deren Auswirkungen auf die Landwirtschaft sagt Erich Stekovics: „Die Regenmengen sind ja nicht so viel anders geworden. Aber die Zeit, wann sie kommen, hat sich stark verändert."

Erich und seine Frau Priska Stekovics sind für die besondere Anbauweise ihrer Paradeiser bekannt. Die Pflanzen liegen am Boden mit untergebreitetem Stroh und werden nicht bewässert. Dadurch entwickeln sie Wurzeln in tiefere Erdschichten, wo die Mineralstoffe – wie beim Wein – den Geschmack der Sorten besonders gut entwickeln. Die Entwicklungen in der Region machen ihm aber Sorgen: „Wenn sich global in Sachen Klimaschutz nichts ändert, werden wir im Seewinkel in fünf bis zehn Jahren Bedingungen wie in Indien haben. Ich bin da sehr pessimistisch."

Abb. 14: Erich Stekovics

„Gemüseanbau bedeutet für mich: ein Erbe aus Düften und Geschmäckern zu bewahren."

„Im Seewinkel kamen immer mehr Hochleistungs-glashäuser auf. Doch diese Art des Gemüseanbaus war für uns nie ein Thema – schließlich habe ich ein Erbe aus Düften und Geschmäckern zu bewahren.“

10. Der Weinbau im Wandel des Klimas

Autoren: Frank Schindler; Ákos Molnár

Der Weinbau steht im Zuge der klimatischen Veränderungen weltweit vor neuen Herausforderungen. Winzer sehen sich mit einer ganzen Reihe von Fragen konfrontiert: Welche Rebsorten sind zukunftsfähig? Wie muss die Produktion an heißere, trockenere Sommer angepasst werden? Wie geht man mit wärmeren Wintern um, die Krankheiten und Blattschädlinge begünstigen? Dieser Beitrag soll einen Überblick geben, was der Klimawandel für die Weinbauregion Neusiedler See bedeutet.

Abb. 1: Begrünter Weingarten mit Tröpfchenbewässerung

Auf insgesamt rund 9.000 Hektar Rebfläche, davon circa 20 Prozent in Ungarn, gibt es eine große Vielfalt an Rebsorten auf unterschiedlichen Böden.

1. Weinbau – geprägt durch große Vielfalt

Die Landschaft rund um den Neusiedler See gehört zum Weinbaugebiet Burgenland. Umgangssprachlich findet man häufig den Begriff Nordburgenland, dem rechtlich allerdings keine Bedeutung zukommt. Weinbau wurde hier bereits vor etwa 2.500 Jahren von den Römern betrieben. Heute teilt sich das Gebiet in zwei spezifische Weinbaugebiete, die gemeinsam etwa 9.000 Hektar Rebfläche ausmachen. Ein Drittel davon entfällt auf das Weinbaugebiet Leithaberg (inklusive Rust) im Nordwesten und zwei Drittel umfasst das Weinbaugebiet Neusiedler See im Osten und Nordosten des Sees. Das Burgenland ist vor allem für Rotwein und in unmittelbarer Seenähe für Süßwein bekannt. Der Rotwein stammt zu 92 Prozent aus den Anbaugebieten im Mittelburgenland, im Vergleich zu 53 Prozent im Süden des Burgenlandes, wobei Zweigelt und Blaufränkisch dominieren. Über die Hälfte der Anbauflächen (52 Prozent) im nördlichen Bereich sind mit weißen Rebsorten bestockt. Am Leithaberg hat der Weißwein einen Anteil von 54 Prozent.

Offiziell werden 42 verschiedene Rebsorten kultiviert, von denen etwa 20 eine gewisse vertriebliche Bedeutung besitzen. Auf die in Tabelle 1 aufgelisteten Top-10-Rebsorten entfallen 80 Prozent der Gesamtfläche. Diese Vielfalt ist seit jeher ein wichtiges Merkmal des regionalen Weinbaus.

Diese große Vielfalt an Rebsorten gibt es auch auf ungarischer Seite. Derzeit werden 40 Sorten in der Region Neusiedler See angebaut. Die Top 10 der Rebsorten machen rund 90 Prozent der Gesamtanbaufläche aus. In den vergangenen zehn Jahren hat der Anteil der weißen Sorten (Irsai Olivér, Zenit, Furmint) stark zugenommen. Dennoch ist der ungarische Teil der Region weiterhin vor allem ein Rotweingebiet.

Rebsorten TOP 10	Leithaberg (ha)	Region Neusiedler See (ha)
Zweigelt	317	1501
Blaufränkisch	598	553
Grüner Veltliner	407	627
Welschriesling	281	625
Chardonnay	210	455
Weißburgunder	150	275
Merlot	102	213
Sauvignon Blanc	106	182
Sankt Laurent	46	241
Muskat Ottonel	59	174

Abb. 2: Flächen- und Rebsortenverteilung der Region Neusiedler See

Datenquelle: ÖWM 2022

Rebsorten TOP 10	Weinbaugebiet Sopron (ha)	Raum Sopron inklusive Neusiedler See (ha)	Anteil
Blaufränkisch	523	400	47 %
Zweigelt	113	83	10 %
Grüner Veltliner	112	80	10 %
Cabernet Sauvignon	72	68	7 %
Merlot	56	49	5 %
Chardonnay	45	33	4 %
Pinot Noir	40	27	4 %
Irsai Olivér	30	27	3 %
Zenit	20	19	2 %
Syrah	14	13	1 %

Abb. 3: Flächen- und Rebsortenverteilung im Weinbaugebiet Sopron und Umgebung

Datenquelle: HNT 2022

2. Bedürfnisse der Rebe

Um die aktuellen klimatischen Veränderungen bewerten zu können, ist es notwendig, die Bedürfnisse der Reben zu verstehen und die Bewirtschaftung entsprechend zu adaptieren. Dazu gehören in erster Linie die Voraussetzungen, unter denen Reben wachsen und reife Trauben produzieren können. Für einen regionalen Vergleich wurden die statistischen Werte von Eisenstadt stellvertretend für die Region herangezogen.

Temperatur und Sonnenstunden

Reben benötigen für ihr Wachstum ein gemäßigtes Klima mit ausgeprägten Jahreszeiten. In der nördlichen Hemisphäre, mit ihren deutlich höheren Landmassen im Vergleich zur südlichen Hemisphäre, ist dieses Klima zwischen dem 40. und 50. Breitengrad zu finden. Durch die fortschreitende globale Erwärmung verschiebt sich dieser Gürtel jedoch immer stärker in Richtung Norden. Das erklärt auch, warum es auf den Britischen Inseln (51. bis 52. Breitengrad) mittlerweile tausend Hektar Rebfläche gibt.

Dass sich die durchschnittliche Temperatur erhöht hat, wirkt sich natürlich auch auf die Bewirtschaftung aus. Die Trauben können im Vergleich zu früher wesentlich besser ausreifen.

Die minimale Jahres-Durchschnittstemperatur für den Anbau von Trauben beträgt 9 Grad Celsius. In Eisenstadt lag sie 2019 bei 12,9 Grad und damit zwei Grad über dem langjährigen Schnitt. Dass sich die durchschnittliche Temperatur erhöht hat, wirkt sich natürlich auch auf die Bewirtschaftung aus. Die Trauben können im Vergleich zu früher wesentlich besser ausreifen. Heute liegt der Fokus der Produktion daher stärker auf der Qualität der Trauben, bzw. auf der Ertragsoptimierung, als auf einer maximalen Zuckereinlagerung.

Eine ganz wesentliche Voraussetzung für den Weinbau ist, dass die Vegetationsperiode, also die Zeitspanne ohne Frost, mindestens 180 Tage im Jahr beträgt. Im Burgenland liegt sie derzeit bei etwa 200 Tagen (in einigen Gebieten sind es sogar 250 Tage), womit auch ein ausreichender Puffer in kälteren Jahren gegeben ist. Ein regionales Spezifikum ist neben der Vegetationsperiode das allgemeine Nahrungsangebot für die in großen Schwärmen auftretenden Stare. Auf der Suche nach Futter stellen Stare rund um den See besonders für spät reifende Früchte eine Bedrohung dar. Beim Wein betrifft das neben den Rotwein-Rebsorten Blaufränkisch, Merlot und Cabernet Sauvignon vor allem die edelsüßen Trauben, die teilweise erst im Jänner geerntet werden. (Reben, die mit dem Pilz Botrytis Cinerea befallen sind, trocknen stark ein. Durch diesen Flüssigkeitsverlust werden die Aromastoffe sowie die Säure und der Zucker stark konzentriert.)

Um die Vögel abzuschrecken, sind derzeit spezielle Vogelnetze sowie automatische und manuelle Schusssysteme das Mittel der Wahl. Sie stellen jedoch keine Ideallösung dar. Die Schüsse besitzen nur eine kurze Schutzwirkung und der beachtliche Geräuschpegel geht zu Lasten anderer Tiere und Menschen. Bei den Netzen ist zudem immer häufiger zu beobachten, dass große Vogelschwärme die Reben samt Netz – ähnlich einer Traubenerntemaschine – schütteln, sodass die reifen Trauben zu Boden fallen und dort gefressen werden.

In Summe benötigt eine Rebe 1.300 Sonnenstunden, um ausgereifte Trauben zu produzieren. In Eisenstadt wurde 2021 mit 2.249 Stunden die höchste Anzahl von Sonnenstunden seit Beginn dieser Aufzeichnungen vor 30 Jahren gemessen. Entwicklungen wie diese sorgen auch in den Medien für Schlagzeilen. So wurde etwa berichtet, dass derlei Bedingungen – also viele Sonnenstunden in Kombination mit Maximaltemperaturen bis knapp 40 Grad – bestimmte Weinsorten wie den Grünen Veltliner im Burgenland aussterben lassen werden. Diese Behauptungen lassen sich nach heutigem Erkenntnisstand allerdings nicht belegen. Die Wissenschaft legt zwar Kriterien als Mindestvoraussetzungen für den Anbau einer Rebsorte fest, nicht jedoch deren Limitationen nach oben. Interessant ist in diesem Zusammenhang auch nachfolgende Tabelle, die das Ergebnis einer in der Weinbranche anerkannten und vielbeachteten Studie aus dem Jahr 2013 zeigt. Daraus geht hervor, dass etwa die prognostizierten Maximaltemperaturen für Pinot Noir aus dem Burgund bereits deutlich überschritten sind. Trotzdem produziert dieses Weinanbaugebiet nach wie vor einige der besten und teuersten Pinots der Welt.

In der Praxis kann man davon ausgehen, dass die Durchschnittstemperatur nicht als Gradmesser für den Fortbestand einer Rebsorte genutzt werden kann. Entscheidend ist das verfügbare Wasser.

Die Durchschnittstemperatur im Burgund liegt heute übrigens bei etwa 12 Grad Celsius und entspricht damit in etwa den Werten des Burgenlandes.

In der Praxis kann man davon ausgehen, dass die Durchschnittstemperatur nicht als Gradmesser für den Fortbestand einer Rebsorte genutzt werden kann. Es wird viel eher das verfügbare Wasser sein, welches den Rahmen für den allgemeinen Weinanbau vorgibt – und damit eine von Rebsorten

Durchschnitts Temperatur der Vegetationsperiode

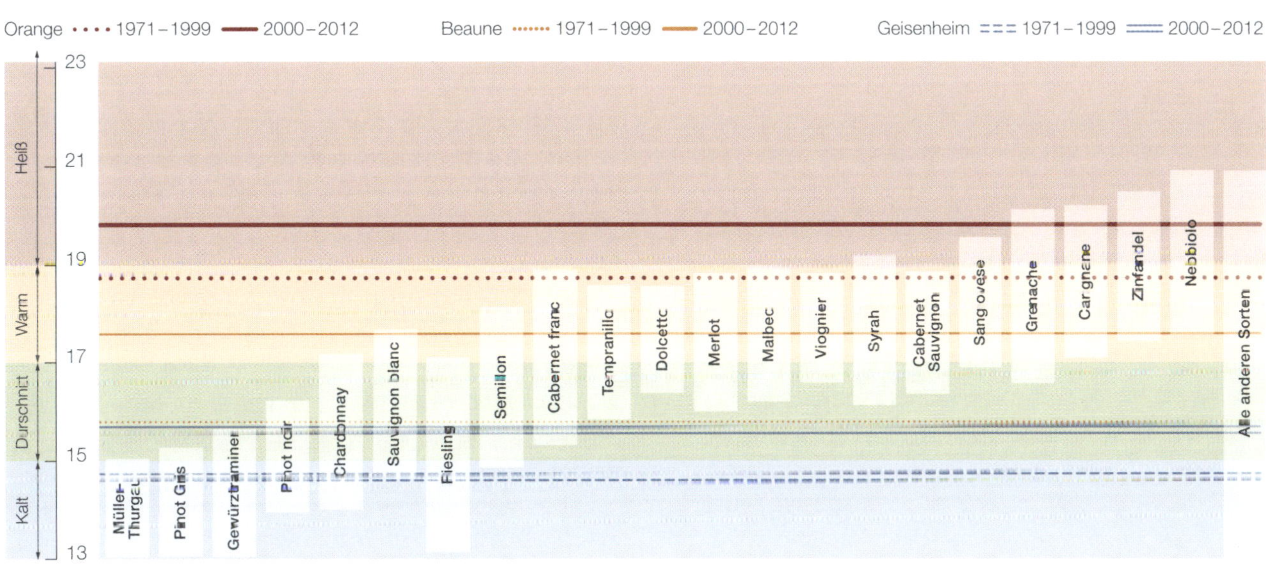

Abb. 4: Luftmitteltemperatur in der Wachstumsphase

Die Temperaturentwicklung von 1971 bis 1999 und von 2000 bis 2012 im Rheingau, Burgund und Rhonetal.
Die Durchschnittstemperatur im Burgund ist mit den Werten des Burgenlandes vergleichbar.

unabhängige Betrachtung verlangt. Steigende Temperaturen kann die Rebe dabei in gewissen Umfängen sogar abpuffern, indem sie ab etwa 33 Grad die Stoffwechselprozesse nahezu komplett einstellt, um ihr Überleben zu sichern. Das verlangsamt die Reifung der Trauben, macht sie jedoch gleichzeitig anfällig für Sonnenbrand.

Niederschlag und Feuchtigkeit

Das pannonische Klima ist ein typisches kontinentales Klima. Durch die Kessellage der pannonischen Ebene und die starken Einflüsse vom Schwarzen Meer sowie dem Mittelmeer sind die Sommertemperaturen überdurchschnittlich hoch. Die mitgeführten Regenmengen kommen dabei dem pannonischen Raum aufgrund der fehlenden Höhenlagen kaum zugute.
Die Wissenschaft spricht von 500 Millimeter Niederschlag pro Quadratmeter als Minimum für den Rebanbau. Rund um den Neusiedler See waren es in den vergangenen Jahren 520 bis 560 Millimeter. Fast noch wichtiger als der Gesamtniederschlag ist die Verteilung der Niederschläge sowie die Wasserspeicherfähigkeit der Böden. Alle Niederschläge unter zehn Millimeter (also zehn Liter pro Quadratmeter) erreichen die Wurzeln der Pflanzen kaum und spielen deshalb für die Wasserversorgung keine relevante Rolle. Ähnlich verhält es sich mit einem anderen Wetterextrem: Auch bei Starkregen mit über 30 Millimeter Niederschlag pro Quadratmeter können Boden und Pflanzen das angebotene Wasser nicht mehr aufnehmen, da es ungespeichert abläuft.

Die Region Neusiedler See hat zwar über das gesamte Jahr verteilt Niederschläge, allerdings unterscheiden sich die Mengen von Gemeinde zu Gemeinde recht deutlich. Für die Zukunft bedeutet das, dass einige Bereiche und Lagen für den Weinbau unattraktiv werden. An einigen Standorten ist das bereits heute der Fall. Einer der Vorteile des Sees – neben seiner Funktion für das Mikroklima der Region – ist, dass er mit seiner großen Wasserfläche fehlenden Regen besonders in nahegelegenen Weingärten in Form von Nebel und Tau bis zu einem gewissen Grad ausgleichen kann. Dieselbe Funktion übt auch Wald auf angrenzende Weingärten aus, wenn durch die hohen Temperaturunterschiede Tau entsteht, der über die Blätter der Pflanzen aufgenommen werden kann. Dieser Effekt bietet für die Gesundheit der Pflanzen eine gewisse Unterstützung, kann aber nicht als Basis für die Wasserversorgung eingeplant werden. Grundsätzlich gilt also, dass eine Reihe von Faktoren die Ausgangssituation für den Weinbau begünstigen oder auch benachteiligen kann. Deshalb ist es wichtig, einen genauen Status der Lagen zu erheben. Die Böden am Neusiedler See sind hinsichtlich ihrer Wasserspeicherfähigkeit sehr unterschiedlich. Kalk, Lehm und Schwarzerde halten deutlich mehr Wasser als Glimmerschiefer, Löss, Schotter und Sand. Eine allgemeine Aussage über die Region und die Zukunft des Weinbaus lässt sich damit nur bedingt treffen.

Die Rolle des Windes

Der Wind ist am Neusiedler See eine konstante Größe. Er kommt hauptsächlich aus Nordwest und erreicht dabei eine durchschnittliche Geschwindigkeit von 55 Kilometern pro Stunde, und das über alle Monate hinweg. Für die Pflanzen bedeutet dieser stete Wind vor allem eine erhöhte Verdunstung, womit sich die Situation der geringen Wasserverfügbarkeit weiter verschärft. Zugleich bietet dieser permanente Luftzug eine gute Basis für die vielen biologisch bewirtschafteten Weingärten in der Region. Er sorgt für eine gute Durchlüftung der Reben und ein rasches Abtrocknen der Trauben nach Regen und Taufeuchtigkeit. Es ist erwiesen, dass Peronospora (Falscher Mehltau), Oidium (Echter Mehltau) sowie einige Pilzerkrankungen dadurch deutlich seltener auftreten als in Weinbaugebieten ohne starken Wind. Eine in dieser Hinsicht noch günstigere Situation findet man an den Waldrändern vor. Hier kommt es zu thermisch bedingten Fallwinden, welche die Weingärten zusätzlich vor Erkrankungen schützen. Diese Lagen werden daher immer stärker von Winzern rekultiviert.

3. Rebanbau – neue Wege

Nach dieser allgemeinen Betrachtung der Rahmenbedingungen für die Traubenproduktion soll es in diesem Kapitel um konkrete Maßnahmen gehen, welche die aufgezeigten Tendenzen berücksichtigen und diesen im besten Fall entgegenwirken.

Unterlagsreben

Es ist bekannt, dass durch die Reblaus alle neu ausgepflanzten Reben nunmehr eine Kombination aus Unterlagsreben und aufgepfropften Edelreisern sind. Diese Unterlagsreben gehören nicht zur Art Vitis vinifera, aus denen Qualitätsweine erzeugt werden. Man bezeichnet diese Arten als Direktträger oder Wildreben. Botanisch heißen die bekanntesten Vertreter Vitis berlandieri, Vitis rupestris und Vitis riparia und stammen aus Mexiko und den USA. Diese Unterlagsreben sind in Mitteleuropa weit verbreitet und besitzen eine spezielle Schutzschicht an den Wurzeln sowie Bitterstoffe, die sie gegen die Reblaus resistent machen. Miteinander gekreuzte Wildreben bezeichnet man als „interspezifische Kreuzungen". Sie vereinen spezielle Eigenschaften beider „Elternteile" und sind damit zum Beispiel frost-, kalk- oder trockenstressresistent. Sie zeichnen sich durch ein geringes Wachstum oder ähnliche Eigenschaften aus. Jede dieser Unterlagen ist somit für spezielle Mikroklimata ausgelegt. Deshalb achten Winzer sehr stark auf die Auswahl der Unterlagen. Am Leithagebirge mit seinem hohen Kalkanteil sind die kalkresistenten Unterlagen (wie etwa Fercal und 41B) verbreitet. Die nachfolgende Abbildung bezieht sich auf eine Untersuchung der Hochschule Geisenheim im Rheingau, wo man u. a. den Einfluss der Unterlagsrebe auf die Gesamttemperatur in der Pflanze überprüft hat. Die Ergebnisse zeigen, dass sich ein Rebstock, der auf Vitis riparia wächst, bei Sonneneinstrahlung wesentlich stärker erwärmt als die gleiche Pflanze mit der Unterlage Richter 110 – also einer Kreuzung der vorhin erwähnten zwei nordamerikanischen Wildreben V. berlandieri und V. rupestris, die eine sehr gute Trockenresistenz aufweisen. In der Praxis hat dieser Temperaturunterschied ganz konkrete Auswirkungen. Er bewirkt einen Stillstand der Photosynthese beim V.-riparia-Stock, während die Pflanze auf der Richter-110-Unterlage keine physiologischen Einschränkungen aufweist. An diesem Beispiel lässt sich erahnen, welches Entwicklungspotenzial in der Weiterentwicklung der Unterlagsreben im Hinblick auf Temperatur- und Trockenresistenz besteht.

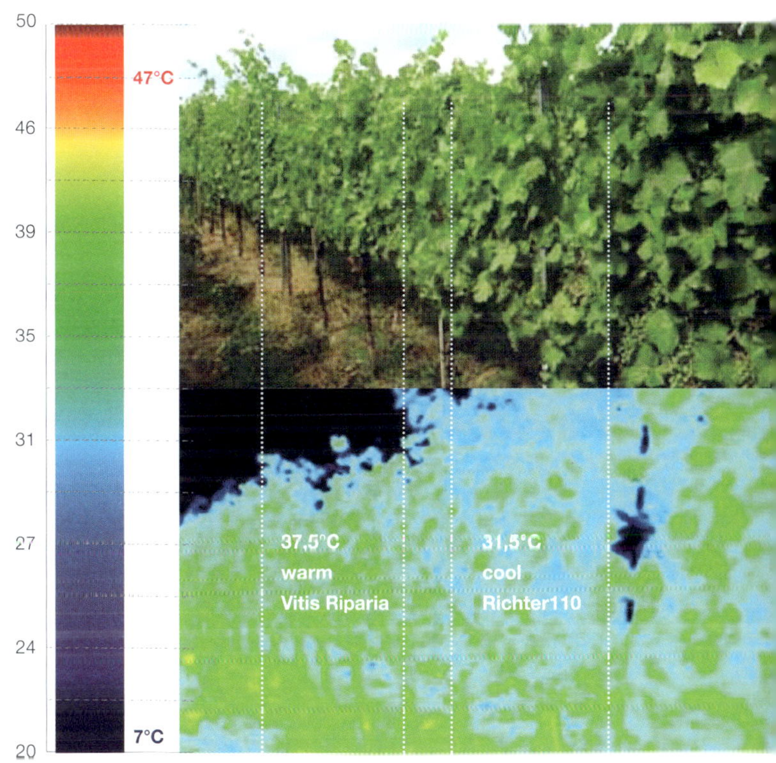

Abb. 5: Trockenheits- und Hitzeresistenz

Je nach Unterlagsrebe variiert die Gesamttemperatur in der Pflanze. Links: Vitis riparia reagiert auf die Hitze durch Stillstand der Photosynthese; rechts: Richter 110 wächst weiter.

Die Entwicklung bei den Edelreisern konzentriert sich hingegen stärker auf Themen wie Traubenqualität und Ertrag. Spezialisierte Rebschulen kümmern sich jedoch auch um Spezialbereiche, wie späterer Austrieb, längere Reifungsperiode, Traubengröße, Schalendicke oder Widerstandsfähigkeit gegen Schädlinge, um auf die veränderten Wachstumsbedingungen zu reagieren.

Reberziehung

Der Winzer entscheidet bei der Neuanlage von Weingärten in Abhängigkeit vom Energie- und Wasserhaushalt der Böden über die Stockdichte, die zwischen 5.000 und 13.000 Stöcken pro Hektar variieren kann. Im Burgenland sind es zumeist 6.000 bis 8.000 Pflanzen, was mit den kargen Böden und der geringen Wasserverfügbarkeit zusammenhängt. Tröpfchen-Bewässerungssysteme können die mangelnde Verfügbarkeit von Wasser grundsätzlich ausgleichen, führen jedoch zwangsläufig zu einer dauerhaften Bewässerungsabhängigkeit dieser Weingärten.

Einige Winzer gehen mittlerweile einen neuen Weg: Sie schneiden die obersten Wurzeln ab und bewässern die Pflanze mittels einer Sonde knapp unterhalb der Wurzeln. Dadurch kann später auf eine konstante Bewässerung verzichtet werden.

Die Rebe als Tiefwurzler wird durch die oberflächliche Bewässerung nicht angeregt, in tiefer gelegene, wasserhaltende Bodenschichten vorzudringen. Die große Fähigkeit der Pflanze, Trockenphasen gut zu überstehen, wird ihr damit genommen. Einige Winzer gehen mittlerweile einen neuen Weg: Sie schneiden in den ersten drei bis vier Jahren regelmäßig die obersten Wurzeln ab und bewässern die Pflanze mittels einer Sonde knapp unterhalb der Wurzeln. Dieses System ist zeitintensiv und anfänglich auch teuer. Sobald die Wurzeln den wasserspeichernden Unterboden erreicht haben, kann auf eine konstante Bewässerung verzichtet werden. Das ist nach etwa drei bis vier Jahren möglich und entspricht in etwa jenem Zeitraum, in dem Junganlagen noch keine Trauben produzieren.

Ein positiver Nebeneffekt dieser Erziehungsmethode liegt darin, dass der Unterboden die aromaausbildenden Nährstoffe zur Verfügung stellt und somit bereits die Jungweine mineralischer ausfallen. Zudem lässt sich der Wasserverbrauch um mehr als die Hälfte reduzieren, weil Verluste durch Verdunstung entfallen und ein höherer Anteil der zugeführten Wassermenge für die Pflanze verfügbar wird.

Auf der ungarischen Seite sind Bewässerungsmöglichkeiten für die Weinbauflächen im oder am Rande des Nationalparks aufgrund der strengen Vorschriften begrenzt. Die Weinbauern suchen daher nach alternativen Lösungen, indem sie mit Bodenbegrünung arbeiten oder bodenschonende Techniken einsetzen.

Cool Climate ist ein häufig verwendeter Begriff in der Weinsprache und beschrieb bisher Regionen, in denen ausschließlich aus den wärmsten Lagen gute Weine erzeugt werden konnten. Diese Weingärten produzieren heute teilweise nicht mehr die Topqualität früherer Jahrzehnte, da sie zu warm geworden sind und damit alkoholstarke Weine ergeben würden. Cool Climate wird in arrivierten Weinbaugebieten heute zumeist in Verbindung mit hoch gelegenen Weingärten verwendet, da die Durchschnittstemperatur pro hundert Höhenmeter um etwa 0,6 Grad Celsius abnimmt. Der höchste Weingarten beim Neusiedler See befindet sich auf etwa 380 Meter Meereshöhe an einer Hügelkuppe des Leithagebirges im Osliper Wald. Die niedrigsten Weingärten liegen auf Seeniveau, also auf etwa 115 Metern Seehöhe. Den tiefstgelegenen Weingarten findet man in der Nähe von Apetlon auf 114 Metern Seehöhe. Die Riede liegt einen Meter unter Seeniveau und ist zugleich der tiefste Punkt Österreichs.

Hanglagen hatten früher den Vorteil, bei Südausrichtung eine perfekte Sonneneinstrahlung zu gewährleisten. In den vergangenen Jahren haben aber speziell Südost-Lagen stark an Bedeutung gewonnen, da sie der Sonne besser ausweichen können. Die Morgensonne aus dem Osten lässt die Trauben frühzeitig abtrocknen und die Pflanze mit der Photosynthese beginnen. Um diesen Prozess bestmöglich zu unterstützen, wird die Traubenzone auf der Ostseite der Rebzeilen stark entblättert. Die Westseite hingegen bleibt unbearbeitet, um die Trauben bestmöglich vor der heißen Abendsonne zu schützen. Die Zuckereinlagerung in die Trauben wird damit eingebremst und die Ausbildung von Sonnenbrand weitgehend verhindert. In der Ebene können sich Winzer bei Neuanlagen durch die Ausrichtung der Rebzeilen behelfen, sodass auch dort eine gezielte Durchlüftung und Beschattung möglich ist.

Auch die Erziehungshöhe hat einen Einfluss auf die Trauben. Bodennah erzogene Rebstöcke nehmen die Bodenreflexionen stärker auf und sind somit vor Spätfrösten besser geschützt. In fünf der vergangenen sieben Jahre ist es im Burgenland zu Frostschäden gekommen. Etwa die Hälfte der versicherten Rebflächen waren mehr oder weniger stark betroffen. Rebflächen, die stark durch Spätfrost bedroht sind, befinden sich zumeist in Senken. Sie haben im Hochsommer zudem das Problem einer starken Erhitzung. Diese Flächen werden mittelfristig voraussichtlich verschwinden.

Welche weiteren Möglichkeiten gibt es für Winzer, den Reifeverlauf der Trauben zu beeinflussen? Erwähnt sei hier, dass sich auch über den Ertrag in einem gewissen Umfang die Reifung der Trauben verlangsamen lässt. Daher ist es nicht immer sinnvoll, mittels sogenannter Grüner Lese einen Teil der Trauben noch vor dem Umfärben und Weichwerden (also dem Beginn der Zuckereinlagerung) abzuschneiden, weil damit die Zuckereinlagerung der verbleibenden Trauben beschleunigt wird. Ein gesunder Konkurrenzkampf am Stock verzögert die Reifung und verlängert damit die Reifezeit am Stock. Das beeinflusst die physiologische Reife und damit die Aromenausbildung positiv. Im Qualitätssegment spricht man pro Stock von 1,5 bis 2,5 Kilogramm Trauben. Der zulässige Maximalertrag in Österreich liegt seit dem Jahr 2021 bei zehn Tonnen pro Hektar. Am Neusiedler See werden im Schnitt 6,5 Tonnen geerntet. Das zeigt deutlich, dass es sich um ein ausgesprochenes Qualitätsweinbaugebiet handelt.

Eine weitere Maßnahme ist das sogenannte Laubwandmanagement, also die Bearbeitung der Blätter und Triebe der Rebe. Durch gezieltes Zurückschneiden der Laubwand wird die Pflanze angeregt, verstärkt Energie in das vegetative Wachstum zu stecken. Erfolgt dieser Bearbeitungsschritt rechtzeitig vor der Ernte, kann die Zuckereinlagerung so stark verlangsamt werden, dass der spätere Wein bis zu einem Prozent weniger Alkohol aufweist.

Bodenbearbeitung

Ein wichtiger Punkt hinsichtlich Klimawandel und Biodiversität betrifft die Bodenbearbeitung und die Begrünung der Rebzeilen. Diesem Punkt wird immer mehr Beachtung geschenkt. Ausgewählte Blühmischungen werden – je nach Bodenart – verwendet, um die Biodiversität nachhaltig zu stärken, den Stickstoffeintrag zu fördern und dem Boden damit Energie zurückzugeben. Durch spezielle Pfahlwurzler wird zudem der Bodenverdichtung entgegengewirkt. Der Einwand, dass durch Bodenbegrünung die Qualität des Weines beeinträchtigt würde, ist nicht richtig. Zumeist wird das Argument des zusätzlichen Wasserbedarfs angeführt. Die Blühmischungen werden jedoch so zusammengestellt, dass die Pflanzen hauptsächlich Oberflächenwasser nutzen, das der Rebe ohnehin nur beschränkt zur Verfügung stehen würde. Durch das Untermulchen dieser Pflanzen wird der Boden nachweislich gestärkt, was der Traubenqualität zugutekommt. Die ebenfalls steigende Biodiversität führt darüber hinaus

Abb. 6: Bodenbearbeitung

Der Frage der Bodenbearbeitung und der Begrünung der Rebzeilen wird im Hinblick auf Klimawandel und Biodiversität immer mehr Beachtung geschenkt.

zu einer besseren Balance zwischen Nützlingen und Schädlingen. Die gezielte Begrünung bildet damit einen wichtigen Baustein der selbstregulierenden Weingärten.

Erntezeitpunkt

Der Lesezeitpunkt wird von Winzer zu Winzer unterschiedlich entschieden. Häufig hat er eine pragmatische Komponente und wird von der Großwetterlage mitbestimmt. Grundsätzlich kann man jedoch festhalten, dass der Erntezeitpunkt über Jahrhunderte fast ausschließlich aufgrund der Zuckerkonzentration in den Trauben bestimmt wurde. Vor etwa 30 Jahren ist man teilweise dazu übergegangen, die Trauben dann zu ernten, wenn sie physiologisch voll ausgereift sind. Ein Ansatz, der sich in der Praxis jedoch nur bedingt durchgesetzt hat. Werden die Trauben tendenziell erst spät geerntet, hat das einen unerwünschten Einfluss auf die Weinstilistik und den Alkoholgehalt der Weine. Seit einigen Jahren nutzt man eine sinnvolle Kombination aus Tradition und Technik. Die Winzer entscheiden den Erntebeginn auf Basis einer sensorischen Prüfung der Trauben in Verbindung mit einer pH-Wert-Messung. Erst wenn beide Tests zufriedenstellende Ergebnisse zeigen, wird mit der Ernte begonnen. Welche Werte dabei als Referenz gelten, ist sehr unterschiedlich und eng mit der Weinstilistik der Winzer verknüpft. Die Lese erfolgt durch dieses Prozedere aber deutlich früher, weshalb es in jüngsten Jahren wieder vermehrt Weine mit niedrigeren Alkoholgehalten gibt.

4. Kellerarbeit bei der naturnahen Weinbereitung

Neben der Arbeit im Weingarten nutzt der Winzer auch im Keller Techniken und Strategien, die Weinstilistik auf önologischem Weg zu beeinflussen. Die Getränketechnik hat hier noch einen weit größeren Spielraum an Einflussmöglichkeiten, die an dieser Stelle jedoch keine Berücksichtigung finden, da es bei der vorliegenden Betrachtung um eine naturnahe Weinbereitung geht.

Vergärung und Ausbau

Die sogenannte Klosterneuburger Mostwaage (Einheit: KMW) ist in Österreich die gängigste Einheit zur Bestimmung des Zuckergehalts einer Traube. Dabei entspricht ein KMW einem Prozent Zucker. Die Verarbeitung einer Traube mit 20 KMW ergibt in der Region Neusiedler See einen Wein mit einem Alkoholgehalt zwischen 13 und 14 Volumenprozent. Dieser Wert ist abhängig von der Gärführung. Die verwendeten Hefen, die Gärtemperatur und auch das Gärgefäß üben dabei einen maßgeblichen Einfluss aus.

Bei den Hefen gibt es grundsätzlich drei Modelle, die von den Winzern genutzt werden können. Die meisten Winzer verwenden heute Reinzuchthefen für die Vergärung. Diese Hefestämme können dabei geschmacksneutral den Zucker vergären oder bei sogenannten Aromahefen im Most befindliche Aromen unterstützen. Die Vorteile dieser Hefen sind die hohe Verfügbarkeit sowie ein zügiger und sauberer Gärverlauf bis zum Ende. Das Gegenmodell ist die Spontanvergärung. Hier erfolgt, ohne Zuführung von separaten Hefen, die Gärung durch die auf der Traubenschale und im Keller befindlichen Hefen. Dieser Prozess startet verzögert, dauert deutlich länger und ist anfälliger für Gärunterbrechungen oder andere Störungen und Fehlaromen, da diese Hefekulturen schwach und sehr empfindlich hinsichtlich Temperatur und Alkoholtoleranz sind. Der größte Vorteil dieser Methode besteht darin, dass eigene Hefestämme eine eigene Stilistik in den Weinen entstehen lassen und aus dem verfügbaren Zucker weniger Alkohol extrahieren. Die zweite Möglichkeit der Spontangärung bilden die Weinbergansätze. Hier werden etwa 25 bis 30 Kilogramm perfektes Traubengut geerntet und in einem Behälter direkt im Weinberg eingemaischt und abgedeckt stehen gelassen, bis die alkoholische Gärung einsetzt. Mit dieser gärenden Maische werden dann im Keller die Tanks bzw. Fässer geimpft. Der Vorteil ist, dass unterschiedliche Lagen noch stärker sensorisch differenziert werden können. In den letzten Jahren hat sich zudem ein wachsender Trend entwickelt, die Weine spontan angären zu lassen und bei einer deutlichen Abflachung der Gärgeschwindigkeit durch Zugabe von neutralen Reinzuchthefen die Weine sicher zu vergären, bis kein Restzucker mehr verfügbar ist.

Der Ausbau in verschiedenen Gärgefäßen ist ein aktueller Trend, der sich noch weiter entwickeln wird. Ton, Beton, Keramik, Edelstahl, Holz und Granit sind klassische Materialien, die heute zum Einsatz kommen. Dafür werden zumeist runde, ovale, eckige, ei- oder amphorenförmige Gefäße verwendet. In den verschiedenen Gefäßen entstehen unterschiedliche hydrothermische Bewegungen, die bei der Extraktion der Weine helfen. Die Gefäßwände sind zudem unterschiedlich stark und besitzen damit auch hinsichtlich der Mikrooxidation verschiedene Kapazitäten. Dabei verketten sich Luftsauerstoff sowie Farb- und Gerbstoffe so lange, bis sie als Festbestandeile ausfallen und zu Boden sinken. Die Weine werden dadurch runder und weicher. Durch die Gebindewände können teilweise auch die flüchtigen Alkohole entweichen, weshalb ein in Holz oder Granit ausgebauter Wein weniger Alkohol besitzt als der gleiche Wein, wenn er ausschließlich im Stahltank ausgebaut wurde.

5. Ausblick

Zusammenfassend kann man festhalten, dass die Klimaerwärmung nicht nur die Region Neusiedler See, sondern den globalen Weinbau vor neue, große Herausforderungen stellt. Es ist unerlässlich, auf diese klimatischen Veränderungen zu reagieren und eine ausgewogene Mischung aus ökologischen und ökonomischen Maßnahmen zu finden, um für die Zukunft gerüstet zu sein. Die Region wird sich verändern, ziemlich sicher wird es nicht mehr auf jeder beliebigen Fläche am Neusiedler See Weingärten zu bewundern geben. Die Reben werden sich immer stärker in besondere Mikroklimata zurückziehen, wo die Voraussetzungen für einen erfolgreichen Traubenanbau auf natürliche Weise gegeben sind oder wo sie (bezieht sich auf die Voraussetzungen) mithilfe wissenschaftlicher Erkenntnisse nachhaltig geschaffen werden können.

Der von der Politik angedachte generelle Bewässerungsverzicht von Weingärten ist unter Beibehaltung der aktuellen Weinberg-Gesamtflächen kaum umsetzbar. Die Anforderungen an die Rieden würden dadurch enorm ansteigen, die Durchschnittserträge sinken und die Gesamtproduktion einbrechen. Das „Fine Wine Segment" wäre hiervon weniger stark betroffen als der Preiseinstieg, da hier bereits jetzt viele Winzer auf eine konstante Bewässerung verzichten. Doch es gibt ohne Zweifel eine ganze Palette an Steuerungsmöglichkeiten, um Weinbau in der Region präziser, effizienter und, an die jeweilige Lage angepasst, in Zukunft weiterzuführen. Insofern ist dieser Beitrag als Versuch zu verstehen, die Handlungsspielräume zu skizzieren, die wir aufgrund neuen Wissens und neuer Techniken haben.

„Wir sind ein Teil des Ganzen“

Protagonistin: Birgit Braunstein

Nachhaltigkeit, Einheit mit der Natur, der Mensch als Teil des Ganzen – das sind die Grundgedanken hinter der Arbeit der Winzerin Birgit Braunstein. Ihren Betrieb hat sie ganz nach den Prinzipien der Biodynamie ausgerichtet.

Zweifellos war es hilfreich, dass Birgit Braunstein als Quereinsteigerin zum Weinbau kam, auch wenn sie in eine Winzerfamilie hineingeboren wurde. Schon während ihrer Studienzeit beschäftigte sie sich mit der Lehre des Naturphilosophen Rudolf Steiner: „Wir sind ein Teil des Ganzen“, lautet einer von Braunsteins Leitsätzen. Den 400 Jahre alten Hof in Purbach hat sie zu einer Oase der Entspannung gemacht. Fast schon ein Naturreservat im Kleinen, mit schwirrenden Bienen, alten Baumbeständen und selbstverständlich einem Storchennest. Und dennoch verbunden mit modernen Technologien: Der Strom des Weinguts kommt von einer Photovoltaik-Anlage am Dach. Den Keller kühlt eine Wärmepumpe, die ebenfalls CO_2-neutrale Energie liefert.

Im Weingarten arbeitet die Winzerin biodynamisch. Das heißt, dass die Gesundheit der Böden und das ökologische Gleichgewicht im Mittelpunkt stehen. Die Reben werden mit einem „Sanften Rebschnitt“ das ganze Jahr über behutsam bearbeitet. Rund 22 Hektar Anbaufläche erstrecken sich an den Hängen des Leithagebirges, das mitten im Welterbe-Naturpark liegt. Die natürliche Biodiversität der Region ist einzigartig. Es sind alle Elemente vorhanden: Wasser, Licht (Feuer), Erde, Wind – das sorgt für ein natürliches Gleichgewicht und Wohlgefühl. Der Boden besteht aus Schiefer, Muschelkalk und kristallinem Quarz. Das Kleinklima des Neusiedler Sees bietet ideale Bedingungen für hochwertigen Weinbau. Die große Wasserfläche sorgt für ausgeglichene Temperaturen. Und vom Leithagebirge strömt des Nachts kalte Luft in die Weingärten, wodurch die Trauben dicke Schalen ausbilden, in denen die Fruchtaromen gut erhalten bleiben. Eine wichtige Rolle spielt auch der Boden. Die Weinberge sind begrünt, und zwar das ganze Jahr über. Der Bewuchs zwischen den Rebzeilen verhindert Erosion und begünstigt die Bildung von Humus. Zum Aufbau einer ausreichenden Humusschicht verwendet Braunstein Kompost sowie den Mist von Schafen, Hühnern und Ziegen – alles aus dem eigenen Hof.

Maschinen werden nur selten und sehr sparsam eingesetzt. Es zählt die Handarbeit. Schädlinge werden mit Nützlingen bekämpft, vor allem aber sorgt die richtige Bepflanzung dafür, dass potenzielle Schädlinge einen Lebensraum abseits der Reben vorfinden. So kommt Birgit Braunstein völlig ohne chemische Pflanzenschutz- und Düngemittel aus. Wo nötig, werden Tees und pflanzliche Extrakte (wie Brennnessel, Schafgarbe und Ackerschachtelhalm) eingesetzt. „Wir wollen die Pflanzen stärken, nicht die Schädlinge bekämpfen“, betont die Winzerin. „Wir stärken das Immunsystem der Reben, indem wir Humus aufbauen, die Pflanze ins Gleichgewicht bringen und ihre Gesundheit fördern.“

Abb. 7: Birgit Braunstein

Schädlinge werden mit Nützlingen bekämpft, vor allem aber sorgt die richtige Bepflanzung dafür, dass potenzielle Schädlinge einen Lebensraum abseits der Reben vorfinden.

„Wir stärken das Immunsystem der Reben, indem wir Humus aufbauen, die Pflanze ins Gleichgewicht bringen und ihre Gesundheit fördern.“

Diese Lebendigkeit spürt man auch in ihren Weinen. Sie strotzen vor innerer Spannung, sind frisch, finessenreich und geprägt vom Boden, auf dem die Reben wuchsen. Gesunde Rebstöcke liefern vitale Trauben, aus denen im Keller spontan ohne jeden Zusatz saftige, wunderbar vielschichtige und elegante Weine entstehen. Im Keller wird der Wein ausschließlich durch Schwerkraft bewegt, ohne den Einsatz von Pumpen. Bei der Abfüllung werden bewusst dünnwandige Flaschen eingesetzt, um später beim Transport Gewicht und damit Treibstoff zu sparen.

Aus Gründen der Nachhaltigkeit verwendet Birgit Braunstein auch keine „Designer“-Flaschen, sondern wiederverwendbare Burgunder Eco-Flaschen. Dafür gibt es sogar ein Pfandsystem – leere Flaschen können zurückgebracht und neu befüllt werden.

„Beginnen wir noch heute mit dem Umdenken“

Protagonist: Josef Umathum

Josef Umathum, einer der renommiertesten Weinbauern der Region, plädiert für einen schonenden Umgang mit den Ressourcen und eine Wiederaufforstung des Seewinkels mit Bäumen und Hecken. Das ökologisch geführte Weingut liegt in Frauenkirchen.

Der Bezirk Neusiedl am See ist der waldärmste Bezirk in ganz Österreich. Nur ein Prozent der Landfläche sind mit Bäumen bedeckt. Das hat Auswirkungen auf die Landschaft. Die geographische Lage zwischen dem Leithagebirge und den Hainburger Bergen bewirkt eine Art Düseneffekt und eine Verstärkung des Windes, der hier durchzieht. Für die moderne Stromerzeugung durch Windenergie kann das positiv genutzt werden. Aber für die Landwirtschaft bedeutet das, dass der Wind meist ungebremst über das weite ebene Land fegt und den Böden das wenige Wasser entzieht. Das befördert auch die Erosion. Die ohnehin oft nur geringen Niederschläge lösen dann die Mineralien im Oberboden. Sie werden durch Sonne und Wind an die Oberfläche gezogen, womit die Versalzung der Böden voranschreitet.

Historisch gesehen war das Gebiet östlich des Neusiedler Sees mit solitär stehenden Buchen und Eichenbäumen sowie zahlreichen Hecken bestückt. Hecken vermindern die Windgeschwindigkeit bis zu einer Entfernung vom 25-Fachen der Heckenhöhe auf der vom Wind abgewandten Seite – und bis zum Fünffachen auf der windzugewandten Seite. Die Wiederaufforstung der Landschaft östlich des Neusiedler Sees mit Hecken und Bäumen wäre somit aus ganz unterschiedlichen Gründen von großem Vorteil. Sie bremst den Wind, sie schützt den Boden vor Erosion, sie vermindert die Wasserverdunstung, sie ermöglicht einen Anstieg des Grundwasserspiegels, sie verbessert die Bodenbonität, sie bietet ein Rückzugsgebiet und erhöht damit die Biodiversität, und sie beeinflusst auch das Mikroklima positiv.

Die Hecken könnte jeder nach seinen eigenen Bedürfnissen gestalten. Es könnten „Mehrnutzungshecken“ angelegt werden, neben Kräutern könnte Wildobst, ja sogar Gemüse dazwischen gepflanzt werden. Abgesehen von all diesen so wichtigen Einzelaktivitäten wäre es aber auch notwendig, gemeinsame Maßnahmen zu setzen. Gemeinsame Pflanz- und Pflegeaktivitäten machen uns sensibler für die Probleme der Natur, stärken das Gemeinschaftsgefühl und das Verantwortungsbewusstsein für die Umwelt und die Mitmenschen.

Dabei darf man nicht die Geduld verlieren, weil diese Veränderungen nur sehr langsam sichtbar werden. Aber jeder versäumte Tag ist ein verlorener Tag. Daher: Beginnen wir noch heute mit dem Umdenken.

Gemeinsame Pflanz- und Pflegeaktivitäten machen uns sensibler für die Probleme der Natur.

Abb. 8: Josef Umathum

Die Wiederaufforstung der Landschaft östlich des Neusiedler Sees mit Hecken und Bäumen wäre aus unterschiedlichen Gründen von großem Vorteil.

11. Tourismus am Neusiedler See – eine Entwicklung in mehreren Phasen

Autoren: Alois Lang; Gerhard Haider, Tamás Taschner

„Fremdenverkehr", wie der Tourismus über Jahrzehnte hieß, hat in der Region eine längere Geschichte als gemeinhin angenommen, und er hat sich mehrmals deutlich gewandelt – in seiner Angebotsvielfalt und folglich auch in seiner Gästestruktur. Der See selbst spielt heute mehr die Rolle eines Freizeitreviers mit einer Erholungsinfrastruktur, bringt aber längst nicht mehr den Hauptteil der Urlaubsgäste ins Land. Auf ungarischer Seite setzte der Tourismus später als im Burgenland ein, die Entwicklungsmöglichkeiten waren durch die Grenzlage des Neusiedler Sees immer begrenzt. Einerseits bestimmten die kleine Wasserfläche am Südwestufer und der ausgedehnte Schilfgürtel die Rahmenbedingungen für den Fremdenverkehr, andererseits – nach dem Zweiten Weltkrieg – der Eiserne Vorhang.

Von den rund drei Millionen Nächtigungen im Burgenland (Richtwert ist das Jahr 2019 vor der Corona-Pandemie) entfällt heute etwas mehr als die Hälfte auf die Region Neusiedler See, davon rund 70 Prozent auf die Nationalparkregion am Ostufer. Das höchste Nächtigungsaufkommen unter den Seegemeinden erzielte 2019 Podersdorf, mehrheitlich auf dem gemeindeeigenen Campingplatz, gefolgt von Illmitz. Unter den Großbetrieben rangiert die St. Martins Lodge in Frauenkirchen ganz vorne, ebenso wie die Anlage Vila Vita Pannonia in Pamhagen. Neu auf dem Markt sind seit 2022 die 4-Sterne-Betriebe Scheiblhofer – The Resort in Andau mit dem Schwerpunkt Weintourismus sowie das Esterházy'sche Hotel Galántha direkt beim Schloss in Eisenstadt.

Auch auf ungarischer Seite ist eine Strukturänderung bei den Unterkunftsbetrieben erkennbar: So ist 2022 ein weiterer 4-Sterne-Betrieb (HegiQ in Hegykő) eröffnet worden. Sopron mit rund 400.000 und Hegykő mit rund 110.000 Nächtigungen sind die tourismusstärksten Gemeinden. Sowohl die Stadt Sopron als auch das Dorf Hegykő profitieren neben der Nähe zum See von weiteren Attraktionen, vor allem von der historischen Altstadt von Sopron oder vom Thermalbad in Hegykő. Es gibt nur einen Zugang zum offenen Wasser des Sees, nämlich in Fertőrákos (Kroisbach), und obwohl der dortige Strandbereich seit vier Jahren baustellenbedingt gesperrt ist, hatte das keine nennenswerten negativen Auswirkungen auf den Tourismus.

Die zehn Top-Übernachtungsorte am Neusiedler See auf österreichischer Seite

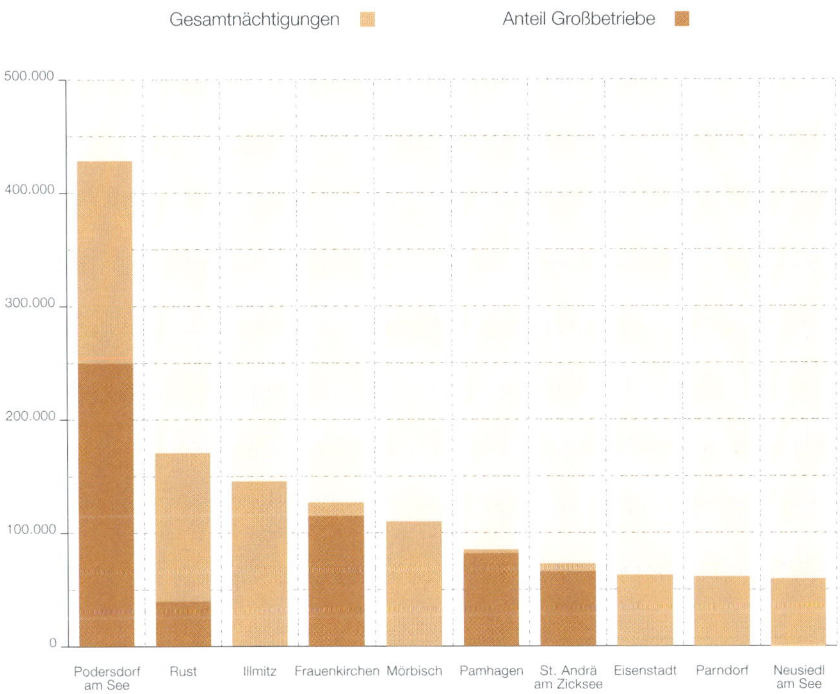

Podersdorf am See Gemeinde-Campingplatz & Dauercamping	428.417 58,35 %
Rust Pro Mente Reha-Zentrum	170.883 23,41 %
Illmitz	144.929
Frauenkirchen St. Martins Therme & Lodge	127.115 90,47 %
Mörbisch	110.023
Pamhagen Vila Vita Pannonia Hotel & Feriendorf	85.282 96,15 %
St. Andrä am Zicksee Krankenanstalt & Camping	73.006 90,40 %
Eisenstadt	62.879
Parndorf	61.446
Neusiedl am See	60.072
(81,3 % aller Nächtigungen)	**1.324.052**

Abb. 1: Nächtigungsaufkommen 2019

Für fünf Standorte wurde der Anteil einzelner Großbetriebe herausgerechnet. Neusiedler Seeregion gesamt: 1.629.118

Der – meist auf sogenannte Schönwetter-Wochenenden konzentrierte – Tagesausflug hat seinen Ursprung längst nicht mehr nur in Ostösterreich, sondern seit dem EU-Beitritt der Nachbarländer 2004 verstärkt auch in Ungarn und im Raum Bratislava. Erst ab einer gewissen Distanz zum Herkunftsgebiet machen sich auch Nächtigungstouristen aus Tschechien (Prag, Brünn) in der Statistik bemerkbar.

Frühere touristische Aktivitäten wie Reiten oder Segeln haben sich zu Freizeitaktivitäten der Einheimischen und Personen mit Zweitwohnsitz gewandelt und spielen im Tourismusaufkommen (und damit auch in der lokalen Wertschöpfung) eine entsprechend untergeordnete Rolle.
Von der Öffentlichkeit kaum wahrgenommen, bildet auch der Studiengruppen-, Konferenz- oder der Fachbesuchertourismus im Nationalpark eine nicht zu vernachlässigende Größe. Seine Vorteile für die Region bestehen darin, dass die Reisezeit meist außerhalb der Tourismussaison liegt und Konferenzteilnehmer danach oft als Individualgäste samt Familie kommen.

Am Anfang war's der See

Von Kunstschaffenden, die an den sonderbaren, an manchen Tagen „bleifarbenen" riesigen See kamen, stammen die ersten Reiseberichte. Vom Westen übers Leithagebirge kommend, erblickten sie eine riesige Wasserfläche – noch ohne Schilfgürtel – und hielten ihre Eindrücke in nicht immer schmeichelhaften Formulierungen fest. Der ungarische Name des Sees, Fertő, in etwa „Sumpfsee", weist in dieselbe Richtung. Mit seinen stark schwankenden Wasserständen taucht der Neusiedler See auf historischen Karten manchmal sogar unter der Bezeichnung fluvius, also Fluss, auf.

Mit der aufkommenden Reiselust im 19. Jahrhundert änderte sich das deutlich: Nicht mehr einzelne Reisende, sondern Familien und sogar erste Gruppen besuchten den Neusiedler See. Die Seebäder – zunächst am Süd-, West- und Nordufer, später im Seewinkel – gelten zu Recht als Sprungbrett für den Tourismus. Schon Mitte des 19. Jahrhunderts wurden die Seezugänge mit einfachen Stegen, Badehäusern und Speiselokalen ausgebaut.

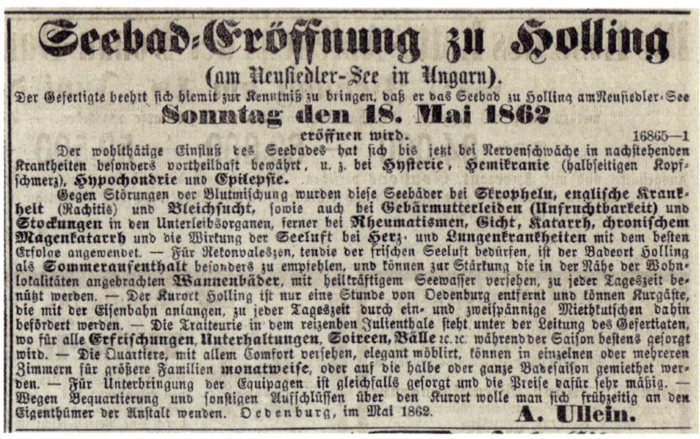

Seebad-Eröffnung zu Holling

(am Neusiedler-See in Ungarn).

Der Gefertigte beehrt sich hiemit zur Kenntniß zu bringen, daß er das Seebad zu Holling am Neusiedler-See

Sonntag den 18. Mai 1862

eröffnen wird. 16865—1

Der wohlthätige Einfluß des Seebades hat sich bis jetzt bei Nervenschwäche in nachstehenden Krankheiten besonders vortheilhaft bewährt, u. z. bei **Hysterie**, **Hemikranie** (halbseitigen Kopfschmerz), **Hypochondrie** und **Epilepsie**.

Gegen Störungen der Blutmischung wurden diese Seebäder bei **Skropheln, englische Krankheit** (Rachitis) und **Bleichsucht**, sowie auch bei **Gebärmutterleiden (Unfruchtbarkeit)** und **Stockungen** in den Unterleibsorganen, ferner bei **Rheumatismen, Gicht, Katarrh, chronischem Magenkatarrh** und die Wirkung der **Seeluft** bei **Herz**- und **Lungenkrankheiten** mit dem besten Erfolge angewendet. — Für Rekonvaleszen, tendie der frischen Seeluft bedürfen, ist der Badeort Holling als **Sommeraufenthalt** besonders zu empfehlen, und können zur Stärkung die in der Nähe der Wohnlokalitäten angebrachten **Wannenbäder**, mit heilkräftigem Seewasser versehen, zu jeder Tageszeit benützt werden. — Der Kurort Holling ist nur eine Stunde von Oedenburg entfernt und können Kurgäste, die mit der Eisenbahn anlangen, zu jeder Tageszeit durch ein- und zweispännige Miethkutschen dahin befördert werden. — Die Traiteurie in dem reizenden Julienthale steht unter der Leitung des Gefertigten, wo für alle **Erfrischungen, Unterhaltungen, Soireen, Bälle** rc. rc. während der Saison bestens gesorgt wird. — Die Quartiere, mit allem Comfort versehen, elegant möblirt, können in einzelnen oder mehreren Zimmern für größere Familien **monatweise**, oder auf die halbe oder ganze Badesaison gemiethet werden. — Für Unterbringung der Equipagen ist gleichfalls gesorgt und die Preise dafür sehr mäßig. — Wegen Bequartierung und sonstigen Aufschlüssen über den Kurort wolle man sich frühzeitig an den Eigenthümer der Anstalt wenden. Oedenburg, im Mai 1862.

A. Ullein.

Abb. 2: Einladung zur Seebad-Eröffnung bei Holling (Fertőboz) im Frühjahr 1862

Selbst kleine Gemeinden wie Holling setzten Mitte des 19. Jahrhunderts auf den aufkommenden Badetourismus und warben mit der Heilwirkung des Seewassers.

Abb. 3: Der schilffreie Strand von Podersdorf (undatiert)

Mangels Infrastruktur konnte zunächst nur der Tagesausflügler erreicht werden.

Die Betreiber bewarben damals allerdings nicht den Wassersport oder entspannendes Nichtstun am Strand (die Freizeitgesellschaft war noch nicht erfunden), sondern die Vorzüge des Seewassers für die Gesundheit. Damit das heilkräftige Wasser des Neusiedler Sees auch seine volle Wirkung entfalten konnte, wurden Zimmer für Familien „monatsweise, oder auf die halbe oder ganze Badesaison" vermietet, wie eine Anzeige zur „Seebad-Eröffnung zu Holling" (ungarisch: Fertőboz) am 18. Mai 1862 im österreichischen „Fremden-Blatt" warb. Die Liste der Krankheiten, die den behandelnden Ärzten zufolge durch das Schwimmen im See gelindert werden könnten, war lang und eindrucksvoll. Ergänzt wurde das Wellnessangebot, wie man es heute wohl nennen würde, durch „Wannenbäder mit heilkräftigem Seewasser" im Urlaubsquartier. Gäste aus Ödenburg (Sopron) konnten bald im täglich verkehrenden Omnibus zum See gelangen.

Die erste (heute österreichische) Gemeinde, die in einem Badebuch aufscheint, ist Rust: Bereits 1840 existierte eine Kabinenanlage, die allerdings aufgrund der periodischen Wasserstandsschwankungen immer wieder ihren Standort ändern musste. In Neusiedl wird um 1852 von einem kleinen Badehaus berichtet, das freilich nur bei Wasserhöchstständen direkt am See lag.

Verkehrsanbindung für den Fremdenverkehr

Trotz der Bemühungen, die Seezugänge als Bade- und Ausflugsziel zu etablieren, kam es erst nach der Abtretung Deutsch-Westungarns an Österreich zu einem nennenswerten „Fremdenverkehr". Die Zahl der Badegäste entwickelte sich zwischen den beiden Weltkriegen beachtlich schnell. Die hölzernen Badeanlagen, die damals auf Pfählen im freien Wasser standen, konnten vorerst nur mit Booten erreicht werden. Die Badegäste der 1920er- und 1930er-Jahre fanden bereits Umkleidekabinen, Sonnendecks und Baderestaurationen vor. Von der Badekleidung bis zum Ruderboot konnte man alles mieten.

Die ersten Gäste, die die Seebäder frequentierten, waren vor allem Tagesausflügler. Die unzureichenden Verkehrsverhältnisse verbesserten sich u. a. mit der Einführung von Bäderzügen ab Wien: Die nur 78 Minuten dauernde Fahrt nach Neusiedl am See und die wachsende Motorisierung rückten den See in der Zwischenkriegszeit näher an die Bundeshauptstadt. Das Land Burgenland betrachtete Wien als wichtigsten (und einzig denkbaren) Markt für den neuen Wirtschaftszweig. Bei einer Werbeveranstaltung im Kaufhaus Herzmansky 1927 wurde der Neusiedler See erstmals als „Meer der Wiener" bezeichnet. Davon leitet sich das bis heute präsente Klischee eines hauptsächlich vom Wiener Markt abhängigen Tourismus ab. Im selben Jahr zählte man im Strandbad Neusiedl rund 100.000 Besucher.

Vom Tages- zum Nächtigungsgast

Mit dem stetig wachsenden Tourismusaufkommen – zumindest während der Badesaison – stieg die Nachfrage nach Übernachtungsmöglichkeiten. In einer neuen Phase des Tourismus, nach dem Zweiten Weltkrieg, wurden die bestehenden Seebäder mit der Aufschüttung von Straßen und dem Anlegen von Park- und Campingplätzen im Schilfgürtel für ein größeres Besucheraufkommen erschlossen. Land und Gemeinden motivierten die Bevölkerung, gezielt in Urlaubsquartiere zu investieren. Von einem nennenswerten Nächtigungstourismus kann erst ab den 1960er-Jahren gesprochen werden. Erste Hotels wurden gebaut, den größten Teil stellten aber Privatquartiere (zumeist Weinbauernhöfe) dar, für die der Tourismus bald zur wichtigsten Einnahmequelle neben der Landwirtschaft wurde. Das ist in vielen Fällen bis heute so geblieben. Im Vergleich zu privaten Ferienunterkünften in Österreichs Bergen kann auf Weinbauernhöfen über den Weinverkauf an Hausgäste eine deutlich höhere touristische Wertschöpfung erzielt werden.

Gemessen an den Übernachtungszahlen hat sich der Tourismus in der Region Neusiedler See in einer steilen Aufstiegsphase von 1950 bis 1980 etwa

---

„Als Bad gebraucht, ist das Seewasser heilsam, und als kaltes Bad, wie natürlich, stärkend. Besonders erlustigt sich die Ödenburger schöne Welt bei Holling, wo der sandige Boden vorzüglich anlockt, mit dem Baden. Seit ein paar Jahren hat auch Graf von Széchenyi hier Anstalten für Badende errichtet, und eben so sollen die Ruster damit umgehen, förmliche Seebäder einzurichten. Es ist nicht zu zweifeln, daß diese Anstalt sowohl dem Städtchen Rust als auch den Badenden sehr bedeutende Vortheile gewähren wird."

Das Ödenburger Komitat, 1840

verzehnfacht. Getragen wurde dieser Aufwärtstrend zunächst von Gästen aus Wien, dann vor allem aus dem deutschsprachigen Ausland – letztere mit einer ungleich längeren Aufenthaltsdauer. Ab Mitte der 1980er-Jahre machte sich eine Verlangsamung des Wachstums bemerkbar, seither dominieren an den meisten Standorten Gäste aus Westösterreich die Statistiken.

In dieser Entwicklungsphase kann man am ungarischen Süd- und Westufer nicht von einem Seetourismus sprechen. Attraktionen wie das Schloss Esterházy in Fertőd, das neue Thermalbad in Hegykő, der Steinbruch in Fertőrákos oder die Stadt Sopron haben unabhängig vom Neusiedler See bereits eine dominante Rolle gespielt. Vor der Wende war der sogenannte Sozialtourismus sehr stark ausgeprägt. So florierten in Sopron viele Ferienhotels, die nur einfache Arbeiter aus dem ganzen Land beherbergten. Eigentümer dieser Hotels waren die Gewerkschaften der unterschiedlichen Sektoren. Das Seeufer war damals nur für die Einheimischen erreichbar.

Abb. 4: Radfahren als Ganzjahresaktivität

Mit dem Radweg B10 rund um den Neusiedler See positionierte sich die Region als Pionier des Radtourismus.

Diversifizierung des touristischen Angebots

Bis zum Ende der 1980er-Jahre stellte der See mit all seinen Freizeit-, Erholungs- und Sportmöglichkeiten das zentrale Angebotselement für die Tourismuswerber dar. Das führte, wie auch in anderen Seeregionen, zur Ausprägung eines klassischen Sommerurlaubsgebiets. Die Einsaisonalität mit deutlichen Auslastungsspitzen während der Sommerferien brachte mehrere Probleme mit sich. Sie reichten von einer empfindlichen Wetterabhängigkeit bis zu einem stark schwankenden Personalbedarf zwischen Ostern und Oktober. Anders als befürchtet, machte der Region aber nicht die Öffnung des damaligen Billigtourismuslandes Ungarn die Gäste streitig, sondern sinkende Flugpreise und ein stetig wachsendes Angebot an All-Inclusive-Packages in Ländern mit niedrigen Sozial- und Umweltstandards. Schon ab Mitte der 1980er-Jahre hatten der Burgenland Tourismus, die Neusiedler See Tourismus GmbH (mit den örtlichen Tourismusverbänden als Gesellschafter) sowie mehr und mehr Betriebe auf die sich abzeichnenden neuen Marktverhältnisse reagiert. In einer gemeinsamen Bemühung begann man mit einer Diversifizierung des touristischen Angebots. Die einzelnen touristischen Orte sollten ihre Potenziale herausarbeiten und sich auf ihre USP (Unique Selling Proposition) konzentrieren, sodass nicht jeder Ort auf dieselbe Marketing-Strategie setzte.

Neue touristische Entwicklungskonzepte des Landes wurden geprobt. Auch wenn das nicht in allen Gemeinden der Region gelang, läutete dieser Prozess doch eine Neupositionierung ein. Man orientierte sich weg von den an Wasser und Schönwetter gebundenen Routinekonzepten und erstellte neue Angebote.

Mit dem Radweg B10 rund um den Neusiedler See (zunächst nur auf österreichischer Seite) positionierte sich die Region als Pionier des Radtourismus. Die flache Landschaft, hunderte Kilometer vernetzter Güterwege und ein – im Gegensatz zu den Gebirgsregionen – regenarmes Klima erlaubten es, das Radfahren als Ganzjahresaktivität für Gäste und Ein-

Mit der entsprechenden Infrastruktur und einem stetig erweiterten, hochwertigen Besucherprogramm ermöglicht das Naturerlebnis die höchsten Auslastungszahlen in den Unterkünften der Region.

heimische zu promoten. Auch international erzielt der Radweg B10 noch immer die höchsten Bewertungen.

Aus dem nahezu unterbewerteten Kulturgut Wein entstand in enger Kooperation von Betrieben und Tourismusverbänden ein gut nachgefragtes touristisches Produkt. Auf den massiven Imageschaden im Zuge des Glykolwein-Skandals von 1985 folgte eine Welle an Qualitätsoffensiven, die bis in die Ausbildung einer jungen Weinbaugeneration reichte. Die in Rust am Neusiedler See situierte Österreichische Weinakademie hatte daran vor allem in der Anfangsphase wesentlichen Anteil. Eine Devise war es, die Weinkultur mit traditionellen Ereignissen zusammen zu denken. So wurde etwa das mittlerweile oft kopierte, aber speziell auf die Weinbaugemeinden des Neusiedler See-Gebietes zugeschnittene Martiniloben rund um den Landesfeiertag als fixe Größe etabliert. Dieses Veranstaltungsformat verlängert nach wie vor verlässlich die Herbstsaison.

Auch das kulinarische Angebot wandelte sich. Man legte den Fokus wieder auf die traditionelle pannonische Küche, umso mehr, als es keine vergleichbare Region mit einer derartigen Vielfalt an Ausgangsprodukten gibt, von Fleisch vom Weiderind und Fisch und Wild über Gemüse und Obst bis zu wiederentdeckten Raritäten wie Safran und Majoran. Den idealen Rahmen schaffen diverse weintouristische Veranstaltungen im Frühjahr wie im Herbst.

Eine beachtliche Rolle spielen bewährte sowie neue Kulturveranstaltungen für den Nächtigungstourismus. Auch hier profitiert die gesamte Region von der Abflachung der Auslastungskurve durch eine günstige zeitliche Verteilung längst etablierter Events wie jener auf der Seebühne Mörbisch (Operette), im Steinbruch St. Margarethen (Oper) und im Esterházy-Schloss in Eisenstadt (Konzerte), sowie kleinerer Veranstaltungen wie im Habsburger-Schloss Halbturn oder im vielfach ausgezeichneten Dorfmuseum in Mönchhof. Natürlich zählt längst auch das berühmte Schloss Esterháza (Fertőd) zu den kulturtouristischen Attraktionen der Region, genauso wie die Altstadt von Sopron (Ödenburg) und der Kalksandsteinbruch in Fertőrákos (Kroisbach). Noch längst nicht ausgeschöpft sind die Synergien in diesem Sektor, was die Zusammenarbeit mit Kulturveranstaltern im Steinbruch Fertőrákos (Kroisbach) oder im Schloss Esterháza (Fertőd) betrifft. Nicht nur hier macht sich die sehr unterschiedliche Organisationsstruktur im Tourismusmarketing des Burgenlandes und Ungarns bemerkbar – trotz erfolgreicher Zusammenarbeit auf Basis grenzüberschreitender Projekte.

Zu einer der bedeutendsten Angebotssäulen ist das Naturerlebnis geworden. Seit den 1960er-Jahren vor allem im Seewinkel und seit den 2000er-Jahren auch am Leithagebirge gibt es in diesem Bereich zahlreiche Programme – neben den vielfältigen Möglichkeiten des individuellen Entdeckens geschützter Natur. Mit der Gründung des grenzüberschreitenden Nationalparks Neusiedler See - Seewinkel / Fertő – Hanság 1993 kamen auch die Österreicher der für die Alpenrepublik durchaus exotisch anmutenden Natur auf die Spur. Dass die Zielgruppen der Naturinteressierten, der Vogelbeobachter und der Naturfotografen eher im vielversprechenden Frühjahr als in der brütend heißen Hochsommerhitze anreisen, liegt auf der Hand. Mit der entsprechenden Infrastruktur und einem stetig erweiterten, hochwertigen Besucherprogramm ermöglicht das Naturerlebnis die höchsten Auslastungszahlen in den Unterkünften der Region.

Das Ganzjahresangebot an Gästeprogrammen im Nationalpark, das breit gefächerte Kulturangebot, das Weinerlebnis und vor allem die hoch bewertete Radfahrinfrastruktur haben die Bedeutung der Strandbäder für den Tourismus dramatisch sinken lassen.

Dem europaweiten Boom zum Wellnesstourismus ist das Land am Neusiedler See erst relativ spät gefolgt: 2009 öffnete die St. Martins Therme & Lodge bei Frauenkirchen, um bereits nach wenigen Jahren die Kapazität ihres 4-Sterne-Resorts mit einem Zubau zu erhöhen. Einzigartig an der Positionierung dieses Wellnessstandorts ist zweifelsohne der Marketingschwerpunkt auf dem Naturerlebnis im nahegelegenen Nationalpark: Von Anfang an konnten Hotelgäste unter einem breiten Angebot an sogenannten „Safaris" wählen, die von einem kompetenten Team ausgebildeter Ranger und Naturvermittler geführt werden. Auch dieses Angebot ist ein Ganzjahresangebot und verlängert die Aufenthaltsdauer in der Therme.

Mit dieser Angebotspalette arbeitete das Burgenland ein klares touristisches Profil für seine wichtigste Tourismusregion heraus. Ängste vor der ungarischen Konkurrenz konnten entschärft werden. Schon bald wurde klar, dass das Nachbarland mit seinen kulturellen Highlights, dem wachsenden Radwegenetz am Südufer des Sees und gut aufbereiteten Naturerlebnissen im Nationalpark Fertő – Hanság zusätzliche Gästeschichten ansprechen konnte, die auf österreichischer Seite ihr Quartier beziehen. Während der hier skizzierten Periode erlebten die Strandbäder am Neusiedler See eine fast gegenteilige Entwicklung. Deren Liegewiesen füllen sich heute auch bei bestem Badewetter an Wochenenden nur zögerlich. Viele Urlaubsgäste absolvieren mittlerweile auch bei über 30 Grad und Südwind ihre Radtour wie geplant. Stärker belebt sind die Strandbäder nur bei Großveranstaltungen meist sportlicher Natur. Eventmarketing ist allerdings aufwändig und teuer und darüber hinaus mit dem Risiko verbunden, dass Gäste, die Ruhe und Entspannung suchen, verprellt werden. Parkplätze, Liegewiesen, Surfstrände, Bootsliegeplätze, Kinderspielplätze, Umkleidekabinen und Gastronomie sind längst zur wichtigen Freizeitinfrastruktur geworden, in manchen Orten vor allem für Einheimische. In der Tourismuswerbung ist es hingegen die Naturkulisse mit Wasser und Schilf, die zu einem Urlaub animieren soll.

Im August 1989 fand bei Fertőrákos das Paneuropäische Picknick mit der weltweit beachteten Massenflucht von DDR-Bürgern statt – was die Region um den Neusiedler See noch bekannter machte. Nach der Wende verbesserten sich die Bedingungen für den Tourismus in der Grenzregion nachhaltig: Man konnte endlich die Staatsgrenze passieren, und die ungarischen Gäste nutzten das sehr gerne für einen Ausflug ins Burgenland. Die Freizeitaktivitäten am See begannen sich zu erweitern, wenngleich das Niveau der Angebote in Ungarn niedriger war als im Burgenland. In dieser Zeit gab es bereits das Ziel, die Fahrradwege in Ungarn auszubauen. Es fehlte dafür aber sowohl ein kurz- wie ein langfristiger Entwicklungsplan. Kleinere Privatinvestoren und Familienbetriebe schufen neue Unterkünfte, das touristische Angebot in Ungarn nahm bald merklich zu. Die Rahmenbedingungen blieben aber schwierig. Das Strandbad in Fertőrákos wurde immer ungepflegter und wirkte wie aus der Zeit gefallen. Von einem neuen, zusätzlichen Seezugang war eine Zeit lang die Rede, aber die Nationalparkverwaltung stellte sich dagegen. Rückblickend betrachtet verbesserte sich zwar nach der Wende das politische und wirtschaftliche Umfeld für den Tourismus, jedoch bremsten zunächst der Nationalpark (ab 1992), später das Weltkulturerbe (ab 2001) manche Entwicklungspläne. Im Mittelpunkt des Tourismus stehen heute das Naturerlebnis, die zahlreichen Baudenkmäler, Radtouren, das Weinerlebnis mit Kulinarik sowie hochwertige kulturelle Veranstaltungen.

Eine Grundsatzentscheidung: Tourismus oder Zweitwohnsitze?

Nicht alle Gemeinden wollten oder konnten sich in dieser Phase der touristischen Neuausrichtung in einem dieser Angebotssegmente klar profilieren und damit den unaufhaltsamen Rückgang des klassischen Badetourismus kompensieren. Je nach Angebotsschwerpunkt eines Ortes (sofern es überhaupt einen Schwerpunkt gibt) verläuft deshalb die Saisonkurve sehr unterschiedlich: mit einer ausgeprägt steilen Hochsommerspitze oder flach mit starken Anteilen schon ab März und bis November nach Martini. Sehr inhomogen ist das Gästeaufkommen der Tourismusgemeinden besonders bei der Bettenauslastung, wie die große Schwankungsbreite von 60 bis 120 Vollbelegstagen pro Bett und Jahr (über alle Kategorien gemittelt) zeigt. Dafür können mehrere Gründe genannt werden:

Auffällig ist die Korrelation zwischen dem Anteil von Zweitwohnsitzen und dem Nächtigungstourismus. Orte mit einem hohen Anteil von Zweitwohnsitzen haben in den vergangenen Jahrzehnten wegen sinkender Nachfrage kontinuierlich an Unterkunftskapazitäten verloren, wie sich am Beispiel von Neusiedl am See oder Donnerskirchen zeigt. Offensichtlich besteht hier ein Zusammenhang zwischen einem ausbaufähigen Engagement im Tourismusmarketing und der Immobilienbranche, die zunehmend Zweitwohnsitze in diesen Gemeinden auf den Markt bringt.

Je stärker der Fokus auf Großveranstaltungen liegt, desto höher ist zwar der Bekanntheitsgrad eines Standorts, zugleich bewegt sich die Bettenauslastung aber weiterhin am unteren Rand, wie im Fall von Podersdorf am See oder Mörbisch am See. Je besser es hingegen gelingt, das Angebot für Nächtigungstouristen auf bestimmte Zielgruppen auszurichten, desto gleichmäßiger ist der Saisonverlauf, desto geringer die

Mit ihren kleinteiligen Strukturen verfügt die Region Neusiedler See über beste Voraussetzungen, sich als ökotouristische Urlaubsdestination zu positionieren.

Wetterabhängigkeit und desto höher die Bettenauslastung. Beispiele dafür sind Illmitz oder die St. Martins Therme & Lodge. Die erfolgreiche Kombination von Naturerlebnis im Nationalpark mit dem qualitativ hochwertigen Wein- und Kulinarikangebot führt in der Nationalparkgemeinde Illmitz zur höchsten Bettenauslastung aller Seegemeinden. Erfolgreiche Beispiele dafür sind das bereits erwähnte Martiniloben im November und der „Frühlingsspaziergang“ im April.

Wie in jeder hoch entwickelten Tourismusregion hat auch am Neusiedler See die Immobilienwirtschaft früh begonnen, Zweitwohnsitze zu errichten. In den Gemeinden mit Autobahnnähe oder Bahnanbindung (Neusiedl, Weiden) ist der Anteil von gemeldeten Zweitwohnsitzen deutlich höher als etwa im Seewinkel (Apetlon, Illmitz), was sich bei den Immobilienpreisen entsprechend bemerkbar macht.

Zuzug gab es in jüngster Zeit auch auf ungarischer Seite der Region: Zahlreiche Familien aus Ostungarn kamen (und kommen) vor allem nach Sopron, suchen aber ihr berufliches Glück im Burgenland. Die umliegenden Dörfer wachsen, wie auch die Stadt selbst, Tausende von Einfamilienhäusern und Eigentumswohnungen wurden seither errichtet. Ferienhäuser für Urlaubsgäste hingegen sind nur beim Thermalbad von Hegykő zu finden. Das Ganzjahresangebot an Gästeprogrammen im Nationalpark, auch von Leitbetrieben wie der St. Martins Therme & Lodge („Nationalpark-Safaris“), das breit gefächerte Kulturangebot, das Weinerlebnis und vor allem die hoch bewertete Radfahrinfrastruktur haben die Bedeutung der Strandbäder für den Tourismus dramatisch sinken lassen. Der Nationalpark zieht mit der entsprechenden Infrastruktur (Hides für Birdwatcher, Aussichtsplattformen und -türme), mit persönlicher Besucherinformation und Programmen schon im März, vor allem aber in den Monaten April bis Juni internationales Publikum an. Diese Gästeschicht weist einen hohen Anteil von Stammgästen, aber auch eine überdurchschnittliche Aufenthaltsdauer auf. Mit der Einführung der jährlichen Pannonian Bird Experience als Zielgruppenveranstaltung während der besten Vogelzugzeit im April konnte der Nationalpark eine europaweit bekannte Plattform für den Austausch innerhalb der Birdwatching-Community etablieren – und damit gleichzeitig die Profilierung der Region als eine der besten Birdwatching-Destinationen Europas stärken.

All-Inclusive-Urlaub am Neusiedler See?

Ganz so ist es nicht, aber mit der 1999 entwickelten „Neusiedler See Card“ (2021 von der Landesregierung übernommen und zur „Burgenland Card“ ausgeweitet) kommt die Region dem Nächtigungsgast – und nur diesem – mit einer großen Bandbreite an kostenlosen bzw. deutlich reduzierten Dienstleistungen entgegen. Tagesausflügler oder Einheimische können die Karte nicht käuflich erwerben. Die beteiligten Betriebe, die Gastgeber und die Marketingorganisation für das Nordburgenland finanzieren auf Basis einjähriger Verträge dieses Gästebindungs- und Werbeinstrument. Für den Gast ist dabei alles einfach: Die „Card“ ist im Nächtigungspreis inkludiert, sie gilt nach Registrierung am Urlaubsort oder online für die Dauer des Aufenthalts (inklusive An- und Abreisetag) und bietet freie Eintritte, kostenlose öffentliche Verkehrsmittel, die Teilnahme an Exkursionen im Nationalpark und eine Vielzahl von weiteren Leistungen. Natürlich liefert die „Card“ eine Reihe wertvoller Daten zum Gästeverhalten für die Marktforschung, etwa zur Gästestruktur und zur Auslastungssituation in den einzelnen Orten – in Echtzeit, wenn gewünscht. Im Jahr vor Beginn der Corona-Pandemie wurden in der Region etwa 200.000 Karten ausgegeben. Für den Gastgeber ist die „Card“ quasi ein Geschenk an seine Gäste, er trägt ja auch einen Teil der Systemkosten mit einer zusätzlichen Abgabe zur Landestaxe. Sie hilft ihm aber auch bei der Gästebetreuung, weil sie die gesamte Angebotspalette an Erlebnissen in der Natur, in der Kultur, beim Freizeitsport und bei weiteren Dienstleistungen übersichtlich präsentiert, ähnlich wie es ein Animateur in einem All-Inclusive-Resort tut.

Das Ziel, eine grenzüberschreitende Urlaubsregion zu schaffen, stand schon bald nach der Wende in Ungarn auf der Agenda der Experten, es mangelte aber an einer regionalen Tourismusorganisation auf ungarischer Seite, mit der das Burgenland langfristig hätte kooperieren können. Noch heute fehlen auf der ungarischen Seite die innovativen, starken und kompetenten Dachorganisationen für das Destinationsmanagement.

Naturtourismus versus Ökotourismus

Naturtourismus entspricht nicht immer dem Gedanken des Ökotourismus. Die UNO hat Kriterien für nachhaltigen Tourismus festgelegt, die ein auf Naturschutzziele ausgerichtetes Angebot vorschreiben sowie ein rücksichtsvolles Verhalten der Gäste. Die gesamte Reise soll dabei einen möglichst geringen ökologischen Fußabdruck hinterlassen. In diesem Zusammenhang relevant ist, dass auch die Art der touristischen Wertschöpfung eine elementare Bedeutung für den Ökotourismus hat. Es kommt also auch darauf an, wer den Hauptteil der Einnahmen verbucht, ob die beteiligten Betriebe ihren Sitz in der Region haben, ob diese Betriebe in einheimischem Besitz sind und ob sie möglichst als Familienbetriebe geführt werden. Naturtourismus kann vordergründig sehr viel mit Naturerlebnissen zu tun haben, sich in seinen

Auswirkungen aber als das Gegenteil von Ökotourismus erweisen. Beispiele dafür liefert die internationale Reiseindustrie vor allem in Entwicklungsländern, wo große Tour Operators zudem über die Ausrichtung des touristischen Angebots entscheiden – auch weil es dort keine regionalen oder lokalen Tourismusorganisationen gibt. Selbst in der Europäischen Union finden sich Regionen, über deren Tourismusentwicklung die einheimische Bevölkerung nicht mehr entscheiden kann.
Mit ihren kleinteiligen Strukturen verfügt die Region Neusiedler See über beste Voraussetzungen, sich als ökotouristische Urlaubsdestination zu positionieren: Von den unterschiedlichen Schutzgebietskategorien für große Teile des Gebiets (Natura 2000, Welterbe, Ramsar-Gebiet, Nationalpark, Naturpark) über die Dominanz von Familienbetrieben bis hin zum breiten Angebot an seriösen Naturvermittlungs- und Naturerlebnisprogrammen beiderseits der Grenze können sich die Standorte in diesem Sektor zu Recht profilieren. Hauptattraktion ist dabei natürlich der Nationalpark Neusiedler See - Seewinkel, aber im erweiterten Umland findet sich eine beachtliche Reihe weiterer Schutzgebiete, die längst

Abb. 5: Beste Voraussetzungen für Naturtourismus

Nur ein kleiner Teil der Tourismusbetriebe versteht den Reichtum an geschützter Natur als Teil ihres eigenen Angebots.

kein Geheimtipp mehr sind. Allein im Radius von einer Autostunde erreicht man vom Seewinkel aus geschützte Feuchtgebiete im Grenzgebiet der österreichischen, ungarischen und slowakischen Donau, des Weiteren an der March, an der Leitha, an der Raab, das Niedermoorgebiet des Hanság sowie die Naturparks Neusiedler See – Leithagebirge, Rosalia-Kogelberg und Ödenburger Gebirge. Dieser Reichtum an geschützter Natur hätte für schonenden Tourismus weiteres Potenzial. Nur wenige Tourismusbetriebe verstehen diese Schutzgebiete als Teil ihres eigenen Angebots. Gerade im Hinblick auf nachhaltige Ziele könnten sie so die Aufenthaltsdauer ihrer Gäste sowie die gesamte Saisondauer verlängern.

Birdwatching: eine burgenländisch-internationale Geschichte

Unter den Naturtouristen dominieren, wie in vielen anderen europäischen Feuchtgebieten, die Hobby-Ornithologen. Zuerst kamen die Engländer, was bei der langen Tradition des Vogelbeobachtens bei den Briten nicht verwundert. Britische Birder zog es in den 1960er-Jahren vor allem nach Neusiedl, nach Podersdorf, Illmitz und Apetlon. Weder die lange Anreise noch die Sprachbarriere konnten sie abhalten. Bald schon fielen sie unter den deutschen, eidgenössischen, italienischen und skandinavischen „Vogelguckern" kaum mehr auf und wandten sich mit sinkenden Flugpreisen vermehrt exotischen Birder-Destinationen zu. Im internationalen Vergleich ist das Vereinigte Königreich freilich nach wie vor eine Macht: Die RSPB, die Royal Society for the Protection of Birds, bringt es auf eine siebenstellige Mitgliederzahl.

Die deutschen und die anderen festlandeuropäischen Hobby-Ornithologen blieben dem Seewinkel treu und wurden vielerorts zu beliebten Stammgästen. Nebenbei ließen sie bei ihren Gastgebern ein Bewusstsein für das wertvolle Naturerbe reifen, wenngleich noch in den 1980er-Jahren Naturschutz und Naturzerstörung nebeneinander existierten. Die Region Neusiedler See hofierte allerdings lange Zeit andere Zielgruppen: Zunächst waren das die

Hinter all dieser PR-trächtigen Diversifizierung im Tourismus – seit 2009 hat die Region auch eine Therme – fiel es nur wenigen Burgenländern auf, dass das Naturerlebnis, und nicht nur das Birdwatching, manchen Standorten rund um den Neusiedler See dauerhaft die besten Auslastungszahlen beschert.

Wassersportler, wobei selbst heute noch maßgebliche Stimmen im Land glauben, der Freizeitsport Segeln hätte etwas mit Tourismus zu tun; später wurde die Radfahrdestination Neusiedler See entwickelt, bald sogar grenzüberschreitend; auf die Rolle des Kulturgutes Wein samt endlich authentischer regionaler Küche als touristischer Magnet wurde bereits eingegangen. Das kulturtouristische Angebot ist mittlerweile so breit gefächert, dass es da und dort über den Rand des guten Geschmacks zu kippen droht. Hinter all dieser PR-trächtigen Diversifizierung im Tourismus – seit 2009 hat die Region auch eine Therme – fiel es nur wenigen Burgenländern auf, dass das Naturerlebnis, und nicht nur das Birdwatching, manchen Standorten rund um den Neusiedler See dauerhaft die besten Auslastungszahlen beschert. An dieser Entwicklung hat der Nationalpark einen ganz wesentlichen Anteil. Seine Gründung war von mehreren Maßnahmen flankiert: Der Ausbau der Birdwatching-Infrastruktur und die Besucherprogramme erleichtern neuen Gästeschichten den Einstieg in das „schönste Hobby der Welt".
Zudem spielte der Verlauf der europäischen Geschichte eine bedeutende Rolle. Der Fall des Eisernen Vor-

hangs brachte – über den Flughafen Bratislava – auch die britischen Birder wieder an das Ufer des Lake Neusiedl und in den Seewinkel. Nirgendwo sonst in Österreich ist Vogelbeobachtung in dieser Qualität möglich. Am heiß umkämpften Tourismusmarkt haben das mittlerweile auch jene Orte und Betriebsbesitzer erkannt, die bisher beim Wort Ökotourismus eher die Nase gerümpft haben. Nicht zu vergessen: Seit einigen Jahren kommen auch die Österreicher auf den Geschmack, aber die heimische Szene ist – im internationalen Vergleich – noch überschaubar …

Overtourism ante portas?

Seit etwa zehn Jahren macht der Begriff des Overtourism weltweit die Runde. Die Folgen sind eine Überbelastung der Natur und der Kulturstätten, sinkende Lebensqualität der bereisten Bevölkerung, oftmals ermöglicht durch eine Fremdbestimmung der Regionalentwicklung. Massentourismus gibt es natürlich schon länger, die Frage ist aber, von welchen Destinationen wir sprechen. Trifft er besonders vulnerable Regionen, vielleicht sogar Schutzgebiete? Medien wären gefordert, das kritischer zu reflektieren. Immer noch sieht man Reportagen, die mit eindrucksvollen Bildern riesiger Kreuzfahrtschiffe in der Lagune Venedigs, mit Fotos von grölenden Touristenhorden in den Grachten Amsterdams oder mit Society-Events und gigantischen Open-Air-Konzerten in den Bergen Tirols arbeiten. Deshalb sollte man sich in diesem Kontext die Frage stellen, ob und wann die touristische Erschließung des Natur- und Kulturraums Neusiedler See die Belastungsgrenzen überschreitet. Die dominierende kleinteilige Struktur der Tourismusbetriebe der Region spricht dagegen, dass diese Grenze bald erreicht sein würde. Immerhin findet der überwiegende Teil der Gästenächtigungen in Pensionen, Ferienwohnungen, Privatquartieren und auf Campingplätzen statt. Als Vorteil ist auch zu sehen, dass sich die einzelnen Gästeschichten auf zumindest 20 Standorte verteilen. Das ist eine der positiven Langzeitfolgen aus der zuvor beschriebenen spezifischen Ausrichtung des Tourismusmarketings. Dennoch ist es wichtig, das auch in zukünftigen

Ein Gebot der Stunde ist es, insbesondere vor den aktuellen ökologischen Herausforderungen, gerade die kleinteilige touristische Struktur der Region zu stärken.

Tourismuskonzepten zu berücksichtigen, etwa im Hinblick auf das Verkehrsaufkommen bei großen Veranstaltungen. Es gibt genügend Erfahrungswerte für eine deutliche Reduzierung des Individualverkehrs, die in neue Verkehrskonzepte einfließen müssen.

Keine Diskussion zum Thema Overtourism gibt es derzeit in Ungarn – allein schon deshalb, weil die Unterkünfte zwischen Sopron und dem Hanság zur Hälfte leer stehen. Die offizielle jährliche Auslastung liegt bei 48 Prozent. Selbst der Planung des neuen Strandbads und des Hafens in Fertőrákos lagen keine Auslastungsberechnungen zugrunde. Es ist also auch aus touristischer Sicht schwierig zu beurteilen, ob die Kapazität der geplanten 800 Bootsliegeplätze überdimensioniert ist.

Szenarien für den Tourismus

Wie also soll die weitere Entwicklung des Tourismus vor dem Hintergrund der skizzierten Erfahrungen, aber auch klimatischer Veränderungen aussehen? Die Entscheidung dafür liegt nunmehr ausschließlich beim Land. Mit dem jüngsten Tourismusgesetz wurden nicht nur die örtlichen Tourismusverbände, sondern auch die Neusiedler See Tourismus GmbH abgeschafft. Derzeit arbeitet Burgenland Tourismus an einer neuen Marketingstrategie für das „Nordburgenland", unter Einbindung ausgewählter lokaler Stakeholder, moderiert von externen Tourismusberatern (Tourismus Burgenland Strategie 2030+). Die Schwerpunkte bleiben, soweit das bei Redaktionsschluss dieses Buches bekannt war, dieselben: Natur, Wein und Kulinarik, Radfahren, Sport, Kulturevents und Wellness.

Abb. 6: Bartmeise im Schilfgürtel

Das Vogelbeobachten hat am Neusiedler See eine lange Tradition. Neben den Lacken und Salzwiesen zieht der Schilfgürtel seit Jahrzehnten Hobby-Ornithologen aus ganz Europa an.

Weil der Natur-, Wein- und Fahrradtourismus sich bisher als sehr krisenresistent erwiesen hat (Finanzkrise 2008, Corona-Pandemie 2020/2021), kann die „neue" Marketingstrategie nur ein großer Erfolg werden. Sich auf bewährte Konzepte zu verlassen, ohne auf die Veränderungen der Zeit zu reagieren, ist aber nie ein empfehlenswerter Weg. Ein Gebot der Stunde ist es, insbesondere vor den aktuellen ökologischen Herausforderungen, gerade die kleinteilige touristische Struktur der Region zu stärken. Wenn es um die Resilienz der bäuerlichen und Familienbetriebe geht, ist sicherlich die Politik gefordert, den kleinen und mittleren Betrieben im Tourismus eine Überlebens- und Entwicklungsperspektive zu geben, sie widerstandsfähig zu machen gegenüber den Folgen einer Finanzkrise, einer Pandemie (Lockdowns) oder einer lang anhaltenden Dürre, die auch zum Austrocknen des Sees führen könnte. Was aber bedeutet das für den Tourismus in der Region?

Der Name der Region trägt den See in sich, er prägt das Landschaftsbild und die regionale Identität dieser Grenzregion. Welche Folgen lässt eine Niedrigwasserphase für den Tourismus erwarten, welche eine Austrocknung? In der öffentlichen Diskussion dominieren Panik machende Schlagwörter, über die Vielfalt der Tourismusangebote jenseits der Strandbäder und Segelhäfen hört und liest man hingegen nichts. Eine Neuausrichtung erst dann anzudenken, wenn der See als Imageträger und Freizeitangebot wegfällt, wird wohl zu spät kommen, von einer kompletten Neupositionierung der Destination gar nicht zu reden. Diesbezügliche Überlegungen in Richtung eines „Plan B" gab es schon vor Jahren, sie kamen leider über die Fachebene nicht hinaus, passten damals vielleicht nicht in die Strategie der Entscheidungsträger.

Über Gemeinden, die schon bisher erfolgreich im Natur-, Wein-, Kultur- oder Wellnesstourismus unterwegs waren, muss man sich keine großen Sorgen machen – dringenden Handlungsbedarf hingegen haben schon längst jene, deren Angebot sich vor allem auf das wassergebundene Erlebnis ausrichtet. Alternativen zum Seetourismus lassen sich grundsätzlich auf zwei Ebenen andenken: die einen können auf der Intensivierung der grenzüberschreitenden Zusammenarbeit mit den Nachbarregionen in Ungarn und der Slowakei gründen und damit die Angebotspalette signifikant erweitern, die anderen auf einer Anpassung des vorhandenen Angebots an einen trockenen Neusiedler See. Ersteres kann gelingen, weil es dank zahlreicher gemeinsamer Projekte beste Voraussetzungen für die Entwicklung eines gemeinsamen Marketings für gemeinsame Zielgruppen auf Drittmärkten in allen genannten Segmenten gibt; sowohl im Natur- als auch im Kulturtourismus sind bisher kaum gemeinsam entwickelte Produkte zu finden. Für die zweite Option müsste Neuland betreten werden, und das im wahrsten Sinne des Wortes: Auf einem trockenen Seeboden, in einem begehbaren Schilfgürtel lassen sich neue Arten und Formen von Entdeckungen und Erlebnissen gestalten, und hierbei

nicht nur jene der natürlichen Lebensräume und deren Artenausstattung, sondern auch, wie die Berichte über die vollständige Austrocknungsperiode 1865 – 1871 zeigen, jene der Kulturgeschichte des Raums. Wenn in tourismusintensiven Regionen der Alpen die Gletscher wegschmelzen und – aufgrund der Steinschlaggefahr – Bergsteigerrouten gesperrt werden müssen, wenn die Skisaison nur mehr unter massivem Energieeinsatz aufrechtzuerhalten ist, wird die Suche nach Alternativen wohl zu einer gewaltigen Herausforderung für alle Beteiligten. Die Optionen für eine dem Klimawandel angepasste Weiterentwicklung des Tourismus am Neusiedler See sind vergleichsweise vielfältig, weil die Einschränkungen des Wassererlebnisses nur einen Teil der Saison und nur einen Teil der Gästeschichten der Region treffen werden. Was auch immer in der neuen Tourismusstrategie des Burgenlandes zu finden sein wird: gefordert sind alle Akteure bei der Fokussierung auf die einzigartigen Assets dieses Natur- und Kulturraums. Die zielgruppenspezifische Aufbereitung der Angebote und spannende Querverbindungen zwischen den Bereichen Natur, Kultur, Wein, Wellness und Sport werden ein neues Bild der Region schaffen, das nicht nur mit Wassermotiven assoziiert wird. Me-too-Produkte, also austauschbare Urlaubserlebnisse, können sich nur über den Preis durchsetzen und werden deshalb nicht die befürchteten Verluste im Strand- und Wassersporttourismus kompensieren können.
An Stellschrauben, Instrumenten, Akteuren und Schätzen mangelt es also nicht. Wenn jetzt noch Kreativität und Mut dazukommen, wird die Region Neusiedler See in eine weitere erfolgreiche Phase ihrer Tourismusgeschichte gehen.

www.neusiedlersee.com

www.nationalparkneusiedlersee.at

www.burgenland.info/planen/vorteilskarten/burgenland-card

Naturerlebnis kostet Zeit.

Wer sich für das Birdwatching oder für die Tierfotografie nicht viel und oft Zeit nimmt, sollte besser ein anderes Outdoor-Hobby wählen, die Industrie hat ja fast monatlich neue Trends anzubieten. Die richtige Jahreszeit für alle Vogelarten gibt es übrigens nicht, sondern vier richtige Jahreszeiten. Und nicht selten spielt die Tageszeit eine gewichtige Rolle, was jeder bestätigen kann, der schon einmal bei Hitze oder Gegenlicht trotz guter Ausrüstung gescheitert ist.

Es hilft, wenn man bestimmte Lebensräume bestimmten Vogelarten zuordnen kann, wenn man sich eine gewisse Routine bei der Bestimmung angelernt hat – und sich trotzdem immer wieder im unverzichtbaren Svensson (alias „Der Kosmos Vogelführer", das Bestimmungsbuch) vergewissert. Sehr nützlich ist in diesem Zusammenhang die aktuelle Liste der Vogelarten des Neusiedler See-Gebietes, aus der man erfährt, wann welche Art in welcher Häufigkeit als Brutvogel, Durchzügler oder Wintergast entdeckt werden kann. Für das Equipment gilt der Satz: Es gibt nichts, was man nicht noch billiger und schlechter machen könnte. Ein hochwertiges Fernglas ist praktisch Pflicht, ein Spektiv sehr zu empfehlen.

Aus touristischer Sicht ist die Tatsache, dass sich das authentische Naturerlebnis, ob individuell oder im Rahmen eines Besucherprogramms, nicht beschleunigen lässt, von großem Vorteil. Das motiviert, länger zu bleiben. Und weil zudem der Ausländeranteil unter den ambitionierten Birdern höher als in anderen Tourismussegmenten ist, die Anreise folglich eine weitere, ergibt sich ein längerer Aufenthalt von selbst. Darüber hinaus ist unter den Birdwatchern ein höherer Anteil von Stammgästen zu finden, und – wie generell die Mehrheit der Naturinteressierten – diese genießen am Urlaubsort lieber regionale Produkte als importierte Supermarktware. Alles in allem tut das Destinationsmanagement der Region Neusiedler See gut daran, diese Zielgruppe als eine der wertvollsten anzusprechen und nicht mit dem Verlust an Biodiversität oder mit lautstarken Massenevents zu enttäuschen.

„Das Vogerl kommt gleich!“

Protagonisten: Günther Hafner, Johannes Hafner

Der Spruch ihres Onkels Maurice trug dazu bei, die Liebe zum Seewinkel in Günther und Johannes Hafner zu erwecken. Vor mehr als zehn Jahren gründete Günther das Fahrradgeschäft „Geheimrad von Hafner“.

Im Haus, das heute „Geheimrad von Hafner“ beherbergt, war einst eine Eisenwarenhandlung untergebracht. Seit den 1960er-Jahren werden hier auch Fahrräder verkauft – damals in überschaubarem Umfang: Räder in den Farben Schwarz, Rot, Grün und hie und da ein Sondermodell in Gelb, erhältlich in „Damen- und Herrenausführung“. Im Lauf der vergangenen 25 Jahre ist das Fahrrad mehr und mehr in den Mittelpunkt gerückt. 2009 übernahm Günther Hafner das Geschäft, in dem er 1998 als Quereinsteiger begonnen hatte – nach dem Motto: „Lieber Radl richten als unterrichten.“

Gemeinsam mit seinem Bruder Johannes, früher im Marketing tätig, betreibt er am angestammten Platz ein Fahrradgeschäft, das in vielem anderen Fahrradgeschäften ähnelt, und doch seinen ganz eigenen Charme hat. Neben einer großen Auswahl an hochqualitativen E-Bikes und unmotorisierten Rädern finden sich hier auch Herzensangelegenheiten der beiden. Etwas, das manchen noch vor einigen Jahren wie aus der Zeit gefallen erschien, mittlerweile aber von immer mehr Kunden gesucht und geschätzt wird: Fahrräder und Zubehör mit einer besonderen Entstehungsgeschichte, nachvollziehbarer Herkunft und im besten Sinne nachhaltig. Beispielsweise Räder der englischen Traditionsschmieden Brompton, Moulton oder Pashley, dem ältesten noch produzierenden Radhersteller Englands. „Werden die denn überhaupt von jemandem gekauft?“, sorgt sich so mancher Kunde beim Anblick der „Engländer“ in Frauenkirchen. Ja, lautet die trockene Antwort. Etwa von jenem Herrn aus München, der sich am 23. Dezember auf den Weg Richtung Neusiedler See machte, um seine Frau zu Weihnachten mit einer „Princess“ von Pashley zu überraschen.

Paradoxerweise lässt das Geschäft den Brüdern selbst nur wenig Zeit fürs Radfahren: „Wir schätzen jeden Abstecher in den Seewinkel als willkommene Abwechslung“, erzählt Günther Hafner. „Die Weite der Landschaft macht den Kopf frei.“ In der „Hölle“, der Gegend zwischen Podersdorf und Illmitz, sei es vor 40 Jahren noch sehr still gewesen, erinnert sich Günther. Abgesehen vom Gelächter und wilden Durcheinander-Plaudern bei Treffen mit Großtanten und Großonkeln, die dort in der Einschicht lebten. Neben den Eltern war es vor allem Onkel Maurice, der das Interesse an der Natur und die Liebe zum Seewinkel weckte. Er wurde nicht müde, vor den Kindern zu wiederholen: „Das Vogerl kommt gleich!“ Für Günther Hafner kommt das Vogerl so oft wie nur möglich, vorzugsweise im Nationalpark, dessen Tier- und Pflanzenwelt ihn seit Jahrzehnten begeistert. Und wenn nach einer mehrstündigen Tour – vorbei an Lacken, Wiesen und Weingärten – der Tacho gerade einmal 50 überwundene Höhenmeter anzeigt, dann wird jedes Mal aufs Neue klar, was diesen Landstrich von anderen unterscheidet. „Der Seewinkel und das Fahrrad gehören zusammen“, sagt Günther. „Kaum wo verbinden sich Naturerlebnis und Bewegung so selbstverständlich wie hier.“

Abb. 7: Johannes Hafner, Günther Hafner

„Kaum wo verbinden sich Naturerlebnis und Bewegung so selbstverständlich wie im Seewinkel." (Günther Hafner)

„Ich bereue nichts!"

Protagonist: Paul Wendelin

Paul Wendelin übernahm den gemischten landwirtschaftlichen Betrieb seiner Eltern in Gols und konzentrierte sich umgehend auf den Weinbau. Gemeinsam mit seiner Frau Andrea setzte er früh das Projekt „Urlaub am Winzerhof" um.

Ich wurde 1957 als erstes von vier Kindern in Gols auf einem Wein-Bauernhof geboren. Es war, wie damals üblich, ein gemischter Betrieb. Man beschäftigte sich mit Viehwirtschaft im kleinen Rahmen (zwei Pferde, zwei Kühe, Kälber, die zu Mastrindern wurden, Schweine, Hühner und weitere Kleintiere) und führte auch eine kleine Landwirtschaft (Ackerbau). Das war damals noch unkomplizierter als heute, weil es so gut wie keine Bürokratie gab.

Der Weinbau mit 8,5 Hektar war das Wichtigste und Arbeitsintensivste. Wein wurde von meiner Familie produziert und im Gebinde an den Großhandel verkauft. Eine Direktvermarktung an Konsumenten – und damit das Abfüllen in Flaschen – gab es bei uns fast nicht.

Als ich 20 Jahre alt war, wurde die Viehwirtschaft Gott sei Dank aufgegeben. Alles andere ging so weiter wie bisher. 1985 war das Jahr des Weinskandals und es wurde sehr eng für Fassweinproduzenten. 1989 übernahm ich den Betrieb mit dem Vorhaben, den Wein in Zukunft in Flaschen abzufüllen. Es gab sehr viel zu investieren und man merkte schon, wie die Bereiche Weinbau und Ackerbau auseinandergingen. Man schielte bereits auf den EU-Beitritt. Dort waren größere Einheiten gefragt. Die landwirtschaftlichen Geräte konnte man in Zukunft also nicht wie früher für beide Bereiche verwenden. In zwei Richtungen zu investieren, konnten wir uns zum Glück nicht leisten. Auch von der Arbeitsabfolge her wäre es schwierig geworden. Also wurden die Äcker verpachtet und wir konzentrierten uns auf den Weinbau. Das war rückblickend für uns eine gute Entscheidung, wenn man die riesigen Betriebsgrößen betrachtet, die im Ackerbau heutzutage notwendig sind, um wirtschaftlich zu produzieren. Entgegen dem damaligen Trend hat meine Frau 1993 ihren sicheren Job als Volksschullehrerin aufgegeben. Sie ist voll in den Betrieb eingestiegen und wir haben seit damals alles gemeinsam entschieden.
Als Erstes brauchten wir einen Flaschenraum und eine Kellererweiterung mit Aufzug, um die Arbeit zu erleichtern. Demzufolge mussten bzw. durften wir die alten Wirtschaftsgebäude im Hof wegreißen: die Schrotkammer, den Saustall sowie einige sehr einfache Zimmer für Lesehelfer. In der großen Baugrube im Hof errichteten wir einen leicht befahrbaren Keller mit Aufzug zur Flaschenlagerung. Darüber bauten wir einen Flaschenraum. Den Dachausbau planten wir mit Zimmern für Lesehelfer und Weinkunden. Daraus entwickelten sich unsere ersten Gästezimmer. Die Zimmervermietung war in Gols zu diesem Zeitpunkt sehr überschaubar. Wenige Touristen interessierten sich für diesen Ort ohne Seezugang. Wir wurden oft gefragt, warum wir unser Projekt in Gols machen wollten. Schon damals dachten wir an Wein- und Radtourismus und stellten uns auf Kurzzeitgäste, Keller- und Weingartenführungen sowie Privatverkostungen ein. Damit hatten wir großen Erfolg. Aus Gästen wurden Freunde und Werbeträger, manche schon seit 30 Jahren.

1987 wurde ich Weinbauvereins-Obmann – nach dem Weinskandal wollte diese Funktion kein anderer übernehmen. In dieser Zeit entstand der erste Golser Weinwanderweg, die Golser Ortsvinothek Kellergasse, das Martiniloben – Tag der offenen Kellertür, der Pannonische Reigen mit Sepp Sailer und einiges anderes. Dabei lernte ich Lois Lang kennen und eine andere Sicht der Dinge. 1993 wurde der Nationalpark gegründet. Auch wir hatten im Bereich der Zitzmannsdorfer Wiese ein Drittel unserer Ackerflächen, denen wir mit viel Aufwand relativ karge Erträge abrangen. Jetzt ist dort ein wunderschönes Naturschutzgebiet. Mit diesen Veränderungen wurde sehr viel für den Tourismus und vor allem für den Weintourismus ermöglicht.

Nach einigen kleineren Veränderungen, wie dem Bau eines ebenerdigen Degustationsraums, bauten wir 2003 ein neues Presshaus im Hof mit sanitären Anlagen für unsere Mitarbeiter. In das Obergeschoß kam noch eine Ferienwohnung. Damit trennten wir Vermietungs- und Produktionsbereich. Jetzt ist das ganze Haus erneuert und mit dem alten Gewölbekeller verbunden. Eine Zeitreise, durch die wir gerne unsere Gäste führen – vom modernen Bereich bis zum über 200-jährigen Gewölbekeller.

Unsere beiden Töchter haben wir nie dazu überredet, das Weingut zu übernehmen. Jede hat eine eigene Ausbildung in einem anderen Bereich. Trotzdem hat sich unsere Tochter Maria zusammen mit ihrem Mann Paul 2021 dazu entschlossen, den Betrieb weiterzuführen. Wir konnten einen gewachsenen, überschaubaren und gesunden Betrieb übergeben. Dieser läuft jetzt mit junger Dynamik unter dem Namen Achs-Wendelin weiter.

Wenn ich die Veränderungen der letzten 35 Jahre in den Bereichen Produktion und Marketing betrachte, bin ich sehr zufrieden mit unseren Entscheidungen. Ich bereue nichts und mit Schaudern denke ich an „die gute alte Zeit" zurück.

Abb. 8: Paul Wendelin

Die Zimmervermietung war in Gols sehr überschaubar – wenige Touristen interessierten sich für einen Ort ohne Seezugang.

Hightech für das Seeerlebnis

Protagonist: Herbert Schiwampl jr.

Mit nur 21 Jahren wurde Herbert Schiwampl jr. jüngster Tischlermeister des Burgenlandes. Die Familie aus Purbach ist seit über 30 Jahren im Bootsbereich tätig.

1899 gründete bereits sein Urgroßvater einen Meisterbetrieb mit einer traditionellen Fassbinderei, der von zwei Generationen geführt wurde. Herbert Schiwampl senior schlug dann einen anderen Weg ein und baute den größten Segelkatamaran in Österreich. Womit der Grundstein für den Bootsbereich gelegt wurde. Der Junior hat dann sein eigenes Unternehmen mit viel Innovationsfreude und neuen Bereichen gegründet.

Herbert Schiwampl jr. ist Bootsbauer und gründete im Alter von 25 Jahren seine eigene Firma „HSPi-Kiteboarding“ in Purbach, seinem Geburtsort. Er entwickelte ein eigenes Board mit einer innovativen Technologie. Woher kam sein Talent für den Bau der Boards? Aus der Tradition seiner Familie und aus seiner jahrelangen Erfahrung mit Leichtbaumaterialien. Schon sein Vater Herbert war Bootsbauer. In der Familie Schiwampl versteht man sich schon lange auf die Arbeit mit Holz und Bootsbau-Produkten. Um sich weiterzubilden, erlernte der gelernte Tischlermeister den Yacht- und Flugzeuginnenausbau und schulte sich in Design ebenso wie in der technischen Entwicklung von Leichtbaukomponenten in der Luft- und Raumfahrt. Nebenbei restaurierte er alte Segelboote und war schon von klein auf mit dem Segelsport verbunden. Von dort war es dann nicht mehr weit zum Surfboard. Mit seiner technischen Erfahrung gelang es Schiwampl jr. rasch, diese neue Technologie für Boards zu entwickeln. Das brachte ihm mehrere Nominierungen für Innovationspreise ein.

Zugleich entdeckte er ein neues Geschäftsfeld: den Service sowie das ReFIT von Yachten und Booten. 2014 erweitert er seine Firma um „HSPi-YACHT“. Dafür nutzte er seine Erfahrung mit den Leichtbaukomponenten ebenso wie mit dem Werkstoff Holz. Schiwampl jr. schätzt es grundsätzlich, möglichst unabhängig eigene Ideen voranzutreiben. Das Tüfteln an innovativen Lösungen, aber auch die Beratung von Kunden und eine qualitativ hochwertige Arbeitsweise sind zentrale Werte für sein Selbstverständnis. Bei der Arbeit mit Naturstoffen wie Holz ist es ihm wichtig, möglichst regional und umweltschonend zu arbeiten.

Mittlerweile hat sich das Unternehmen rein auf die Prüfung, Servicierung und Restaurierung von Holz u. GFK-Klassikern spezialisiert und ist österreichweit bekannt für seine Arbeiten.

Der Yacht- und Bootsbereich ist heute zum Schwerpunkt der Firma geworden. Schiwampls Innovationsdrang ist auch in diesem Bereich ungebrochen, gemäß seinem Motto „Qualität durch technische Perfektion“.

In der Familie versteht man sich schon lange auf die Arbeit mit Holz.

Abb. 9: Herbert Schiwampl jr.

Der Boots- und Yachtbauer entwickelte eine neue Technologie für Surfboards. Dafür war er mehrmals für Innovationspreise nominiert.

4. Szenarien für die Zukunft

12. Resümee und Perspektiven

Autoren: Gunnar Landsgesell, Alois Lang

Der „Vorteil" der Klimaerwärmung ist, dass sie bereits bestehende Probleme sichtbar macht. Der Nachteil: Es ist nicht mehr viel Zeit, sie zu beheben und sich für neue Herausforderungen zu rüsten. In der Region mag der stetige Wassermangel des Neusiedler Sees für Emotionen sorgen, doch mehr noch gilt es, Lösungen für den Wassermangel und die Landwirtschaft und jene Bereiche zu finden, die von der Klimakrise betroffen sind.

Auch die Region Neusiedler See steht aufgrund der rasanten klimatischen Veränderungen vor beachtlichen Herausforderungen. Während die Temperaturkurve der vergangenen Jahrzehnte steil nach oben zeigt, entwickelt sich das Verhältnis von Wasserbedarf und Dargebot als zunehmend problematisch. Dieses Missverhältnis erklärt sich aus mehreren Gründen: Die Landwirtschaft hat über die Jahrzehnte zunehmend auf Nutzpflanzen gesetzt, die auf den Einsatz künstlicher Beregnung angewiesen sind. Zugleich verliert die Region noch immer über ein System teils jahrhundertealter Drainagen Wasser, das in Richtung Einser-Kanal abfließt. Verschärft wird die lange Zeit recht unbekümmerte Übernutzung der Wasserreserven durch die fortschreitende Klimaerwärmung: Die Hitzetage nehmen zu, Trockenphasen werden deutlich länger, während sich mit den länger andauernden Vegetationsphasen die Verdunstung durch die Pflanzen selbst erhöht. Ergiebige Niederschläge bleiben – vor allem im Winterhalbjahr – aus. Für die Suche nach Lösungen ist es deshalb wichtig, hausgemachte Probleme der Region von den Auswirkungen der globalen Klimakrise zu unterscheiden. Die öffentliche Diskussion lässt in dieser Hinsicht öfters die nötige Trennschärfe vermissen. Die vorliegende Publikation hat sich zur Aufgabe gemacht, die Dinge zu ordnen und – bei aller Komplexität – mehr Klarheit zu schaffen. Dazu zählt vor allem auch, die existenzielle Bedeutung der Wasserfrage mit ihren verschiedenen Aspekten herauszuarbeiten. Bemerkenswert ist, dass jene Diskussion, die mit den größten Emotionen geführt wird, nicht der für die Region existenziellen Frage der Grundwasserreserven gilt, sondern dem Umgang mit dem Neusiedler See. So wichtig dieser See als landschaftsprägendes Element, für den Freizeitsport und in seiner touristischen Funktion sein mag, handelt es sich doch um einen Steppensee, der in einer isolierten Wanne liegt, die mit dem Grundwasser – soweit man weiß – in gar keinem Austausch steht. Damit eignet sich der See weder als Gradmesser für die Entwicklung der

Abb. 1: Graurinderherde im Seevorgelände

Beweidung im Nationalpark: Der Einsatz von Graurindern gegen die landseitige Ausbreitung des Schilfgürtels ist ein Beispiel dafür, wie die Kulturlandschaft mit gezielten Maßnahmen erhalten werden kann.

Grundwassersituation noch für etwaige Lösungsansätze. Essenziell wäre vielmehr der Fokus auf die Salzlacken des Seewinkels, da deren (Über-)Leben zu hundert Prozent vom Austausch mit einem intakten Grundwasserkörper abhängt. Das wurde lange Zeit als reine Naturschutzagenda missverstanden und wenig beachtet, findet heute aber auch bei den konzeptuellen Nachschärfungen der Wasserwirtschaft der Burgenländischen Landesregierung die nötige Aufmerksamkeit. Doch dazu später. Sollte an dieser Stelle ein Resümee gezogen werden und die Frage nach zukunftsträchtigen Perspektiven gestellt werden, dann ist die Landwirtschaft jener Bereich, der eine zentrale Rolle einnimmt. Sowohl in klima- wie auch in wassertechnischer Hinsicht.

„Langfristig muss man davon ausgehen, dass auch die Donau im Sommer weniger Wasser führen wird. Perspektivisch dürfte also mit einer begrenzten Entnahme zu rechnen sein."

Josef Eitzinger

Klima und Kulturen zusammendenken

Der Agrarmeteorologe Josef Eitzinger sieht in der Landwirtschaft einen zentralen Hebel für mehr Resilienz der Region: „Die Entnahme aus dem Grundwasser für die Bewässerung spielt natürlich eine große Rolle. Ebenso die Auswahl der Nutzpflanzen, die angebaut werden. Das größte Problem ist der Maisanbau in der Region, weil er einerseits einen großen Flächenanteil aufweist und zudem in den extremen Trockenphasen im Früh- und Hochsommer bewässert werden muss. Für diese Kultur werden die größten Wassermengen verwendet. Die erste Wassersparmaßnahme wäre also, bewässerungsintensive Kulturen wie Mais zurückzufahren, wodurch der Grundwasserbedarf für die Bewässerung zurückgehen würde." Relevanz hat auch der Weizenanbau, der ebenfalls große Flächen einnimmt. Beim Weinbau setzt man bereits auf eine wassersparende Tröpfchenbewässerung, die – kostenintensiv, aber ressourcenschonend – auch im Boden verlaufen kann. Zudem gilt, dass die Sortenauswahl und die Bewirtschaftungsweise durchaus Spielraum bieten. Wie groß dieser Spielraum ist, lässt sich pauschal für die gesamte Region nicht sagen, denn die Bodenverhältnisse variieren kleinräumig: Ist etwa die „Reberziehung" hin zum tieferen Wurzeln der Pflanze in einem Weingarten am Westufer und am Leithagebirge eine Option, lassen das die Böden im Seewinkel nicht so einfach zu. Für die Wasserbilanz der Region ist der Weinbau aktuell aber nicht ausschlaggebend. Das gilt auch für den Gemüseanbau, der grundsätzlich bewässerungsintensiv ist, derzeit in der Region aber nur kleine Flächen einnimmt. Eitzinger plädiert dafür, schon jetzt die Fruchtfolge und die Nutzpflanzenauswahl besser an die klimatischen Veränderungen anzupassen. So gesehen sollten Winterungen, die eine frühe Reife haben, künftig eine größere Rolle spielen, während Sommerkulturen kaum zukunftsfähig sind. Möglichkeiten gibt es auch bei der Bodenbearbeitung, etwa auf den Pflug zu verzichten und auf Minimalbodenbearbeitung umzusteigen. Auch Mulchdecken und Windschutzhecken sind Teil einer ganzen Palette an Maßnahmen, mit denen der Wasserverbrauch gesenkt werden kann. Dazu zählt auch, die Bewässerungsmethoden selbst zu überdenken. Offensichtlich ist, dass die Überkronenbewässerung, die beinahe flächendeckend bei Maiskulturen eingesetzt wird, höchst ineffizient ist. Das Wasser wird viele Meter durch die Luft versprüht, an Sommertagen verdunstet dabei fast die Hälfte des Wassers. Der großzügige Umgang mit der knappen Ressource mag in einem eigentümlichen Verhältnis zur Forderung nach einer zusätzlichen Dotation der Region stehen, zugleich ist darin aber auch eine fast logische Konsequenz zu sehen.

Das Bemühen, Arbeitsplätze und Wertschöpfung in der Region zu erhalten, ist verständlich. Doch es wäre fatal, die Situation zu einem Wettkampf um knappe Ressourcen umzugestalten.

Der Agrarmeteorologe Josef Eitzinger spricht einer Wasserzuleitung aus der Donau durchaus Potenzial für die Landwirtschaft und den Grundwasserkörper zu, der dadurch entlastet würde. Mittlerweile reichen durchschnittliche Jahresniederschlagsmengen nicht mehr aus, um die Grundwasserreserven wieder aufzufüllen. Allerdings müsse man langfristig davon ausgehen, dass auch die Donau im Sommer weniger Wasser führen wird, dämpft Eitzinger allzu große Erwartungen. „Die Gletscher schmelzen zunehmend ab, womit es auch in der Donau öfters Niedrigwasser geben wird. Damit dürfte perspektivisch auch mit einer begrenzten Entnahme aus der Donau zu rechnen sein. Es gibt also viele Fragezeichen, ob das langfristig eine nachhaltige, gesicherte Methode für die Wasserversorgung ist."

Fest steht: Soll die Landwirtschaft zukunftstauglich werden, ist es zu wenig, auf regenreiche Jahre zu hoffen oder auf bewässerungsintensiven Kulturen zu beharren. Zwar mag es stimmen, was etwa der Sprecher der frisch gegründeten „IG Bewässerung Bezirk Neusiedl am See", Gerald Kern, im Mai 2022 sagte: „Ohne Wasser können wir die regionalen, heimischen Nahrungsmittel nicht erzeugen. Ein Verbot der Beregnung und ein Umstieg auf andere Kulturen würde zu einem dramatischen Rückgang der Wertschöpfung und damit zu einer weiteren Reduktion unserer Betriebe führen." Die Interessengemeinschaft reagierte damit auf Entwürfe der Politik, den Wasserhaushalt stärker zu reglementieren. Tatsächlich gilt es nicht nur zu entscheiden, für welche Kulturen das vorhandene Wasser künftig verfügbar sein soll, sondern auch für wen.
Macht es angesichts zunehmender Hitze, Trockenheit und erschöpfter Wasserreserven Sinn, an der Produktion bewässerungsintensiver Kulturen wie Mais oder auch an Sonnenblumen-Saatgut festzuhalten, um eine „drohende Abwanderung" (IG Bewässerung) des Saatgut- und Agrarchemieunternehmens Corteva (Pioneer) zu verhindern? Das Bemühen, Arbeitsplätze und Wertschöpfung in der Region zu erhalten, ist verständlich. Doch es wäre fatal, die Situation zu einem Wettkampf um knappe Ressourcen umzugestalten. Kein Zweifel, es besteht sehr wohl der Bedarf, ein umfassendes Konzept für die Landwirtschaft und die damit verbundenen Wertschöpfungsketten zu erarbeiten. Von der Landwirtschaftskammer als Interessenvertretung wäre zu erwarten, dass sie ein Positionspapier und Fördermodelle entwickelt, um Landwirte im Prozess der Neu- bzw. Umstrukturierung zu unterstützen. Das gilt auch für die Erschließung neuer Absatzmärkte, will man die Produzenten nicht mit alternativen klimafitten Sorten wie Hirse und Co. alleinlassen.

Gefragt: Ökonomische Alternativen für Landwirte

Tatsächlich ist schon einiges in Bewegung geraten. Angesichts der prognostizierten klimatischen Veränderungen drängt freilich die Zeit. Wie der Meteorologe Marcus Wadsak in seinem einleitenden Kapitel schreibt, wird die Klimazone von Nordmazedonien bis Mitte des Jahrhunderts rund tausend Kilometer Richtung Norden gewandert sein. Das bedeutet für die Region Neusiedler See: heiße Sommer mit sehr geringen Niederschlägen und vielen Hitzetagen, die von Anfang Juni bis Mitte September reichen. Kommt es noch extremer, was angesichts der bislang verfehlten Ziele, die globalen Treibhausgasemissionen zu reduzieren, nicht auszuschließen ist, dann müsste man sich eher an Nordafrika orientieren. Josef Eitzinger spricht von Sommern, in denen keine Nutzpflanzen mehr wachsen. Das Getreide wächst über den Winter und wird im Mai geerntet. Im Sommer ist Ruhepause, weil es einfach zu heiß ist. Tatsächlich wird in der Region Neusiedler See jetzt schon an verschiedener Stelle mit hitzeresistenten Kulturen und selbst Olivenbäumen experimentiert, die keinesfalls als Spleen, sondern als durchaus realistisches Szenario alerter Produzenten anzusehen sind. Olivenbäume wären von den Temperaturansprüchen möglich und halten auch leichten Frost aus, solange sie nicht in Gebieten mit Kaltluftseen stehen. Auch Süßkartoffel und Reis werden denkbar, da die Vegetationsperioden länger und die Wärmesummen größer werden, die diese Nutzpflanzen brauchen, um abreifen zu können. Um die Landwirtschaft auch in Zukunft in der Region zu halten, wäre entscheidend, einerseits den bäuerlichen Produzenten ökonomische Alternativen zu bieten. Und andererseits jeden Tropfen Niederschlagswasser so lange wie möglich in der Region zu halten.

Keine Zukunft ohne Wasser

Während – wie im Kapitel der Wasser-Taskforce der Landesregierung ausgeführt – die Variante der Dotation über die ungarische Mosoni Duna weiter verfolgt wird, gibt es viele Fragezeichen, wann, ob und in welcher Form sich dieses Projekt tatsächlich realisieren lässt. Zwar wird betont, dass Ungarn bereits grünes Licht gegeben hat, allerdings scheint der gesellschaftliche Diskurs über die projektierte Ausleitung und ökologische Folgen in den Donau-Auen in Ungarn erst im Entstehen begriffen. Kein Wunder also, dass parallel dazu auch andere (innerösterreichische bzw. österreichisch-slowakische) Varianten der Dotation des Seewinkels und des Sees überlegt werden. Die hohen Investitionskosten von rund 100 Millionen Euro verlangen nach Sicherheiten, was die Zukunft betrifft. Aus Sicht der Wissenschaft kommt zwar keine grundsätzliche Ablehnung, es wird aber betont, dass die Auswirkungen der Zuführung von Fremdwasser noch weiterer Forschung bedürfen. Strenge Vorgaben in hydrologischer und hydrochemischer Hinsicht werden gefordert. Auch die Frage, welche Auswirkungen Neobiota auf das fragile Öko-System des Sees haben können, ist zu prüfen – schließlich existieren heute in der internationalen Wasserstraße Donau Organismen, die es zu Zeiten eines Wasseraustauschs von der Donau über den Hanság zum Neusiedler See hier nicht gab.

Nicht wenige Stimmen, darunter etwa Alfred Blaschke vom Institut für Wasserbau und Ingenieurhydrologie an der TU Wien oder der Forschungskoordinator des Nationalparks, Harald Grabenhofer, weisen darauf hin, dass ein Gesamtkonzept notwendig ist, um das Wasser so lange wie möglich in der Region zu halten. Das beinhaltet exakt abgestimmte Richtlinien (und deren rasche Implementierung) für die Wassernutzung ebenso wie die Errichtung von Wehranlagen und die Pflege der zahlreichen Drainagegräben ebenso wie die Rückführung und Wiederversickerung von Wasser im Seewinkel. Überspitzt formuliert, könnte man sagen, dass ein Feuchtgebiet, dem das Grundwasser fehlt, nicht in erster Linie ein Klima- sondern ein Drainageproblem hat.

Ein See-Rest als Zukunftsszenario?

Ein völliges Austrocknen des Sees halten Wissenschaftler für unwahrscheinlich. Dafür müssten mehrere extrem trockene Jahre aufeinander folgen. Durchaus plausibel klingt hingegen das Szenario eines Sees, dessen Wasserhöhe nur noch 30 bis 40 Zentimeter beträgt, dessen Schilfgürtel größtenteils trocken liegt und in dem die Fischbestände temperatur- und sauerstoffbedingt kaum überleben würden. Durch Unebenheiten oder auch starke Windböen könnte stellenweise der Seeboden sichtbar werden. Das bedeutet, dass der See als landschaftsgebendes Element nicht verschwinden würde und die Ästhetik des Sees mit einer durchgängigen Wasserfläche erhalten bliebe.

Abb. 2: Grundwasserfenster in Schottergruben

Grundwasserfenster wie (ehemalige) Schottergruben lassen deutlich erkennen, wie tief der Grundwasserspiegel unter dem langjährigen Mittel liegt (Seewinkel, Jänner 2023).

Und dass noch genügend Wasser vorhanden wäre, um die wichtige Funktion für das Mikroklima der Umgebung zu leisten. Dass aber zugleich zu wenig Wasser vorhanden ist, um den Bade-, Boots- und Fährbetrieb aufrechtzuerhalten. Müssen wir uns also an einen „See" gewöhnen, der als Flachwasserfläche vorhanden ist, aber für Freizeitnutzungen nicht mehr durchgängig zur Verfügung steht? Denn selbst wenn neue Konzepte für den Tourismus entwickelt würden, etwa „Seewanderungen" in dessen ausgetrocknetem Schilfdschungel, würde es viele Jahre dauern, bis der Seeboden so weit ausgehärtet ist, dass er einen Menschen trägt. Das zeigen Zeitzeugenberichte aus den Jahren 1865 bis 1870 während der letzten Austrocknung des Sees, aber auch die Erfahrungen aus den Niedrigwasserphasen Ende der 1920er- und 1940er-Jahre.

Perspektiven einer jungen Generation

An dieser Stelle sei darauf hingewiesen, dass die Perspektive auf den Neusiedler See dies- und jenseits der nationalen Grenzen durchaus unterschiedlich ausfallen mag. Beträgt die gesamte Seefläche rund 320 Quadratkilometer, so fallen auf die ungarische Seite lediglich 80 Quadratkilometer, von denen ein Gutteil von einem breiten Schilfgürtel bedeckt ist. Anfang Dezember 2022 fand in Fertőd an der Porpáczy-Fachmittelschule die Welterbe-Modellkonferenz statt, wo Schüler aus Ungarn und Österreich über die drohende Austrocknung des Sees und eine Dotation debattierten. Daran nahmen zwei Gruppen ungarischer Schüler und sechs Gruppen von der Partnerschule, der HAK Frauenkirchen, teil. Die HAK steht über eine Kooperation und regelmäßigen Schüleraustausch mit ihrer Partnerschule in Kontakt, zudem wird an der HAK in Frauenkirchen auch Ungarisch im Unterricht angeboten. Bei der Veranstaltung sollten die Jugendlichen in verschiedenen Rollen über die Welterberegion und ihre Herausforderungen diskutieren. Bald standen der See und die Frage der Dotation im Mittelpunkt. Die Jugendlichen nahmen dafür verschiedene Rollen ein, vom Bürgermeister über den Großgrundbesitzer, den Hotelbetreiber bis zur NGO. Dabei fiel auf, wie sehr sich die ungarische von der österreichischen Argumentationslinie unterschied. Die österreichischen Schüler sprachen fast durchgehend von einer „lebensnotwendigen" Maßnahme, den See zu „retten". Der Tenor war: Ohne Wasser kein Leben. Die Schüler verwiesen auf Studien, die die Unbedenklichkeit einer Wasserzuleitung bestätigen, und stellten die Frage, wie man sich ein Ökosystem vorstellen solle, das sich in eine Staubwüste verwandelt. Bei den Gruppen aus Ungarn hingegen überwog die Skepsis gegenüber einer Zuleitung. Man fragte, ob die Risiken nicht größer als der Nutzen wären, äußerte sich besorgt, dass sich fremde Pflanzen ausbreiten und ein Fischsterben durch fremde Fischarten einsetzen könnte. Auch die Grundverhältnisse wurden erörtert: Wer wäre bereit, Grund zu verkaufen, wenn dieser für den Kanalbau beansprucht wird? Und möchte man wirklich, dass die Mosoni Duna trockenfällt, nur weil man das eigene Wasser an einen anderen Staat leitet?

Tatsächlich hat der Neusiedler See durch seinen wesentlich kleineren Anteil in Ungarn mit seinen überschaubaren Zugangsmöglichkeiten zum offenen See nicht die gleiche Bedeutung wie für Österreich. Andererseits findet in Ungarn in der Landwirtschaft weniger künstliche Bewässerung statt. Das mag mit den Kosten zu tun haben, aber auch mit dem Anbau wasserschonender Kulturen. Die Entwicklungen der vergangenen 30 Jahre, die eine Intensivierung der Landwirtschaft brachten, wurden in Ungarn also nicht so nachvollzogen. Für Österreich bedeutet das im Umkehrschluss, dass man nach Ungarn blicken kann, um zu erfahren, welche Fehlentwicklungen es dort nicht gegeben hat.

Die Grenzen des Naturschutzes

Seit 1926, also wenige Jahre nach dem Entstehen eines neuen Bundeslandes, betreibt die Landesregierung flächen- und lebensraumorientierten Naturschutz. Jahrzehntelang nach eigenen Gesetzen und Verordnungen, entwickelt von und mit Experten, motiviert durch Naturschutzorganisationen, seit den 1990er-Jahren natürlich nach den Vorgaben der Europäischen Union, aber auch orientiert an den Verpflichtungen aus internationalen Abkommen. Heute ist das Burgenland stolz darauf, dass etwa ein Drittel der Landesfläche unter Naturschutz steht, dass es eine lange Tradition der Zusammenarbeit mit den Naturschutzorganisationen aufweisen kann, und dass gemeinsam mit den ungarischen Nachbarn sogar ein grenzüberschreitender Nationalpark – Österreichs erster – gegründet werden konnte.

Der Klimawandel deckt allerdings ein Problem auf, das bisher entweder kaum berücksichtigt oder einfach nur verdrängt wurde: Konservierender Naturschutz allein, also das Außernutzungstellen sensibler Lebensräume, reicht nicht. Das Land ist verpflichtet, auf Basis aktueller Forschungs- und Monitoring-Erkenntnisse gezielte Managementmaßnahmen in den Schutzgebieten zu setzen, beispielsweise um die Verbuschung artenreicher Ökosysteme oder die Ausbreitung invasiver Arten zu verhindern. Die für die nachhaltige Pflege der Kulturlandschaft benötigten Ressourcen sind zwar im Nationalpark zumindest teilweise vorhanden, in Natura-2000-Gebieten oder Naturparks aber ebenso wenig wie in Ramsar-Gebieten oder im Weltkulturerbe Neusiedler See / Fertő táj. Nicht nur das Land mit der Naturschutzbehörde, auch die Naturschutzorganisationen scheinen diesbezüglich an Grenzen zu stoßen: Im aktuellen Managementplan für die Natura-2000-Gebiete im nördlichen Burgenland gibt es Empfehlungen für alle notwendigen Maßnahmen wie Beweidung, Mahd, Schilfschnitt oder eben das Rückhalten wertvollen Niederschlagswassers. Es findet sich dazu aber weder eine Verordnung noch ein Hinweis auf deren Finanzierung.

Vor dem Hintergrund des Klimawandels ist weniger die Forderung nach einer Unterschutzstellung weiterer Gebiete angebracht, sondern die nach einem effizienten, leistbaren Naturraummanagement.

Und selbst wenn diese Maßnahmen – wie etwa im Nationalpark – großflächig umgesetzt werden können, droht Unbill, etwa wenn die Wasserrahmenrichtlinie der EU fordert, dass eine Koppel von Weidetieren zum Schutz des Grundwassers als dichte Betonwanne auszuführen ist. Zu den ohnehin beträchtlichen Kosten für die extensive Weidewirtschaft käme also eine Investition im sechsstelligen Euro-Bereich. Als ein anderes Beispiel für die Notwendigkeit, Maßnahmen aufeinander abzustimmen, ließe sich das Luftreinhaltegesetz zitieren. In Neusiedl am See war ein Heizwerk für Nahwärme für etwa hundert Häuser geplant, für dessen Betrieb die in der Region vorhandenen biogenen Materialien verwendet werden sollten. Allerdings stellte sich bei Berechnungen der entstehenden Emissionen heraus, dass es dafür keine Genehmigung geben kann, weil die Luft im Raum Neusiedl wegen der Nordwest-Windrichtung und dem Autobahn-Schwerverkehr bereits so sehr mit Schadstoffen belastet ist, dass die Grenzwerte überschritten würden. In solchen Fällen wäre die Politik gefragt, um koordinierte Maßnahmen möglich zu machen. Dass für die dauerhafte Erhaltung – und damit für das Naturraummanagement – unterschiedlicher Schutzgebietstypen unterschiedliche Institutionen und Organisationen verantwortlich sind, macht die Sache nicht einfacher. Zwar funktioniert im überschaubar großen Bundesland Burgenland der persönliche Austausch und der Informationsfluss nach wie vor gut, die informelle Abstimmung unter den Akteuren beruht freilich meist auf persönlichem Engagement und auf persönlichen Kontakten. Selbst eine seit Jahrzehnten funktionierende Plattform wie die „Mauthgespräche“ der wichtigsten Naturschutzakteure im Naturraum Neusiedler See geht auf eine Privatinitiative zurück. Vor dem Hintergrund des Klimawandels ist also weniger die Forderung nach einer Unterschutzstellung weiterer Gebiete angebracht, sondern die nach einem effizienten, leistbaren Naturraummanagement, koordiniert von Fachleuten des Landes, umgesetzt gemeinsam mit Partnern aus der Zivilgesellschaft. Eine der Voraussetzungen dafür ist die Fokussierung aller Akteure im Naturschutz auf die Hauptprobleme. Als konkretes Beispiel lassen sich etwa Pflegemaßnahmen von Schutzgebieten mit der Beteiligung von Freiwilligen nennen, die einen doppelten Effekt haben. Die Involvierung interessierter Bürger bietet nicht nur die Chance, praktische Erfahrungen zu sammeln, sondern auch die Möglichkeit, das Bewusstsein für den Naturschutz zu schärfen.

Die Erfolge des Naturschutzes im Burgenland werden mit Sicherheit öfter in der Öffentlichkeit und in Medien angesprochen als die sich stetig ändernden Rahmenbedingungen, verschärft durch die Klimakrise. Der Stolz auf die Vielzahl von Schutzgebietskategorien in ein und demselben Naturraum Neusiedler See dürfte bald vom Handlungsbedarf in Sachen aktiver Naturschutz überlagert werden, wenn das Ausbleiben von Regenfällen und der abgesenkte Grundwasserspiegel zum sichtbaren Verlust von Lebensräumen führen sollten. Ausgetrocknete Lackenbecken waren schon 2022 kein passendes Habitat für Watvögel mehr, und wenn sie beginnen auszusüßen und auch bei Wasserführung kein passendes Nahrungsangebot zur Verfügung stellen können, wird das wohl so bleiben. Spätestens nach diesem Sommer sollte der Mensch auf diese neue Situation reagieren, wie es übrigens viele Watvögel schon getan haben – sie sind von den Lackenrändern in Seichtwasserbereiche des Sees „übersiedelt“ …

Was steht im Tourismus-Schaufenster?

Hohe Vielfalt weist im Nordburgenland nicht nur die belebte Natur auf, auch das Tourismusangebot hat eine vergleichsweise große Bandbreite. War es gegen Ende des 20. Jahrhunderts noch der Neusiedler See mit seinen Strandbädern und Bootshäfen und damit die Abhängigkeit vom Badewetter, hat die Diversifizierung vor allem mit dem Natur-, Fahrrad- und Weintourismus der Region neue Märkte und Zielgruppen erschlossen – und die Saison in einigen Gemeinden deutlich verlängert. In Verbindung mit den relativ kleinen Strukturen und den steigenden Kapazitäten in der gehobenen Hotellerie hat sich eine gewisse Krisensicherheit eingestellt, resistent gegenüber spottbilligen Flugreisen (ab Mitte der 1980er-Jahre), Bankenkrisen (2008) und Pandemiefolgen (2021). Parallel dazu konnte mit der Gründung einer regionalen Marketingorganisation die Präsenz auf internationalen Märkten signifikant gestärkt und das Profil der Region geschärft werden. Die Freizeitwirtschaft leidet schon jetzt unter den durch den Klimawandel bedingten Einschränkungen, der Segelsport ist davon wohl am meisten betroffen. Auch für den Tourismus und seine wichtigsten Akteure herrscht akuter Handlungsbedarf. Schönreden eines Niedrigwasserstands oder Jammern über die fast täglichen Bad News in den Medien genügt nicht. Ähnlich wie ab den 1980er-Jahren wird es notwendig sein, die Tourismusdestination, die den See im Namen trägt, neu zu positionieren und sich der Entwicklungsarbeit in Sachen neuer Angebote zu stellen.

Neue Partner über der Grenze finden

Dabei lohnt ein Blick in die Nachbarschaft, nach Ungarn und in die Slowakei, um bestehende komplementäre Angebote zu entdecken (und als Teil des eigenen Angebots zu nutzen) und potenzielle Partner (die man zum Teil schon aus gemeinsamen EU-Projekten kennt) für eine erneute Erweiterung der Angebotspalette zu finden. Im nächsten, eigentlich überfälligen Schritt ist zu hinterfragen, inwieweit sich diese Dreiländerregion – nicht nur aus der Not heraus – auf allen Drittmärkten als gemeinsame Tourismusregion präsentieren kann. Allein die gemeinsamen

Welche neuen Besucherprogramme können in der Kulturlandschaft oder an den immer länger trockenen Lacken aufbereitet werden?

Attraktionen für den Kulturtourismus (Bratislava, Sopron, Wien) und den Naturtourismus (Nationalparks und andere Schutzgebiete) zeigen deutlich das große Potenzial. Das, was von vielen Gästen nicht erst seit dem Schengen-Beitritt der Nachbarländer als ein Urlaubsziel gesehen wird, darf im Bewusstsein der einheimischen Bevölkerung nicht länger in Verwaltungsgrenzen gedacht werden.
Die touristische Perspektive auf das Seebecken und dessen Schilfgürtel sollte sich – nach rund hundert Jahren – ebenfalls ändern: Wie lässt sich, natürlich naturschutzkonform, dieser für Mitteleuropäer nach wie vor exotische Steppensee erleben, wenn riesige Schilfflächen auf trockenem Boden stehen? Braucht der Naturtourismus eine Anpassung der Infrastruktur? Welche neuen Besucherprogramme können in der Kulturlandschaft oder an den immer länger trockenen Lacken aufbereitet werden? Neben der Entwicklung dieser Angebote und deren Einbettung in das Tourismusmarketing des Landes darf auch die große Zielgruppe der Multiplikatoren keinesfalls vergessen werden: Sie müssen in die Angebotsentwicklung eingebunden werden, es wird schließlich ihr neues Neusiedler See-Angebot werden.

Unabhängig davon, ob das seit längerem kontrovers diskutierte Projekt einer Wasserzuleitung von der Mosoni Duna (Wieselburger Donau) leistbar oder machbar ist, ob damit mehr als eine bescheidene Wasserbedeckung des Seebodens erreicht werden kann: Ein Standbein des Tourismus wird stärker als andere von einem Niedrigwasserstand oder einer Austrocknung des Sees betroffen sein – das Radfahren. Zur Entdeckung der Region Neusiedler See gehört für viele eine Fahrradtour, aber nur ein kleiner Teil der Urlaubsgäste mutet sich (bei steigenden Temperaturen) die rund 130 Kilometer lange Strecke zu und kürzt gerne über die engste Stelle des Sees, zwischen Illmitz und Mörbisch, mit einer etwa halbstündigen Schifffahrt ab. Fällt diese Fährverbindung weg, braucht es zweifellos eine Alternative. Die Tourismusorganisationen wären gut beraten, schon vorbeugend eine solche zu entwickeln und entsprechend zu kommunizieren, um nicht einen signifikanten Teil der Gästenächtigungen zu verlieren. In Kooperation mit den Experten der Mobilitätszentrale Burgenland sollte es gelingen, zielgruppentaugliche Shuttle-Services für Radfahrer, ob individuell oder in der Gruppe, zwischen den bekannten Hotspots entlang der Route aufzubauen. Dass dies zeitgemäß mit emissionsfreien Fahrzeugen umgesetzt werden sollte, liegt auf der Hand.

Mehr oder weniger brach liegt ein weiteres Potenzial für den vom Seewasser unabhängigen, ganzjahrestauglichen Tourismus: Im neuen Managementplan für das grenzüberschreitende Weltkulturerbe Neusiedler See / Fertő táj finden sich nicht nur Details zu den Verpflichtungen der beiden Trägervereine, die mit dieser weltweit begehrten Auszeichnung verbunden sind, das Dokument zeigt auch, wie imageträchtig ein Welterbetitel für eine Destination wirken kann. Aber im Gegensatz zur sehr beliebten Verwendung des Nationalparks – weit über den Tourismussektor hinaus – für den Werbeeinsatz auf Betriebs- oder Ortsebene, findet man kaum Hinweise auf das Kultur- und Naturerbe der Welterberegion Neusiedler See, weder online noch gedruckt. Unglaublich artenreiche Kulturlandschaftstypen, die Schönheit und Funktionalität eines Streckhofs, überhaupt die bürgerlich-bäuerliche Architektur in einer Weinbauregion, die ethnische Vielfalt auf kleinstem Raum: Es wäre wirklich nicht schwer, aus so vielen Zutaten ein unwiderstehliches Tourismusangebot zu erstellen. Das Welterbemanagement hat bereits damit begonnen, Guides auszubilden, um Gästen wie Einheimischen das Welterbe näherzubringen. Es könnte durchaus gelingen, den Klimawandel als Impuls für die adäquate Einbindung von Welterbethemen in das Tourismusmarketing zu nutzen.

Der nach wie vor unterschätzte Fachtourismus, der sich vor allem im Nationalpark mit Studiengruppen, Tagungen und Konferenzen niederschlägt, kann ebenfalls mit angepassten Programmelementen bedient werden – schließlich können beispielsweise auf trockenem Boden im Schilf wortwörtlich neue Zugänge zur wissenschaftlichen Untersuchung des Steppensees genutzt werden. Ein historisches Beispiel dafür liefert Béla Széchenyi, der während der jüngsten Austrocknungsperiode 1865–1870 gemeinsam mit weiteren Wissenschaftlern – quasi vor seiner Schloss-Haustür in Nagycenk (Großzinkendorf) – den Seeboden nach frühgeschichtlichen Siedlungsspuren und Objekten untersuchte und dabei reichlich Fundstücke sammeln konnte.

Modellregion oder „Patient Zero"?

Ob sich die Region Neusiedler See als Modellregion für die Herausforderungen des Klimawandels an ein international bedeutendes Feuchtgebiet eignet, wurde gleich zu Beginn dieses Buchprojekts diskutiert. Vor dem Hintergrund von fast wöchentlichen Meldungen über die Einstellung der Frachtschifffahrt auf Flüssen, über das Austrocknen von Seen oder über das Rationieren von Trinkwasser wird uns bewusst, dass der Neusiedler See mit seinem jetzt unterdurchschnittlichen Wasserstand alles andere als ein Einzelfall ist. Wenn überhaupt, lassen sich jedoch bestenfalls (klimatische und naturräumliche) Vergleiche mit osteuropäisch-asiatischen Seeregionen ziehen, gravierende Unterschiede ergeben sich freilich schon allein aus der Siedlungsstruktur, der Landnutzung und dem Naturraummanagement.
Mit diesem Buch haben die Herausgeber und Autoren versucht, die vielschichtigen und spezifischen Wirkungszusammenhänge in einem biogeografischen Grenzgebiet im Hinblick auf die Klimakrise kompakt darzustellen – und in möglichst vielen Bereichen Handlungsoptionen aufzuzeigen. Die fortschreitenden Veränderungen in der Natur sollen in nächster Zeit mit Unterstützung der Autoren im Rahmen von Veranstaltungen in der Region sowie auf einer Internetplattform thematisiert werden.

Biografien

Herausgeber

Christian Janisch:
Geb. 1963, seit fast 20 Jahren bei Esterhazy mit regionaler Entwicklung beschäftigt. Schwerpunkt ist der Neusiedler See mit seinem Umland. Vor allem in den letzten Jahren sind die Auswirkungen der klimatischen Veränderungen in der Region zu einem zentralen Thema seiner Tätigkeit geworden.

Alois Lang:
Geb. 1956 in Illmitz, Studium der Technischen Physik an der TU Wien, Tourismusmanager, Regionalmanager in der Region Neusiedler See, Leiter Öffentlichkeitsarbeit und Ökotourismus im Nationalpark Neusiedler See - Seewinkel, IUCN-Koordinator für die Initiative „Grünes Band Europa", Mitarbeit an Ökotourismusprojekten in Mittel- und Osteuropa.

Bibi Watzek:
Geb. 1963 in Friesach, lebt in Eisenstadt. Studium der Theaterwissenschaften, Publizistik und Kommunikationswissenschaften an der Universität Wien. Langjährige Tätigkeit als Bildregisseurin beim ORF. Zur glühenden Burgenländerin geworden, im unermüdlichen Einsatz für zivilgesellschaftliche Agenden zum Erhalt und Schutz der Schönheiten des Nordburgenlandes u. a. in der Kommunalpolitik mit einer Dorfliste, bei Vereinen wie der „Initiative Welterbe" oder im Verein „Pro Region Neusiedler See".

Autorinnen und Autoren

Klaus-Jürgen Bauer:
Geb. 1963 in Wien, Studium der Architektur an der Hochschule für angewandte Kunst in Wien und der Bauhaus-Universität Weimar. Ist Architekt, schreibt über Architektur, unterrichtet Architektur an Universitäten, ist Juror und Kurator. Im Speziellen widmet er sich der Wertschätzung und Verwendung von alten Materialien.

Sándor Békési:
Geb. 1962 in Budapest, Studium der Geschichte, Geographie sowie Wissenschaftstheorie und -forschung an der Universität Wien (Mag. Dr.). Kurator am Wien Museum im Department Topografie und Stadtentwicklung. Dissertation über die Kultur- und Wahrnehmungsgeschichte des Neusiedler Sees. Kurator der Ausstellung „Meer der Wiener: Der Neusiedler See“ im Wien Museum am Karlsplatz.

Alfred Paul Blaschke:
Geb. 1956 in Linz, Diplomstudium Bauingenieurwesen Universität Innsbruck und Technische Universität Wien, Dissertation und Habilitation an der TU Wien Fachgebiet Grundwasserwirtschaft. Univ.-Prof. Dr., tätig an der TU Wien am Institut für Wasserbau und Ingenieurhydrologie. Mitarbeit und Leitung von Forschungsprojekten und Studien im nördlichen Burgenland, Seewinkel und Neusiedler See seit über 30 Jahren.

Ernst Breitegger:
Geb. 1954 in Fischbach, Lehramtsstudium Biologie, Physik und Chemie an der Karl-Franzens-Universität in Graz. Ausbildungen in Wirtschaftsinformatik, Grafik und Design. Mag. Dr., Lehrender an der Höheren Internatsschule Graz-Liebenau und der HBLW Gussing i. R. Berufsfotograf und Obmann des Naturschutzbundes Burgenland.

Elmar Csaplovics:
Geb. 1956 in Eisenstadt. Univ. Prof. em. Dr. habil., lehrt an der TU Dresden, Department Geowissenschaften. Seine Forschungsschwerpunkte sind die raum-zeitliche Landschaftsanalyse mit Schwerpunkt auf transnationale ökologische Netzwerke, auf aride und semi-aride tropische Landschaften sowie auf Welterbegebiete. Er verfasste zahlreiche Publikationen u. a. zur Analyse von Landschaft und Landschaftsveränderungen im Neusiedler See-Gebiet, zur Sedimentdynamik im Seebecken und zur Geschichte der Seelandschaft.

Erich Draganits:
Geb. 1969 in Oberpullendorf, Studium der Geologie und prähistorischen Archäologie an der Universität Wien. PD Mag. Dr., tätig als Senior Lecturer am Institut für Geologie, Universität Wien. Die Interaktion zwischen Mensch und Landschaft in der Region Neusiedler See ist eines seiner Hauptinteressengebiete.

Michael Dvorak:
Geb. 1961 in Wien, Studium der Zoologie an der Universität Wien. Dr., seit 1997 bei BirdLife Österreich verantwortlich für Forschung und Naturschutz. Durchführung von ca. 100 Studien im Nordburgenland, Schwerpunkte: der Neusiedler See und der Schilfgürtel.

Johannes Ehrenfeldner:
Geb. 1971, aufgewachsen im steirischen Salzkammergut. Lehre als Zimmerer, Studium der Forstwirtschaft mit Schwertpunkt Schutzwald und Naturgefahren. DI, tätig am Waldbauinstitut der BOKU Wien, Waldpädagoge, Nationalparkranger, forsttechnische Dienste, Umweltministerium, Koordinierung und Finanzierung der österreichischen Nationalparks, seit 2017 Nationalparkdirektor im Nationalpark Neusiedler See - Seewinkel.

Hermann Frühstück:
Geb. 1951 in Langeck, Studium der Biologie (Lehramt) an der Universität Wien. Prof. Mag., Landesumweltanwalt Burgenland i. R., Obmann Naturschutzbund Burgenland, Vorstand Nationalpark Neusiedler See - Seewinkel, Landesleiter Naturschutzorgane Burgenland.

David Goldenits:
Geb. 1983 in Kittsee, Studium der Agrarwissenschaften an der BOKU Wien. DI, MSc., landwirtschaftliche Betriebsleitung am Bio-Landgut Esterhazy. Seit 2021 im landwirtschaftlichen Familienbetrieb in der Seewinkel-Gemeinde Tadten – Gemüsebau in 3. Generation.

Andrea Grabenhofer:
Geb. 1982 in Oberpullendorf, Studium der Biologie an der Universität Wien. Mag., zuständig im Nationalpark Neusiedler See – Leithagebirge für das Welterbe, die Biodiversität und Koordination im Nationalpark.

Gerhard Haider:
Geb. 1968 in Illmitz, Studium der Anthropologie an der Universität Wien. Seit 1989 für den Tourismus in Illmitz zuständig, seit 2021 Leiter der Tourismusinformation Illmitz.

Ulrike Herbig:
Geb. 1968 in Eisenstadt, Studium der Geodäsie und Vermessungstechnik an der TU Wien. Senior Scientist Dipl.-Ing. Dr., seit 2007 am Institut für Architektur- und Kunstgeschichte, Bauforschung und Denkmalpflege, im Beirat von ICOMOS mit Schwerpunkt auf Beratung von Welterbestätten.

Alois Herzig:
Geb. 1946 in Stockerau, Studium der Zoologie, Botanik, Chemie, Physik, terrestrischen Ökologie, Marinbiologie, Limnologie und Philosophie an der Universität Wien. Ao. Univ. Prof. Dr., wissenschaftlicher Leiter des Nationalparks Neusiedler See - Seewinkel, Leiter der Biologischen Station Neusiedler See, Illmitz, i.R.

Rosalinde Kleemaier-Wetl:
Geb. 1957 in Klagenfurt, seit 2006 Burgenländerin. Studium Sanierung/Revitalisierung an der Donau-Universität Krems. Dipl.-Ing. Dr., MSc., Mitglied der ICOMOS Austria Monitoring Group und des Vorstandes von Europa Nostra Austria. Schwerpunkte ihrer Tätigkeit sind traditionelle Baukultur, Siedlungsentwicklung und Welterbe-Kulturlandschaften, besonders im Welterbegebiet Fertő/Neusiedler See.

Bernhard Kohler:
Geb. 1960 in Wien, Studium der Zoologie und Botanik an der Universität Wien. Dr., Senior Conservation Advisor und zuständig für die WWF-Arbeit für Großschutzgebiete, Leiter der WWF-Projekte in der Neusiedler Seeregion.

Gunnar Landsgesell:
Geb. 1969 in Wien, Studium der Politikwissenschaft, Mag., Journalist und Buchautor, zuletzt „Real America". Buchbeiträge u. a. in „Stadtkultur & Urbanität". Chefredakteur MO – Magazin für Menschenrechte. Chefredakteur VIENNALE-Katalog. Aktives Mitglied beim Naturschutzbund NÖ.

Alois Lang:
Geb. 1956 in Illmitz, Studium der Technischen Physik an der TU Wien, Tourismusmanager, Regionalmanager in der Region Neusiedler See, Leiter Öffentlichkeitsarbeit und Ökotourismus Nationalpark Neusiedler See - Seewinkel, IUCN-Koordinator für die Initiative „Grünes Band Europa", Mitarbeit an Ökotourismusprojekten in Mittel- und Osteuropa.

Johannes Loisl:
Geb. 1989 in Linz, Masterstudium mit Schwerpunkt Allgemeine Geologie an der Universität Wien. Tätig für OMV Upstream, speziell bei Geothermie-Projekten in Österreich für das Low Carbon Business Department. Seine Expertise umfasst Strukurgeologie, Sedimentologie und Seismik-Interpretation.

Karl Maracek:
Geb. 1962 in Wien, lebt in Eisenstadt. Studium der Kulturtechnik und Wasserwirtschaft an der Universität für Bodenkultur in Wien, wHR Dipl. Ing., Leiter des Hydrografischen Dienstes Burgenland und verantwortlich für die Koordinierung wasserfachlicher Aspekte der Region Neusiedler See - Seewinkel.

Ákos Molnár:
Geb. 1972 in Sopron, Studium der Landwirtschaft und Biowissenschaften an der Ungarischen Universität, Master in Weinbau. Familienweingut in Sopron, Gastdozent und Berater in mehreren europäischen und asiatischen Ländern, Präsident der Weinbauregion Sopron.

Erwin Nemeth:
Geb. 1963 in Oberwart, Dissertation und Habilitation an der Universität Wien. Priv. Doz. Dr., tätig u. a. am Konrad-Lorenz-Institut der Akademie der Wissenschaften und dem Max-Planck-Institut für Ornithologie in Seewiesen. Seit mehr als 30 Jahren für die Vogelschutzorganisation BirdLife Österreich am Neusiedler See ornithologisch tätig.

Christian Sailer:
Geb. 1965 in Eisenstadt, Studium der Kulturtechnik und Wasserwirtschaft an der Universität für Bodenkultur in Wien. Tätig in einem Ziviltechnikerbüro, ab 2009 im Amt der Burgenländischen Landesregierung, Referat Abfallwirtschaft, ab 2016 Leiter des Hauptreferats Wasserwirtschaft. Seit 2014 wasserwirtschaftliches Planungsorgan im Burgenland, ab 2020 Leiter der Taskforce Neusiedler See - Seewinkel.

Frank Schindler:
Geb. 1975 in Halle/Saale (GER), Studium der Sportwissenschaften an der DSHS Universität Köln, Studium an der Fachhochschule Eisenstadt und der Weinakademie Rust. Dipl. SpoWiss, MA int. Weinmarketing, Weinakademiker. Tätig in Köln, München und Bozen, seit 2019 Geschäftsführer Weingut Esterhazy.

Gabor Tari:
Geb. 1963 in Szeged, Südostungarn, MSc-Abschluss in Geophysik an der Eötvös-Loránd-Universität Budapest, Erwerb des Doktortitels in Geologie und Geophysik an der Rice University Houston, Texas. Tätig für Amoco, BP Amoco und Vanco Energy in Houston, seit 2007 Chefgeologe der OMV-Gruppe in Wien.

Tamás Taschner:
Geb. 1969 in Sopron, Studium Geografie und Tourismusmanagement an der Universität Pécs. GF des ungarischen Welterbevereins Fertő/Neusiedler See. Reiseleiter und Abgeordneter in der Landesverwaltung der Ungarndeutschen. Seit 30 Jahren tätig im Grenzraum Burgenland-Sopron.

Franz Traudtner:
Geb. 1966 in Wallern, Studium an der Universität für Bodenkultur Wien und der University of Minnesota, USA. Freier Bauer sowie Gestalter und Erhalter der Region Neusiedler See – Hanság, Berater und Obmann von BIO AUSTRIA Burgenland und Obmann der IG Hanság.

Marcus Wadsak:
Geb. 1970 in Wien, lebt am Neusiedler See. Studium der Meteorologie an der Universität Wien, seit 2012 Leiter der ORF-Wetterredaktion. 2021 „Journalist des Jahres" in der Kategorie Wissenschaft, Gründungsmitglied von Climate without Borders und European Climate Pact Ambassadors. Autor von Büchern zu den Themen Wetter und Klimawandel.

Michael Weißl:
Geb. 1968 in Wien, Studium der Klassischen Archäologie und Alten Geschichte, Doktor Philosophiae, Studium der Geowissenschaften an der Universität Wien (Master of Science). Mag. Dr., MSc., geoarchäologische und architekturgeschichtliche Untersuchungen, Forschungen zur Strukturgeologie und Paläoseismologie, tätig an der Universität Wien am Institut für Geologie in der Anthropozän-Forschung.

Georg Wolfram:
Geb. 1968, Studium der Biologie an der Universität Wien, Schwerpunkt Gewässerökologie, Gewässerbewertung und -management, Fischökologie, Hydrochemie. Mag. Dr., Gutachter und Konsulent in der Umsetzung der EU-Wasserrahmenrichtlinie. Schwerpunkte seiner Forschungsarbeit am Neusiedler See sind Wasserqualität und Fischökologie.

András Zámolyi:
Geb. 1980 in Budapest, Studium der quartären Landschaftsentwicklung der kleinen ungarischen Tiefebene an der Universität Wien in Zusammenarbeit mit der Eötvös-Loránd-Universität Budapest. Dr., Produktionsgeologe im Wiener Becken, forscht seit 2017 am Department of Science and Technology Studies der Uni Wien an neuen Technologien zur Energiegewinnung. Seine Expertise umfasst Strukturgeologie, Fault Seal Analysis und stochastische Reservoirmodellierung.

Thomas Zechmeister:
Geb. 1972 in Eisenstadt, Studium der Chemie/Biochemie an der Universität Wien, Dissertation an der Veterinärmedizinischen Universität Wien über aquatische Mikrobiologie, Toxikologie, Epidemiologie der Salzlacken des Seewinkels. Mag. Dr., Leiter der Biologischen Station Neusiedler See, Mitglied des wissenschaftlichen Beirates des Nationalparks Neusiedler See - Seewinkel, Mitglied der ÖWAV-Fachgruppen „Mikrobiologie und Wasser" sowie „Analytikplattform".

Matthias Zessner:
Geb. 1962 in Wien, Studium der Kulturtechnik und Wasserwirtschaft an der Universität für Bodenkultur Wien. Univ. Prof. Dipl. Ing. Dr., Lehrender am Institut für Wassergüte und Ressourcenmanagement der TU Wien, Leiter einer Forschungsgruppe zum Thema Flussgebietsmanagement, Monitoring, Modellierung und Management von Gewässergüte, Erfassung von Herkunft, Verhalten und Verbleib von Spurenstoffen in Gewässersystemen.

Endnoten, Literatur- und Quellenverzeichnis

3. Der Schilfgürtel des Neusiedler Sees: zwischen natürlicher Sukzession und anthropogenen Schadeinflüssen

1 Csaplovics E (1984) Die Kartierung der Schilfgrenzen des Neusiedler Sees. Geographisches Jahrbuch Burgenland 8, S. 7–21

2 Schmidt J, Csaplovics E (2011) Mapping the Austrian reed bed of Lake Neusiedl by means of airborne optical scanner imagery. In: Csaplovics E, Schmidt J (eds) International Symposium on Advanced Methods of Monitoring Reed Habitats in Europe, 25.–26. November 2010, Illmitz. Rhombos, Berlin, pp. 55–62 (Fernerkundung und Angewandte Geoinformatik 9)

3 Csaplovics E (1982) Interpretation von Farbinfrarotbildern - Schilfkartierung Neusiedler See. Geowiss. Mitt. 23, TU Wien; Csaplovics E, Bacsatyai L, Márkus I, Sindhuber A (1997) Digitale Geländemodelle des Neusiedler Sees. Burgenländisches Landesmuseum, Eisenstadt (= Wissenschaftliche Arbeiten aus dem Burgenland 97); Márkus I, Király G, Börcsök Z (2009) Qualifikation und Klassifikation des Schilfgürtels des Neusiedler Sees (ungarischer Anteil). WHU, Sopron; Csaplovics E, Schmidt J (2011a) Schilfkartierung Neusiedler See – Ausdehnung und Struktur der Schilfbestände des Neusiedler Sees: Projektmanagement, Erfassung und Kartierung des österreichischen Anteiles durch Luftbildklassifikation. Projekt-Abschlussbericht, OeNB Burgenland, Eisenstadt

4 Nemeth E, Dvorak M, Busse K, Rössler M (2001) Estimating distribution and density of reed birds by aerial infrared photography. In: Field R, Warren RJ, Okarma H, Siewert PR (eds) Wildlife, land, and people: priorities for the 21st century. The Wildlife Society, Bethseda, pp. 397–399; Csaplovics E, Nemeth E (2014), Airborne Optical Imaging in support of habitat ecological monitoring of the Austrian reed belt of Lake Neusiedl, in: Pfeifer N, Zlinszky A (eds) Proceedings of the International Workshop on Remote Sensing and GIS for Monitoring of Habitat Quality, Vienna, 24–25 September 2014, pp. 163–167

5 Csaplovics E, Schmidt J (2011b) Schilfkartierung Neusiedler See – Ergebnisse. Natur und Umwelt im Pannonischen Raum 2011 (2), S. 16–17

6 Csaplovics E, Király G, Márkus I (2014a) Entwicklung des Schilfgürtels. In: Wolfram G, Déri L, Zech S (eds) Strategiestudie Neusiedler See - Phase 1. Studie im Auftrag der Österreichisch-Ungarischen Gewässerkommission. Wien - Szombathely, S. 36–42

7 Csaplovics E, Király G, Korner I, Lang A, Márkus I, Nemeth E, Tóth V, Wolfram G, Zech S (2014b), Schilf – Schutz, Nutzung, Perspektiven In: Wolfram G, Déri I, Zech S (eds) Strategiestudie Neusiedler See - Phase 1. Studie im Auftrag der Österreichisch-Ungarischen Gewässerkommission. Wien - Szombathely, S. 178–188

8 Csaplovics E (2005) Zur Topochronologie der Landschaft um den Neusiedler See bis zum Ende des 16.Jahrhunderts. Burgenländisches Landesarchiv, Eisenstadt (Burgenländische Forschungen 91)

9 Annales Altahenses maiores, a.1063. Edmund von Hoefele (ed), Hahn, Hannover, 1891 (= Monumenta Germaniae Historia Scriptores 3), S. 63; Chronicon pictum (Vindobonense), Marci de Kalt, Chronica de gestis Hungarorum. Marcus de Kalt, um 1360. Országos Széchényi Könyvtár Budapest, Cod. Lat. 404

10 Prickler L (1998a) Das älteste Urbar der Grafschaft Forchtenstein von 1500/1510. Eisenstadt 1998 (Burgenländische Forschungen 77)

11 Lazarus, Tabula Hungaria .. congesta a Georgio Tanstetter / Collimitio reuisa .. a Jo. Cuspiniano edita .. . Ingolstadt 1528, Holzschnitt, Országos Széchényi Könyvtár Kartensammlung B/App. H 136

12 Wolfgang Lazius, Regni hungariae descriptio vera (Des Khünigreichs Hung..n ..), 1552/1556. Holzschnitt, Univ.Bibliothek Basel (Regni ..), Országos Széchényi Könyvtár Budapest, Kartensammlung; Wolfgang Lazius, Regni Francorum orientalis sive Austriae ad Danubium alterius descriptio, 1561. Radierung, mehrfarbig handkoloriert, ÖNB Kartensammlung, in: idem, Typ choro- / graphici Proiun: Austriae / .., 1561, ÖNB Kartensammlung 393 221-E.K

13 Matthias Zündt, Nova totius Ungariae descriptio .. / Ein neuwe warhafftige beschreibung des ganzen Ungerlandts .. ver / ferttiget durch Mathias Zündten zu Nörmberg / .. 1567. Stich, ÖNB Kartensammlung K. II 14; vgl. Csaplovics E (2015) The emergence of early regional maps of Hungary and their influence on the Mercator maps of Hungary. In: Holzer G, Newby V, Svatek P, Zotti G (eds) A World of innovation - cartography in the time of Gerhard Mercator. Cambridge Scholars Publ, Newcastle upon Tyne, pp. 84–111

14 Csaplovics, E (2011a) Early regional maps for the assessment of landscape history. In: Balázs P, Konkoly-Gyúro É (eds) Proc TransEcoNet Workshop on Landscape History. WHU, Sopron, pp. 23–32

15 Büntgen U, Frank DC, Nievergelt D, Esper J (2006) Summer temperature variations in the European Alps, AD 755-2004. Journal of Climate 19 (21), pp. 5606–5623

16 Ernst A (1981) Siedlungs-, Herrschafts- und Familiengeschichte im Mittelalter und in der Neuzeit - die Grafschaft Forchtenstein. In: Allgemeine Landestopographie des Burgenlandes, 3. Band. Verwaltungsbezirk Mattersburg, 1.Teilband. Burgenländisches Landesarchiv, Eisenstadt, S. 148–322 (S. 261); Prickler L (1998b) Pirichendorf und Temfel - zwei mittelalterliche Dörfer in der Nachbarschaft von Eisenstadt. In: Prickler H, Seedoch J (eds) Eisenstadt - Bausteine zur Geschichte, anläßlich der 350-Jahrfeier der Freistadterhebung. Nentwich-Lattner, Eisenstadt

17 Csaplovics E (1995) op. cit.

18 Anton von Trauth, Prospect / Von dem Dom zvischen Esterhas und Po / magen ... Kupferstich, einfarbig, 1780, Országos Széchényi Könyvtár Kartensammlung TM 4052

19 Ambrus-Fallenbüchl Z (1965) Beiträge zur Geschichte der kartographischen Arbeiten des 18.Jahrhunderts im burgenländisch-westungarischen Raum. Burgenländische Heimatblätter 27 (3/4), S. 118–130

20 Csaplovics E (2011b) Some aspects of a topochronology of the reed belt of Lake Fertő – Neusiedler See. In: Csaplovics E, Schmidt J (eds) International Symposium on Advanced Methods of Monitoring Reed Habitats in Europe, 25.–26. November 2010, Illmitz. Rhombos, Berlin, pp. 145–156 (Fernerkundung und angewandte Geoinformatik 9)

21 Csaplovics J v (1821) Topographisch-statistisches Archiv des Königreichs Ungern, Erster Band. Doll, Wien, S. 136–165 (Der Neusiedler See (Lacus Peiso) und dessen Umgebungen, nach Josef Kis, A Fertő Tavának geographiai, historiai és természeti leirása, in Karoly Rumi, Monumenta Hungarica, Bd.1. Pest 1816, pp. 338–426, bearbeitet von Michael von Ugroczy, Prediger in Mörbisch, in: Hesperus, ein Nationalblatt für gebildete Leser, Drittes oder März-Heft, Nr.15. Tempsky, Prag 1819, S. 114–118 (erster Teil))

22 Sartori F (1807) Naturwunder des österreichischen Kaiserthumes, 2 Bde. Doll, Wien

23 Békesi S (2007) Verklärt und verachtet. Wahrnehmungsgeschichte einer Landschaft: der Neusiedler See. Peter Lang, Frankfurt

24 Csaplovics J v (1821) op. cit.; Krickel A (1831) Wanderungen zu den Umgebungen des Neusiedler Sees, mit besonderer Rücksicht auf Eisenstadt, Esterháza, Forchtenstein und Neustadt im Jahre 1829, wiederholt im Juli 1830. Adolph, Wien; Anton Jukovits, Ortschronik von Apetlon, 1852–1875 (Adolf Koch 1872–1875). Taufbuch der Pfarre Apetlon, Bd. 4, S. 133 ff; M. J. [= Mayrhofer J] (1884) A Fertő tava. Der Neusiedler See. Von 1862 - 1884. Buchdruckerei Sauerweins Witwe, Raab

25 Szonthag T (1902) Untersuchungsbericht der Gemischten Fertő-Kommission. Budapest, vgl. OMSZ – EDU-VIZIG (1982) A Fertő-tó természeti adottságai. (Naturverhaltnisse des Neusiedler Sees), Győr; Kopf F (1965) Die Auswertung der Seevermessung des Jahres 1901 und Vergleich mit der Seevermessung 1963. Studie, Manuskript, Wien; Riedmüller G (1965) Der Schilfgürtel des österreichischen Anteiles am Neusiedler See 1938–1958. In: Burgenländisches Landesmuseum (ed) Naturwissenschaften 1963–1964, S. 58–59 (Wissenschaftliche Arbeiten aus dem Burgenland 32)

26 Csaplovics E (1982) op. cit.

27 Riedmüller G (1965) op. cit.

28 Csaplovics E (1985) Die land- und seeseitige Ausdehnung des Schilfgürtels des Neusiedler Sees. In: BMWF/BMGU/Land Burgenland-Landesmuseum (eds) Arbeitsgemeinschaft Gesamtkonzept Neusiedler See. Forschungsbericht 1981-1984. Burgenländisches Landesmuseum, Eisenstadt, S. 631–633 (Wissenschaftliche Arbeiten aus dem Burgenland 72)

29 Szonthag T (1902) op. cit.; Kopf F (1965) op. cit.

30 Márkus I (1986) Die Fernerkundung im Dienste der umweltbiologischen Untersuchung des Neusiedler See-Biosphärenreservates mittels Photointerpretation. BFB-Bericht 58, Biologische Station Illmitz, S. 87–95

31 Csaplovics E et al. (2014b) op. cit.

32 Csaplovics E (1982) op. cit.

33 Vízgazdálkodási Tudományos Kutató Központ (1981) Fertő tó. Vizrajzi Atlasz sorozat 24. VTKI, Budapest

34 Csaplovics E (2011b) op. cit.

35 Riedmuller G (1965) op. cit.; Kopf F (1967) Die Rettung des Neusiedler Sees. Österreichische Wasserwirtschaft 19 (7/8), S. 139–151; Kopf F (1968) Der Schilffortschritt im Neusiedler See. Techn. Bericht, Manuskript, Wien; Weisser P (1977) Die Verschilfungsdynamik (Phragmites communis Trin.) des Neusiedler Sees. In: Burgenländisches Landesmuseum (ed) Naturwissenschaften 1976, S. 101–114 (Wissenschaftliche Arbeiten aus dem Burgenland 58)

36 Weisser P (1977) op. cit.; Csaplovics E (1984) op. cit.

37 Csaplovics E (1982) op. cit.; Márkus I (1986) op. cit.

38 Csaplovics E, Schmidt J (2011a) op. cit.; Márkus I et al (2009) op. cit.

39 Csaplovics E (1982) op. cit.

40 ibidem

41 Csaplovics E, Schmidt J (2011b) op. cit.

42 Csaplovics E (2019) Der Schilfgürtel des Neusiedler Sees. Österreichische Wasser- und Abfallwirtschaft 71/11–12, S. 494–507

43 Csaplovics E, Schmidt J (2011b) op. cit.

44 ibidem

45 Nemeth E, Dvorak M (2021) Entwicklung nachhaltiger Schilfernte-techniken und Monitoring Schilfgürtel Neusiedler See, Endbericht Ornithologie. WWF, Wien

46 Nemeth E, Dvorak M, Knoll T, Kohler B, Mühlbacher S, Werba F (2014) Managementplan für den Neusiedler See als Teil des Europaschutzgebiets Neusiedler See – Nord-Östliches Leithagebirge. Studie im Auftrag des Vereins BERTA. BirdLife Österreich, Wien

47 Nemeth E, Dvorak M (2022), Reed die-back and conservation of small reed birds at Lake Neusiedl, Austria. Journal of Ornithology 163 (3): S. 683–693

48 Weisner SEB (1996) Effects of an organic sediment on performance of young Phragmites australis clones at different water depth treatments.

Hydrobiologia 330 (3): 189–194; Brix H. (1999): The European Research Project on reed die-back and progression (EUREED). Limnologica 29 (1): 5–10; Tóth VR (2016) Reed stands during different water level periods: physico-chemical properties of the sediment and growth of Phragmites australis of Lake Balaton. Hydrobiologia 778 (1): 193–207

49 Perlinger H (2022) Klassifikation heterogener Vegetationsstrukturen mittels Airborne Laserscan-Daten und Machine Learning am Beispiel der Schilfbestände des Neusiedler Sees. Masterarbeit, Inst Geographie und Regionalforschung, Universität Wien

50 Armstrong J, Armstrong W, Armstrong IB, Pittaway GR (1996) Senescence, and phytotoxin, insect, fungal and mechanical damage: Factors reducing convective gas-flows in Phragmites australis. Aquatic Botany 54 (2–3): 211–226

51 Van Der Putten WH, Peters Bam, Van Den Berg MS (1997) Effects of litter on substrate conditions and growth of emergent macrophytes. New Phytologist 135 (3): 527–537

52 Krachler R, Geiger J, Krachler R (2005) Wasserchemische Aspekte einer Dotierung des Neusiedler Sees mit Donau-Uferfiltrat. Burgenländische Heimatblätter 67 (2): 105–116

53 Csaplovics E (1989) Die geodätische Aufnahme des Bodens des Neusiedler Sees. Burgenländisches Landesmuseum, Eisenstadt (Wissenschaftliche Arbeiten aus dem Burgenland 84); vgl. EN3 (Csaplovics et al. (1997))

54 Heine E, Briese C, Csaplovics E, Eberhöfer C, Loiskandl W (2016) Hydrographische Vermessung des Neusiedler Sees. VGI 104/1: 9–24

55 Csaplovics E et al. (1997) op. cit., S. 26; Heine E et al. (2016); op. cit., S.22

56 Szonthag T (1902) op. cit.

57 Kopf F (1964) Höhenaufnahme des Neusiedler Sees (österreichischer Teil). Projekt i. A. d. Neusiedler-See-Planungsgesellschaft, Wien; Kováts Z (1982) A Fertő Tó mederviszonyai. In: Kováts Z, Kozmán F (eds) A Fertő To természeti adottságai. Országos Meteorológiai Szolgálat – Északdunántúli Vízügyi Igazgatóság, Budapest, S. 13 ff.

58 Csaplovics E et al. (1997) op. cit., S. 42, Abb. 3.14 und S. 44, Abb. 3.17

59 Jungwirth M (1979) Currents. In Löffler H (ed) Neusiedlersee - the limnology of a shallow lake in Central Europe. Dr. W. Junk bv Publ, The Hague – Boston – London, pp. 85–88 (Monographiae Biologicae 37); Krámer T, Józsa J (2005) An adaptively refined, finite-volume model of wind-induced currents in Lake Neusiedl. Periodica Polytechnica – Civil Engineering 49 (2): pp. 111–113

60 Stalzer W, Spatzierer G (1987) Zusammenhang zwischen Feststoff- und Nährstoffbelastung des Neusiedler Sees durch Sedimentverfrachtung. Wissenschaftliche Arbeiten aus dem Burgenland 77: S. 93–226

61 Józsa J (2014) On the internal boundary layer related wind stress curl and its role in generating shallow lake circulations. J Hydrol Hydromech 62 (1): pp. 16–23

62 Schmidt J, Csaplovics E (2011) op. cit.

63 Csaplovics E (1985) op. cit.; Csaplovics E, Schmidt J (2011b) op. cit.

64 Wolfram G, Déri I, Zech S (eds) (2014) Strategiestudie Neusiedler See – Phase 1. Studie im Auftrag der Österreichisch-Ungarischen Gewässerkommission. Wien – Szombathely

65 Csaplovics E, Schmidt J (2011a) op. cit.; Nemeth E, Dvorak M, Glaser F, Kohler B, Schwienbacher M (2022) Entwicklung nachhaltiger Schilferntetechniken und Monitoring Schilfgürtel Neusiedler See, Projektendbericht. WWF, Wien

66 Nemeth E et al. (2022) op. cit.

67 Tóth VR (2016) op. cit.

68 Csaplovics E (2019) op. cit.

4. Der Schlamm und Sedimenthaushalt im Freiwasser des Neusiedler Sees

1 Herzig, A. (2014). Der Neusiedler See – Limnologie eines Steppensees. In: Wöss, E., (ed) Süßwasserwelten. Limnologische Forschung in Österreich, Denisia 33, Kataloge des Oberösterreichischen Landesmuseums – Neue Serie, 163: S. 101–114

2 Fritsch, V. & Tauber, A.F. (1959): Die Mineralwässer des Neusiedlerseegebiets, Wissenschaftliche Arbeiten aus dem Burgenland, Heft 23, S. 34–39

3 Herzig, A. & Dokulil, M. (2001): Neusiedler See – ein Steppensee in Europa. In Dokulil, M., A. Hamm & J.-G. Kohl (eds) Ökologie und Schutz von Seen. Facultas, Wien, S. 401–415

4 Mahringer, W. & Motschka, O. (1968): Meteorologische Untersuchungen am Neusiedler See im Jahre 1967 im Rahmen der Internationalen Hydrologischen Dekade, Wetter und Leben 20, (1968), S. 159–163

5 Reiter, T. (2021): Quantifizierung und Visualisierung der Wasser- und Sedimentvolumina des Neusiedler Sees anhand eines topographischen 3D-Modells, Masterarbeit, Department für Wasser-Atmosphäre-Umwelt (WAU), Institut für Meteorologie und Klimatologie (BOKU-Met), Universität für Bodenkultur Wien

6 Draganits, E., Zámolyi, A., Hodits, B., Gier, S., Grasemann, B., Janda, C., Schiel, B., Rohatsch A., Popp, F. (2006): Neusiedlersee/Fertő Tó area (Austria/Hungary): landscape change through time constrained by

geomorphology, lithostratigraphic sections, archaeology and historical maps. Geophysical Research Abstracts, 8–09995

7 Krachler, R., Geiger, J. & Krachler, R. (2005): Wasserchemische Aspekte einer Dotierung des Neusiedlersees mit Donau-Uferfiltrat. Burgenländische Heimatblätter 67, S. 105–116

8 Wolfram, G., Blaschke, A.P., Hainz, R., Riedler, P., Zessner, M. (2020): Chemische und gewässerökologische Auswirkungen einer Dotation des Grundwassers im burgenländischen Seewinkel sowie des Neusiedler Sees mit Wasser aus der Moson-Donau. Gutachten im Auftrag des Amts der Burgenländischen Landesregierung, Abt. 5-Baudirektion Wien

9 Csaplovics, E., Krámer, T., Józsa, J., Homoródi, K., Kiss, M. (2014): Hydromorphologie. In: Wolfram, G., Déri, L., Zech, S. (eds) Strategiestudie Neusiedler See – Phase 1. Studie im Auftrag der Österreichisch-Ungarischen Gewässerkommission. Wien – Szombathely, S. 25-35

10 Kogelbauer, I. (2015): Combination of Soil Physical Sensors in a Measuring System for the Delineation and Characterization of Mud and Lakebed Sediments in Lake Neusiedler See

11 Csaplovics, E., Bácsatyai, L., Márkus, I., Sindhuber, A. (1997). Digitale Geländemodelle des Neusiedler Seebeckens. Wissenschaftliche Arbeiten aus dem Burgenland 97

12 Csaplovics, E., Wolfram, G., Kum, G., Riedler, P. (2020): Schilfstruktur und Morphologie. Teilbericht Nr. 2 im Rahmen der angewandten hydrologischen und limnologischen Basisuntersuchungen zum Projekt REBEN – Reed Belt Neusiedler See-Fertő (Interreg-Projekt AT-HU 2014–20) Studie im Auftrag des Amts der Burgenländischen Landesregierung, Abt. 5 – Baudirektion Wien

13 Fussmann, D., Von Hoyningen-Huene, A., Reimer, A., Schneider, D., Babková, H., Peticzka, R., Maier, A., Arp, G., Daniel, R., Meister, P. (2020): Authigenic formation of Ca–Mg carbonates in the shallow alkaline Lake Neusiedl, Austria. Biogeosciences 17:2085-2106 doi:10.5194/bg-17-2085-2020

14 Al-Disi, Z. A., Bontognali, T. R. R., Jaoua, S., Attia, E., Al-Kuwari, H. A. S., Zouari, N. (2019): Influence of temperature, salinity and Mg(2+):Ca(2+) ratio on microbially-mediated formation of Mg-rich carbonates by Virgibacillus strains isolated from a sabkha environment. Scientific reports 9(1):19633-19633 doi:10.1038/s41598-019-56144-0

15 Rivadeneyra, A., Rivadeneyra, M. (2016): The influence of Salt Concentration on the Precipitation of Magnesium Calcite and Calcium Dolomite by Halomonas Anticariensis. Expert Opinion on Environmental Biology 5 doi:10.4172/2325-9655.1000130

16 Wolfram, G., Blaschke, A. P. Hainz, R., Riedler, P., Zessner, M. (2020): Chemische und gewässerökologische Auswirkungen einer Dotation des Grundwassers im burgenländischen Seewinkel sowie des Neusiedler Sees mit Wasser aus der Moson-Donau. Gutachten im Auftrag des Amts der Burgenländischen Landesregierung, Abt. 5 – Baudirektion Wien

17 Burian, K., Sieghardt, H. (1979): The primary producers of the Phragmites belt, their energy utilization and water balance. In Löffler, H. (ed) Neusiedlersee – The limnology of a Shallow Lake in Central Europe. Monographiae Biologicae 37. Dr. W. Junk Publishers, The Hague, Boston, London, pp. 235–250

18 Csaplovics, E., Wolfram, G., Kum, G., Riedler, P. (2020): Schilfstruktur und Morphologie. Teilbericht Nr. 2 im Rahmen der angewandten hydrologischen und limnologischen Basisuntersuchungen zum Projekt REBEN – Reed Belt Neusiedler See-Fertő (Interreg-Projekt AT-HU 2014-20). Studie im Auftrag des Amts der Burgenländischen Landesregierung, Abt. 5 – Baudirektion Wien

19 Preisinger, A. (1979): Sediments. In: Löffler, H. Neusiedlersee – The Limnology of a Shallow Lake in Central Europe. Monographiae Biologicae 37, Dr. W. Junk Publishers, The Hague, Boston, London p. 543

20 Reiter, T. (2021): Quantifizierung und Visualisierung der Wasser- und Sedimentvolumina des Neusiedler Sees anhand eines topographischen 3D-Modells, Masterarbeit, Department für Wasser-Atmosphäre-Umwelt (WAU), Institut für Meteorologie und Klimatologie (BOKU-Met), Universität für Bodenkultur Wien

21 Löffler, H. (1969): Beitrag zur Kenntnis der Neusiedler See-Sedimente. Sitz. Ber. Österreichische Akademie der Wissenschaften, math.-nat. Kl, 179 (8–10), S. 313–318

22 Wolfram, G., Déri, L., Zech, S. (2014): Strategiestudie Neusiedler See – Phase 1. Studie im Auftrag der Österreichisch-Ungarischen Gewässerkommission. Wien – Szombathely, S. 246 ff.

23 Godinger, C. (1835): Hydrotechnischer Plan zur Entwässerung des Neusiedler Sees und der Hansag- Sumpfe, niveliert, sondirt und entworfen i.J. 1835 von Ingenieur C(arl) Godinger. M=1:14.400, OeNB Kartensammlung Alb. B2

24 Neusiedlersee-Kommission, 1901; Szontagh,1902; Grunhut-Bartoletti, 1935

25 Godinger, C. (1835): Hydrotechnischer Plan zur Entwässerung des Neusiedler Sees und der Hansag-Sumpfe, niveliert, sondirt und entworfen i.J. 1835 von Ingenieur C(arl) Godinger

26 Kopf, F. (1963): Wasserwirtschaftliche Probleme des Neusiedler Sees und des Seewinkels. Österreichische Wasserwirtschaft 15(9/10):190-203

27 Kopf, F. (1964): Höhenaufnahme des Neusiedler Sees (österreichischer Teil). Projektbericht. Neusiedler See Planungsgesellschaft, Wien

28 Kopf, F. (1965): Die Auswertung der Seevermessung des Jahres 1901 und Vergleich mit der Seevermessung 1963. Wien (unveröff.)

29 Kopf, F. (1966): Strömungmessungen im Neusiedlersee. Wien (unveröff.)

30 Kopf, F. (1967). Die Rettung des Neusiedler Sees. Österreichische Wasserwirtschaft 19 (7/8)

31 Kopf, F. (1968): Der Schilffortschritt im Neusiedler See. Techn. Bericht, Manuskript. Wien (unveröff.)

32 Kovats, Z. (1982): A Fertő to mederviszonyai (Das Seebecken des Neusiedler Sees) [ungarisch mit deutschsprachiger Zusammenfassung]. In

Kovats, Z., Toth, E. K. (eds) A Fertő-to termeszeti adottsagai (Naturverhaltnisse des Neusiedler Sees) Orszagos Meteorologiai Szolgalat - Eszakdunantuli Vizugyi Igazgatosag. Budapest, pp. 14–43

33 Csaplovics, E., Bácsatyai, L., Márkus, I., Sindhuber, A. (1997): Digitale Geländemodelle des Neusiedler Seebeckens. Wissenschaftliche Arbeiten aus dem Burgenland 97

34 Csaplovics, E. (1989): Die geodatische Aufnahme des Bodens des Neusiedler Sees. Wissenschaftliche Arbeiten aus dem Burgenland, Band 84, S. 68 ff.

35 Bácsatyai, L., Csaplovics, E., Márkus, I., Sindhuber, A. (1997): Digitale Geländemodelle des Neusiedler Seebeckens. Burgenländisches Landesmuseum. Wissenschaftliche Arbeiten aus dem Burgenland, Band 97. Eisenstadt 1997

36 Heine, E., Loiskandl, W., Briese, C., Eberhöfer, C., Csaplovics, E. (2016): Hydrographische Vermessung des Neusiedler Sees, Vermessung & Geoinformation 1/2016, S. 9–24

37 ebd.

38 Reiter, T. (2021): Quantifizierung und Visualisierung der Wasser- und Sedimentvolumina des Neusiedler Sees anhand eines topographischen 3D-Modells, Masterarbeit, Department für Wasser-Atmosphäre-Umwelt (WAU), Institut für Meteorologie und Klimatologie (BOKU-Met), Universität für Bodenkultur Wien

39 ebd.

40 Csaplovics, E., Bácsatyai, L., Márkus, I., Sindhuber, A. (1997): Digitale Geländemodelle des Neusiedler Seebeckens. Wissenschaftliche Arbeiten aus dem Burgenland 97

41 Reiter, T. (2021): Quantifizierung und Visualisierung der Wasser- und Sedimentvolumina des Neusiedler Sees anhand eines topographischen 3D-Modells, Masterarbeit, Department für Wasser-Atmosphäre-Umwelt (WAU), Institut für Meteorologie und Klimatologie (BOKU-Met), Universität für Bodenkultur Wien

42 ebd.

43 Schönerklee, M., Kinner, P., Heiss, G., Soja, G., Friesl, W., Treitler, R., Schindler, J., Kleissner, A. (2006): Neusiedler See – Tourismus mit Zukunft. Wissenschaftliche Untersuchung zur Auswirkung des Wasserstandes des Neusiedler Sees innerhalb der Region Neusiedler See. Austrian Research Center Seibersdorf

44 Heine, E., Loiskandl, W., Briese, C., Eberhöfer, C., Csaplovics, E. (2016): Hydrographische Vermessung des Neusiedler Sees, Vermessung & Geoinformation 1/2016, S. 9–24

45 Csaplovics, E., Wolfram, G., Kum, G., Riedler, P. (2020): Schilfstruktur und Morphologie. Teilbericht Nr. 2 im Rahmen der angewandten hydrologischen und limnologischen Basisuntersuchungen zum Projekt REBEN – Reed Belt Neusiedler See-Fertő (Interreg-Projekt AT-HU 2014-20). Studie im Auftrag des Amts der Burgenländischen Landesregierung, Abt. 5 – Baudirektion Wien

46 krone.at, 9.1.2022; Neusiedler See: Schlamm füllt 20 Cheops-Pyramiden

47 meinBezirk.at, 15. 7. 2022: Schlamm-Sauger in Ruster Bucht im Einsatz.

48 burgenland.at, 28.6.2022, Startschuss für Seemanagement Burgenland GmbH-Land Burgenland

5. Wassermangel im Feuchtgebiet: Neue Strategien in der Wasserwirtschaft

1 Eitzinger, J., Kubu, G., Formayer, H., Haas, P., Gerersdorfer, T., Kromp-Kolb, H. (2009): Auswirkungen einer Klimaänderung auf den Wasserhaushalt des Neusiedler Sees (Endbericht im Auftrag der Burgenländischen Landesregierung vom 15. Juli 2005)

6. Geschichte der Seelandschaft

6.1. Geologie und Landschaft des Neusiedler Sees

1 Cloething APL, Horvath F, Bada G Lankreijer AC (2002) Neotectonics and surface processes: The Pannonian Basin and Alpine/Carpathian system. EGU Stephan Mueller Spec Publ Series 3, Copernicus, p. 295 f.

2 Zámolyi A, Salcher B, Draganits E, Exner U, Wagreich M, Harzhauser M, Gier S, Fiebig M, Lomax J, Surányi G, Diehl M, Zámolyi F (2017) Latest Pannonian and Quaternary evolution at the transition between Eastern Alps and Pannonian Basin: new insights from geophysical, sedimentological and geochronological data. Int J Earth Sci 106: 1695–1721; Loisl J, Tari G, Draganits E, Zámolyi A, Gjerazi I (2018) High-resolution seismic reflection data acquisition and interpretation, Lake Neusiedl, Austria, NW Pannonian Basin. In Németh B, Tari G, Radivojević D, Tomljenovic B, Krézsek C (ed), Special section: Characterization of hydrocarbon and geothermal resource potential and carbon sequestration opportunities of the Pannonian Basin. Interpretation 6(1): SB77-SB97; Draganits E, Weißl M, Zámolyi A, Doneus M (2022) Lake Neusiedl Area: A Particular Lakescape at the Boundary

Between Alps and Pannonian Basin. In Embleton-Hamann, C. (ed), Landscapes and Landforms of Austria. World Geomorphological Landscapes. Springer, Cham, pp. 207–222

3 Fuchs W, Herrmann P, Grill R (1985) 79 Neusiedl am See – 80 Ungarisch-Altenburg – 109 Pamhagen. Geologische Karte der Republik Österreich 1:50000. Geologische Bundesanstalt, Wien; Pistotnik J, Herrmann P, Pascher GA (1993) 78 Rust. Geologische Karte der Republik Österreich 1:50000. Geologische Bundesanstalt, Wien; Brix F, Pascher G (1994) 77 Eisenstadt. Geologische Karte der Republik Österreich 1:50000. Geologische Bundesanstalt, Wien

4 Schönlaub HP (ed) (2000) Burgenland. Erläuterungen zur Geologischen Karte des Burgenlandes 1: 200.000. Geologie der Österreichischen Bundesländer, Geologische Bundesanstalt, Wien, S. 130 f.

5 Fuchs R, Schreiber OS (1985) Das Pannonien im östlichen Burgenland (Seewinkel). In Papp A (ed), M6 Pannonien (Slavonien und Serbien). Akadémiai Kiadó, Budapest, S. 68–72

6 Häusler H, Frank C, Figdor H, Lenhardt W (2007) Geologische Karte der Republik Österreich 1:50 000. Erläuterungen zu den Blattern 79 Neusiedl am See, 80 Ungarisch-Altenburg und 109 Pamhagen. Geologische Bundesanstalt, Wien, S. 88 f.; Zámolyi A et al. (2017) op. cit.; Loisl J et al. (2018) op. cit.

7 Loisl J et al. (2018) op. cit.

8 Joó I (1992) Recent vertical surface movements in the Carpathian Basin. Tectonophysics 202 (2–4), pp. 129–134

9 Scharek P (ed) 1991. The geological map series of the Little Hungarian Plain: Mosonmagyaróvár. Explanations. Hungarian Geological Institute, Budapest, p. 35 f.

10 Fuchs R, Schreiber OS (1985) op. cit.

11 Tauber AF (1959a) Geologische Stratigraphie und Geschichte des Neusiedlerseegebietes. Wiss Arb Burgenl 23: S. 18–24

12 z. B. Székely B, Zámolyi A, Draganits E, Briese C (2009) Geomorphic expression of neotectonic activity in a low relief area in an Airborne Laser Scanning DTM: a case study of the Little Hungarian Plain (Pannonian basin). Tectonophysics 474: pp. 353–366

13 Zámolyi A et al. (2017) op. cit.; Loisl J et al. (2018) op. cit.

14 Loisl J et al. (2018) op. cit.

15 van Husen D (1987) Die Ostalpen in den Eiszeiten. Geologische Bundesanstalt, Wien, S. 24 f.

16 Vandenberghe J, French HM, Gorbunov A, Marchenko S, Velichko AA, Jin H, Cui Z, Zhang T, Wan X (2014) The Last Permafrost Maximum (LPM) map of the Northern Hemisphere: permafrost extent and mean annual air temperatures, 25–17 ka BP. Boreas 43: pp. 652–666

17 Draganits E et al. (2022) op. cit.

18 Schönlaub HP (2000) op. cit.

19 Pistotnik J et al. (1993) op. cit.

20 Loisl J et al. (2018) op. cit.

21 Küpper H (ed) (1957) Erläuterungen zur geologischen Karte Mattersburg-Deutschkreutz 1:50.000. Geologische Bundesanstalt, Wien, S. 67 f.

22 Draganits E (1996) Kristallingeologische Neubearbeitung des südlichen Ödenburger Gebirges, Burgenland (Österreich). Diplomarbeit, Universität Wien, S. 151 f.

23 Kisházi P, Ivancsics J (1977) Rekonstruktion der geologisch-lagerstättenkundlichen Verhältnisse des Braunkohlenbeckens von Brennberg. Publ Hung Mining Res Inst 20: S. 103–108

24 Tauber AF (1959) op. cit.; Tauber AF (1959b) Zur Oberflächengeologie des Seewinkels. Wiss Arb Burgenl 23: S. 24–26; Häusler et al. (2007) op. cit.

25 Tauber AF (1959b) op. cit.; Löffler H (ed) (1979) Neusiedlersee: The limnology of a shallow lake in Central Europe. Monographiae Biologicae 37, Junk, The Hague, p. 543 f.; Draganits et al. (2022) op. cit.

26 Loisl J et al. (2018) op. cit.; Draganits E et al. (2022) op. cit.

27 Draganits E et al. (2022) op. cit.

28 Heine E, Loiskandl W, Briese C, Eberhöfer C, Csaplovics E (2016) Hydrografische Vermessung des Neusiedler Sees. Vermessung & Geoinformation 2016(1): S. 9–24

29 Zámolyi A et al. (2017) op. cit.; Loisl J et al. (2018) op. cit.

30 z. B. Kis J (1817) A Fertő tavának geographiai, históriai és természeti leírásá 1797-ben. In Rumy KG (ed) Monumenta Hungaricana. Pest, pp. 339–423, Draganits E et al. (2022) op. cit.

31 Kovács R (2010) Árvízvédelmi célú műszaki beavatkozások történeti áttekintése a Fertő-tavon. A Magyar Hidrológiai Társaság XXVIII. Országos Vándorgyűlése, Sopron, 2010. július 7-9

32 Draganits E, Zámolyi A, Gier S, Hodits B, Exner U, Janda C, Grasemann B (2007) Neusiedlersee/Fertő Tó area (Austria/Hungary): minimum estimates of former lake levels. European Geosciences Union General Assembly 2007, Vienna, 15-20 April, Geoph Res Abstr 9: 10052.

33 Kovács R (2010) op. cit.

34 Újházy J (1873) A Rába s a vele vízművileg összefüggő Rábcza, Répcze, Kisrábatorok és Marczal szabályozása és csatornázása, továbbá a Hanság és a Fertő lecsapolása. Magyar Királyi Államnyomda, Budapest, p. 239 f.

35 Kovács R (2010) op. cit. Abb. 2

36 siehe Draganits E et al. (2022) op. cit. für eine aktuelle Zusammenfassung

37 Löffler H (2000) Anmerkungen zur Bezeichnung der Gewässer des Seewinkels (Burgenland). Mitt Österr Geogr Ges 142: S. 315–328

38 https://www.data.gv.at/katalog/dataset/d88a1246-9684-480b-a480-ff63286b35b7

39 Draganits E et al. (2022) op. cit.

40 Toula F (1885) Ein neuer Aufschluss in den Congerienschichten von Margarethen in Ungarn. Verh Kais-Königl Geol Reichsanstalt 1885: S. 246–248

41 Riedl H (1965) Beiträge zur Morphogenese des Seewinkels. Wiss Arb Burgenl 34: S. 5–28

42 Székely B et al. (2009) op. cit.

43 French HM (2007) The periglacial environment. 3rd ed, Wiley, Chichester, p. 458 f.; Yoshikawa K (2013) Pingos. In Shroder JF (ed) Treatise on Geomorphology, Vol 8, San Diego, Academic Press, pp. 274–297

44 Draganits E et al. (2022) op. cit., Abb. 13.10

45 Grosse G, Jones B, Arp C (2013) Thermokarst Lakes, Drainage, and Drained Basins. In Shroder J (ed in chief), Giardino R, Harbor J (vol ed) Treatise on Geomorphology, vol 8, Glacial and Periglacial Geomorphology. Academic Press, San Diego, pp. 325–353; siehe als Vergleich die Landschaft um den Fluss Kolyma in Sibirien: N: 69°00'00", E: 158°00'00"

46 Grosse G et al. (2013) op. cit.

47 Burn CR, Smith MW 1990. Development of thermokarst lakes during the Holocene at sites near Mayo, Yukon Territory. Permafrost Perigl Proc 1(2): pp. 161–175

48 nach Harzhauser M, Kranner M, Mandic O, Strauss P, Siedl W, Piller, WE (2020) Miocene lithostratigraphy of the northern and central Vienna Basin (Austria). Austrian Journal of Earth Sciences, 113 (1): pp. 169–199 und https://neogene.stratigraphy.org

6.2. Zur Geschichte der Landschaft des Neusiedler Sees von den Anfängen bis 800

49 Margarethe Kaus, Beitrag, in: Purbach, die Stadt am Land, Purbach o. J. [1997], p. 11

50 Heinz Löffler, Origin and geohistorical evolution, in: Neusiedler See - limnology of a shallow lake in Central Europe, hg. v. Heinz Löffler, The Hague 1979, p. 36

51 Béla Széchenyi, Funde aus der Steinzeit im Neusiedler Seebecken mit einigen Mittheilungen aus dessen Vergangenheit, Budapest 1876, S. 9–15; Ladislaus Gundacker Wurmbrand, Pfahlbauten im Neusiedler See, in: Mitteilungen der Anthropologischen Gesellschaft in Wien, Jg.4, 1874, S. 191 f.

52 Klaus-Dieter Jäger und Vojen Lozek, Umweltbedingungen und Landesausbau während der Urnenfelderbronzezeit in Mitteleuropa, in: Mitteleuropäische Bronzezeit. Berlin 1978, S. 211–229

53 Kurt Willvonseder, Das Steinkistengrab der älteren Urnenfelderzeit von Illmitz im Burgenland. Wiener Prähistorische Zeitschrift 25, Wien 1938, S. 109–128

54 Géza Facsar und Erzsébet Jerem, Zum urgeschichtlichen Weinbau in Mitteleuropa - Rebenfunde von Vitis vinifera L. aus der urnenfelder-, hallstatt- und latènezeitlichen Siedlung Sopron-Krautacker, in: Urgeschichte – Römerzeit – Mittelalter. Festschrift Alois-J. Ohrenberger. Eisenstadt 1985. (= Wissenschaftliche Arbeiten aus dem Burgenland, H.71), S. 121–144; Katharina C. Rebay, Die hallstattzeitliche Grabhügelgruppe von Zagersdorf im Burgenland. Wissenschaftliche Arbeiten aus dem Burgenland, H. 107, Eisenstadt 2002

55 Otto H. Urban, Der lange Weg zur Geschichte – die Urgeschichte Österreichs, Wien 2000 (= Österreichische Geschichte bis 15 v. Chr, hg. v. Herwig Wolfram), S. 266

56 Andreas Graf, Übersicht der antiken Geographie von Pannonien, Budapest, 1936 (Dissertationes Pannonicae Ser. I. Fasc. 5), S. 19; Gerhard Dobesch, Die Kelten in Österreich nach den ältesten Berichten der Antike. Das norische Königreich und seine Beziehungen zu Rom im 2. Jahrhundert vor Christus, 2. Aufl. Wien 1993, S. 397–400

57 Karl Kaus, Lagerstätten und Produktionszentren des Ferrum Noricum, in: Eisengewinnung und Eisenverarbeitung in der Frühzeit, Vorträge der Tagung Reichenau 1977. Wien 1981 (= Leobner Grüne Hefte NF 2), S. 74–79

58 Helmut Bender, Agrargeschichte Deutschlands in der römischen Kaiserzeit innerhalb der Grenzen des Imperium Romanum, in: Deutsche Agrargeschichte – Vor- und Frühgeschichte, hg. v. Jens Lüning et al. Stuttgart 1997, S. 303

59 C. Vellei Paterculi Historiae Romanae Liber Posterior, hg. v. Marion Giebel, Stuttgart 1989, 109, 5; Tibor Nagy, Die Okkupation Pannoniens durch die Römer in der Zeit des Augustus. Acta Archaeologia Academiae Scientiarum Hungaricae 43, Budapest 1991, S. 57–85

60 G. Plinii Secundi Naturalis Historiae Libri Trigintaseptem. Apud Paulum Manutium, Venetiis MDLIX, Liber III, Cap.XXIIII (An die Noriker grenzen der See Peiso und die Einöden der Boier; diese werden jedoch jetzt von Savaria, einer Kolonie des göttlichen Claudius, und von der Stadt Iulia Scarabantia bevölkert.)

61 Sextus Aurelius Victor, Liber de Caesaribus, hg. v. Kirsten Groß-Albenhausen und Manfred Fuhrmann, Düsseldorf/Zürich 2002, cap. 40, 9 (Reihe Tusculum)

62 Wolf-Dieter Blümel, 20.000 Jahre Klimawandel und Kulturgeschichte von der Eiszeit bis zur Gegenwart, in: Wechselwirkungen, Jahrbuch aus Lehre und Forschung der Universität Stuttgart. Stuttgart 2002, S. 12; vgl. Weinbau in Britannien

63 András Grynaeus, Dendrochronology and environmental history, in: People and nature in historical perspective, hg. v. József Laszlovszky und Péter Szabó. Budapest 2003, p. 182

64 Sándor Wolf, Bericht über die Eisenstädter Grabungen 1902–1914, in: Römerfunde von Eisenstadt, hg. v. Wilhelm Kubitschek, Wien 1926; S. 3–11; Hansjörg Ubl, Das Burgenland in römischer und frühgeschichtlicher Zeit, in: Dehio Burgenland, Wien 1980, S. 13 ff.

65 Dénes Gabler, Die ländliche Besiedlung Oberpannoniens, in: Ländliche Besiedlung und Landwirtschaft in den Rhein-Donau-Provinzen des Römischen Reiches, hg. v. Helmut Bender und Hartmut Wolff, Espelkamp 1994 (=Passauer Universitätsschriften zur Archäologie 2), S. 403 ff.

66 Balduin Saria, Der römische Gutshof von Winden am See. Burgenländische Forschungen 13, Eisenstadt 1951; idem, Zur Bauform des römischen Gutshofes von Winden am See, in: Burgenländische Heimatblätter 14, H. 4, Eisenstadt 1952, S. 186

67 Tabula itineraria orbis romani (Peutingeriana), 11 (von 12) Bl., Handzeichnung auf Pergament, koloriert, Kopie des 12. oder 13. Jahrhunderts einer Vorlage aus der 2. Hälfte des 4. Jahrhunderts, ÖNB Cod. 324; Ekkehard Weber, Tabula Peutingeriana, Codex Vindobonensis

324. Kommentar und vollständige Faksimile-Ausgabe im Originalformat, Graz 1976

68 Elmar Csaplovics, A miscellany of Roman topography of western Pannonia in support of the assessment of the history of Central European landscapes, in: Elmar Csaplovics, Anke Hahn, Christopher Marrs, Stephan Schöps (Hgg.), Transnational ecological networks in Central Europe, Berlin 2017 (= Fernerkundung und Angewandte Geoinformatik 13), pp. 86–110

69 Torsten Capelle, Die Frühgeschichte (1.–9.Jahrhundert ohne römische Provinzen), in: Deutsche Agrargeschichte – Vor- und Frühgeschichte, hg. v. Jens Lüning et al.. Stuttgart 1997, S. 377

70 Gernot Patzelt, Die klimatischen Verhältnisse im südlichen Mitteleuropa zur Römerzeit, in: Ländliche Besiedlung und Landwirtschaft in den Rhein-Donau-Provinzen des Römischen Reiches, hg. v. Helmut Bender und Hartmut Wolff, Espelkamp 1994 (=Passauer Universitätsschriften zur Archäologie 2), S. 7–20

71 Andreas Graf, op. cit., 1936, S. 87 (8): „Der Damm ist stellenweise, und zwar im Leidner Moor, noch so wohlerhalten, dass er noch heutigen Tages benützt wird“ (1863)

72 Andreas Graf, op. cit., 1936, S. 87

73 Friedrich Lotter, Die historischen Daten zur Endphase der römischen Präsenz in Ufernorikum. Vorträge und Forschungen 25, Sigmaringen S. 27–90

74 Herwig Wolfram, Grenzen und Räume – Geschichte Österreichs vor seiner Entstehung. Wien 1995 (= Österreichische Geschichte 378–907, hg. v. Herwig Wolfram), S. 62

75 Vito Fumagalli, Der lebende Stein, Stadt und Natur im Mittelalter. Berlin 1989, S. 10–17

76 Arie J. Kalis und Jörg Schalich, Pollenanalytische und geologische Untersuchungen zur holozänen Vegetations- und Erdgeschichte im östlichen Randgebiet des Rurtales. Bonner Jahrbuch 181, Bonn 1981, S. 259–262

77 Simon Schama, Landscape and Memory. New York 1995, p. 83: Hercyniae silvae roborum vastitas intacta aevis et congenita mundo prope immortali sorte miracula excedit.

78 Josiah C. Russell, Late Ancient and Medieval Population. Transactions of the American Philosophical Society 43 (3), Philadelphia 1958, p. 148

79 Konstantina Saliari, Bendeguz Tobias, Erich Draganits, Karin Wiltschke-Schrotta, Animal bones in the burial customs of the Middle Avar Period in Podersdorf am See (Burgenland, Austria). Beiträge zur Archaozoologie und Prähistorischen Anthropologie, Band XI, S. 145–156

80 Falko Daim (Hg.), Hunnen und Awaren – Reitervölker aus dem Osten. Begleitbuch und Katalog zur burgenländischen Landessausstellung, Eisenstadt 1996

81 Herwig Wolfram, op. cit., 1995, S. 237

82 ibidem, S. 222

83 Sándor Wolf, op. cit., 1926, S. 3: Das fruchtbare Gelände meiner Heimat an der Nordgrenze des alten Pannonien, zwischen den Hügeln des Leithagebirges und dem Neusiedlersee gelegen, hat sich vorzüglich für Römersiedlungen geeignet; hier gedeiht die Weinrebe und die Kastanie, hier blüht die Mandel. Hier haben die Römer klimatische Verhältnisse nicht unähnlich ihrer Heimat angetroffen.

84 Balduin Saria, op. cit., 1952, S. 186

85 Heinrich Zabehlicky, Das Hinterland von Carnuntum und die Villa von Bruckneudorf, Anodos 1, Trnava 2001, S. 227–231

86 Gustav Thirring, Führer durch Sopron (Ödenburg) und die Ungarischen Alpen, Sopron 1912, S. 91: Die nördlich vom Bade befindliche lithiumhältige neue Quelle, schon unter den Römern benützt, wurde 180 n. Chr. mit einer Cementfassung versehen, aus der das Wasser mittels Röhren in ein nahes Badehaus geleitet wurde.

87 Wilhelm Kubitschek, Römerfunde von Eisenstadt. Wien 1926, S. 48–58

88 Elmar Csaplovics, Zur Topochronologie der Landschaft um den Neusiedler See bis zum Ende des 16. Jahrhunderts. Burgenländisches Landesarchiv, Eisenstadt 2005 (= Burgenländische Forschungen 91)

6.3. Zur Geschichte der Landschaft des Neusiedler Sees von von 800 bis 1800

89 Herwig Wolfram, Grenzen und Räume – Geschichte Österreichs vor seiner Entstehung. Wien 1995 (= Österreichische Geschichte 378–907, hg. v. Herwig Wolfram), S. 357

90 90 Emmanuel Le Roy Ladurie, Times of feast, times of famine – a history of climate since the year 1000. London 1971, p. 386; Abb. 5 nach Ulf Büntgen, David C. Frank, Daniel Nievergelt, Jan Esper, Alpine summer temperature variations AD 755-2004. Journal of Climate 19(21), 2006, p. 5615

91 August Ernst, Geschichte des Burgenlandes, Wien 1987, S. 25–26

92 August Ernst, Siedlungs- und Herrschaftsgeschichte in Mittelalter und Neuzeit, in: Allgemeine Landestopographie des Burgenlandes, Bd. 1, hg. v. d. Burgenländischen Landesregierung, Eisenstadt 1954, S. 25

93 Karl Brunner, Herzogtümer und Marken – vom Ungarnsturm bis in das 12. Jahrhundert. Wien 1994 (= Österreichische Geschichte 907–1156, hg. v. Herwig Wolfram), S. 114

94 Chronicon pictum (Vindobonense), cap. 59 (1074): ... aliis in stagno Ferteu submersis ...; cit. in: Burgenländische Landesregierung (Hg.), Allgemeine Landestopographie des Burgenlandes, Bd. 1 (Verwaltungsbezirk Neusiedl), Eisenstadt 1954, S. 299; vgl. auch: Theodor Schmid, Der Neusiedler See im Altertum und Mittelalter und das Rätsel des Lacus Peiso, in: Burgenländische Heimatblätter, Jg. 1, 1932, S. 87–88

95 Josiah C. Russell, Die Bevölkerung Europas 500–1500, in: Europäische Wirtschaftsgeschichte, Bd. 1: Mittelalter, hg. v. Carlo M. Cipolla und Knut Borchardt, Stuttgart, New York 1983, S. 21

96 Károly Takács, Medieval hydraulic systems in Hungary – written sources, archaeology and interpretation, in: People and nature in historical perspective, hg. v. Jószef Laszlovszky und Péter Szabó. Budapest 2003, pp. 289–311

97 Abbot Guibertus, Historia Hierosolymitana, in: Albin F. Gombos, Catalogus fontium historiae Hungariae, 3 Bde., Budapest 1937/1938, Bd.2 (1937): S. 1096 f.: Ungarns Gebiete sind sehr reich an Lebensmitteln; Otto von Freising, Chronica sive Historiae de duabus civitatibus, hg. v. Adolf Hofmeister. Hannover/Leipzig 1912 (= Monumenta Germaniae Historia Scriptores rerum Germanicarum 21) (1132–1146, überarbeitet 1157): ... An Wäldern ist Ungarn sehr reich, in diesen gibt es vielerlei Wild, und die natürliche Schönheit ihrer Oberfläche ist genauso anmutig, wie es Gottes Paradies oder das prächtige Ägypten zu sein scheint.

98 Karl Brunner, op. cit., 1971, S. 278

99 Martin L. Hillebrecht, Eine mittelalterliche Energiekrise, in: Mensch und Umwelt im Mittelalter, hg. v. Bernd Herrmann, Darmstadt 1986, S. 275–283

100 Johann N. Weis, Urkunden des Cistercienser-Stiftes Heiligenkreuz im W. Walde, I.Theil. Wien 1856, XXXVII (Fontes rerum Austriacarum, II.Abt., XI.Band); vgl. auch: Franz Sauerzopf, Die Wasserstandsschwankungen des Sees, in: Landschaft Neusiedler See, hg. v. Franz Sauerzopf. Eisenstadt 1959 (Wissenschaftliche Arbeiten aus dem Burgenland, H.23), S. 94

101 Harald Pricker, Die Zisterzienser als Grundherren im burgenländisch-westungarischen Raum, in: Burgenländische Forschungen, Sonderband XVIII, Eisenstadt 1996, S. 70; Theodor Schmid, op. cit., 1932, S. 89 (28): ... videlicet stagni et lacus Fertheu ... (nach: [Sopron] Városi levéltár, Lad. D. II. 21.)

102 Continuatio Vindobonensis, hg. v. Georg H. Pertz, Hannover 1851 (= Monumenta Germaniae Historia Scriptores rerum Germanicarum 9), a. 1273, S. 705: Im Zuge eines Feldzuges König Ottokars gegen die Ungarn, bei dem die Burgen von Prodanstorf, Purchbach et Ad Sanctam Margaretam zerstört worden waren, leisteten die übrigen Burgen iuxta piscinam Vertse aus Furcht keinen Widerstand.

103 Robert Hoeniger, Der Schwarze Tod in Deutschland. Ein Beitrag zur Geschichte des 14. Jahrhunderts, Berlin 1882, S. 15

104 Hubert H. Lamb, Climate history and the modern world, 2nd ed., London, New York 1995, p. 195; 1338 bis 1340 wurde Österreich von einer verheerenden Heuschreckenplage heimgesucht (ZAMG).

105 Hubert H. Lamb, op. cit., 1995, p. 88 (fig. 33a)

106 Die Auswirkungen des Mutterkornbrandes in feuchtem Roggen (claviceps purpurea), auch St.-Antonius-Feuer genannt, wurden gegenüber den Berichten über die Pest in den Hintergrund gedrängt, führten aber bereits seit dem 2. Jahrzehnt des 14. Jahrhunderts zu Epidemien in ganz Europa.

107 Wilhelm Abel, Die Wüstungen des ausgehenden Mittelalters, 3. Auflage. Stuttgart 1976 (= Quellen und Forschungen zur Agrargeschichte 1); Hubert H.Lamb, op. cit., 1995, S. 200–202

108 Ulf Büntgen et al., op.cit., 2006, S. 5615

109 Leonhard Prickler, Das älteste Urbar der Grafschaft Forchtenstein von 1500/1510. Eisenstadt 1998 (Burgenländische Forschungen 77), S. 9, S. 116, S. 119

110 Tabula Hungaria / ad quatuor latera per / Lazarum quondam Thomae / Strigonien. Cardin. Secretariu viru / exp(er)tum congesta a Georgio Tanstetter / Collimitio reuisa auctioq. Reddita, at- / que iampeimu a Jo. Cuspiniano edita. ... opera Petri Apiani / des Leyssnigk Mathematici Ingol / stadiani invulgata Anno / Dm. 1528. Ingolstadt 1528. Holzschnitt. Széchényi B/App. H 136; Tibor Szathmáry, Descriptio Hungariae. Fusignana 1987, S. 71–76; Lajos Szántai, Atlas Hungaricus - Magyarország nyomtatott térképei 1528–1850. Budapest 1996, S. 334 f.

111 Emmanuel Le Roy Ladurie, op. cit., 1971, S. 43 f.

112 István Bariska, Das Grenzschutzproblem im Türkenkrieg von 1532, in: Türkenkriege und Kleinlandschaft 1, hg. v. Rudolf Kropf und Wolfgang Meyer, Eisenstadt 1983 (= Wissenschaftliche Arbeiten aus dem Burgenland 68), S. 104

113 Ulf Büntgen et al., op. cit., 2006, S. 5615

114 Leonhard Prickler, op. cit., 1998, p. LXXXIII.; August Ernst, Siedlungs-, Herrschafts- und Familiengeschichte im Mittelalter und in der Neuzeit – die Grafschaft Forchtenstein, in: Allgemeine Landestopographie des Burgenlandes, 3. Band. Verwaltungsbezirk Mattersburg, 1. Teilband, Eisenstadt 1981, S. 261: ... dieweil der See der orthen also verwachsen, das man khain zuefuer haben khan.

115 Helmut Grosina, Aspekte des Beziehungsgefüges Mensch-Raum am Neusiedler See, in: Burgenland in seiner pannonischen Umwelt, Eisenstadt 1984 (= Burgenländische Forschungen, Sonderband VII), S. 118–120. Anm.: 350 Klafter entsprechen ungefähr 650 m – gemessen von einer landseitigen Grenzlinie 116,5 m seewärts würde laut digitalem Geländemodell des Seebodens (ohne Sediment) das Ufer in der Nähe der Höhenlinie 115 m liegen und bei Breitenbrunn einen Bereich von in etwa einem Drittel des heutigen Schilfgürtels einschließen, vgl. Elmar Csaplovics, Lászlo Bácsatyai, István Márkus, Adele Sindhuber, Digitale Geländemodelle des Neusiedler Seebeckens. Eisenstadt 1997 (= Wissenschaftliche Arbeiten aus dem Burgenland 97), Karten 2/4

116 Adalbert E. Winkler, Die Zisterzienser am Neusiedler See und Geschichte dieses Sees. Mödling 1923, S. 219; Theodor Schmid, op. cit. 1932, S. 91 (47): Urkunde, datiert vom 5. Juni 1568, im Hofkammerarchiv, fasc. 14354, Ungarische Hoffinanzen, Dec. 1568

117 Hubert H. Lamb, op. cit., 1995, p. 202

118 Thomas Winkelbauer, Ständefreiheit und Fürstenmacht, Teil 1, Wien 2003 (Österreichische Geschichte 1522–1699, hg. v. Herwig Wolfram), S. 142 f.

119 Bericht des Rentmeisters Hans Tuschenstein, Hofkammerarchiv A/22, n. 688; cit. in: August Ernst, op. cit., 1954, S. 50

120 Harald Prickler, Das Burgenland während der Periode der Türkenkriege. Burgenländische Heimatblätter 48, Eisenstadt, S. 19

121 Károlyi Rumy (Hg.), Monumenta Hungarica, Bd. I, Pest 1815, S. 340 (Jósef Kis, A Fertő Tavának geographiai, historiai és természeti leirása)

122 Adalbert Winkler, op. cit., 1923, S. 219

123 Johann von Csaplovics (Hg.), Topographisch-statistisches Archiv des Königreichs Ungern. Doll, Wien 1821, S. 140: Das Seewasser soll nach dem Bericht des D. Furlani in seiner Abhandlung de thermis rákosiensibus im Jahre 1728 salzig und salpetrig geworden seyn. (Michael Ugroczy, Beschreibung des Neusiedler Sees); Karoly Rumy (Hg.), op. cit., 1815, S. 424

124 Károly Rumy (Hg.), op. cit., 1815, p. 350

125 Adalbert Winkler, op. cit., 1923, S. 220, nach: Jusztinian Hollósy, Adatok Győr megye földrajzi viszonyaihoz (Daten zu den geographischen Verhältnissen des Komitates Győr). Budapest, 1874

126 Adalbert Winkler, op. cit., 1923, S. 220, Bericht des Komitatsingenieurs Johann Hegedüs aus dem Jahr 1797, nach Unterlagen im Esterházy'schen Archiv in Eisenstadt (ohne genauere Bezeichnung)

127 J. M. [Josef Mayrhofer], Der Neusiedler See. Raab 1884; vgl. Abb. 5 – spontaner Abfall der mittleren Sommertemperatur mit extremem Minimum im Jahr 1816 und unmittelbar folgendem steilen Wiederanstieg

128 Elmar Csaplovics, Zur Topochronologie der Landschaft um den Neusiedler See bis zum Ende des 16. Jahrhunderts. Burgenländisches Landesarchiv, Eisenstadt 2005 (= Burgenländische Forschungen 91)

6.4. Landschaftswandel am Neusiedler See von 1800 bis 2020: eine Umwelt- und Wahrnehmungsgeschichte

129 Johann Friedrich Reichardt, Briefe eines reisenden Nordländers. Köln 1812, S. 364

130 Siehe dazu mehr bei: Sándor Békési, Verklärt und verachtet. Wahrnehmungsgeschichte einer Landschaft: Der Neusiedler See. Frankfurt am Main 2007 (Historisch-Anthropologische Studien, Band 20).

131 vgl. József Mayrhofer, A Fertő tava. 1862–1884 [Der Neusiedler See]. Győr 1884

132 Siehe zu den Regulierungsprojekten: Ferenc Szekendi, A Hanság és a Fertő lecsapolási kisérleteinek története [Geschichte der Trockenlegungsversuche des Waasens und des Neusiedler Sees]. Diss., Magyaróvár 1938; Franz Schuster, Das Regulierungsproblem des Neusiedlersees. Diss., Technische Hochschule Munchen 1943; und bei: Franz Sauerzopf, Seeprojekte, in: Landschaft Neusiedlersee. Grundriss der Naturgeschichte des Grossraumes Neusiedlersee. Eisenstadt 1959 (Wissenschaftliche Arbeiten aus dem Burgenland 23), S. 104–107

133 Adalbert E. Winkler, Die Zisterzienser am Neusiedlersee und die Geschichte dieses Sees. Winden am See/Eisenstadt 1993, S. 247–252; Brigitte Auer, Gerald Dick, Der See und die Lacken – ein limnologischer Überblick, in: Vogelparadies mit Zukunft? Wien 1994 (Ramsar-Bericht 3, Neusiedler See - Seewinkel), S. 45–69

134 Mehr dazu bei: Theodor Schmid, Die Zukunft des Neusiedlersees. Trockenlegung oder Höherstauung? in: Die Wasserwirtschaft 16, 1927, S. 360–364 (hier S. 362 f.); Erich Draganits et al., Lake Neusiedl Area. A Particular Lakescape at the Boundary Between Alps and Pannonian Basin, in: Landscapes and Landforms of Austria, hg. v. Christine Embleton-Hamann, Cham 2022 (World Geomorphological Landscapes), pp. 207–222

135 Fritz Kopf, Die Rettung des Neusiedler Sees, in: Österreichische Wasserwirtschaft, 19 (1967) 1–2, S. 139–151 (hier S. 144 und 146)

136 Adalbert Winkler, op. cit., 1993, S. 267–270

137 Ludwig J. Reinhardt, Geographische Voraussetzungen einer Ausgestaltung des Neusiedler Sees, in: Mitteilungen der Geographischen Gesellschaft, Bd. 82, 1939, S. 324–343 (hier S. 325, S. 339)

138 Franz Lockl, Nur mehr 10 Jahre Neusiedler See?, in: Neue Illustrierte Wochenschau, 10.11.1963, S. 1

139 Fritz Kopf, op. cit., 1967, S. 150

140 Heinz Löffler, Die fast verlorene Landschaft: Neusiedler See und Seewinkel, in: Gerhard Langthaler, Urlandschaften Österreichs, Wien – München 1984, S. 114–135 (hier S. 118)

141 Joseph A. Krickel, Wanderungen zu den Umgebungen des Neusiedlersees, Wien 1831, S. 73 f.

142 Nikolaus Gartner, Das Neusiedler Seebad als „Pfahlbaudorf", in: Neusiedler Jahrbuch. Beiträge zur Geschichte von Neusiedl am See, Band 20, Neusiedl 2018, S. 63–84

143 N. N., Kloake der Wiener. Neusiedler See, in : Wochenpresse, 3.5.1972, S. 12

7. Der Schutz der Biodiversität

1 Schomann, S. (2021): Auf der Suche nach den wilden Pferden; Kiepenheuer & Witsch

2 Richtlinie 79/409/EWG des Rates (vom 2. April 1979 über die Erhaltung der wildlebenden Vogelarten, kurz: Vogelschutz-Richtlinie; www.burgenland.at/themen/natur/eu-naturschutz/vogelschutzrichtlinie/

3 Richtlinie 92/43/EWG des Rates vom 21. Mai 1992 zur Erhaltung der natürlichen Lebensräume sowie der wildlebenden Tiere und Pflanzen (kurz: Fauna-Flora-Habitat-Richtlinie oder FFH-Richtlinie) www.burgenland.at/themen/natur/eu-naturschutz/fauna-flora-habitat-richtlinie-ffh-richtlinie/

4 BGBl. Nr. 225/1983 in der Fassung des Protokolls BGBl. Nr. 283/1993; www.burgenland.at/themen/natur/naturschutz/internationale-uebereinkommen/ramsar-konvention/

5 www.burgenland.at/themen/natur/naturschutz/internationale-uebereinkommen/europaeisches-biogenetisches-reservat/

6 https://naturschutzbund.at/gruenes-band-european-green-belt.html

7 Dvorak, M. (2009): Neusiedler See. See, S. 66–81, in: M. Dvorak & H.-M. Berg (Hrsg.): Important Bird Areas. Verlag Naturhistorisches Museum, Wien

8 Grüll, A. & E. Zwicker (1993): Zur Siedlungsdichte von Schilfsingvögeln (Acrocephalus und Locustella) am Neusiedlersee in Abhängigkeit vom Alter der Röhrichtbestände. Beih. Veröff. Naturschutz Landschaftspflege Bad.-Württ. 68: S. 159–171

9 Dvorak, M., E. Nemeth, S. Tebbich, M. Rössler & K. Busse (1997): Verbreitung, Bestand und Habitatwahl schilfbewohnender Vogelarten in der Naturzone des Nationalparks Neusiedler See - Seewinkel. Biol. Forschungsinst. Burgenland – Bericht 86: S. 1–69

10 ebda.

11 Dvorak, M. (1985): Siedlungsdichte und Biotopwahl von Kleinem Sumpfhuhn (Porzana parva) und Wasserralle (Rallus aquaticus) im Schilfgürtel des Neusiedler Sees. Wiss. Arb. Burgenland 72: S. 446–454

12 Dvorak, M., E. Nemeth, S. Tebbich, M. Rössler & K. Busse (1997): Verbreitung, Bestand und Habitatwahl schilfbewohnender Vogelarten in der Naturzone des Nationalparks Neusiedler See - Seewinkel. Biol. Forschungsinst. Burgenland – Bericht 86: S. 1–69

13 ebda.

14 Nemeth, E., M. Dvorak, T. Knoll, B. Kohler, S. Mühlbacher & F. Werba (2014): Managementplan für den Neusiedler See als Teil des Europaschutzgebietes Neusiedler See – Nordöstliches Leithagebirge. Studie im Auftrag des Vereins BERTA, Eisenstadt

15 Nemeth, E., M. Dvorak, F. Glaser, B. Kohler & M. Schwienbacher (2022): Entwicklung nachhaltiger Schilfferntetechniken und Monitoring Schilfgürtel Neusiedler See. Projektendbericht an das Amt der Burgenländischen Landesregierung Abt. 4, Hauptreferat Naturschutz und Landschaftspflege.

16 Nemeth, E. & M. Dvorak (2022): Reed die-back and conservation of small reed birds at Lake Neusiedl, Austria. J. Ornithol. 163: pp. 683–693

17 https://maps.arcanum.com/de/map/firstsurvey-hungary

18 https://maps.arcanum.com/de/map/secondsurvey-hungary

19 https://maps.arcanum.com/de/map/thirdsurvey25000

20 Kovács, M. (2012): Geschichte der Wasserwirtschaft im Hanság. Hanság, S. 59–71, in: Fally, J. & L. Kárpáti (Hrsg.): Nationalpark Neusiedler See - Seewinkel/Fertő-Hanság Nemzeti Park. Szaktudás-Kiadó Ház AG, Budapest

21 https://maps.arcanum.com/de/map/hungary1941

22 Varga, L. (1931): A Fertő Problémája. Kócsag 3: S. 109–114

23 Führer, E. (2010): Schnittpunkte der Schilfwirtschaft und des Naturschutzes am Neusiedler See. Dipl. Arb. Univ. Bodenkultur, Wien. S. 228 ff.

24 Dvorak, M. et al. (2023, in Druck): Die Vögel des Neusiedler See-Gebiets. Verlag Naturhistorisches Museum Wien.

25 Nemeth, E. & M. Dvorak (2022): Reed die-back and conservation of small reed birds at Lake Neusiedl, Austria. J. Ornithol. 163: pp. 683–693

26 ebda.

27 Nemeth, E., M. Dvorak, F. Glaser, B. Kohler & M. Schwienbacher (2022): Entwicklung nachhaltiger Schilfferntetechniken und Monitoring Schilfgürtel Neusiedler See. Projektendbericht an das Amt der Burgenländischen Landesregierung Abt. 4, Hauptreferat Naturschutz und Landschaftspflege.

28 M. Dvorak & E. Nemeth, unveröff. Daten

29 Nemeth, E., M. Dvorak, F. Glaser, B. Kohler & M. Schwienbacher (2022): Entwicklung nachhaltiger Schilfferntetechniken und Monitoring Schilfgürtel Neusiedler See. Projektendbericht an das Amt der Burgenländischen Landesregierung Abt. 4, Hauptreferat Naturschutz und Landschaftspflege.

30 Nemeth, E. & M. Dvorak (2022): Reed die-back and conservation of small reed birds at Lake Neusiedl, Austria. J. Ornithol. 163: pp. 683–693

Literatur

Amt der Burgenländischen Landesregierung (Hrsg.): Historischer Atlas Burgenland, Eisenstadt 2011, http://www.atlas-burgenland.at

Bauer, Klaus-Jürgen: Pannonien. Archipel, Theorie der Provinz, edition lex liszt, Oberwart 2007

Bauer, Klaus-Jürgen: Streckhöfe. Ein Lookbook. Leitfaden zur Sanierung, Eisenstadt 2019

Brettl, Herbert: Von Albrechtsfeld bis Ziegelhof. Die Meierhöfe im Bezirk Neusiedl am See, Halbturn 2009

Bundesdenkmalamt (Hrsg.): Die Kunstdenkmäler des politischen Bezirkes Neusiedl am See, Österreichische Kunsttopographie Band LIX, Horn 2012

Gemeinde Winden am See (Hrsg.): 800 Jahre Winden am See, 2017

Kleemaier-Wetl, Rosalinde: Baukulturelles Erbe versus Klimaschutz und Modernität, vdf Hochschulverlag Zürich, 2015

Kleemaier-Wetl, Rosalinde: Baukulturelles Erbe versus Klimaschutz und Modernität – Am Beispiel des Welterbegebiets Fertő – Neusiedler See, Krems 2015

Krawarik, Hans: Siedlungsgeschichte Österreichs, LIT-Verlag, Wien 2006

Mayer, Vera: Burgenland, Bau- und Wohnkultur im Wandel, Österreichische Akademie der Wissenschaften, Wien 1993

Rainer, Roland: Anonymes Bauen im Nordburgenland. Wien 1961

Stadtgemeinde Neusiedl am See (Hrsg.): 800 Jahre Neusiedl am See, 2009

Winkler, Adalbert: Die Zisterzienser am Neusiedlersee und die Geschichte dieses Sees, Mödling 1923, Neuauflage Winden am See/Eisenstadt 1993

8. Die Region als Kulturlandschaft und Welterbe

1 Karte von Constantin Johann Walter: Aufnahme des Grenzgebietes zwischen Österreich und Ungarn 1754–1756, die Josephinische oder 1. Landesaufnahme begann im Königreich Ungarn 1785

2 Gmasz, Sepp: in 800 Jahre Winden am See, S. 65 f.

3 Liebhart-Ulm, Henny: Die Kunstdenkmäler des politischen Bezirkes Neusiedl am See, Österreichische Kunsttopographie Band LIX, Horn 2012, S. 46

4 Winkler, Adalbert: Die Zisterzienser am Neusiedlersee und die Geschichte dieses Sees, Mödling 1923, Neuauflage 1993, S. 58

5 Wegleitner, Alois: Die geschichtliche Entwicklung der Gemeinde Illmitz mit besonderer Berücksichtigung der Siedlungs- und Wirtschaftsgeschichte. Dissertation, Wien 1973

6 ebd

7 UNESCO (1945): Constitution of the United Nations Educational, Scientific and Cultural Organization, Adopted in London on 16 November 1945 and amended by the General Conference at its 2nd, 3rd, 4th, 5th, 6th, 7th, 8th, 9th, 10th, 12th, 15th, 17th, 19th, 20th, 21st, 24th, 25th, 26th, 27th, 28th, 29th, 31st and 40th sessions. https://www.unesco.org/en/legal-affairs/constitution [20.08.2022]

8 Bundesgesetzblatt zum Schutz des Natur- und Kulturerbes der Welt: (BGBl) 60/1993. https://www.ris.bka.gv.at/Dokumente/BgblPdf/1993_60_0/1993_60_0.pdf [20.08.2022]

9 UNESCO World Heritage Center (2004): The Criteria for Selection, https://whc.unesco.org/en/criteria/ [20.08.2022]

10 UNESCO World Heritage Center (2021): The Operational Guidelines for the Implementation of the World Heritage Convention, https://whc.unesco.org/document/190976

11 ICOMOS, (1964): International Charter for the Conservation and Restoration and Sites (The Venice Charter 1964), http://www.international.icomos.org/charters/venice_e.pdf [20.08.2022]

12 ICOMOS, (2011): List of International Scientific Committees, https://www.icomos.org/en/about-icomos/committees/scientific-committees/list-and-goals-of-isc [20.08.2022]

9. Warum wir die Landwirtschaft in Zeiten der Klimaerwärmung neu denken müssen

1 Jägermeyr et al. (2021): https://pubs.giss.nasa.gov/abs/ja04000.html
2 Hiptmayr et Dzugan, profil (12.5.2021): https://www.profil.at/wirtschaft/landwirtschaft-der-klimawandel-heizt-den-feldern-ein/402002556
3 Statistik Austria (2020): Agrarstrukturerhebung 2020. https://www.statistik.at/fileadmin/pages/155/PK_AS2020_220712_final_web.pdf
4 Bundesanstalt für Agrarwirtschaft und Bergbauernfragen (2022): https://bab.gv.at/index.php?lang=de
5 Atlas Burgenland (2021), Landwirtschaft: http://www.atlas-burgenland.at/index.php?option=com_content&view=article&id=516
6 ebd.
7 ebd.
8 ebd.
9 ebd.
10 Statistik Austria (2020), Agrarstrukturerhebung 2020: https://www.statistik.at/fileadmin/pages/155/PK_AS2020_220712_final_web.pdf
11 BMLRT (2021): https://gruenerbericht.at/cm4/jdownload/download/2-gr-bericht-terreich/2393-gb2021
12 Kompetenzzentrum Bewässerung (2022): https://www.laut-noe.at/pdf/2021-jahrestagung/7-landwirtschaftliche-bewaesserung.pdf
13 Landwirtschaftskammer Burgenland (2022): https://bgld.lko.at/die-landwirtschaft-ist-nicht-schuld-am-sinkenden-wasserstand-des-neusiedler-sees+2400+3641061
14 Pittner, R., Top Agrar (3.8.2022): https://www.topagrar.at/management-und-politik/news/streit-um-bewaesserung-im-seewinkel-13159544.html
15 Statistik Austria (2016): https://www.statistik.at/fileadmin/publications/Gartenbau-_und_Feldgemueseanbauerhebung_2015.pdf
16 Statistik Austria (2022): https://www.statistik.at/statistiken/land-und-forstwirtschaft/land-und-forstwirtschaftliche-oekonomie-und-preise/landwirtschaftliche-gesamtrechnung/regionale-landwirtschaftliche-gesamtrechnung
17 Statistik Austria (2021): https://www.statistik.at/fileadmin/publications/SB_1-27_Versorgungsbilanz-pflanzl_2020_21.pdf
18 Deutsches Umweltbundesamt (2022): https://www.umweltbundesamt.de/themen/klima-energie/klimafolgen-anpassung/anpassung-an-den-klimawandel/anpassung-auf-laenderebene/handlungsfeld-landwirtschaft
19 Atlas Burgenland (2021), Landwirtschaft: http://www.atlas-burgenland.at/index.php?option=com_content&view=article&id=516
20 Eitzinger, J. (2010), Fachzeitschrift „Ländlicher Raum“: https://info.bml.gv.at/dam/jcr:d394826b-2e75-474f-8845-6bbb909cb4a0/15_Eitzinger.pdf
21 LfL Bayern, S. a.: https://www.lfl.bayern.de/ipz/getreide/158996/index.php
22 Käsbauer, C., Pflanzenforschung.de (5.8.2019): https://www.pflanzenforschung.de/de/pflanzenwissen/journal/pflanzenzuechtung-zeiten-des-klimawandels-wie-notwendig-11086
23 Österreichische Bauernzeitung (2021): https://bauernzeitung.at/hagelversicherung-der-klimawandel-fordert-auch-die-pflanzenzuechtung-heraus/
24 Adam, G., Geschnatter (Oktober 2019): http://www.natur-tilgner.de/downloads/Geschnatter3_19_Seite%204_72dpi.pdf
25 Hiptmayr et Dzugan, profil (12.5.2021): https://www.profil.at/wirtschaft/landwirtschaft-der-klimawandel-heizt-den-feldern-ein/402002556
26 Olivenhain Mörbisch, https://www.olivia.bio
27 ORF Burgenland (15.10.2021): https://burgenland.orf.at/stories/3125833/
28 Klik, A. (2019): https://noel.gv.at/noe/Landwirtschaft/Wasserwirtschaftliche_Aspekte_[Klik].pdf
29 Julius Kühn-Institut, S. a.: https://www.julius-kuehn.de/pb/ab/nachhaltige-pflanzenbausysteme/entwicklung-und-bewertung/
30 Hanger-Kopp, S., Der Standard (18.8.2022): https://www.derstandard.at/story/2000138340148/seewinkel-austrocknen-ist-keine-loesung
31 Klimafakten.de, S. a.: https://www.klimafakten.de/branchenbericht/was-der-klimawandel-fuer-die-landwirtschaft-bedeutet

Zu den beiliegenden Komitatskarten

Kartenzitat:
Demeter Görög, Magyar Átlás / az az / Magyar, Horvát, és Tót / országok vármegyéji, s szabad kerületei / és / a határ-őrző katonaság vidékinek / közönséges és különös / tábláji: / közre botsátotta / Görög // Atlas Hungaricum / seu regnorum / Hungariae, Croatiae et Slavoniae / Comitatuum, Privilegiatorum Districtuum / et Confiniorum / Generales et Particulares / Mappae Geographicae. / Viennae 1802. (Magyar Atlas, beinhaltend allgemeine und spezielle Karten der ungarischen, kroatischen und slavonischen Komitate, der privilegierten Distrikte und der Bezirke der Militärgrenze), Wien 1802–1811 (60 Bll., davon 52 Bll. Komitate, 7 Bll. Distrikte der Militärgrenze und eine Übersichtskarte sowie ein Repetitorium (Verzeichnis) der Kartenzeichen und Ortsnamen)

References:

Zoltán Ambrus-Fallenbüchl, Beiträge zur Geschichte der kartographischen Arbeiten des 18.Jahrhunderts im burgenländisch-westungarischen Raum. Burgenländische Heimatblätter 27 (3/4), Eisenstadt 1965, S. 118–130

Eva Bodnar, Pictures Worth the Proverbial Thousand Words: Multifaceted Loyalties As Expressed in Cartographic Mapping of Hungary, 1790-1848. Spaces of Identity, Vol 8, No 2, Toronto, 2008 (https://doi.org/10.25071/1496-6778.18119)

Samuel Bredetzky, Beyträge zur Topographie des Königreiches Ungern, Drittes Bändchen. Wien 1804

Johann von Csaplovics, Topographisch-statistisches Archiv des Königreichs Ungern, Erster Band. Wien 1821, pp 136-165 (Der Neusiedler See (Lacus Peiso) und dessen Umgebungen, nach Jósef Kis, A Fertő Tavának geographiai, historiai és természeti leírása, in Karoly Rumi, Monumenta Hungarica, Bd. 1. Pest 1816, S. 338–426, bearbeitet von Michael von Ugroczy, Prediger in Mörbisch (s. u.)

Jusztinian Holóssy, Adatok Győr megye földrajzi viszonyaihoz (Daten zu den geographischen Verhältnissen des Komitats Győr). Budapest 1874

Jósef Kis, A Fertő Tavának geographiai, historiai és természeti leírása (Beschreibung der Geographie, der Geschichte und der Natur des Neusiedler Sees), 1797-ben. Kis Jósef Orvos Doctor által (In: Karoly Rumi (Hg.) Monumenta Hungarica .. az-az A Magyaroknak Magyar Nyelven Irt Emlékezetes Irásaik (Monumenta hungarica .. d.i. Denkwürdige Briefe über/von Ungarn in ungarischer Sprache). Trattner, Budapest 1815 (Band 1)

Johann Matthias Korabinsky, Neue und vollständige Darstellung des Königreichs Ungarn auf LX Tafeln im Taschenformat. Ein geographisches Noth- und Hülfsbüchlein fürs gemeine Leben. Wien 1804

József Marton, Magyar Ország Vármegyéinek Mappáiról. Magyar Kurir 1828. 2. Féleszt. Júl. 22. Nr. 7, S. 66–68

Julia Nagy, A „Magyar Átlás". Földrajzi Értesítő, XXVI. Jg., 3.–4. Heft, MTA FKI, Budapest 1977a, S. 403–438

Júlia Nagy, Görög Demeter, Kerekes Sámuel és Márton József, a XVIII századi magyar térképészet kiemelkedő művelői (Demeter Görög, Sámuel Kerekes und József Márton: Herausragende Persönlichkeiten der ungarischen Kartographie des 18. Jahrhunderts. Földrajzi Értesitő, XXVI. Jg., 2. Heft, MTA FKI, Budapest 1977b, S. 209–236

Franz Sauerzopf, Die Wasserstandsschwankungen des Sees, in: Landschaft Neusiedler See, hg. v. Franz Sauerzopf. Eisenstadt 1959 (Wissenschaftliche Arbeiten aus dem Burgenland, H. 23), S. 92–101

Michael Ugroczy, Beschreibung des Neusiedler Sees (erster Teil), in: Christian Carl André (Hg.), Hesperus, ein Nationalblatt für gebildete Leser, Drittes oder März-Heft, Nr. 15. Tempsky, Prag 1819, S. 114–118 (Anm.: frei bearbeitet nach Hrn. Dr. Kis' Beschreibung des Neusiedler Sees in Rumys Monument. Hung. I. und II. Band).

Gustav Wendelberger, Die Wasserstandsschwankungen des Neusiedler Sees. Natur und Land 37, Nr. 6, Wien 1951, pp. 98–99

Adalbert Winkler, Die Zisterzienser am Neusiedler See. Missionsdruckerei St. Gabriel, Mödling 1923

Abbildungsverzeichnis

UMSCHLAG

TEIL 1: IM ZEICHEN DES KLIMAWANDELS

1. Pendeln zwischen Extremen: Klimatische Schwankungen und Trockenphasen

TEIL 2: DAS SEEGEBIET VERSTEHEN

2. Wasserqualität und Gewässerökologie: Von der Empfindlichkeit eines Steppensees

3. Der Schilfgürtel des Neusiedler Sees: zwischen natürlicher Sukzession und anthropogenen Schadeinflüssen

4. Der Schlamm und Sedimenthaushalt im Freiwasser des Neusiedler Sees

5. Wassermangel im Feuchtgebiet: Neue Strategien in der Wasserwirtschaft

6. Geschichte der Seelandschaft

TEIL 3: DER MENSCH IN DER REGION

7. Der Schutz der Biodiversität

8. Die Region als Kulturlandschaft und Welterbe

9. Warum wir die Landwirtschaft in Zeiten der Klimaerwärmung neu denken müssen

10. Der Weinbau im Wandel des Klimas

11. Tourismus am Neusiedler See – eine Entwicklung in mehreren Phasen

TEIL 4: SZENARIEN FÜR DIE ZUKUNFT

12. Resümee und Perspektiven